DU MÊME AUTEUR

Aux Éditions Gallimard

FAUBOURG DES VISIONNAIRES, 1990.

LES VIES SIMULTANÉES, 1994.

LA FAVEUR DE L'OBSCURITÉ, 1996.

LES AMOURS, 1998.

LA VRAIE, 1999.

LES SŒURS CLAIR DE LUNE, 2001.

MON ALBUM SCHUBERT, « L'Un et l'Autre », 2006, prix Pelléas 2007.

LE ROYAUME DE RÜCKEN, « L'Un et l'Autre », 2012.

Aux Éditions Champ Vallon

LA DIANE PRUSSIENNE, 2010.

LE GÉNÉRAL HIVER, 2011.

LA MUSE CONTINENTALE, 2016.

Aux Éditions Le Dilettante

LES FILLES DE L'AIR, 1997.

Aux Éditions Alma

LA MONTRE DE L'AMIRAL, 2013.

LE CÉNOTAPHE DE NEWTON

DOMINIQUE PAGNIER

LE CÉNOTAPHE DE NEWTON

roman

GALLIMARD

Hast du etwas Zeit für mich,
dann singe ich ein Lied für dich
von 99 Luftballons
auf ihrem Weg zum Horizont.

Si tu as un peu de temps pour moi,
je vais te chanter une chanson,
celle des 99 ballons
et de leur envol vers l'horizon.

NENA ET CARLO KARGES

Première suite brandebourgeoise

1

Je n'ai rencontré Manfred Arius qu'une seule fois. C'était à Vienne en 1975 ; exactement le 26 décembre en fin d'après-midi, dans l'appartement d'Emmy Stadler, au 68 de la Kandlgasse, une rue des quartiers ouest. Emmy nous y hébergeait pour les fêtes ; par nous, je veux dire sa fille Anke, mon père remarié avec celle-ci depuis sept ans, mon frère cadet et moi-même. J'étais âgé de vingt-quatre ans. C'est le dernier Noël que j'ai passé à Vienne avant mon mariage, qui me sépara de cette ville durant une quinzaine d'années.

Mon frère et moi revenions d'une exposition. Nous avons sonné à la porte et c'est Anke qui vint nous ouvrir, l'air préoccupé. Elle ne nous attendait pas si tôt, et ajouta qu'il y avait de la visite. Sans autre explication, elle nous fit gagner directement un petit salon isolé où d'ailleurs se dressait le sapin de Noël, pièce où je dormais quand je séjournais dans cet appartement.

Au bout de quelques minutes, un détail dans le salon retint mon attention : un disque que j'avais reçu en cadeau la veille, en l'occurrence la *Symphonie inachevée* de Schubert dans un enregistrement récent, se trouvait sur le parquet alors que je l'avais laissé sur l'électrophone qu'Emmy avait mis à ma disposition ; il était là, sans sa pochette, exposé à tous les dangers. Une profonde rayure était visible à sa surface.

J'étais à m'interroger sur son origine quand Anke vint nous chercher pour nous présenter aux visiteurs qui s'apprêtaient à partir. Ils se tenaient dans le couloir : une petite fille et un homme à la soixantaine passée, de haute stature, au visage émacié, d'un type germanique assez net comme on le trouve chez l'acteur Curd Jürgens. Il était vêtu d'un loden et occupé à aider la fillette à enfiler son anorak sur un survêtement. Cela n'allait pas sans mal : elle ne voulait pas lâcher une poupée Barbie et un petit sac à main en plastique rose d'où dépassait un disque 45 tours. Si je n'avais alors accordé aucun intérêt à la petite fille, ce que j'allais regretter bien plus tard, je peux en parler car nous avons conservé une photo d'elle, prise par Emmy en cette occasion, et qui, par la suite, au gré de hasards et de rangements, fit son apparition chez ma belle-mère.

Emmy et mon père, quant à eux, étaient restés en retrait dans une autre pièce où l'on avait pris le thé. Je dis que nous fûmes présentés car Anke omit alors, peut-être à dessein, de nous révéler l'identité des visiteurs. Ma contrariété devait être visible ; elle me demanda ce qui me tracassait ; je lui montrai la rayure. L'homme intervint aussitôt et, toujours penché vers l'enfant, à lui enfiler une manche de l'anorak, dit sur un ton agacé : « Ce doit être la petite ; on l'a laissée toute seule pour qu'elle puisse se passer le disque qu'Anke vient de lui offrir… Je suis désolé ! » Puis il gronda la fillette, ce qui la fit pleurer. J'étais encore plus embarrassé. Les deux visiteurs prirent alors congé, non sans que la petite m'eût embrassé d'une joue mouillée de larmes.

À peine la porte s'était-elle refermée derrière eux qu'Anke me dit que c'étaient son père et sa demi-sœur, de passage à Vienne ; elle ajouta que vraiment je n'avais pas fait preuve de tact avec cette dernière qui, à son âge, ne s'était pas rendu compte de ce qu'elle avait fait. Si quelque chose de l'ordre d'une surprenante et merveilleuse révélation ne s'y était mêlé, j'aurais pu définir comme un malaise l'impression que je ressentis alors.

Le mois de juin précédent, j'avais remis un mémoire de trois cents pages à un professeur de l'université de Reims, où j'étais inscrit en année de maîtrise. Ce travail me valut une mention très bien et venait clore une période pénible. Trois années passées dans des difficultés d'argent et des amours aussi tumultueuses que chimériques à Reims et en quelques villes d'Allemagne, puis une autre année à Vienne suivie de quelques mois à Paris et enfin d'une longue réclusion dans une maison isolée des Vosges. À Vienne, où je devais rédiger mon mémoire, j'avais eu une liaison avec une blondine – et je l'appellerai ainsi : Blondine – qui m'inspirait des poèmes. Nous avions même pensé nous mettre en ménage, au point que je songeais à abandonner mes études pour un travail plus lucratif que celui de coursier à mi-temps que j'avais alors et qu'Emmy m'avait trouvé dans une librairie.

La date fixée par mes professeurs pour leur remettre mon mémoire coïncida avec celle où Blondine m'annonça qu'elle avait trouvé quelqu'un d'autre ; c'était à Badgastein, où nous étions en villégiature. Désespéré, je voulus rentrer en France et je m'ouvris de mon malheur à Emmy chez qui j'habitais alors. La consternait davantage qu'aucune ligne de mon étude, qui devait s'intituler pompeusement *Le théâtre de Goethe au Burgtheater*, n'eût été écrite. Elle, qui, depuis que j'habitais chez elle, s'était prise d'une réelle affection pour moi, consentit à commettre un forfait de crainte que je ne m'en aille. Un jour lui suffit pour me procurer un manuscrit en allemand. « Il y est question de théâtre et de Goethe ! » me dit-elle. Sans doute pourrais-je faire accepter par l'université le changement de sujet. Puis je n'aurais plus qu'à traduire ce texte inédit dont son mari disparu était l'auteur. Le manuscrit était intitulé *Du baroque au fascisme. Utopie et société idéale dans les décors de théâtre.* L'auteur en était Manfred Arius. Après l'avoir lu, je dus me rendre à l'évidence que, s'il y était question de théâtre et de Goethe, ce n'était que dans une note ; pour le reste, il s'agissait d'un essai dont le propos était assez éloigné de mon thème. Sans y croire, j'écrivis à mon directeur de maîtrise, en lui faisant part de mon intérêt nouveau pour l'architecture théâtrale, intérêt suscité par les recherches que j'avais faites dans le cadre de mon sujet initial, et lui proposai de rédiger un mémoire sur un aspect sociologique du théâtre autrichien. À ma surprise, il accepta, me faisant part de sa curiosité pour un tel sujet ; il en avait parlé à des collègues et plus précisément à l'un d'eux récemment chargé de créer un institut de théâtre dans l'unité d'allemand de l'université ; on m'encourageait vivement à continuer dans cette voie.

*

C'est en août 1969 que j'entendis pour la première fois le nom d'Arius. Et que je pus le lire gravé dans la pierre. J'étais alors avec Emmy à Badgastein. Elle avait l'habitude d'y faire une cure de plusieurs semaines. Mon père, Anke et moi-même l'y avions rejointe. Elle louait un vaste appartement dans une grosse demeure de style néopalladien de la forestière

Sonnleitenstrasse, demeure où nous restâmes quelques jours. Je ne me souviens plus dans quelles circonstances elle m'indiqua une fois du doigt une pierre de la harpe, à la corniche entre le rez-de-chaussée et le premier étage ; elle portait l'inscription : *K.F. Arius fecit anno 1887.* Elle me dit : « C'est le père de mon mari qui l'a construite ; Manfred y est né et il venait aussi y passer ses vacances quand il était enfant ! Je l'ai connu avant la guerre ; ses parents étaient morts ; la villa, qui avait appartenu à des Juifs, venait d'être aryanisée et transformée en pension de vacances ; on y allait ensemble. Maintenant ce sont des Suisses qui en sont les propriétaires et qui m'en louent une partie, mais j'ai toujours du plaisir à y revenir car ça me rappelle ma jeunesse. »

C'était une très belle maison sans doute mais son intérêt résidait pour moi dans ses étranges chapiteaux de colonnes d'un péristyle qui marquait l'entrée, chapiteaux d'un style corinthien alambiqué où des feuilles d'acanthe, plus fines et plus découpées qu'à l'accoutumée, enserraient une sphère faite de fines étoiles ; cette sphère remplaçait également les habituelles rosettes dans des caissons qui ornaient le plafond d'une ancienne bibliothèque dont on avait fait ma chambre. Quatre ans plus tard, j'y séjournai tout l'été ; j'étais accompagné alors de Blondine, une ancienne élève d'Emmy. C'est précisément dans cette pièce qu'elle me dit un jour qu'elle en avait trouvé un autre.

Bien des années après, j'ai voulu revoir cette villa ; non à cause d'Arius, passé en arrière-plan de mes préoccupations, mais parce que je faisais un pèlerinage sur les lieux de mes anciennes amours autrichiennes. Elle n'existait plus. On l'avait rasée pour y construire ce hideux Sonngastein Holiday Hotel en béton. Encore plus tard, j'ai voulu savoir ce qu'étaient devenus les Suisses. La mairie n'a jamais répondu à ma lettre.

En dehors de ces deux occasions, jamais Emmy ne me parla de son mari lointain. Anke ne me dit guère plus de son père ; elle ne l'avait pas connu. Il avait disparu en 1940, huit mois avant sa naissance. Cela lui suffisait cependant pour trouver des motifs de le haïr. De plus il était prussien, ce qui à Vienne depuis des siècles est un défaut rédhibitoire. Par la suite, elle tenta de me démontrer qu'il n'était pas prussien mais Emmy me confirma que, même si Arius était né à Badgastein – ce qu'il devait à sa mère, dont la famille venait de Hallstatt, situé à une centaine de kilomètres de là –, les Arius étaient originaires de Toruń, autrefois en Prusse-Orientale et depuis 1945 en Pologne. Le patronyme Arius, selon elle, était assez répandu dans le pays de Memel qui depuis la fin de la Seconde Guerre est situé en Lettonie.

Pour quelle raison Anke portait le nom de sa mère, je l'ignore encore, mais je suppose que les circonstances de la guerre pouvaient l'expliquer. De mon côté je n'étais pas curieux d'en savoir plus. Dans la famille, on s'était ingénié à faire disparaître les vestiges de la présence paternelle ; aucune photographie, ni dans les albums ni dans un cadre ; tout juste subsistait un tableau d'assez belle facture signé M. Arius, que longtemps j'avais lu « Marius », et qui représentait Emmy.

Enfin, un disque de Schubert qu'alors j'ignorais lui appartenir ; c'était un enregistrement de l'*Inachevée* par Erich Kleiber daté de 1935, un épais 78 tours en shellac. Parce que je l'écoutais à certains moments de mélancolie et de manière si répétitive – l'électrophone d'Emmy était pourvu d'un dispositif qui permettait de repasser en boucle une face du disque, celle du second mouvement –, cette musique est pour moi restée consubstantielle d'une certaine atmosphère autrichienne énigmatique liée à mon amour pour Blondine. C'est sans doute par nostalgie de celle-ci que j'avais demandé qu'on m'offrît une nouvelle version de ce disque à Noël 1975.

Pour revenir au disque de 1935, est restée en ma mémoire, au point que je suis capable de la réciter par cœur, une mention pâlie portée sur la pochette en papier fort. « À mon camarade Calderón, en souvenir de Brunete, son fidèle Fritz Leissner, 2 septembre 1937. » Je dois préciser que c'est récemment que j'ai su que ce disque appartenait à Manfred Arius. Ce n'est peut-être pas un hasard si cette symphonie était liée à son apparition et je crois que ce surnom de Blondine donné à mon amie est venu de cette Brunete dont il était question sur la pochette du disque.

Je n'eus donc jamais l'occasion de revoir Arius et près de vingt ans passèrent sans que me vînt une quelconque pensée relative à ce personnage. À un point tel qu'en 1990, lorsqu'une revue me demanda un article sur les décors de théâtre jésuite, je me servis sans aucun scrupule de mon vieux mémoire, plagiat coupable du travail d'Arius, pour répondre à cette commande. Cela faisait quinze ans que j'étais rentré en France, quinze ans que je n'avais plus posé le pied à Vienne, que je menais la vie normale d'un homme récemment divorcé, faite de quelques aventures amoureuses, quinze ans que j'étais – grâce à ce mémoire – professeur agrégé d'allemand dans un lycée de N... en Champagne. Tout aurait pu continuer ainsi de manière réglée si, comme le convive de pierre, Arius, ou son ombre, n'était pas venu d'un coup me demander des comptes.

*

Quelles furent les causes de mon divorce ? À première vue et si je m'en tiens à ce que des proches compatissants ont bien voulu m'en dire, un manque d'affinités avec mon épouse. L'usure aussi. À quoi s'ajoutait l'air du temps. Rien que de très banal. Pourtant, lorsque j'observe les circonstances de cette affaire, il me semble que tout était joué avant même mon mariage. Pourtant, ce terme a l'air de poser comme exceptionnelles ces circonstances. C'est un truisme que de dire que, dans un divorce, tout est joué d'avance depuis longtemps, avant même le mariage. En tout cas, pour ce qui me concerne, je vois que des forces très anciennes se sont combinées pour que tout arrivât ainsi, et par *ainsi* j'entends pour qu'enfin je me trouve libéré de contraintes qui m'empêchaient de répondre à une réquisition mystérieuse.

Relativement aux motifs de ma séparation, je les tairai car ils auraient pu prendre une autre forme que cela n'aurait rien changé à la nécessité qui commandait que je sois désormais plus disponible à cette réquisition insoupçonnée. Ce que je peux dire c'est que, sans signes avant-coureurs, la crise commença en 1989 ; disputes, larmes, réconciliations temporaires se succédèrent. Les derniers développements, qui furent les plus violents, arrivèrent à l'automne 1989 et je me souviens d'affrontements désespérants au moment même où la télévision montrait les images de la réunification des deux parties de l'Allemagne.

En revanche je crois nécessaire d'ajouter que ma belle-mère, Anke, dès qu'elle eut vent des premiers signes de mes problèmes matrimoniaux, n'eut de cesse que je divorce car elle sentait que j'allais me perdre. Mais je sais maintenant que quelque chose enfoui dans les lignes de mon mémoire devait commencer à s'impatienter. Il était caché comme l'instrument d'un crime sous des piles de paperasses dans les combles de notre maison. Je n'eus aucune difficulté à le retrouver pour répondre à la demande de la revue. Aucune peine non plus à en retravailler la matière pour cet article. Je ne vivais déjà plus avec ma femme, et quand notre divorce fut prononcé mon étude était prête. Le directeur de la revue m'en fit des éloges. Durant le temps que m'occupa ce travail, je n'eus pas une pensée pour Arius, tant j'avais fini par m'approprier son œuvre dont aux yeux de tous j'étais l'auteur. Et je me souviens que mon article venait de paraître lorsque je repris le chemin de Vienne, pour mes premières vacances d'été de jeune divorcé.

La ville n'avait plus rien de commun avec ce que j'avais connu ; elle n'appartenait plus à ce monde de l'Est si exotique autrefois pour moi ; la Kärntner Strasse, les étroits Kohlmarkt et Graben, où j'avais vu mon père garer sa voiture, avaient été condamnés au piétonnisme, et des rames de métro faisaient vibrer les fondations d'un décor que j'avais connu complètement immobile. Emmy était morte depuis quatorze ans. L'appartement de la Kandlgasse avait été vendu à des étrangers. Je logeais dans un petit studio de la Wollzeile qu'Anke avait acheté après son mariage avec mon père et qui était avant tout un placement. Dès lors ce furent des séjours réguliers à Vienne où j'avais gardé quelques relations de l'époque où j'y avais travaillé. La mort de mon père peu de temps après mon divorce accéléra encore ce nouveau rapprochement au monde viennois. Je me sentis des obligations à l'égard de sa veuve, encore jeune ; elle avait cinquante ans et était, sans doute par ma faute, restée sans enfants.

*

J'aurais dû avoir le courage de refuser le manuscrit d'Arius. Mais bien avant déjà j'étais désigné pour être un de ceux dont les mauvais choix allaient mettre en branle la machine qui devait conduire à la catastrophe.

Abandonner le récit de ces événements tant ils éveillent en moi des hantises et répulsions : peut-être cela vaudrait-il mieux. Certaines terreurs d'enfant, des angoisses d'adolescent n'avaient pu être conjurées que par des pratiques magiques qui, avec le recul du temps, me semblent avoir été proches d'une certaine folie. Puis avec l'âge adulte les ombres avaient été bannies. Or quelque chose de cette magie menaçante semble aujourd'hui se remettre à agir.

Comment puis-je ne pas voir à la lumière d'événements récents que l'apparition d'Arius, le lendemain de Noël 1975, s'inscrivait dans un paysage mythique, celui de Landsberg-am-Lech, où durant la guerre mon père avait été en prison, paysage ouvert alors que celui-ci, ma belle-mère, mon frère et moi étions en route pour Vienne ?

Je reviens à mon unique rencontre avec Arius ce fameux Noël. Voici les circonstances qui l'avaient précédée. Cela faisait donc un peu plus d'un an et demi que j'étais rentré d'Autriche en France avec ce chagrin de Badgastein ; j'avais indûment obtenu ma maîtrise et fait mon premier remplacement dans l'Éducation nationale. Je m'étais lié avec celle qui devait devenir ma femme. C'était le signe que la page des périls était tournée. Et voici qu'il fallait retourner à Vienne pour Noël, une dernière fois, me disais-je. J'étais très réticent car il me semblait que cette malheureuse page viennoise avait été définitivement tournée.

Je quittai ma ville de N… dès le premier jour des vacances de Noël. Comme je l'ai déjà dit, mon frère m'accompagnait.

Nous prîmes le train jusqu'à Bâle où nous retrouvâmes mon père et Anke. De là nous rejoignîmes Vienne en voiture en passant par la Suisse et la Bavière. Toute la campagne était enneigée. En fin d'après-midi, alors que la nuit commençait de tomber, nuit pure et scintillante montant de l'est tandis que derrière nous la ligne des Alpes ébréchait le ciel encore lumineux, nous traversâmes Landsberg-am-Lech. Mon père ne résista pas au plaisir de nous faire passer devant la prison où il avait vécu six mois de l'année 1943 et qu'il nous dit avoir été celle de Hitler après le putsch raté de Munich vingt ans plus tôt. C'était moi qui avais pris le volant et j'étais trop concentré sur la route et me morfondais tant d'avoir quitté pour quelques jours ma bien-aimée française pour attacher de l'importance à ce monument qui aurait dû retenir toute mon attention puisque, de longue date, c'était un lieu puissant dans l'épopée paternelle. Enfin, j'étais trop occupé à me sauver de l'emprise des ombres ou des dieux. À échapper aux malédictions familiales.

Le 31 décembre qui suivit l'apparition d'Arius et de sa fille chez Emmy, Anke devait les revoir à leur hôtel ; je la chargeai d'un petit cadeau pour la fillette, un livre pour enfants que sur ses conseils j'avais acheté à la librairie Prachner dans la Kärtner Strasse. J'eus la légèreté de croire qu'ainsi je serais quitte à l'égard d'Arius et de la petite fille. Le soir de ce même jour, nous nous rendîmes au bal de la Hofburg pour y retrouver des amis d'Emmy et leurs petites-filles, un peu plus jeunes que mon frère et moi. Je vois maintenant que c'étaient les tentatives ultimes d'Anke pour me retenir à Vienne. Tentatives grossières mais qui aujourd'hui me touchent. Et il me faut revenir à ce sujet fatal que furent mes relations avec ma belle-mère.

Je fus le premier à lui être présenté. J'étais à peine sorti de l'adolescence lorsque mon père m'annonça qu'il allait se remarier. Évidemment avec une Autrichienne. C'était une évidence parce que, depuis quelques années, les rares fois qu'il était à N..., il nous amenait tour à tour ses secrétaires, allemandes ou autrichiennes. Toutes jeunes et jolies. Je ne sais comment elles pouvaient atterrir dans une entreprise de N... et dans son bureau. À cette époque, où la plupart du temps il était en Allemagne pour ses affaires, mon frère et moi ne voyions pas malice dans le fait que, les quelques dimanches qu'il passait avec ma mère et nous, il venait avec sa secrétaire qui s'ennuyait toute seule dans notre ville. Ma mère ne disait rien ; c'est plus tard, quelques années avant sa mort prématurée, qu'elle m'en parla, sans véritable acrimonie d'ailleurs.

Je ne savais alors comment ces déesses surgissaient mais je sais pourquoi aujourd'hui et c'est peut-être tout l'objet de ce que j'écris ici. Comme je sais pourquoi je fus le premier à être présenté à Anke, laquelle avait à peine dix ans de plus que moi et vingt ans de moins que mon père. D'abord pour que je puisse quelques mois plus tard prendre la direction de Vienne.

*

À sa mort, au mois de mai 2003, Anke n'avait plus guère de famille en Autriche ; quelques cousins éloignés avec lesquels elle entretenait peu de relations et elle vivait depuis si longtemps en France que ne l'avaient vraiment rapprochée de son pays ni le fait qu'elle eût encore le petit appartement à Vienne ni les séjours que nous y faisions régulièrement depuis mon divorce, à l'occasion de Noël, pour quelques sorties au théâtre, ou de la Toussaint pour se rendre sur la tombe de sa mère. Mon frère et moi étions sa seule vraie famille et elle avait tenu, se sentant malade, à nous adopter légalement. Elle fut enterrée dans le village des Vosges où elle vivait depuis vingt ans, installée dans une maison monumentale. C'est un mois après ses obsèques que mon frère et moi reçûmes un courrier de son notaire viennois, le *doktor* Beck. Il fallait en effet régler la succession. Mon frère étant pris par son travail, je me rendis seul à Vienne au début du mois de juillet, moment où j'étais libéré de mes obligations professionnelles.

Je m'établis dans le petit appartement de la Wollzeile, à quelques numéros de la librairie où j'avais travaillé comme coursier en 1974. Je comptais y passer une partie de l'été dans le souvenir d'Anke, elle qui avait enchanté ma jeunesse. Le lendemain de mon arrivée, je me rendis chez le notaire pour l'ouverture du testament de ma belle-mère. Je ne pensais à aucune surprise, bonne ou mauvaise, puisqu'elle nous avait tenus depuis longtemps au courant des dispositions qu'elle avait prises : j'héritais de l'appartement de Vienne, la propriété des Vosges revenant à mon frère. Celui-ci n'avait présenté aucune objection à ce partage. Pour ces points, le testament déposé chez Beck était tout à fait conforme à ce qu'Anke m'avait annoncé. « Indépendamment de ces dispositions, dit Beck, un autre bien se trouve concerné par la succession. Je ne sais si madame votre belle-mère vous en avait parlé, car elle a toujours laissé cette affaire en suspens. Il y a un appartement à Potsdam ; il lui vient de son père qui est mort il y a quelques années ; il serait judicieux de régler cela rapidement avec mon collègue Schuster, notaire à Potsdam ; faute de quoi, cela pourrait avoir des conséquences fâcheuses pour vous et votre frère ; il s'agit d'un logement vétuste et on ne sait jamais ce qui peut arriver ; c'est une responsabilité ! »

Comme je sortais de l'étude du notaire, je me trouvai plongé dans une rêverie désagréable. Bien sûr, je me rappelai la brève scène de Noël 1975. Mon forfait aussi. Stupidement je me réjouis que Manfred Arius fût mort ; savait-on jamais qu'il fût encore vivant ; comment aurais-je pu paraître devant lui sans trembler ? Puis je me demandai comment il se pouvait qu'Anke m'eût caché cette disposition testamentaire de son père. Elle ne m'en avait pas tu la mort. Je me souvins qu'elle avait dû se rendre à Vienne (mais en vérité c'était Potsdam) pour son enterrement, bien qu'elle ne l'eût plus vu depuis trente ans. Sans doute était-elle toujours embarrassée par ce lien qui n'en était pas un et cela expliquait qu'elle eût laissé cet héritage sans le refuser ni l'accepter, me confiant le soin de liquider cette affaire.

Mon frère me donna carte blanche pour régler ce problème. Je pris contact avec l'étude Schuster de Potsdam. Une secrétaire me fit comprendre que je ne pouvais faire autrement que de m'y rendre. J'y arrivai dans les derniers jours de juillet 2003, alors que la canicule commençait d'y faire sentir ses effets.

*

Si je n'ai jamais revu Arius depuis 1975, si, au sujet de sa présence à Vienne, je n'ai pu me fier qu'à quelques traces tangibles qu'il y avait laissées, j'eus aussi, comme je l'ai déjà dit, de rares occasions d'en entendre parler. Par Anke qui n'abordait le sujet que pour insister sur la situation dramatique dans laquelle, en 1940, il les avait abandonnées, elle et sa mère.

À la suite d'un bombardement allié qui eut lieu après la disparition de Manfred Arius, l'immeuble de la Kandlgasse avait été endommagé et, comme ses émoluments de professeur de chimie ne permettaient pas à Emmy de songer à louer ailleurs un autre appartement, elle et Anke, âgée de quelques mois, avaient été recueillies alors par l'oncle Leopold, qui tenait une boutique de prothèses dans le Ier arrondissement. Durant mes premiers séjours à Vienne, la concierge d'Emmy me montra dans la cour de l'immeuble une fissure qui, colmatée avec du ciment, parcourait le pignon du faîte jusqu'au premier étage ; c'était une trace de bombardement. Après la guerre, le pignon avait été réparé ; dans les appartements, on avait replâtré et retapissé par-dessus. Emmy et sa fille passèrent le mois de février 1945 chez l'oncle, puis elles émigrèrent dans un immeuble du IIe arrondissement, plus populaire, où les loyers étaient moins chers. C'était un mauvais calcul ; deux mois après le quartier passait officiellement sous contrôle soviétique.

Lorsque j'arrivai à Vienne, on ne parlait plus de la guerre, de voisins juifs disparus, ni de Manfred Arius. Sur tous les manques, on avait posé le papier peint des années soixante, style miracle économique, papier moderne coloré qui masquait les béances mal refermées de l'Histoire.

Je vis encore paraître le nom d'Arius sur l'écran d'une visionneuse chez les mormons de Salt Lake City en 1995, soit cinq ans après mon divorce et deux ans après la mort de mon père, et je dois ici parler de ce voyage aux États-Unis, dont le souvenir me hante aussi. J'aurais pu en faire un livre et, pour paraphraser Graham Greene, il se serait appelé *Voyage avec ma belle-mère.* Elle connaissait bien les États-Unis pour s'y rendre souvent dans le cadre de son travail.

Elle y avait aussi des amis et de vagues cousins, quincailliers à Chicago. Quand elle me proposa de l'accompagner, elle me dit sans détour que, comme mon père ne pouvait plus y aller, il me revenait de la suivre.

À cause d'un fait que l'on pourrait considérer comme mineur, ce voyage éclaire la singularité de mes rapports avec Anke. Il arriva lors d'une visite que nous fîmes à l'une de ses relations d'affaires, Gordon Miller-Asquith, un vieil Américain chez qui elle était déjà allée plusieurs fois avec mon père quelques années auparavant. Il habitait une magnifique maison de granit et de verre dans les Rocheuses près d'un lieu qui s'appelle Jackson Hole. Anke l'avait prévenu de ma présence. Mais peut-être s'était-elle mal fait comprendre ou Gordon était-il distrait : une extraordinaire confusion inaugura cette visite. Elle se produisit juste après qu'il nous eut ouvert sa porte. Avant même que nous ayons échangé une première parole, Gordon me saisit entre ses bras et me pressa contre lui en me disant : « *My dear old chap !* » ; il m'avait confondu avec mon père. Et c'est vrai que je lui ressemblais ; de plus en plus et au point même qu'un jour je surpris une expression étrange sur le visage d'Anke, alors que de retour d'une promenade dans la forêt alentour de sa maison des Vosges, je lui étais apparu revêtu du vieil imperméable et de la casquette paternels, restés dans une penderie depuis sa mort. Je n'imagine pas autrement l'air de qui voit surgir devant lui le fantôme d'un être avec qui il a partagé les choses les plus intimes.

Deux jours après notre visite à Gordon, nous étions à Salt Lake City. On s'amusa de ce lieu, car Anke s'amusait de tout, puis on se rendit à ces fameuses archives généalogiques mondiales constituées par les mormons pour baptiser tous les défunts du monde. Un employé nous installa à une visionneuse qui nous permit de faire des recherches sur les Stadler de Vienne, Emmy, l'oncle Leopold, et enfin Manfred Arius, né le 22 novembre 1900 à Badgastein de l'union de Karl Friedrich Arius et d'Anna Maria Pötzner.

2

Bien que je sois parti assez tôt de mon hôtel de Berlin, je me suis présenté avec une heure de retard chez le notaire Schuster. J'avais eu la mauvaise idée d'aller à Potsdam avec ce qui s'appelle ici le S-Bahn, l'équivalent de notre RER parisien. Entre la gare de Griebnitzsee et celle de Potsdam, la rame que j'avais prise avait dû être stoppée à cause d'un feu de broussailles. Enfin arrivé à la gare de Potsdam, je n'avais pas trouvé le départ des taxis parce que je m'étais trompé de sortie.

Chez le notaire, on avait fait passer d'autres clients. Une femme attendait. Il s'agissait d'une grande brune d'une quarantaine d'années, à peau très pâle avec des lunettes de myope, des lunettes à monture dans le style papillon comme en portaient les Américaines dans les années cinquante. Elle était vêtue d'un simple tee-shirt et d'un jean. Ayant fait mienne cette idée du dramaturge anglais Marlowe : « Il n'y a pas de beauté sans quelque chose d'étrange », je suis peu sensible à la beauté canonique des femmes : m'intéresse toujours qu'un léger défaut, un léger déséquilibre dérange la perfection et, dans le cas de cette femme, c'étaient cette monture et des verres épais qui enchâssaient comme les veines d'une agate des yeux très bleus. Je n'ai pas eu le temps de la détailler longtemps car elle s'est adressée à moi. « Permettez que je me présente : Marianne Carstens ! Vous êtes sans doute le beau-fils d'Anke Stadler ! » Et comme j'acquiesçais, elle me tendit la main et déclara : « Je suis l'exécutrice testamentaire de Manfred Arius ; maître Schuster et moi vous attendions ! » J'expliquais les causes de mon retard quand le notaire nous fit entrer dans son bureau. Il dit qu'il était enchanté de faire la connaissance du représentant de la branche viennoise des Arius. Puis, désignant du regard Marianne Carstens : « Je vois que vous avez fait connaissance avec Mme Carstens qui est l'exécutrice testamentaire de feu Manfred Arius. Lors de l'ouverture du testament de son père, votre belle-mère n'avait pas rencontré Mme Carstens, parce qu'elle était en Afrique ; en tout cas, elle semblait d'accord pour faire don de l'appartement de M. Arius aux missions protestantes berlinoises représentées par Mme Carstens. Malheureusement, elle a laissé toute l'affaire en suspens malgré mes courriers insistants, si bien que c'est à vous qu'il incombe de le faire ! » Bien sûr, Anke ne m'avait jamais parlé de ce point évoqué à l'occasion des obsèques de son père dont j'avais cru qu'elles avaient eu lieu à Vienne.

Schuster commença à lire le testament d'Arius. Avant d'énumérer les différentes clauses, il désignait comme son exécutrice testamentaire Marianne Carstens, demeurant à Potsdam et pasteur aux missions protestantes berlinoises. La mention de cette qualité de pasteur me fit me tourner brièvement vers Marianne, assise à côté de moi. Elle le remarqua et son visage prit une expression un peu raide. J'aurais pu rêver à cette femme attirante et qui avait un rapport privilégié avec Dieu si Schuster n'avait haussé le ton pour se rappeler à mon attention.

Les clauses du testament furent pour moi l'occasion de

découvrir un monde inconnu et d'avoir le sentiment de retourner à un autre familier bien qu'oublié depuis longtemps. L'inconnu, c'étaient ces noms de lieux : Kartzow – Arius y avait un jardin qu'il léguait à une œuvre caritative dont s'occupait Marianne Carstens –, Albacete, ville d'Espagne, au musée de laquelle il léguait deux dessins qu'il avait faits durant la guerre civile, Balachikha en Russie, au musée de quoi revenait une collection de photographies anciennes. Le monde retrouvé, c'était Vienne, Porzellangasse à une adresse à laquelle Arius désirait que soient remis des papiers, enfin Badgastein où l'on devait retrouver une famille pour lui remettre un tableau.

Schuster en vint à l'appartement de Potsdam qui, mis sous scellés, allait à ma belle-mère et, depuis son décès, à ses héritiers. Il en fit une description rapide mais fit observer qu'il était plus sage que je le voie avant de prendre une décision. Il nécessitait des travaux que je ne serais peut-être pas disposé à faire, surtout au regard des droits de succession et du peu de valeur qu'il aurait, même remis à neuf. Le mieux selon lui serait d'en faire don aux missions protestantes. Marianne prit la parole : « Nous irons ensemble demain ; vous pourrez juger par vous-même ! »

Comme nous allions prendre congé du notaire, il dit qu'il y avait également une question en souffrance : c'était la tombe d'Arius. De récentes intempéries avaient causé quelques dégâts qu'il serait urgent de faire réparer. Marianne Carstens avait profité de ma venue pour prendre rendez-vous avec une entreprise de maçonnerie le lendemain et je pourrais moi-même donner mon avis. Je la quittai sur le trottoir à la sortie de l'étude du notaire après que nous nous fûmes entendus pour nous retrouver à l'entrée du Cimetière neuf de Potsdam, à l'heure fixée par le maçon.

J'ai achevé la journée assis sur un banc, à Wannsee, à considérer la lente sédimentation du soir au-dessus du lac et des forêts du Nord-Est et à songer à Marianne dont l'apparition m'intéressait de plus en plus. Je crois que j'étais bêtement en train de devenir amoureux. Il pouvait y avoir toutes sortes de raisons à mon sentiment. Qu'elle fût allemande, comme les maîtresses de mon père, surtout qu'elle fût pasteur, car je dois dire que je n'ai jamais pu concevoir mon amour pour les femmes de l'Est sans une qualité de transcendance, ce qui de manière générale ne m'avait causé que des déboires avec elles ; qu'elle eût donc un lien privilégié avec le Ciel lui conférait à mes yeux un charme irréfragable.

La dernière liaison que j'avais eue avait cessé depuis deux ans ; il s'agissait d'une de mes collègues de travail, une Lituanienne assez jolie ; je crois que c'est ma seule expérience du coup de foudre. Cela s'était produit dix ans auparavant dans la salle des professeurs de mon établissement, lorsqu'elle était arrivée, en cours d'année. Le malheur avait été que justement je cherchais à mêler le Ciel à tout cela. Ce furent dix ans d'incessantes chamailleries. Après quoi, chacun s'étant lassé, elle s'en alla sans que j'en souffre, même s'il m'arrive de rêver d'elle encore.

Mais Marianne. La quarantaine, son regard d'agate, sa pâleur, son service à Dieu et ses relations avec Arius. Ce qui confère à l'amour sa transcendance est qu'il prétend – et c'est son astuce – à une signification supérieure, que l'on pourrait dire poétique ; tous les événements qu'il régit semblent rimer. Or c'était bien ce qui se passait avec l'apparition de Marianne, qui venait aussi comme l'accomplissement de quelque chose dont ma Lituanienne n'avait été, me semble-t-il maintenant, qu'une simple étape.

*

Comme nous en étions convenus la veille, Marianne m'attendait à la gare de Potsdam peu avant midi. Elle était en robe d'été et se tenait au volant d'une vieille coccinelle décapotée. Elle m'a annoncé qu'après le cimetière nous étions invités à déjeuner chez des amis d'Arius qui désiraient faire ma connaissance. Elle s'est reprise tout de suite : « J'aurais pu vous demander si vous étiez libre ! » J'ai répondu que je la suivrais avec plaisir. Nous avons pris la direction du Cimetière neuf. Pendant le trajet, elle m'a posé des questions sur les Stadler, sur leur vie, sur le remariage de mon père, sur mes liens avec Vienne ; l'étonnait que je sois devenu si viennois.

Je me souviens que juste après qu'elle eut garé sa voiture, alors qu'elle venait d'en descendre, Marianne a refermé la portière sur le bas de sa robe qui flottait. Elle a dit tout simplement que cela faisait si longtemps qu'elle portait des pantalons qu'elle n'avait plus l'habitude des robes. J'aurais bien voulu lui demander pourquoi ce jour elle avait choisi d'en porter une.

Alors que nous marchions dans une allée aux tombes anciennes et monumentales, elle m'en a indiqué une en forme de temple grec dans un style néoclassique assez sévère ; elle était bardée de plaques de marbre gravées d'inscriptions. C'était le caveau de la famille Arius depuis la création du cimetière, en 1868. Pourtant le défunt Manfred devait être enterré dans sa partie récente ; là, plus rien de l'ostentation funèbre d'autrefois. Sa tombe se trouvait dans un lieu gazonné ; c'était un cadre de granit débordant de lierre et surmonté d'une simple stèle qui portait les mentions : Manfred Arius 1900-2001 et Jeanette Arius 1968-1999. J'ai été transporté à cette brève mais capitale scène de Noël 1975.

La petite fille – oui, son prénom me revenait à la mémoire – qui avait rayé mon disque, qui s'était fait gronder par son père et dont les larmes avaient mouillé ma joue au moment où elle m'embrassait, était devenue une jeune femme et elle était morte. J'ai dit à Marianne que j'avais connu Jeanette lorsqu'elle était enfant, à Vienne et, sans avoir le courage de lui avouer comment j'avais pillé un manuscrit d'Arius, je lui ai raconté le petit drame dont nous avions tous deux été les acteurs. Elle m'a dit qu'elle était très touchée de mon récit.

Le maçon avec lequel nous avions rendez-vous est arrivé. Marianne lui a montré sur le côté de la tombe un ravinement qui se creusait de manière sinistre sous la dalle. L'artisan a dit qu'il faudrait sans doute tout reprendre. Il a fait ses métrés et a promis d'envoyer rapidement un devis ; enfin, il a pris congé. Marianne a commencé à faire un peu de nettoyage puis elle a arrosé les plantes disposées sur la tombe, ce à quoi je l'ai aidée. En enlevant une masse de lierre, j'ai découvert une plaque de marbre noir, gravée comme on en fait de nos jours selon je ne sais quelle technique, et qui présente en incrustation la photographie du défunt.

C'était bien sûr le visage de Jeanette, que je découvrais ainsi sous le lierre et figé dans la minéralité du marbre. L'accompagnait l'inscription en allemand : « À notre fiancée du Harrar. Marat et Kai. » Que dire de ce visage de jeune femme sinon que lui aussi était l'occasion d'une révélation ? Je me suis trouvé à entendre une musique, inaudible, je veux dire une musique longtemps oubliée et dont l'écoute soudaine fait réapparaître une atmosphère qui a entouré un être, et cet être était Anke Stadler, telle que je l'avais connue il y avait des décennies dans les premières années du remariage de mon père. Ce n'était pas vraiment dû à une ressemblance précise que j'aurais pu identifier comme un thème « Arius », à savoir l'œil vif et la fine lèvre inférieure remontée presque imperceptiblement sur la supérieure comme pour mordre la vie. Non, c'était plutôt une émanation spirituelle, quelque chose d'aussi puissant – mais immatériel et fugace – que de la musique ou un brouillard. Aussi attrayant que lorsqu'on entend une nouvelle interprétation d'une sonate ou d'une symphonie après avoir pendant quarante ans écouté la même version de cette œuvre.

Nous étions attendus chez Anatoli et Silke Werjowkin, un couple qui avait connu Manfred Arius et qui s'était occupé de Jeanette avant sa mort. Ils avaient racheté la demeure construite par le père de Manfred ; c'est là que la famille avait vécu au début du siècle. Anatoli est un Russe qui a été officier à Potsdam jusqu'au « Tournant », c'est-à-dire la fin de la RDA ; après il a fait fortune dans l'import-export, grâce à une espèce de soda. Sa femme, Silke, est une amie de longue date de Liselotte (Lilo) Hasslinger, divorcée d'Arius et mère de Jeanette. Comme Silke, elle est une ancienne élève de Manfred. Tout ce petit monde s'était réuni dix ans plus tôt pour former une association vouée à la redécouverte de l'œuvre d'Arius, car celui-ci, non content d'avoir été architecte et décorateur de théâtre, avait été un excellent peintre. Malheureusement, il n'avait rien fait pour la postérité de son œuvre et surtout, depuis le début des années quatre-vingt, il était entré dans une forme de dépression qui avait entraîné un repli sur lui-même. Il ne s'était plus occupé que de petits théâtres en papier. Marianne m'a expliqué tout cela dans la voiture.

Neubabelsberg, où se trouve la propriété des Werjowkin, est un quartier situé à l'ouest de Berlin, peu avant Potsdam. Ce lieu verdoyant est agrémenté du lac de Griebnitz. Depuis le début du siècle, c'est un des secteurs les plus recherchés des alentours de Berlin ; des artistes, des écrivains, des hommes politiques, toutes sortes de célébrités s'y sont établies dans des demeures somptueuses de tous les styles, wilhelminien, néo-classique, troubadour anglais, Bauhaus, enfin d'une modernité absolue. C'est également en ce lieu que résidaient les trois Grands, Truman, Churchill et Staline, lors de la conférence de Potsdam. La propriété donne sur la Virchowstrasse, l'une des rues les mieux fréquentées du quartier.

Lorsque, après avoir passé l'entrée et une courte allée de tilleuls, nous avons débouché devant la maison, j'ai vu qu'elle était la réplique fidèle de la villa Arius à Badgastein, celle où j'avais passé plusieurs étés en compagnie d'Emmy, et parfois de mon père et d'Anke.

Les Werjowkin m'ont reçu avec beaucoup de démonstrations amicales ; au début Lilo et son mari, également présents, ont été plus froids et sont restés un peu à l'écart. On me posait beaucoup de questions sur Anke et j'étais à leur répondre quand Lilo s'est approchée de moi pour me dire avec un sourire préparé sans doute de longue date : « Alors voilà le beau-fils de la belle Anke qui fut ravie par le chevalier Grant lorsqu'il la prit en croupe pour lui faire sauter le Mur ! » J'aurais bien voulu avoir quelques explications sur ces paroles énigmatiques mais Marianne, qui s'était absentée un instant, est revenue en compagnie d'un personnage à cheveux blancs et veste claire, qui jusqu'alors s'était lui aussi tenu en retrait bien qu'il me dévisageât avec soin. Encore des présentations ; « il s'appelle Joachim Larcher », elle a prononcé à la française, et lui-même d'ajouter qu'il descendait de huguenots cévenols. Il m'a pris doucement par le bras, m'a invité à m'asseoir près de lui et, comme les autres s'étaient éloignés, il m'a dit avec un regard pénétrant, presque affectueux : « Vous ignorez tout de moi, mais je sais bien des choses sur vous que tout le monde ici ignore. Lorsque je vous ai vu sortir de la voiture de Marianne, j'ai cru à une illusion. Mais après ce qu'elle vient de me dire, et en raison de cette ressemblance étonnante, je sais que vous êtes le fils de Grant que j'ai connu il y a quarante ans, du temps qu'il venait faire des affaires à Leipzig. Il me parlait souvent de ses enfants et particulièrement de vous. »

Il semblait en proie à quelque chose d'effusif ; je crus à une méprise, ce nom de Grant, prononcé comme celui de l'acteur, ne me disant rien. Il m'expliqua que c'était le surnom donné à Jean, mon père, à la prison de Landsberg. Par affection, des prisonniers français appelaient mon père « grand », ce qu'il était ; « grand » était devenu « Grant » chez les compagnons allemands et ce surnom lui était resté ici.

Comme gêné de s'être fourvoyé sur cette voie trop intime, mon aimable interlocuteur est parti dans une autre direction : « Je l'ai rencontré en 1959 à la foire de Leipzig, je travaillais au ministère du Commerce extérieur de RDA chargé des relations avec les industriels français. Vous savez qu'ils étaient privilégiés chez nous parce que la France avait un parti communiste établi. Votre père était un libéral, ancien du MRP, je crois ; moi, j'étais membre du SED, le parti officiel, mais on a tout de suite sympathisé. Il aimait les gens, la fête, toujours correct ; c'était un charmeur, un causeur, un danseur infatigable et un boute-en-train sensationnel. Je me souviens qu'un soir à l'Interhotel de Leipzig il s'était mêlé, micro en main, à un orchestre cubain pour chanter un chachacha en poussant ces curieux petits cris qui à certains moments marquent cette musique ! Les gars lui ont demandé après s'il voulait participer à l'enregistrement d'un disque qu'ils devaient faire avant de repartir pour leur pays ; les clients de l'hôtel étaient enchantés, et moi aussi… C'est lui qui m'a fait rencontrer Arius… Ils avaient été très intimes ; pensez donc ! trois mois dans le même commando à Landsberg et je sais qu'ils se sont bien entendus ; surtout c'est grâce à votre père qu'Arius a pu s'évader. Par la suite, ils se sont perdus de vue, mais ils ont fini par se retrouver à Leipzig ; au début des années soixante je crois. C'est dommage que j'aie été muté à l'étranger ; je ne l'ai revu que fugitivement lors des foires de Leipzig et, quand je suis définitivement revenu après 1968, votre père n'a plus reparu ! »

*

Le jour suivant la réception chez les Werjowkin, je suis retourné à Potsdam pensant y être plus préservé de la chaleur qu'à Berlin. Il faisait toujours aussi chaud mais, sous les ombrages du parc du palais de Sanssouci, était-ce encore le sentiment d'un visage viennois effacé par les ans ? Je me suis trouvé très bien à me rappeler un été d'il y avait trente ans, à Vienne, dans le parc de Schönbrunn quand ce visage présida à ma jeunesse et à des étés fastueux faits de palais baroques, de nuées ensoleillées et de frondaisons parfumées. Puis je suis revenu à cette révélation qui depuis la veille n'avait fait qu'occuper mon esprit : mon père avait connu Arius, son beau-père, bien avant Anke et Emmy : personne, ni lui ni ces dernières, ne nous en avait rien dit. Pourquoi nous avait-on caché ces faits ?

Alors j'ai pris le tram pour me rendre au cimetière et revoir cette photo de Jeanette gelée dans le marbre. Là, la tombe des ancêtres Arius a retenu un moment mon attention. Sur les côtés de mausolée de style grec, des plaques de marbre blanc aux inscriptions dorées indiquaient les noms des occupants avec leurs titres ; je ne relève que les plus importants pour cette histoire : Konstantin Arius (1766-1825), aérostier et photographe ; son épouse, Luise Enslen (1775-1837), cantatrice de la Chambre royale ; Theodor Arius (1815-1885), conseiller des bâtiments aux cours de Prusse et de Saxe ; Nelson Arius (1847-1933), aérostier et photographe. Une plaque d'un marbre d'une autre couleur portait le nom de Karl Friedrich (architecte), né en 1865 mais sans date de décès, et indiquait : disparu au service de la Couronne en Russie, c'était le père de Manfred Arius, l'architecte des villas de Badgastein et de Potsdam-Neubabelsberg.

Lorsque j'ai pris la direction de la partie récente du cimetière, c'était comme si j'allais à un second rendez-vous avec une petite fiancée d'autrefois et je ne sais quelle félicité me gagnait. Le soleil matinal éclairait la tombe de Manfred et de Jeanette. À midi j'étais chez Lilo et Paul Hasslinger pour répondre à une invitation qu'ils m'avaient faite la veille.

*

Le souvenir que j'avais pillé deux fois Arius m'a encore tourmenté alors que je finissais de déjeuner avec Marianne et les Hasslinger dans leur appartement d'un immeuble de fabrication RDA sur les bords de la Havel, tout près d'une fausse mosquée dont on m'a expliqué qu'elle abritait autrefois une machine à vapeur. On était à boire un mousseux très vert lorsque Lilo a ouvert des albums de photographies de la famille et j'ai vu Anke, mon père et Lilo à une terrasse d'Unter den Linden. « C'est Arius qui l'a prise, m'a dit Lilo. Peu de temps avant leur départ ! » Je me suis souvenu de ses paroles énigmatiques de la veille et lui ai demandé des explications. « Comment ? Vous ne savez pas ? Vous m'étonnez ! Et toi, Marianne, tu ne lui as pas dit ? Mais votre père a carrément enlevé votre belle-mère pour la faire passer à l'Ouest ! » Je ne pus qu'avaler une gorgée de mousseux. Marianne ajouta sèchement : « Tu penses bien qu'il l'a toujours su ! En France, on ne fait pas de secrets comme chez nous ! N'est-ce pas ? » fit-elle en s'adressant à moi. J'acquiesçai tout en tournant les pages d'un album pour me donner une contenance et me remettre de mon abasourdissement. M'en tira une photo de Jeanette à l'âge de douze ans en grande tenue des pionniers Thälmann, jupe bleue et chemisier blanc, foulard bleu noué autour du cou, dans la clairière ensoleillée d'une pinède, puis une autre, toujours Jeanette au même âge, mais propulsée en maillot de sport dans le ciel d'un championnat de gymnastique. Finalement, cet enlèvement, c'était plutôt amusant, bien dans le style de mon père, et Jeanette était si belle avec son uniforme.

Autre photo : Jeanette à quatorze ans, avec une natte couronnant sa tête, et faisant le salut des pionniers, c'était celle dont je rêvais au même âge. J'aime beaucoup les uniformes féminins ; en revanche, il y a des uniformes qui n'en sont pas : le blue-jean avec son bleu lamentable, le tee-shirt flottant ou non, habits communément répandus de par le monde. Pourtant Jeanette en 1983 – elle devait avoir quinze ans – posant devant la maison de Rimbaud à Charleville, en blue-jean, coiffée d'un béret, il fallait que ce fût elle pour faire oublier ce travers. Des photos plus récentes, aussi : Jeanette quelques années avant sa mort, à Bad Goisern, en Haute-Autriche, en *Dirndl*, le costume tyrolien des femmes. Sa mère me dit qu'elle y était allée en 1992 sur les traces du passé de son père alors très malade. Peu de temps auparavant, celui-ci lui avait appris ses origines autrichiennes ; elle s'en était amusée, avait commencé à se considérer désormais comme à demi autrichienne et à porter des robes tyroliennes.

Mais je revenais sans cesse aux photos des pionniers, ce que Marianne remarqua. Et elle me le dit lorsqu'elle me ramena à la gare de Potsdam ; je lui expliquai que c'était fascinant de découvrir une variation de ma belle-mère.

« Et de quoi Jeanette est-elle morte ? ai-je fini par demander sans réfléchir à l'indélicatesse de ma question.

— D'une sorte de cancer ; quelque chose de mystérieux en tout cas... »

Elle semblait embarrassée par ma curiosité.

*

Soirée à la terrasse d'un restaurant sur le côté de l'Opéra royal, face à la Neue Wache. Cette imitation de temple grec, construite par le génial architecte Schinkel, m'a rappelé un des timbres que mon père me rapportait de ses voyages, et notamment de la foire de Leipzig. Il représentait justement ce bâtiment.

Nous n'avions pas le téléphone ; mon père ne nous écrivait jamais, mais il y avait au moins ces timbres. C'était peu, mais assez pour imaginer les pays où mon père disparaissait sous la protection d'un mur. C'est comme cela que j'ai connu le nom de Schinkel, que je devais retrouver dans le manuscrit d'Arius volé à Vienne. Oui, c'est devant le temple grec de la Neue Wache que j'ai compris qu'un vrai père doit être absent à ses enfants ; ce n'est qu'ainsi qu'il les fait rêver. Et moi, dans le chaos d'une enfance qui s'était terminée mystérieusement, emprisonné par des murs plus résistants que celui de Berlin qui me cernaient alors, je n'avais eu plus contre les amertumes, le cafard, que ces timbres, comme de minuscules fenêtres ouvertes sur le pays matinal de mon père.

C'est quelque chose de plus prosaïque dont le souvenir aujourd'hui me revient aussi, réveillé par ma présence à Berlin. Une enfance tremblante et mal faite et pourtant vibrant d'une espèce d'appel de l'Est.

Depuis le début, une angoisse sourde régnait dans notre maison d'un faubourg de N… Très modeste demeure, au fond d'une impasse lugubre, que mes grands-parents paternels avaient fait construire dans les années trente et qu'ils avaient eu beaucoup de mal à payer si bien que, lorsque ma mère y arriva en 1949, les murs étaient encore nus et l'eau devait être tirée dehors à la pompe. Mes parents vivaient dans deux pièces à l'étage et mes grands-parents au rez-de-chaussée. Ma mère revenait tout juste de Baden-Baden, où son père avait été officier des armées d'occupation. À l'annonce de ma naissance, de la famille proche proposa à ma mère un berceau alsacien qui avait déjà fait usage. Ma mère trembla ; de cette famille un fils était revenu d'un camp du Brandebourg avec la tuberculose. Elle n'osa refuser le prêt de peur de la vexer. Quand on lui apporta le berceau, elle passa une après-midi à le désinfecter à l'extérieur. Mais on ne pouvait rien contre la malédiction allemande. Au premier test antituberculeux que l'on me fit, on découvrit les stigmates d'une primo-infection.

Marquait mon sang, comme un tatouage, le vestige immortel d'une campagne du Brandebourg.

Lorsque je suis né dans cette maison, mon père venait de monter une affaire dont il rêvait depuis son retour du STO à Karlsruhe. Il y avait travaillé dans une entreprise de peinture et si bien que son patron avait insisté pour qu'il restât dans l'affaire après la guerre, lui faisant entrevoir qu'il pourrait la lui transmettre puisqu'il n'avait pas d'enfant. Mais la situation économique de ses parents avait obligé mon père à rentrer. Pour autant, il n'avait pas renoncé à la peinture ; il monta son affaire avec un oncle. Un an après ma naissance, ils firent faillite. Advint peu après que l'oncle se tua dans un accident de voiture ; mon père se trouva à assumer seul les dettes. Plus tard, après quelques années difficiles et incertaines, et grâce à des relations politiques et ses connaissances en allemand, il retrouva du travail dans une entreprise de notre ville qui l'envoya commercer en Allemagne. Alors commença une période d'absences infinies.

Avec cette faillite se mua en dépression la mélancolie dans laquelle ma mère dès ses premiers jours de femme mariée avait, après une adolescence flamboyante en Allemagne, été plongée par les pauvres conditions de vie du fond de l'impasse. Cette sombre atmosphère présida à ma naissance et sans doute joua-t-elle, avec le bacille de Koch, un rôle capital dans les cauchemars dont je fus la proie dès ma petite enfance et qui ruinèrent le sommeil de ma mère. Peut-être sont-ils les souvenirs les plus anciens dont je dispose.

Ces cauchemars furent la cause indirecte de l'aggravation de la situation familiale. En septembre 1953, après avoir passé les vacances avec nous, ce qui avait permis à ma mère de se reposer car c'était lui qui me veillait quand j'étais pris d'assaut par mes visions nocturnes, mon père reprit la route de l'Allemagne dans une Panhard Dyna neuve, achetée grâce à un crédit que lui avaient fait des amis de mes grands-parents maternels. Il avait encore passé une nuit blanche à cause de moi. Il s'endormit au volant de sa voiture dans les Vosges. Elle quitta la route, exécuta deux tonneaux et finit dans un fossé. Il en ressortit indemne pour constater qu'il n'en restait qu'un amas de ferraille. Il n'avait pas encore eu le temps de l'assurer. Il dut rembourser les traites avec celles de son affaire. Et il se retrouva sans travail. Mes cauchemars devaient avoir des conséquences incalculables. Je devais l'apprendre par la suite : c'est justement sa détresse d'alors qui lui fit trouver ceux qui l'envoyèrent en Allemagne de l'Est, où il rencontra Anke en 1968.

Plus tard, à mes instituteurs qui me demandaient comment il se faisait qu'on voyait si peu mon père, je répondais qu'il était en Allemagne. Cela se savait dans le quartier et n'était pas toujours bien vu en raison de vieilles haines mal éteintes, même si treize ans avaient passé depuis la guerre. En effet, mon père avait voulu s'engager dans la Résistance et entrer dans un maquis au nord de notre département. Mais les pressions familiales l'en dissuadèrent. Il dut donc s'enrôler au STO. Un mois après son départ, le groupe de maquisards qu'il aurait dû rejoindre fut pris par les Allemands lors d'un parachutage nocturne. Ils furent tous fusillés. Leurs familles et d'autres proches en voulurent à mon père de ne pas être mort avec les autres. Cette histoire et son départ au STO lui laissèrent la réputation d'un vague collaborateur. Et le fait qu'après la guerre il continua de travailler pour les Allemands n'arrangea rien.

Dans mon enfance, ces souvenirs continuaient d'alimenter les médisances de notre quartier, singulier endroit qui ne semblait pas pouvoir se sauver des conséquences des deux guerres passées. Je fus victime d'une petite bande, les enfants de ceux qui jugeaient si mal mon père ; je ne voulais plus aller à l'école. Quand, à l'occasion d'un de ses brefs et rares retours, je m'en plaignis, il me promit de régler cela. « Tu vas voir qu'ils vont faire long feu ! » me dit-il me parlant de mes persécuteurs. Jamais il ne tint sa promesse.

Le seul salut vint des Russes et des Ukrainiens, et de leurs enfants. Une colonie russo-ukrainienne s'était établie à proximité de notre quartier au lendemain de la Première Guerre, des fugitifs qui avaient voulu échapper à la guerre civile ; ils s'étaient construit des maisons en bois comme dans leur pays perdu. Leurs petits-enfants allaient à mon école ; mal vus eux aussi, ils s'étaient retrouvés de mon côté et je pus bientôt compter sur eux pour me défendre. Je ne dis pas cela pour exorciser une rancœur d'enfant. Je ne le dis que pour expliquer comment mon âme continuait de se tourner vers l'Est.

*

J'ai quitté mon hôtel de Berlin pour m'installer chez Mme Mogwitz, sur la Langhansstrasse, dans un quartier résidentiel de Potsdam. C'est la mère de Marianne ; autrefois infirmière, elle s'est occupée d'Arius les dernières années de sa vie, alors qu'il était malade, déraillait, passait son temps à découper des personnages de théâtre sur des lithographies jaunies et à regarder de vieux albums de photos à la recherche d'une femme qu'il avait aimée et qui, disait-il, avait donné son nom à une étoile. Tandis que Jeanette tournait mal, il vivait isolé dans son appartement de l'impasse Am Schönblick et ne voulait rien savoir. Bettina Mogwitz a bien soixante-dix ans et arrondit ses fins de mois en louant des chambres de sa grande maison à des étudiants. Ça m'a rappelé le temps passé où j'étais moi-même étudiant et louais des chambres comme celle-là, à Francfort, Karlsruhe et Mannheim. La maison est un bien restitué à ses anciens propriétaires après le Tournant. Elle a été construite dans le style néoclassique à cariatides et bow-window par le grand-père d'Arius, lui-même élève du grand Schinkel qui a marqué toute la Prusse romantique de ses conceptions architecturales.

Au dire de Mme Mogwitz, jusqu'en 1990 tout le quartier était occupé par les Russes ; c'était zone interdite aux Allemands qui ne pouvaient y entrer qu'avec des laissez-passer. En 1945, elle a dû s'installer avec son mari dans un appartement vieillot de Berlin-Friedrichshain, sa maison étant réquisitionnée par un haut gradé soviétique et sa famille. Elle l'a retrouvée dans un état catastrophique. Avant de partir les Russes ont tout emporté : les lustres de cristal, les miroirs monumentaux, les poêles de faïence, jusqu'aux sanitaires et à la plomberie. Elle a reçu une aide de l'État pour remettre à neuf la maison qui, pour avoir été construite par Theodor Arius, est classée monument historique. Le quartier est un des plus agréables de Potsdam, situé non loin du lac Sacré et du palais de Cecilienhof où furent signés les fameux accords entre les « trois Grands ». Elle m'a montré des photos du secteur après le départ des Russes en 1992 : un incroyable système de miradors, antennes, clôtures barbelées, murailles garnies de herses, grilles et portes de fer marquées de l'étoile rouge, des terrains vagues et des ruines jamais relevées. Pourtant, elle regrette le bon temps d'avant la chute du Mur. Les transports en commun, les disques, les livres, les spectacles ne coûtaient rien. Et c'était bien la peine qu'on lui rendît la maison de ses parents : un de ces quatre, elle n'y arrivera plus, elle devra la vendre à un riche *Wessi*, comme ça en a été le cas pour des voisins. Finalement, elle était mieux dans son immeuble de Friedrichshain.

Ma chambre est au troisième étage sous le toit en tuiles vernissées et un chien-assis donne sur la rue et un autre sur un bouleau pleureur dans le jardin où parfois M. Mogwitz est à bricoler un récupérateur d'eau pluviale, ou à préparer une nouvelle installation contre des sangliers importuns. Je dispose d'une petite salle de bains qui sent le tilleul.

*

« Et vous ? » me demande Marianne en évitant d'écraser des prunes tombées sur le trottoir, alors qu'elle vient de me parler d'une mission en Tanzanie dont elle est revenue il y a quelques mois, et qu'elle me raccompagne en poussant son vélo jusqu'à la maison de ses parents.

« Moi ? Je ne sais plus où j'en suis ; j'ai retrouvé il y a peu une amie que j'ai perdue de vue quand j'avais vingt ans. Anke l'a connue d'ailleurs. Divorcée comme moi. Mais je réfléchis. Je n'ai plus beaucoup de temps…

— Ça ne vous a rien fait dans votre adolescence d'avoir une belle-mère si jeune ?

— Je n'y ai pas pensé. J'ai surtout vu qu'elle nous ramenait mon père et qu'on allait pouvoir partir pour le pays bleu de mes lectures.

— C'est le contraire qui s'est produit pour Jeanette ; son père avait soixante-huit ans quand elle est née. Il avait beau faire quinze ans de moins, à la sortie de l'école, ses copines lui demandaient pourquoi c'était toujours son grand-père qui venait la chercher. Pourtant, elle le trouvait plus majestueux que les autres pères. Il s'est beaucoup occupé d'elle après son divorce. Il la conduisait aux studios de Babelsberg ; il y travaillait parfois comme décorateur. Elle a même joué dans des versions filmées de contes de fées. Il l'emmenait à ses spectacles de petit théâtre dans des organisations de jeunesse et elle aimait l'aider ; elle essayait peut-être de le consoler du départ de Lilo.

— Parce que c'est elle qui est partie ?

— Ah, Lilo ! La première fois qu'elle a rencontré Hasslinger, sa tête ne lui est pas revenue du tout. C'était le professeur de sport de Jeanette. Dès qu'elle a eu sept ans, Lilo a voulu qu'elle fasse de la gymnastique artistique. Arius approuvait cette décision ; cette discipline était pour lui, qui d'une manière générale était contre le sport, quelque chose où la compétition n'existait pas. Ça lui rappelait les fêtes des komsomols qu'il avait vues en Russie lors de ses nombreux séjours là-bas. Il s'était intéressé aux théories de Jaques-Dalcroze qu'il avait rencontré à Hellerau. La gymnastique artistique, c'était aussi un peu de l'Antiquité retrouvée. Surtout, il pensait que c'était un moyen de faire échapper Jeanette à l'« occidentalite » sournoise qui menaçait la jeunesse de RDA. Lilo et lui étaient bien d'accord sur la manière d'élever leur fille. Tout faire pour qu'elle échappât à la contagion de l'Occident. Chez eux pas de télévision, même si Arius a travaillé pour elle, et la radio ne captait que les émetteurs de l'Est. Les relations enfantines de Jeanette étaient triées. Hasslinger était tout à fait dans cette ligne-là. Il était entraîneur au SC Potsdam ; il s'occupait des plus jeunes. Lui, quand il a vu Lilo pour la première fois, ça avait été le coup de foudre. Cela faisait bien neuf ans qu'elle et Arius étaient ensemble. Hasslinger lui avait demandé si elle voulait accompagner son équipe de jeunes quand ils allaient faire des exhibitions dans la région. À cette époque, Arius était préoccupé par ses recherches sur l'architecture. Il voulait réécrire un livre dont il avait perdu le manuscrit avant la guerre. Il était déjà à un âge où le temps passe vite et cela devenait une obsession. Peut-être qu'il a tout fait pour jeter Lilo dans les bras de Hasslinger. L'occasion lui en a été donnée quand elle a pris des responsabilités dans une association pour la jeunesse que ce dernier présidait. Elle partait tous les soirs, sous n'importe quel motif; Arius ne disait rien. Il gardait la fillette et travaillait à son bureau, préparait ses cours. Ça ne l'empêchait pas de voir Hasslinger; ils s'invitaient souvent et discutaient bien ensemble. Ils étaient d'accord sur beaucoup de choses. Une fois même les trois ont passé quinze jours ensemble à Thiessow sur la Baltique; ils avaient loué une petite maison dans les dunes.

— Et Jeanette, elle vous a parlé de tout ça?

— Oui, elle en a voulu à sa mère, mais pas tout de suite. C'est quand les choses ont commencé à se gâter et qu'ils ont divorcé; alors il a fallu qu'elle vive avec sa mère à Marzahn, de l'autre côté de Berlin. Elle aurait tout simplement voulu rester avec son père et sa mère…

— Quel âge avait-elle alors?

— Neuf ans, je crois. C'était en 1978.

— Trois ans après que je l'ai vue à Noël à Vienne.

— Oui, elle m'avait parlé de ce Noël à Vienne, elle en avait quelques souvenirs mais pas celui du chagrin que vous dites lui avoir causé. Elle était contente d'être seule avec son père. Après la période sportive, elle avait cru le retrouver plus tard autour des petits théâtres auxquels il l'avait initiée, puis les choses ont mal tourné au festival de Charleville. »

Peu après ces propos, au café, Marianne m'a parlé de son projet d'un livre sur l'œuvre d'Arius. Un petit groupe d'amateurs, de ses anciens élèves ainsi que les Larcher et les Werjowkin la soutenaient dans ce travail. Puis juste avant de me quitter, alors que nous étions arrivés chez ses parents, elle m'a laissé une mince brochure sur Arius avec un bulletin d'inscription à l'association.

*

Sans doute n'avais-je rien compris au travail d'Arius lorsque Emmy m'en donna le manuscrit. Voilà ce que je me suis dit juste dans ma chambre en commençant de lire le fascicule que m'avait remis Marianne. Et sa lecture me porta d'étonnement en étonnement dans une sorte de contrepoint avec le mémoire frauduleusement rédigé.

Le premier Arius est Konstantin Arius, né à Memel d'un père balte et d'une mère russe. On ne sait pas comment il est devenu l'assistant des frères Enslen qui sont sans doute les premiers aérostiers allemands. Avec eux, il a assisté aux ascensions du célèbre Charles à Paris et a procédé à des vols au-dessus de Strasbourg. Il a trente ans quand il assiste Johann Carl Enslen à Berlin en 1796 avec un spectacle aérien *La Chasse céleste*, lequel a eu lieu sur le Lustgarten. L'affaire consistait en l'ascension de ballons de baudruche en forme de Diane assise dans un char que tiraient deux cerfs. Johann Carl Enslen, qui avait la bosse du spectacle, installa dans le même temps sur le Gendarmenmarkt un théâtre, en fait une sorte de cabinet d'illusions où grâce à des décors, des éclairages et des jeux de miroirs appropriés, il donnait à voir le défunt Frédéric II de Prusse dans son parc de Sanssouci, des éruptions volcaniques, Jeanne d'Arc sur son bûcher ou le Déluge.

Peu après avoir épousé Luise Enslen, la sœur de ses associés, Konstantin se mit à son compte ; c'était en 1811. Il exerça ses talents dans les dioramas, comme ceux que Daguerre avait conçus. Il continua parallèlement son activité d'aérostier. À la fin des années 1820, il se lança dans la photographie qui venait d'être inventée. Il abandonna les dioramas qu'il vendit à ses concurrents, les frères Gropius. (C'est à l'un d'eux que l'on doit les décors de la première du *Freischütz*, et il s'agit là d'un ancêtre du grand architecte Walter Gropius.) Après Konstantin et Luise Arius, le fascicule mentionne leur fils Theodor Arius qui fut le grand-père de Manfred.

Theodor travailla comme architecte à l'agence du fameux Karl Friedrich Schinkel ; il y retrouva un des Gropius (le père de Martin ?), Carl Ferdinand Busse et un ancêtre d'Albert Speer, l'architecte de Hitler. Mais en se mariant avec Augusta Gauvain, la fille d'un imprimeur de Neuruppin spécialisé dans les livres et théâtres pour enfants, il renoua en quelque sorte avec l'activité des dioramas. Le fascicule précise que ces Gauvain étaient vaguement liés au Gauvain qui fut en captivité au fort de Joux avec l'écrivain Heinrich von Kleist.

La longue vie de Theodor fut débordante d'activité ; il fit de nombreux voyages en Italie, en Angleterre et en France où il passa un an à étudier les projets de l'architecte visionnaire français Boullée et à s'intéresser à ce personnage, dont il connaissait la réputation par son père. Ainsi commença-t-il de rêver de construire un jour quelque part en Allemagne le fameux *Cénotaphe de Newton*, gigantesque monument utopique imaginé par Boullée.

Lorsqu'il rentra à Berlin, Theodor parlait couramment le français et l'anglais, et, comme beaucoup d'Allemands à cette époque, s'était entiché des cultures française et anglaise, ce qui ne devait pas rester sans influence sur la formation de ses deux fils : Nelson – prénommé ainsi parce qu'il était né le jour anniversaire de la bataille de Trafalgar – et Karl Friedrich, qui tenait son prénom de Schinkel bien sûr. Nelson Arius maintint l'activité des aérostats héritée des Enslen, en prenant des parts dans l'aérogare de Berlin-Staaken et en travaillant avec un autre aérostier de l'époque, Reinhard Joachim Süring de l'observatoire météorologique et magnétique de Potsdam. Il finit par vendre ses brevets à la Zeppelin Luftschiffbau GmbH.

Karl Friedrich, père de Manfred, reprit l'agence d'architecture. Parmi ses premiers travaux, il y eut une prison modèle en Bavière et la nouvelle forteresse de Toruń en Prusse. À cette époque, l'agence employait une vingtaine de personnes et elle travailla avec succès pour l'État en Prusse-Orientale. Le père de Manfred travailla également pour la Russie tsariste. Son premier travail dans ce pays, un orphelinat à Moscou, lui permit de se faire des relations importantes à la cour et de se lier avec le grand-duc Sergueï, frère du tsar Alexandre III, et gouverneur de Moscou. Il fut reçu régulièrement dans son palais, et entretint des rapports excellents avec son épouse Élisabeth Feodorovna, une princesse de Hesse ; c'est elle qui, touchée par la misère des enfants moscovites, avait été à l'origine du projet. J'insiste sur la personne de cette princesse, belle et gracieuse comme Élisabeth d'Autriche ; elle dut exercer un charme sur Karl Friedrich pour jouer un rôle dans sa destinée. Peut-être même qu'il en fut amoureux, sans rien en dire. Elle lui présenta le comte Alexandre Alexandrovitch Bobrinski, spécialiste de l'archéologie en Crimée, et l'architecte Alexeï Viktorovitch Chtchoussev. En tout cas à partir de cette époque, tous les prétextes furent bons pour aller en Russie. Il fit deux séjours de six mois à Samarcande, où des commerçants baltes lui confièrent la construction de leur résidence, et fut ainsi de ceux qui donnèrent une empreinte germanique à certains quartiers de la ville. La grande affaire de sa vie fut la construction du fameux palais d'Orianda en Ukraine. Ce projet, dont le gigantisme n'effaçait pas l'élégance, était en fait une idée de Schinkel, le patron de son aïeul, pour répondre à une commande de la grande-duchesse Xenia Alexandrovna.

Faute de temps, et atteint par une maladie handicapante, Schinkel n'avait pu le réaliser et, juste avant sa mort, Theodor Arius, son plus intime collaborateur, lui avait fait le serment de le poursuivre. Karl Friedrich s'était donc fait un devoir de tenir le serment de son père. Ce projet lui fut fatal. Deux ans avant la Première Guerre mondiale, la grande-duchesse Xenia Alexandrovna, descendante des premiers commanditaires de

Schinkel, lui demanda de commencer les travaux. Cela nécessita qu'il fût présent sur place presque tout le temps, à Saint-Pétersbourg, à Moscou – où il ne manquait pas de rendre visite à la grande-duchesse Élisabeth, alors entrée dans les ordres –, et surtout à Yalta, lieu prévu pour la construction du palais. Le gigantisme du projet nécessita des travaux d'excavation plus longs que prévu. Karl Friedrich était encore en Russie lors de la mobilisation en août 1914. Pourtant compté parmi un contingent d'Allemands des services diplomatiques devant être rapatriés dans leur pays avant le début des hostilités, il ne revint jamais et disparut sans qu'on en retrouvât la trace.

Toutes ces informations me plongèrent dans une disposition spirituelle inconnue, une sorte de sensibilité exacerbée, au temps, à la mémoire et au secret, disposition qui dès lors n'allait cesser. M'intriguait qu'il eût fallu le décès de ma belle-mère pour qu'elles me fussent révélées. Je me demandais ce qu'aurait été ma vie si, par exemple, j'avais été au courant de cette ascendance fabuleuse lors de mes premiers séjours viennois. Mais je devais plus tard me rendre compte que le fascicule s'en tenait à des éléments schématiques. Pour l'heure, ils excitaient ma curiosité, me faisaient rêver, suscitaient mille questions en mon esprit. J'étais encore loin d'imaginer que j'allais devoir leur réponse aux Mémoires d'un ex-capitaine de la Stasi qui, à l'heure où je faisais mes premiers pas dans l'enchantement de Potsdam, était dans une ville perdue de Russie, occupé à mettre une dernière main à ses écrits.

*

Ces révélations sur les ancêtres d'Anke m'enchantaient autant qu'elles me troublaient. Si ma belle-mère avait certainement ignoré l'histoire de ses ancêtres paternels jusqu'à sa rencontre avec son père, elle ne pouvait en faire abstraction après ; alors pourquoi nous avait-elle tu ce qui était plutôt un motif de fierté, ne serait-ce qu'avoir un ancêtre qui avait travaillé avec le génial Schinkel et pour le tsar ? Sans doute ne pardonnait-elle pas l'abandon dont elle avait été l'objet. Ou bien avait-elle quelque chose à se reprocher dont l'aveu nécessitait qu'elle nous parlât de son père.

Me savoir même par procuration rattaché à cette généalogie fabuleuse me portait. Mais cela n'allait pas sans malaise car, dans ces jalons de l'histoire de la dynastie Arius, je trouvais parfois des noms de lieux ou des références (notamment celle de Boullée) qui me rappelaient mon forfait relativement à ce qu'Emmy vingt-huit ans plus tôt m'avait remis entre les mains. Et j'ai vu qu'il m'avait fallu attendre ma rencontre avec Marianne pour me rendre compte que mes braves professeurs de l'université eux-mêmes n'avaient pas plus que moi mesuré la portée de la réflexion qui traversait le mémoire que je leur avais soumis. À leur décharge, je dois dire qu'à l'époque, au début des années soixante-dix, peu de choses étaient arrivées en France au sujet de Karl Friedrich Schinkel. Quant aux architectes français néoclassiques, Boullée, Ledoux et Lequeu, qui devaient tant inspirer les Arius, si leur gloire et leur génie étaient reconnus depuis les années trente en pays germaniques, notamment grâce aux travaux d'Emil Kaufmann, savant que Manfred avait connu à Vienne après la Première Guerre, ils commençaient seulement à sortir du mépris où les tenait la critique française depuis presque deux siècles.

Il me fallut donc attendre de lire le texte de présentation

rédigé par Marianne dans ce fascicule pour embrasser d'un seul coup l'importance du travail d'Arius. Pour autant elle ne mentionnait pas certains points importants consignés dans mon mémoire, par exemple comment il avait établi que c'était le jésuite Andrea Pozzo qui avait influencé Boullée pour la construction de son *Cénotaphe de Newton* ; et qu'il l'avait prouvé en montrant comment le traité *Perspectiva pictorum et architectorum* de Pozzo était présent en bonne place dans la bibliothèque de Boullée (oui, ce nom de Pozzo m'est resté en mémoire parce qu'il est étrangement lié à celui de Blondine, ma fiancée viennoise). J'étais seul à connaître l'influence de cet architecte baroque pour en avoir recopié la mention vingt-huit ans plus tôt sur le manuscrit d'Arius. Je sentais bien qu'il me faudrait rapidement avouer ma faute si je voulais aimer Marianne convenablement.

*

Il y a eu ce beau soir pas très loin de chez Mme Mogwitz dans un quartier que le hasard m'avait fait manquer jusqu'alors. C'est le vert faubourg pentu de Nauen qui mène au Pfingstberg. Je l'ai découvert grâce à Marianne et son mari, un homme pas antipathique, colossal et chauve ; avec la Saint-Sylvestre qui allait suivre, ce fut la seule occasion pour moi de le rencontrer. Il était 8 heures du soir et la journée avait encore été caniculaire mais dans cette singulière prairie à isbas qu'est la colonie Alexandrowka, puis par les sentiers qui à travers bois montent au belvédère du Pfingstberg, il faisait déjà plus frais.

C'est dans un jardin situé en contrebas, précisément dans un minuscule temple romain à la déesse Pomone, que j'ai suivi mon amie pasteur. Elle m'a dit que c'était la première œuvre de Schinkel. On y est entrés par l'arrière, par un escalier en colimaçon menant à une plate-forme tendue d'une tente à rayures bleues et blanches. On a pris place à côté des Werjowkin et des Larcher qui nous attendaient. De cette plate-forme, je voyais au-dessus de nous le belvédère illuminé sur le ciel déjà assombri du Nord et de l'autre côté la ville de Potsdam bruissant d'une douce rumeur vespérale. Alors la cérémonie a commencé.

Marianne et un type d'une trentaine d'années sont sortis de derrière des paravents et se sont placés sur les côtés d'un petit théâtre. Larcher m'a expliqué que le jeune homme était son fils, Raul ; Arius l'avait initié à son art. Il tenait une boutique d'*Antiquariat* (bouquiniste) et s'était spécialisé dans les images de ce théâtre qu'il expédiait jusqu'en Australie. Mais sa femme l'a interrompu pour lui dire que la représentation allait commencer.

Le théâtre de papier est un art très particulier. On s'en fera une idée en se souvenant du début du film d'Ingmar Bergman *Fanny et Alexandre*, lorsque les deux petits héros sont justement en train de jouer avec un théâtre semblable. Marianne et Raul ont donné une représentation de *Faust*, adaptation pour enfants dans des décors de Schinkel. Il a bientôt fait nuit et la scène était comme un autel illuminé ; Marianne et son compagnon officiaient au-dessus, baignés de lumière. Des papillons de nuit venaient parfois danser devant la scène où s'agitaient de fins personnages de carton. Quelqu'un derrière le paravent jouait sur un piano électronique. Mais je n'ai plus rien suivi de la représentation, distrait par le décolleté de Marianne, obligée de se pencher pour manipuler les décors, ses seins illuminés par le petit théâtre. Je me suis dit que dans ce quartier, à cette heure, sous ce ciel vespéral de canicule, étaient en train de se condenser de vieux songes. Je me suis dit qu'à cinquante-deux ans révolus, j'étais plus jeune que le vieux Faust et que j'avais peut-être à espérer quelque chose de la part de Marianne.

Après le spectacle, je l'ai rejointe près de son petit théâtre qu'elle était en train de ranger. Elle m'a dit : « C'est un des théâtres d'Arius, fabriqué par les ateliers de ses grands-parents. Je crois que c'est celui qui est allé au festival de Charleville ! »

3

Elle est assise, les avant-bras posés sur ses cuisses jointes. La tête inclinée en avant, elle fixe les veines dans le bois du bureau et les taches mouvantes qu'y fait le soleil de l'après-midi passée entre les feuillages de la Lindenstrasse et les barreaux de la fenêtre. À chaque question, elle effiloche un peu plus un petit trou au genou de son blue-jean. À vrai dire, ce sont toujours les mêmes questions que lui pose le fonctionnaire de l'autre côté de la table derrière sa machine à écrire : pourquoi est-elle rentrée en République démocratique allemande avec cinq jours de retard sur la date de son visa de sortie ? À quoi a-t-elle alors employé son temps ? Savait-elle qu'elle risquait gros à dépasser la date autorisée ? Avec qui a-t-elle eu des contacts en France ? Questions auxquelles elle ne sait que répondre : « Jean-Arthur Rimbaud de Charleville ! » Et le policier de lui faire observer qu'elle ne gagne rien à se moquer de lui, qu'on a fait des recherches et que ce personnage est un poète mort il y a plus de quatre-vingts ans. Mais, au tréfonds d'elle-même, elle sait qu'elle n'a que cette vérité à lui proposer et que c'est bien Rimbaud qu'un matin elle a rencontré nue dans une cascade blonde qui s'échevelait à travers les sapins.

C'était il y a un mois, lors du Festival de la marionnette

où, à l'invitation de la mairie de Charleville, elle avait accompagné pour une série de représentations Raul Larcher, qui depuis dix ans avait repris les théâtres de son père. Septembre était magnifique et tout avait commencé dans une euphorie jamais éprouvée ; Jeanette avait été reçue dans une famille de Charleville, chez les Dacenois, un couple de professeurs d'allemand, membres de l'association France-RDA, leur fils, Alexandre, et Michèle, leur fille de deux ans plus âgée qu'elle, qui venait d'avoir son bac et dont elle allait partager la chambre dans un pavillon de la rue de Berthaucourt. L'autorisation de sortie de RDA et la dispense scolaire qu'on lui avait octroyées par l'intermédiaire du Kulturbund étaient valables trois semaines, une semaine de préparation, une semaine de spectacle à Charleville, cinq jours de tournée dans la région, et enfin deux jours pour ranger le matériel.

Le lendemain de l'arrivée de Jeanette à Charleville, Michèle Dacenois lui a fait cadeau d'un blue-jean et d'une jolie paire de mocassins noirs à boucle dorée qui ne lui vont plus. Les blue-jeans, bien qu'il y en ait déjà en RDA, elle n'en a jamais porté ; à cause de son père qui y voit la marque du capitalisme décadent. Elle a toujours été en jupe, et le plus souvent en jupe bleue des pionniers, ou alors en survêtement. Elle passe beaucoup de temps le matin à se regarder dans la glace. Les parents Dacenois lui disent que cela lui va très bien et on va faire le tour de la garde-robe de la maison et même chez les voisins. Mais ce sont les mocassins qui l'émerveillent. Quand elle est seule, il lui arrive de se déchausser pour les prendre et les serrer contre son cœur.

Parfois Michèle se déshabille devant elle dans sa chambre ; elle lui découvre des sous-vêtements plus recherchés que ceux qu'on trouve en RDA. Jeanette s'amuse à les essayer en cachette et se pavane devant l'armoire à glace ; prend des attitudes un peu provocantes. On l'emmène aussi chez le coiffeur et voici que Jeanette sacrifie une partie de ses cheveux châtain clair, les mèches qui lui permettaient de se couronner avec de petites nattes. Elle adopte, comme dit le coiffeur, « quelque chose de déstructuré » et se fait peroxyder les cheveux.

Puis il y a les grandes surfaces ; le samedi après-midi les Dacenois vont faire leurs courses dans un hypermarché. Les filles les accompagnent. Chaque fois, Jeanette est complètement déboussolée sous la lumière qui ruisselle des plafonds, la musique qui déborde et les rayons pléthoriques. Elle achète une trousse de maquillage, un Rubik's Cube, des sucettes, un disque de Jacques Brel, des petites culottes, un soutien-gorge en promotion, un maillot de bain une pièce et des tampons hygiéniques. Quand s'achève le festival, il ne reste pratiquement rien de l'adolescente gênée dans les entournures par les conditions de l'Est.

Lors des représentations, des dîners et des réceptions, elle côtoie des gens de tous les coins du monde arrivés avec leurs marionnettes : des Indiens, Mexicains, Anglais, Irlandais. Mais c'est avec les Français qu'elle a le plus de contacts. En quinze jours, elle qui n'articulait que son français scolaire arrive à tenir une conversation d'adolescent et à suivre celle de ses hôtes. Elle fume aussi des cigarettes roulées avec des techniciens de la mairie de Charleville. Raul essaie parfois de la retenir, de la ramener à quelques principes ; aussi de lui rappeler qu'il va falloir rentrer. Au cours d'une réception à la mairie, où toutes les compagnies sont invitées, elle rencontre Hervé Guilleminot, qui fait des études de lettres à la faculté de Reims et un soir la ramène chez les Dacenois dans une Renault 4 peinte en damier jaune et noir. Il prépare un mémoire de maîtrise sur Rimbaud, qu'il singe au point de porter un gilet, un nœud au col comme sur la photo de Carjat, et débite des propos provocateurs en société. Il déclame aussi des vers du *Bateau ivre* ou d'autres poèmes. Il prétend même avoir une parenté avec Rimbaud et le romancier André Dhôtel. Il écrit des poèmes qu'il envoie à Jeanette. Elle les reçoit le matin alors qu'elle est en pyjama et les serre sur ses lèvres. Décidément ces Français sont plus extraordinaires qu'on le pensait.

« Jeanette, lui dit un jour Hervé, il faut partir, même si l'on ne part pas. Après ma maîtrise je demande la coopération à Djibouti. Si tu viens avec moi, ce sera la liberté ; on sera juste en face d'Aden… » Il ne sort pas non plus sans une guitare sur laquelle il apprend quelques accords à Jeanette. Il lui fait cadeau d'un béret rouge. Ils se promènent avec Michèle et son petit ami qui est en deuxième année de médecine. Mais le faux Rimbaud finit par se fâcher avec lui pour l'avoir traité d'« assis ».

Jeanette suit Hervé sur les bords de la Meuse. Ils rencontrent des poètes dans des cafés d'écluses. Un jour, ils vont à Roche sur les traces de Rimbaud, et Jeanette de se mettre debout dans la Renault 4 dont la capote est repliée et qui roule à fond ; cheveux au vent, elle déclame du Rimbaud. Hervé lui dit que la littérature est la vraie vie. Un samedi soir, la veille de son départ, il l'emmène dans une discothèque en pleine campagne ; comme le patron est un vieil ami d'Hervé, on ferme les yeux sur le fait qu'elle est mineure.

Et c'est la révélation, une chanson en allemand, *99 Luftballons*, la chanson apocalyptique de Nena Kerner.

À Potsdam, on a si bien surveillé Jeanette qu'elle ne connaît pas une note, pas une parole de cette chanson qui pourtant à l'époque est un succès international. Elle est saisie par le timbre légèrement nasal de la chanteuse et par la mélodie du début qui, comme toutes les mélodies parfaites, est tombée du ciel. Elle va se planter seule au milieu de la piste de danse ; son corps est couvert de flocons lumineux descendus de la boule à facettes qui tournoie dans l'obscurité. Elle se tient raide et porte l'index sur ses lèvres comme pour intimer le silence. Mais, juste après quelques mesures où la chanteuse dit : « Si tu as un peu de temps pour moi, je vais te chanter une chanson, celle des 99 ballons… », rupture de rythme, batterie et accords sauvages dont l'électricité s'empare des jambes de Jeanette, du moins c'est ce qu'elle racontera plus tard quand elle voudra expliquer comment les choses ont mal tourné.

La voici qui danse d'une manière étrange, raide, saccadée et avec son énergie de gymnaste ; cela fait à la fois penser au cinéma muet et aux personnages du théâtre de papier ; et surtout elle chante à son tour la scie au point que tous les danseurs s'arrêtent pour regarder cet être singulier qui semble pris d'une sorte de transe. Dix fois, on lui demande de danser ainsi ; mais à un moment, elle se déchausse, saisit ses mocassins et, les portant contre son cœur, continue sa danse infernale. Elle boit des alcools forts et elle repart. Elle fume quelque chose de plus fort ; Hervé est subjugué. Il a d'un coup le sentiment d'un pendant féminin de Rimbaud. Quand, épuisée et sous les applaudissements, elle s'écroule dans un fauteuil, il s'approche d'elle, l'appelle la fille aux semelles de vent, veut l'enlacer, l'embrasser ; elle se débat brièvement, le griffe au visage, se lève et file aux toilettes… Au-dessus du lavabo, elle se découvre dans une brutale étrangeté ; ce n'est pas elle ; elle ne se reconnaît pas ; non à cause de son maquillage qui avec la sueur lui coule sur le visage, sur le cou, entre les seins, ni à cause de la mèche peroxydée. Tandis que les murs sont ébranlés par la pulsation lourde de la musique, son regard l'effraie. Quelque chose de vert, une pourriture semble y triompher, une cruauté poétique. Elle en a peur. Cet œil, c'est peut-être l'œil gaulois… Quand elle revient, Hervé est parti. Sur le parking illuminé d'intermittences de néon, elle cherche sa voiture ; à sa place, un vide. Elle s'en va à pied sans savoir où est le chemin. Gardant ses mocassins à la main, elle s'enfonce dans la nuit de la campagne chargée d'odeurs surnaturelles. Une pâleur prend le ciel au-dessus de frondaisons lointaines ; c'est dans cette direction qu'elle marche. Elle suit la route et, au bout d'une demi-heure, elle reconnaît, venant de derrière elle, le bruit du moteur de la Renault 4. Elle se retourne, s'immobilise au milieu de la route faisant de grands signes à Hervé.

La voiture ralentit dont les phares éblouissent Jeanette. Elle s'arrête. Ce n'est pas la voiture d'Hervé ; elle a à peine le temps de se rendre compte de sa méprise qu'en descend une ombre en blouson. « Alors ma belle, on prend le frais ? » Une grosse face de Pan, aux reflets inquiétants sous les phares. Jeanette dit en allemand qu'elle veut rentrer à Charleville. « Tu n'es pas d'ici… ! » L'ombre, qui sent l'essence, s'est jetée sur elle, et l'entraîne par la taille et les épaules jusqu'à l'arrière de la camionnette dont elle ouvre les portes. Jeanette est précipitée et ligotée à l'intérieur. Pas le temps de se ressaisir ; la voiture démarre, s'enfonce dans un chemin forestier…

Après, c'est l'insupportable odeur de l'herbe du talus, l'insupportable odeur de forêt nocturne, l'insupportable lumière de la lune au-dessous de quoi la lingerie dont elle était si fière fait deux taches blanches sur le sol, le monde insupportable à cause de la brûlure venue de son bas-ventre qui est maintenant et à jamais sous un empire étranger. Jeanette est nue et geint (mais quand je dis insupportable, je suis loin de pouvoir dire quel fardeau mort est devenu son corps si bien ajusté jusqu'alors à son âme). Jeanette est nue et geint jusqu'aux roseurs qui marquent le ciel entre les arbres du chemin. Elle pleure, bave sur son poignet. Elle pleure tout bas puis se lève, ramasse ses vêtements, son linge, son blue-jean abîmé ; ses mocassins ont disparu ; mais elle s'avance, toujours nue sur le chemin.

Combien d'heures marche-t-elle ainsi ? Elle n'en saura plus rien. Pas plus qu'elle ne se souviendra de la grâce qui lui est faite au lever du jour. À l'aube. Elle se trouve devant ce choix dont la folie la fait trembler : deux poèmes de Rimbaud s'offrent à elle, *Le Dormeur du val*, et alors c'est mourir, s'effondrer, se faire recueillir et ce sera l'hôpital, et jusqu'à la fin elle sera hantée par cette étreinte monstrueuse et ce dépôt au fond d'elle-même, ou se livrer à l'aube lustrale qui la délivrera de cette chose étrangère que son corps est devenu, et c'est *Aube*. Son corps, c'est aussi ses pensées, ou ce qu'elle a cru jusqu'alors être ses pensées. Elle sait qu'elle ne pense pas, que quelqu'un pense depuis longtemps en elle, rêve en elle, quelqu'un dont elle a cru qu'il fallait l'appeler moi.

Oui, c'est l'aube d'une nouvelle Jeanette. L'aube, c'est justement le titre d'un poème de Rimbaud qu'elle connaît par cœur depuis peu. Il commence ainsi : « J'ai embrassé l'aube d'été. » Et dans sa marche tout se déroule comme dans le poème, elle n'a qu'à murmurer les vers, lentement, et tout de la nature, de l'air, de la lumière s'applique à réaliser le poème.

Elle continue : « Je ris au wasserfall blond qui s'échevela à travers les sapins : à la cime argentée je reconnus la déesse. » Et à ce mot *Wasserfall* qui est un mot pour elle complètement transparent, car le poète l'a pris de l'allemand, elle voit comme la lumière du soleil se met à ruisseler entre les rameaux des sapins noirs, et elle sait qu'elle a choisi la plus belle des folies. De la catastrophe nocturne, elle fait un apogée. « Au réveil il était midi. » C'est ainsi que s'achève le poème. Elle erre ainsi deux jours dans les environs de Charleville. Quand elle arrive en début d'après-midi chez les Dacenois, mal rhabillée, sans ses chaussures, ils sont désemparés. Le père ne peut pas s'empêcher de lui passer une mercuriale ; on a dû alerter la police, qui a commencé des recherches, et sa famille en Allemagne. Raul Larcher est reparti. Aux questions de la famille, elle répond : « Jean-Nicolas-Arthur Rimbaud… » On prend sa disparition nocturne pour une fantaisie d'adolescente, les suites d'une exaltation poétique. Sous la douche, elle rêve des œuvres de Rimbaud. Le poète est toujours vivant et c'est lui qui est venu la féconder dans sa nudité matinale. Dans le train de retour, au passage de la frontière est-allemande à Gerstungen-Helmstedt, alors que le policier observe avec effarement et délectation secrète que son visa n'est plus valide, et qu'il lui demande pourquoi, elle répond : « Jean-Nicolas-Arthur Rimbaud » en songeant qu'elle est enceinte de ses œuvres. Et c'est toujours ce qu'elle répond au fonctionnaire de la Stasi qui fait claquer les touches de la machine à écrire.

*

Le soir, j'ai retrouvé Marianne chez sa mère ; elle était sur le point de repartir, ayant déjà enfourché son vélo ; on est restés à parler sur le trottoir ; elle m'a raconté son ministère à Kartzow, une localité au nord-ouest de Potsdam, mais surtout son séjour de douze ans en Tanzanie dans une mission humanitaire protestante. Elle parlait avec nostalgie des couleurs et des bigarrures, de la spontanéité des gens. Elle espérait bien y retourner mais sans son mari.

« En 1983, j'ai rencontré Jeanette dans une organisation aux messes du pasteur Cyrus. C'était à l'église de Galilée ! » m'a répondu Marianne après que je lui ai demandé depuis quand elle connaissait les Arius, et d'ajouter : « Plus tard, ma mère a servi d'infirmière à Manfred ; il avait des problèmes circulatoires, des ulcères aux jambes et perdait la tête ; mais elle le connaissait de réputation comme artiste. Il lui racontait sa vie, ses souvenirs de la guerre civile en Russie, la guerre d'Espagne, son exil à Paris. Elle a tout fait pour adoucir ses dernières années mais, contre la démence sénile, il n'y a pas grand-chose à faire ; selon elle, il n'a pas supporté l'effondrement du régime ; je crois que c'est plutôt le malheur arrivé à Charleville et la suite. La dernière année a été la plus difficile, il ne voulait pas croire à la mort de Jeanette. Il délirait souvent, prétendant que son dentiste était un agent du ministère de la Sécurité, qu'il avait introduit des micros sous ses plombages ou que le personnel soignant était missionné par le ministère. C'était dans les périodes de dépression ; des voix l'accusaient d'avoir trahi des camarades ; il bredouillait des justifications. Ou alors c'étaient des moments d'exaltation ; il bravait les prétendus micros, se lançait dans des péroraisons qui n'en finissaient pas et disait qu'il allait partir en Orient pour des travaux qui étonneraient l'humanité. Quelquefois aussi, il voulait téléphoner à Ulbricht pour lui dire qu'il avait des choses importantes à lui révéler. D'autres fois, il restait prostré, le regard perdu sur un tableau qu'il ne cessait de reprendre. Quatre mois avant sa mort, il ne s'est plus levé et ç'a été un déclin constant. »

Marianne est partie dans la lumière de la fin d'après-midi qui rendait le bord des feuillages diaphane. Comme je l'ai aimée alors !

*

Marianne me posait des questions sur ma belle-mère. Elle me demandait si Jeanette lui ressemblait. Et je lui disais que sur certaines photos je pouvais surprendre quelque chose que j'avais connu chez Anke autrefois. Elle en souriait.

« Portait-elle des *Dirndl* comme Jeanette ? me demandait-elle aussi.

— Oui mais quand le décor s'y prêtait, ai-je répondu ; autrefois quand on passait deux mois l'été au Tyrol, elle ne portait que ça, elle en avait de différents, pour les promenades, les soirées à la maison et les cérémonies. Je l'ai vue un jour, c'était au tout début, vêtue d'un *Dirndl* dans une prairie près de chez nous à N... ; elle cueillait des coucous. Et fêtait ainsi le printemps... Pour le reste, elle s'habillait comme tout le monde en France.

— Vous trouvez peut-être que pour Jeanette à Berlin c'était déplacé ?

— Elle y avait quelque droit par son père !

— Oui. Il avait gardé la double nationalité, même quand il était citoyen de la RDA. Et vous-même, l'Autriche a dû vous marquer ?

— Quand j'étais enfant j'aimais beaucoup les costumes folkloriques allemands et autrichiens ; un livre illustré rapporté par mon père les montrait tous en détail, de la Frise au Tyrol, du pays de Bade à la Poméranie. C'est quand même autre chose que le débraillé actuel, les blue-jeans serrés, les tee-shirts ! »

Marianne se mit à rougir et je compris tout de suite que mes considérations vestimentaires l'avaient vexée, car, depuis que nous nous connaissions, hormis quand elle était en soutane de pasteur, je l'avais presque toujours vue en jean et tee-shirt. Je tentai de rattraper ma bévue en lui disant qu'il était vrai que certains êtres avaient le privilège par leur rayonnement de transfigurer ce qu'ils portaient.

« Ça ne fait rien, fit-elle, mais je crois qu'il faut vivre avec son temps.

— Alors vous devez penser que je suis bien vieillot !

— C'est votre côté viennois… »

Notre conversation pouvait prendre un autre tour et c'était à moi de lui poser des questions ; pas tant sur elle, il est vrai, que sur Arius car je cherchais toujours une occasion de lui avouer mon vol. C'est ainsi que, par les récits de Marianne, la figure du père d'Anke et de Jeanette se condensait peu à peu en celle d'un architecte qui s'était voulu un nouveau Schinkel. Mais à la différence de ce dernier, qui lui avait eu encore le bonheur de voir réaliser pas mal de ses plans, même si ses plus grands rêves, comme le palais d'Orianda, étaient restés dans les cartons, Arius n'avait essentiellement travaillé que pour le théâtre. Il avait vu dans le communisme le moyen de permettre l'application de cette architecture rêvée et ceci pour rendre les hommes heureux et, à l'avènement de la RDA, il avait pensé avoir une possibilité de restaurer une Prusse idéale, un modèle qui pourrait en remontrer même au grand frère soviétique. Il espéra passer des décors de théâtre à l'architecture réelle, à l'urbanisme. Il dut déchanter. On ne le consulta pas pour la reconstruction de Berlin ; on alla chercher

Scharoun et d'autres. En contrepartie, il fut nommé à la tête de la section de scénographie à l'institut cinématographique de Potsdam-Babelsberg lors de la création de la Defa, l'institution cinématographique fondée par les autorités soviétiques pour remplacer l'ancienne UFA. Il continua à travailler pour les théâtres de l'Est, parfois aussi pour des scènes de Berlin-Ouest, ou encore à Vienne, au Scala situé en zone soviétique. Ce qu'il y fit, et avec conscience, fut parfois alimentaire ; il fallait vivre. Enfin, il se réfugia dans les maquettes, les petits théâtres. Comme Boullée deux siècles plus tôt, il était réduit aux spéculations sur le papier.

Oui, Arius s'était rêvé en Schinkel. L'image du grand architecte hantait sa famille depuis que Theodor avait travaillé dans son intimité. Et tout de l'activité de l'agence fondée ensuite par celui-ci restait marqué par le génie de Schinkel. Comment l'aïeul de Manfred avait-il été amené à rencontrer cet artiste exceptionnel ? Par les dioramas auxquels le grand architecte s'était, lui aussi, un moment consacré. Theodor avait vingt ans quand il entra à son cabinet où il se fit remarquer par la qualité de ses dessins. Il assista son patron dans de grands projets comme le palais de Charlottenhof mais également dans des décors de théâtre. Mais c'est surtout à un projet grandiose et colossal que Schinkel l'employa, celui du palais d'Orianda en Crimée, projet qui, comme je l'ai dit, ne put être mené à bien.

À la mort de son patron et maître, Theodor s'associa un moment avec l'architecte Carl Ferdinand Busse ; celui-ci aussi avait longtemps collaboré au cabinet Schinkel. Le premier travail qu'il réalisa dans le cadre de cette association fut les bains de vapeur de Bad Oeynhausen ; suivirent des décors de théâtre, notamment pour *La Pucelle d'Orléans* de Schiller, puis ce fut le nouvel arsenal de la citadelle de Spandau. Mais pour s'être fait une réputation dans tout ce qui avait trait avec la justice – ainsi avait-il déjà à son actif pas mal de tribunaux et de prisons, entre autres la célèbre prison de Berlin-Moabit –, Busse entraîna Theodor dans cette voie.

C'est d'ailleurs un projet de prison qui inaugura l'activité du cabinet Arius en 1863, alors que Theodor venait de prendre son indépendance. L'administration pénitentiaire de Saxe avait contacté Busse pour la construction d'une prison pour femmes dans la petite ville de Stollberg-Hoheneck. C'était particulier car il s'agissait d'un site historique, une motte féodale et une tour baroque qu'il fallait intégrer à l'ensemble. Quand Busse vit le lieu, il déclara : « Ça, c'est un travail pour Arius ! » Il conseilla à l'administration saxonne de prendre contact avec son ancien associé qui accepta la commande. À sa découverte du site en hauteur, Theodor Arius songea aux décors de prison de *La Pucelle d'Orléans* qu'il avait faits autrefois. Cela donna un édifice en brique dans le style néogothique. Le projet fut accepté par l'administration saxonne ; malheureusement des voix s'élevèrent en Saxe contre le fait qu'on avait confié ce travail à un de ces Prussiens dont le roi, cinquante ans plus tôt, avait amputé leur royaume d'un quart de son territoire. Le ministre de la Justice revint sur sa décision. À cette nouvelle, Busse conseilla à Theodor de faire un procès. Finalement, on trouva un arrangement. Officiellement la prison fut construite par un cabinet de Dresde. On paya une bonne somme à Theodor pour ses plans.

*

Juste avant sa comparution devant la cinquième chambre du tribunal de Potsdam, Jeanette fut relâchée sur intervention d'un ami de son beau-père, Manfred Ewald, président omnipotent du Sportbund de la RDA. Elle en fut quitte pour une admonestation. Manfred était alors âgé de quatre-vingt-trois ans. Son âge l'avait écarté des cercles artistiques ; son âge et ses rêves, car, depuis que les théâtres ne faisaient plus appel à ses services, il s'était remis au théâtre de papier. Il avait son atelier dans son appartement de l'impasse d'Am Schönblick et ne sortait pratiquement plus de chez lui. Il avait pris comme assistant le fils de Larcher, Raul, à qui il voulait léguer son matériel.

Jusqu'à l'affaire de Charleville, Jeanette lui rendait visite une fois par semaine et dînait avec lui, parfois aussi en compagnie de Raul. Secrètement, Manfred rêvait qu'un jour elle épousât celui-ci pour reprendre les petits théâtres. À cette époque l'adolescente passait la plupart du temps chez sa mère, remariée avec Hasslinger. Jusqu'au divorce de ses parents, en 1974, Jeanette avait plutôt vécu pour le monde de son père. Elle charmait ses étudiants et ses relations ; comme Marianne me l'a dit, elle tourna même dans quelques petits films, versions cinématographiques de contes de fées comme la Defa en fabriquait pour la télévision.

Mais après la séparation de ses parents, à l'instigation du sportif Hasslinger, Jeanette avait été inscrite au SC Potsdam et s'était distinguée aux Spartakiades, des compétitions sportives pour la jeunesse de RDA, notamment les pionniers, dont elle faisait partie. Ainsi, les Hasslinger m'ont montré des photographies de Jeanette participant à différentes compétitions de gymnastique. Sur l'une d'elles, prise à Anhalt en 1982, elle recevait un bouquet d'œillets de la main de Margot

Honecker ; sur une autre, c'est la championne Karin Janz qui lui remettait une médaille. Même si Manfred avait pensé un moment avoir la garde de la petite et pouvoir ainsi en faire la détentrice de la tradition familiale, il n'avait pas vu d'un mauvais œil que sa fille s'adonnât à la gymnastique. Il lui arrivait parfois d'accompagner Jeanette, Liselotte et son mari à des compétitions. D'une manière générale, il était souvent avec eux pour une raison ou une autre. Il leur arriva même de passer des vacances ensemble à Thiessow, sur la mer Baltique ; c'est en l'occasion qu'il commença un tableau intitulé *Le Sacrifice d'Iphigénie.*

Pour sclérosée par sa bureaucratie et tenue dans l'incurie par des vieillards que lui apparût la RDA, elle était un moindre mal par rapport aux démocraties libérales soumises aux lois du progrès technique, lequel n'était qu'au service du capital et ne visait qu'à évincer les hommes du monde du travail. Préserver le retard de son pays était son grand souci ; cela méritait bien quelques entorses aux libertés individuelles. Ces principes prévalaient ainsi à l'éducation de Jeanette. On veillait à ce qu'elle n'eût pas accès au programme de la télévision de l'Ouest. Comme il a été dit, elle ne portait pas de blue-jean dont Manfred savait quoi penser. Mais on ne pouvait rien contre les destinées.

Au début de juin 1982, Manfred apprit par Lilo que les Rolling Stones étaient sur le point de donner un concert au Théâtre forestier de Berlin. La presse de RDA ne manqua pas de s'en prendre au groupe de rockers, comme elle l'avait déjà fait en 1965, lorsque le même théâtre et certaines rames du métro de la Reichsbahn, alors régie par la RDA, avaient été saccagés par des fans déçus que leur concert fût si court ; quatre ans plus tard, quand un autre concert fut annoncé à proximité du Mur sur le toit du gratte-ciel Springer, des jeunes Allemands de l'Est se rassemblèrent à ses pieds. La presse est-allemande se déchaîna à nouveau.

Pour Manfred, la présence du groupe dans le Théâtre forestier était lourde de signification. L'un de ses architectes, Otto March, était comme lui le descendant d'un collaborateur de Schinkel et cela se sentait dans la conception de ce théâtre nettement inspiré du néoclassicisme.

Manfred pensait qu'à certains moments de l'Histoire une nouvelle danse est plus dangereuse qu'une armée, et en 1965 il avait vu dans les événements quelque chose de prophétique du chaos dans lequel allait sombrer le monde si l'on n'y prenait pas garde. Il l'avait écrit dans un article publié dans *Neues Deutschland*, dans lequel on retrouve la rhétorique de l'époque ; dix-sept ans plus tard, un frisson électrique le parcourut lorsqu'il songea que, malgré toutes les précautions prises, un peu de la musique des Rolling Stones pourrait arriver aux oreilles de Jeanette et la perdre.

Le soir du concert, les Hasslinger, qui partageaient complètement son aversion pour le rock, passèrent le prendre avec Jeanette ; ils filèrent à Dessau où il y avait un entraînement sportif ; on n'était pas assez de trois et jamais assez loin de Berlin pour échapper à ce qui sortirait du cratère empoisonné du Théâtre forestier.

Quelques jours après le concert, alors que Jeanette rangeait son vélo derrière la maison de Potsdam, elle trouva un ballon rose dégonflé dans des plates-bandes. Il s'agissait d'un des nombreux ballons multicolores lâchés le soir du concert au-dessus du théâtre. Ils étaient promis à une gloire imprévue. Inspiré par eux, le guitariste Carlo Karges composa la chanson *99 Luftballons*, qui devait faire la célébrité de Gabriele

Susanne Kerner, dite Nena, mais causer la perte de Jeanette Arius. Pour son père nul doute que ce reste de ballon, qu'il alla brûler au fond du jardin, était un avertissement.

*

Le jeudi matin, avant-veille de mon départ, ont été levés les scellés de l'appartement qu'Arius avait habité jusqu'à sa mort. Il se trouve au deuxième étage d'une grosse demeure délabrée, située au milieu d'un jardin à la végétation profuse. C'est au fond de l'impasse Am Schönblick, qui donne sur la Berliner Strasse, laquelle route mène au pont de Glienicke, connu sous le nom de Pont des espions. Marianne, maître Schuster, une dame de l'administration de l'Enregistrement et des Domaines ainsi qu'un huissier étaient également présents. Il était dix heures du matin quand je retrouvai Marianne devant la maison ; elle avait une tache d'impétigo sur le dessus de la lèvre et, je ne sais pourquoi, ça me la rendait plus attirante ; mais peut-être que ce sentiment venait de la sombre perspective de mon départ le surlendemain. Je fus encore plus triste quand Marianne dit qu'elle avait cru que je resterais plus longtemps et qu'elle regrettait, car les jours suivants elle devait être à Kartzow pour y remplacer le pasteur malade, ce qui signifiait que c'étaient les derniers moments que nous passions ensemble. Pourtant c'était encore un matin estival et vibrant de promesses.

Une odeur de brûlé régnait dans le hall d'entrée. « La dernière mode dans la région est de mettre le feu aux voitures d'enfants stationnées en bas des cages d'escalier ! » a soupiré Schuster en me montrant des traces de carbonisation sur un mur. Au premier étage tonitruait une radio. Sur une des deux portes du deuxième étage, une plaque de cuivre portait la mention « Manfred Arius ». La fonctionnaire de l'enregistrement a coupé la bande du scellé, et Schuster a ouvert.

Dans l'appartement régnait une chaleur due, d'après Marianne, à la verrière de l'atelier de Manfred. Comme l'électricité avait été coupée, elle qui connaissait les lieux est passée devant nous pour ouvrir les volets dans les chambres. L'odeur de brûlé du couloir a fait place à celle des bibliothèques viennoises que j'avais connues, faite des émanations des vieux bouquins entassés. On a fait rapidement le tour de l'appartement, composé d'une cuisine, de la chambre à coucher d'Arius, de l'atelier et d'une chambre plus petite, celle de Jeanette. L'atelier était meublé d'un bureau américain couvert d'un monceau de dossiers, d'une bibliothèque et d'un cosy-corner au divan tapissé d'un vieux reps nostalgique. Aux murs certains rectangles clairs indiquaient l'emplacement de cadres décrochés. « Il en avait distribué avant sa mort ! » a dit Marianne. Mais il restait un portrait de Jeanette enfant, des diplômes frappés du compas et du marteau ; surtout deux magnifiques gravures des *Prisons* de Piranèse, et une suite de décors de Schinkel qui avaient une valeur certaine. Dans la chambre d'Arius s'empoussiérait un vieux piano droit sur lequel trônait un petit théâtre de papier de fabrication anglaise. Sur des étagères, des jeux optiques et une collection de kaléidoscopes plus ou moins anciens. La chambre de Jeanette semblait avoir gardé son aspect d'origine, celui propre à la chambre d'une adolescente est-allemande des années soixante-dix. Quelques peluches, des photos de gymnastes, des coupes de championnats de gymnastique, une collection de poupées Barbie parmi lesquelles je ne fus pas capable de reconnaître celle de Vienne.

La fonctionnaire de l'Enregistrement nous a fait signer un document, puis elle a pris congé suivie de l'huissier et de Schuster qui m'a souhaité un heureux retour à Vienne. Marianne est allée dans la cuisine pour en revenir vêtue d'une blouse. Elle a dit : « Regardez, un vestige du prêt-à-porter de RDA ; c'est du Präsent 20, un tissu synthétique tellement électrique qu'il colle à la peau ! C'était le fleuron de notre industrie textile. » En effet la blouse se plaquait à son grand corps, mettant en évidence une complexion plus généreuse que je l'imaginais. Elle avait l'air de s'amuser. Il était 10 heures passées ; la lumière, les odeurs me racontaient toute l'histoire du monde d'Arius et je continuais de me lamenter intérieurement de mon retour ; sans doute Marianne a-t-elle remarqué mon peu d'entrain à être là pour qu'elle me dise : « Allons, encore un peu de courage, demain vous regagnez votre douce Vienne ; loin de nous...

— Il y a les révélations sur mon père ! Comment voulez-vous que je reparte sans savoir ce qui a pu se jouer ici entre lui et Anke ? »

En dessous, la radio continuait de chanter ; c'était une chanson anglaise de mes vingt ans. Après avoir branché un aspirateur à une prise du palier, Marianne s'est mise à faire un peu de ménage ; elle m'a dit de réfléchir à ce que je voulais emporter. J'examinais des photos posées sur le cosy. Jeanette encore ; dans la tenue où je l'avais vue à Vienne. Puis un portrait d'Arius jeune, en uniforme de l'armée autrichienne et affublé d'une moustache naissante ; une autre photo prise devant un édifice en ruine et sur laquelle il était en officier de l'Armée rouge en compagnie de militaires russes. Lors d'un vernissage, entouré de personnages décorés ; à la coupe des costumes et à la forme d'un luminaire ce pouvait être dans les années soixante. Une photo de Nelson Arius dans un fauteuil roulant et s'entretenant avec le professeur Piccard, au décollage de son ballon à Augsbourg en 1931. Une autre beaucoup plus ancienne d'Arius en compagnie du metteur en scène Piscator, ainsi que c'était écrit en bas de la photo. Enfin, des portraits dédicacés par les acteurs Gustaf Gründgens et Magda Schneider.

Il m'a paru soudain que mon père était également présent sur une photographie de groupe. J'en fis la remarque à Marianne, qui se mit à rire et me dit : « Non, c'est Markus Wolf, et l'autre à droite d'Arius, c'est son frère le cinéaste Konrad Wolf. Arius travaillait épisodiquement aux studios de la Defa à Babelsberg et il a conseillé Konrad Wolf pour les décors de certains de ses films ! Mais c'est vrai, quand je me souviens de ce qu'a dit Larcher avant-hier, si vous ressemblez tant que cela à votre père, il y a quelque chose dans votre morphologie qui peut faire penser à Wolf ; il n'y a pas de quoi s'en vanter… Vous savez qui c'était ? » À ma réponse négative elle m'a parlé du chef du contre-espionnage de la Stasi. On l'avait surnommé le beau tchékiste en raison de son élégance. Elle a ajouté : « Dire qu'après le Tournant il a eu le culot de demander une pension d'honneur pour service rendu à l'État ! »

Pourtant, j'aurais juré que c'était mon père… Je voulus faire comprendre combien cette affaire m'avait troublé ; Marianne écoutait tout en passant un chiffon sur les meubles.

Il était plus de midi ; j'étais assis sur le divan et feuilletais du bout des doigts un livre laissé sur une table de nuit, quand Marianne s'est approchée pour épousseter le cosy, juste derrière moi. À cause de la chaleur, elle ne portait, semble-t-il, qu'une culotte et un soutien-gorge sous la blouse de ce synthétique impossible. Une grosse mèche de ses cheveux vint me caresser la tempe ; le soleil passait à travers eux comme par une lisière de pins brandebourgeois, un peu comme les modèles nus de ce *FKK Magazin* qu'il m'arrivait de trouver chez mes hôtes allemands durant mon adolescence. Je me suis également souvenu de ses seins illuminés, l'autre soir, au-dessus du petit théâtre. Elle a tourné le visage, découvrant la tache d'impétigo ; son parfum, fleuri mais nuancé de transpiration, aurait fait le reste. Peut-être était-elle, pour reprendre un terme dont mon père usait, une allumeuse ? S'il n'y avait pas eu Jeanette en photo sur le cosy, je l'aurais attrapée sur le divan d'Arius. Mais je crois que c'est elle qui m'avait attrapé. Je savais que j'allais rentrer en France avec l'idée de la revoir le plus tôt possible. Je ne pouvais que me réjouir de ce qui venait de se passer. Mon attachement à Marianne, à la silhouette de Jeanette derrière elle et au décor de Potsdam allait me dispenser de reprendre cette quête insensée d'une femme qui m'occupait depuis que je m'étais séparé de la Lituanienne.

Toujours à ses rangements, elle m'a dit : « Je reviendrai demain pour finir le ménage. Avant de partir, choisissez quelques livres, une gravure, un bibelot !

— Je ne veux pas trop me charger, je vais réfléchir ! »

Et comme elle passait l'aspirateur autour du bureau, elle tira de dessous un carton pour en extraire trois grosses liasses de papiers reliées par des pinces à clefs, dont, silencieusement, elle feuilleta certaines un moment : « Ça va vous intéresser, s'exclama-t-elle. Je ne me doutais pas que le vieil Arius avait demandé une copie de son dossier du BStU ! C'est pour vous ! » À ma question sur le BStU, elle m'a récité d'un trait : « Selon le paragraphe 15, alinéa 3 de la loi sur les archives de RDA, chacun a le droit de réclamer des renseignements concernant les informations disponibles sur sa personne dans les archives de la Stasi. Si ces informations sont disponibles, le citoyen peut les consulter et en demander copie. Ce droit, l'ont également les parents de citoyens de l'ex-RDA aujourd'hui décédés. » J'ai lâché les quelques livres et gravures que j'avais mis de côté pour cet unique et colossal butin.

4

Dès mon retour à N…, j'ai ouvert le carton rapporté de l'appartement d'Arius pour découvrir que sous les mille deux cents pages du dossier qui le concerne se dissimulait un autre dossier, plus mince sans doute mais pour moi inespéré, celui de Jeanette ; y figuraient même des lettres d'elle, quelques planches de tirages contact. Sans doute Arius en avait-il fait la demande après la mort de sa fille.

Se poser la question de savoir pour quelle raison le père et la fille avaient fait l'objet d'un espionnage de la part de la Stasi n'a aucun sens dans la mesure où la lecture même de ces dossiers m'apportera la réponse ; je sais aussi par Marianne qu'il n'était guère de citoyen de la RDA qui n'eût fait l'objet d'une surveillance ; son mari lui-même en tant que pasteur membre de ce Neues Forum, dont l'action devait être décisive dans la chute du régime, avait été soumis à un espionnage continuel et à des procédés d'intimidation de la part des agents de la Stasi.

Alors, le soir de mon premier jour de rentrée, avant même la nuit, j'ai tiré les volets de ma maison, me suis assis à mon bureau et j'ai commencé la lecture des dossiers, passant souvent de l'un à l'autre sous l'empire d'une sorte de fièvre. Et, jusqu'aux vacances de la Toussaint, ma vie n'a été que ce partage entre mon activité professionnelle et ces investigations fébriles dans ce qui m'est apparu peu à peu comme les âmes de parents défunts et inconnus ; les seuls rapports avec l'extérieur, quand ils n'étaient pas motivés par mon travail et les obligations matérielles, je les ai eus au téléphone avec Marianne et Joachim Larcher, celui-ci surtout qui paraissait prendre de l'intérêt à mes recherches et, lorsque c'était nécessaire, m'éclairait sur certains points de ce monde révolu et mystérieux que fut la RDA.

*

Gustav Szinda était membre du Comité central du Parti communiste espagnol en charge des cadres étrangers durant la guerre civile d'Espagne. Au début des années 1940, il se trouva à Moscou où il avait pour mission d'établir des rapports sur les combattants autrichiens et allemands des Brigades internationales. C'est lui qui est l'auteur du plus ancien document concernant Arius. Ce document ne provient pas du BStU – l'administration chargée de la gestion des archives de la Stasi après le Tournant –, mais d'un autre organisme des archives allemandes, le Sapmo, qui est la Fondation pour les archives concernant les partis et organisations de masse de la RDA. Il s'agit d'une copie d'une note rédigée entre le 15 et le 28 février 1940 à la demande du Komintern. Il est écrit dans un style moins élaboré que celui qui prévaut dans les documents rédigés quarante ans plus tard par le capitaine Götz et ses acolytes de la Stasi.

Szinda est un Prussien, un vrai, de la Prusse-Orientale et sans doute le style bureaucratique prussien a-t-il trouvé ses meilleurs auteurs dans les bataillons des cadres, informateurs officiels de la Stasi formés dans des écoles, dont la plus célèbre se trouvait à Golm, juste à côté de Potsdam. Ce style, bien sûr, s'en tient aux faits, mais il a cette particularité que plus on monte dans la hiérarchie des rédacteurs et plus il souscrit à une rhétorique de la suspicion, du complot, et finit par user des ressources d'une poétique qui lui est propre, alors que les plus modestes informateurs, ceux que l'on appelle les inofficiels (IM) et qui, à un moment donné, se sont trouvés coincés et contraints à espionner leurs parents, leurs amis les plus proches, leurs voisins ou collègues de travail, ne témoignent pas d'un talent particulier dans cet art du rapport et s'en tiennent aux faits bruts. Sans doute une forme littéraire est-elle née dans les bureaux des services du Komintern et s'est-elle perfectionnée dans les bureaux de la Tcheka, du NKVD, du KGB, forme à laquelle les Prussiens ont donné ses lettres de noblesse pour en faire quelque chose de proche de l'écriture blanche par sa sobriété, et du Nouveau Roman par sa précision.

Gustav Szinda appartient aux débuts de cette école littéraire et lui qui a côtoyé Arius pendant huit mois en Espagne, qui l'a vu agir, qui l'a entendu raconter sa jeunesse, s'exprimer sur sa vocation d'artiste communiste, ne nous donne que quelques informations sur son camarade. En substance les voici : « Calderón (Arius Manfred). Est arrivé en avril 1937 en Espagne à la 14e brigade. A pris rapidement des responsabilités à la base d'Albacete. Y avait le grade de lieutenant. Est entré à l'administration centrale des Brigades internationales pour y travailler à l'identification et à l'élimination des éléments anarcho-trotskistes. Politiquement irréprochable dans son respect de la ligne politique du Front populaire, il s'est montré comme un camarade qualifié et de confiance. S'est également consacré durant cette période à la rédaction d'un livre sur l'architecture tout à fait dans la ligne marxiste-léniniste. » À la décharge de Szinda, il semble aussi que celui-ci ait été le premier à traiter du cas Arius et qu'il n'ait pas compris qu'il avait affaire à une personnalité hors du commun ; mais comment pouvait-il le savoir au milieu de tous ces aventuriers, idéalistes ou non, qui constituaient les Brigades internationales ?

Trente ans plus tard, Arius est source de rapports beaucoup plus étoffés et d'une écriture plus attrayante. Singulièrement, c'est à cette époque que, devenu l'objet d'une surveillance rigoureuse de la Stasi, il voit son passé le plus reculé examiné à la loupe et donner lieu à des investigations menées par Helmar Götz – alias Floh – qui terminera sa carrière en qualité de capitaine à la centrale berlinoise de la Normannenstrasse avant que tout ne s'écroule ; Helmar Götz, qui finira sa vie exilé à Elektrostal en Russie, se consacrant à la rédaction de rapports sur sa propre existence, ce qui l'amènera encore à écrire sur Arius.

Helmar Götz (oui, que son nom soit donc trois fois évoqué, invoqué, trois fois comme sont frappés les trois coups d'un drame, à qui les lignes qui vont suivre devront absolument tout), est le maître d'œuvre du rapport Arius, rapport qu'il clôturera en 1974, après avoir été muté à Berlin.

Ainsi est-ce à l'instigation de Götz qu'ont été faites des recherches sur les ancêtres d'Arius au motif que, bien que communiste de la première heure et proche du camarade ministre Mielke, Arius descend d'une famille de grands bourgeois prussiens, ce qui ne doit pas être pris à la légère car l'Histoire a prouvé que, face aux exigences du Parti, il n'est pas si facile que cela de faire abstraction des sentiments pour la famille et de se détacher de la conscience de classe. Trop d'enfants de junkers et de grands bourgeois se sont tournés vers le communisme par esthétisme ou un idéalisme infantile – ce qui les a amenés à travailler au profit du camp réformiste – pour que l'on puisse ignorer qu'Arius est le rejeton d'une lignée d'architectes qui ont servi le féodalisme prussien. Pour étayer son rapport, Götz fournit une copie de l'*avtobiografia* rédigée par Arius lui-même en 1927 au moment où il accédait aux fonctions importantes au Komintern ; il s'agit d'un exercice littéraire auquel devait se soumettre tout impétrant avant d'être reçu dans cette institution (pourquoi Arius ne s'y soumit pas dès son adhésion en 1923, rien ne permet d'y répondre). Mais les investigations menées par le capitaine de la Stasi du VIIIe arrondissement de Potsdam, notamment pour ce qui touche les ancêtres d'Arius, ont été menées avec un tel souci du détail et d'une manière si inattendue de la part d'un fonctionnaire du ministère de la Sécurité qu'elles rendent d'un intérêt moindre les autres témoignages. Et plus passionnants que les rapports vont se révéler les cahiers qu'il rédigera bien plus tard à Elektrostal.

*

L'histoire de la dynastie Arius commence une après-midi de juillet 1783 lorsque Konstantin Arius se présenta au logement du physicien Jacques Alexandre César Charles, rue Tiquetonne à Paris. Il avait dix-sept ans et venait de la part de Johann Carl Enslen, un peintre itinérant au service du duc de Wurtemberg. Comme il allait frapper à la porte de Charles, Konstantin entendit une violente conversation entre un personnage glapissant et le physicien. Il connaissait la voix de ce dernier ; il l'avait entendue lors d'une première visite et surtout lors de ses expériences et ses leçons publiques qui fascinaient le tout-Paris d'alors. Quant à l'autre voix, avec son accent, ce devait être celle d'un Suisse. La discussion tournait autour d'un sujet précis : l'électricité.

Oui, c'est sur le palier du deuxième étage d'un immeuble de la rue Tiquetonne un jour de juillet 1783 que toute cette histoire a commencé, celle d'Arius, d'Anke, de Jeanette, de Götz et la mienne. Et à l'origine de cette histoire qui court entre la rue Tiquetonne et Potsdam, en passant par Draveil, N…, Pozo Rubio en Espagne, Landsberg, le IXe arrondissement de Vienne, la banlieue de Moscou et Pendjikent au fin fond de l'Asie centrale, il y a l'électricité, la foudre qui sont l'objet de la discussion animée qu'entend Konstantin Arius, un jeune homme bien découplé comme le seront tous les Arius.

Enslen et Konstantin sont venus pour rencontrer des savants qui seraient les correspondants d'une académie que le duc de Wurtemberg rêve d'ouvrir à Stuttgart. Depuis six mois qu'ils sont à Paris, les deux hommes ont assisté aux fantastiques expériences de Charles. Au Louvre, ils ont vu comment, avec des microscopes adaptés à une lanterne magique, il projette sur un écran des amibes et des paramécies effrayantes, comment il a fait naître entre deux sphères d'acier une électricité artificielle ; comment au Champ-de-Mars, avec des petits ballons reliés à la terre par un filin d'acier, il a fait descendre la foudre dans des crépitements formidables. Mais il a annoncé pour la fin de l'année l'ascension d'un « globe » (c'est ainsi qu'on appelle alors les aérostats), gonflé à l'air inflammable produit par un fourneau où l'on fait réagir du fer à l'anhydride sulfureux. Enslen et Arius sont allés trouver Charles pour lui faire part de la proposition du duc de Wurtemberg, et Charles les a reçus avec générosité, affirmant qu'il allait réfléchir. Justement il a proposé à ses visiteurs de repasser ce jour de juillet. Mais Enslen souffre d'une insolation et il a demandé à Konstantin de se rendre seul au rendez-vous.

Et celui-ci arrive à point nommé pour entendre Charles répondre d'une voix calme et grave d'acteur à un autre qui semble s'exciter. Cet autre, c'est le médecin particulier du comte d'Artois, un physicien aussi, qui s'est fait un nom en contestant certaines théories de Newton. Il s'appelle Jean-Paul Marat et il s'est introduit de force chez Charles pour lui démontrer que les cures électriques qu'il prescrit sont sans efficacité. Charles ne s'en laisse pas conter ; il lui cite nombre de patients qu'il a guéris de convulsions avec des bouteilles de Leyde. Comme l'autre n'arrive pas à avoir raison, il attaque Charles sur d'autres sujets, les couleurs, l'air inflammable, etc. Mais Charles est une forteresse et démonte point par point l'argumentation de son adversaire jusqu'au moment où il s'exclame : « Mais qui êtes-vous donc, monsieur Marat, pour vous permettre de mettre en doute mes théories comme vous l'avez fait pour le génial Newton ! Un pauvre médicastre apatride ! »

À quoi l'autre répond par un juron. Konstantin entend alors le bruit d'une épée qu'on dégaine. « Pas chez moi, monsieur ! dit calmement Charles. Votre épée ne convainc pas plus que vos arguties filandreuses ! » Propos suivis d'un piétinement de parquets. Le jeune Arius, qui craint le pire pour Charles, fait alors irruption pour voir le savant debout, haletant, au moment où il s'empare de l'épée dont l'autre le menaçait. En deux coups secs, il la brise sur son genou formidable. Marat s'effondre sans connaissance. « Ah, vous tombez bien jeune homme ! dit Charles. Allez vite chercher la police ! Cet insensé m'aurait bien transpercé ! »

Cinq minutes après Konstantin revient avec un officier et deux recors. On dresse le procès-verbal. Charles demande à Konstantin de raccompagner chez lui Marat, honteux et tremblant. À peine étendu sur un sofa, le Suisse se remet à pérorer sur le compte de Charles. « Mon garçon, dit-il, ne vous laissez pas impressionner par la brutalité de ce charlatan ni par ses expériences ! »

Accompagné d'Enslen, Arius revit Marat le 1er décembre 1783, devant les Tuileries, pour l'ascension du globe de Charles. Le Suisse semblait avoir complètement oublié l'humiliation de juillet. Il était en compagnie de quelques messieurs qui semblaient lui porter de l'estime. Le comble, c'est qu'il parlait de Charles comme d'un savant estimable qui l'avait reçu chez lui pour une discussion cordiale.

Au moment où le ballon de Charles se détacha du sol, il se fit un silence merveilleux. La sphère immense et parfaite ressemblait à une planète. Konstantin se sentit transporté d'un bonheur ineffable. Marat déclara tout bas : « Voici vaincue la gravitation dont M. Newton a trouvé les lois ! Ce globe est son tombeau ! » Un des personnages de sa compagnie dit : « Elle est vaincue mais ses lois restent vraies ! » Et, alors que le ballon avait bien dépassé de cent pieds le toit du palais des Tuileries, il commença une sorte de prière : « Esprit sublime ! Immense et profond génie ! Être divin ! Newton ! » ; ce personnage était Étienne Louis Boullée.

*

Le nom de Boullée ne m'était pas inconnu depuis que je l'avais découvert dans le manuscrit de Vienne. Arius consacrait une bonne partie de son ouvrage au grand architecte révolutionnaire et à ses projets colossaux, notamment le *Cénotaphe de Newton*, qui avec le palais d'Orianda en Ukraine fut une obsession majeure de ses ancêtres. Il traitait également de l'influence que ce visionnaire français avait exercée sur les architectes néoclassiques allemands, essentiellement Karl Friedrich Schinkel, et enfin sur Albert Speer, l'architecte du IIIe Reich, dont l'aïeul avait travaillé avec Theodor Arius au service du même Schinkel.

*

L'aérostation dont Paris fut le berceau, le capitaine Helmar Götz a l'occasion d'y revenir à propos d'événements qui se déroulèrent un soir de juillet, quelque dix ans après l'affaire de la rue Tiquetonne. Cette fois-ci, c'est au numéro 5 de la rue de Tournon. À l'entrée de l'immeuble, Konstantin Arius était à racler les semelles de ses bottes au décrottoir, car, tout absorbé par ses pensées, il venait de marcher dans du crottin de cheval ; enfin, il entra pour monter au bel étage et y frapper à une porte d'élégante apparence sur le côté de laquelle pendait une poignée de sonnette en forme de trèfle. Une bonne vint lui ouvrir et lui demanda de le suivre dans un grand salon de style romain. C'est là, dans la pénombre et une odeur d'encens, que l'attendait la prophétesse auprès de laquelle, sur la recommandation de Marat, il avait obtenu un rendez-vous quelque temps auparavant. Après les salutations d'usage, Konstantin s'assit en face d'elle qui, l'ayant fixé un moment droit dans les yeux, lui dit : « Citoyen, vous venez ici pour le bien de la République et de la part de l'infortuné citoyen

Marat. Savez-vous que j'avais prédit sa mort ? » Puis elle battit un jeu de cartes, les mit en pile et les tendit à Konstantin. « Coupez ! » lui dit-elle, ce qu'il fit. Alors elle disposa le jeu sur la table. « Vous avez le cœur pur et votre élément est le ciel ! constata-t-elle, venez-vous pour une affaire précise ? »

Il venait en effet pour une affaire précise. Une affaire de caoutchouc. Il était en relation avec le Comité de salut public, à vrai dire un groupe de savants chargé par le Comité de développer des inventions pouvant servir les armées de la République. C'était Carnot qui avait eu l'idée que, dans cette guerre contre la Coalition, l'on pourrait obtenir un avantage sur les autres armées en utilisant les ballons d'observation. Il avait demandé au physicien Nicolas Conté de tout faire pour constituer une flotte d'aérostats. Seulement la technique n'était pas encore au point ; Conté avait fait appel à tous les savants qu'il connaissait pour résoudre ces problèmes.

Le hasard (« Il n'y a pas de hasard ! fit observer la prophétesse, que la mécanique des dieux ! ») avait voulu que Konstantin se trouvât chez Marat, quand celui-ci fut informé de la décision de Carnot. Lui, Konstantin, qui avait une expérience dans l'aérostation depuis qu'il travaillait pour Enslen, et depuis que celui-ci, riche de son expérience auprès de Charles, s'était lancé dans cette activité, proposa ses services à Conté. Qu'il fût allemand n'était pas un obstacle ; la République ne connaissait que des citoyens universels et d'ailleurs l'ambassadeur de France à Naples était un Wurtembergeois comme son patron. Conté lui avait accordé un entretien au cours duquel il lui avait exposé le problème de l'étanchéité des enveloppes. Charles, chez qui Arius avait fait irruption dix ans plus tôt lors de l'algarade avec Marat, avait mis au point un vernis à base de caoutchouc, mais du caoutchouc, c'était comme le salpêtre, on en manquait à cause de la guerre qui empêchait toutes les importations de l'Amérique et de l'Inde.

Quand, ayant vu Conté, Arius s'était retrouvé seul, il s'était frotté les mains en songeant que tout cela formait un concours de circonstances comme il ne s'en présenterait jamais plus : il était en effet en correspondance avec un savant de Breslau, disciple de Johann Georg Gmelin, explorateur de la Sibérie et de l'Asie centrale, également auteur d'une *Flora sibirica.* Parmi les plantes recensées dans cet ouvrage toujours accessible figure le kok-saghyz, une variété de pissenlit commun à la steppe du Turkestan, dont la sève est une sorte de latex ; Gmelin avait en son temps rapporté quelques graines de kok-saghyz, lesquelles avaient germé sans problème sous le climat allemand. Quelques plants étaient toujours cultivés sous serre à Breslau, mais n'avaient suscité l'intérêt de personne. Après son entretien avec Conté, Arius s'était fait envoyer des graines du pissenlit et les avait fait lever sans difficulté sur le bord de sa fenêtre à Paris. Il avait pu constater lui aussi que la sève laiteuse qui sortait de la tige de ces pissenlits russes était tout à fait élastique. Il s'agissait maintenant de les cultiver à grande échelle ; il fallait des terres, et des terres, il pouvait, grâce à ses relations avec des conventionnels, en acheter à prix favorable des centaines d'hectares du côté de Mons, ville des Pays-Bas autrichiens que les armées révolutionnaires avaient prise récemment, car on allait vendre comme biens nationaux toutes ces terres conquises. Mais il s'agissait de mettre dans l'affaire toutes ses économies, et le risque était considérable.

La prophétesse fit tirer cinq cartes à Konstantin, les disposa en croix en invoquant les quatre archanges : « Jeunes esprits, jeunes esprits ! » Puis elle se prit la tête entre les mains, les doigts posés sur les tempes, et ferma les yeux. « La Maison-

Dieu, décision capitale ! » dit-elle en désignant une carte qui représentait un personnage précipité du haut d'une tour et foudroyé par un éclair que dardait le soleil. C'est non ! » Déçu par l'oracle, Arius la pria de recommencer, espérant une autre issue, mais la prophétesse refusa : « Les archanges n'aiment pas à être sollicités deux fois pour la même question ; ce qui est dit est dit ! » Arius insista. « Monsieur, vous devenez importun ! Je vous en prie ; on ne peut impunément presser les archanges ! Mettez ce que vous me devez dans la sébile de porphyre, là, sur la console derrière vous, et partez ! » Konstantin Arius, dépité, sortit une pièce d'or, le prix convenu pour la consultation, et la lança sur la table. Puis il salua, reprit dans l'antichambre son tricorne et s'en alla.

Dans l'escalier, Konstantin se dit qu'il était bien bête d'accorder du crédit aux vaticinations d'une femme illuminée. Comment un esprit positif comme Marat avait-il pu croire à ces fadaises ? Une heure après, il était à la banque Perregaux pour s'entretenir avec un fondé de pouvoir des dispositions à prendre pour acquérir les terres de Mons ; il repartait quand, dans le hall d'entrée, il tomba sur le banquier lui-même qui lui apprit que la ville avait été reprise par les Autrichiens la veille ; les archanges avaient vu juste. Et, parut-il à Konstantin quelques jours plus tard, ils avaient vu encore plus juste quand ses plants de pissenlits moururent sans raison explicable.

*

Que les faits qui précèdent aient trouvé leur place dans le rapport d'un agent de la Stasi pourrait surprendre si cet agent n'était pas Helmar Götz, qui, porté par un amour à la fois térébrant et exaltant, a fini par consacrer sa vie aux Arius. Que ces événements aient donné lieu à tant de détails romanesques pourrait également surprendre s'ils n'avaient pas fourni la matière à un projet cinématographique auquel Arius s'était consacré à la fin des années soixante-dix. Le ministère de la Culture lui en avait fait la demande ; elle figure dans son dossier. Cc film, qui ne trouva pas de metteur en scène, répondait à de nouvelles préoccupations en RDA, à savoir retrouver une filiation perdue avec la Prusse et la tradition romantique. Il s'agissait du scénario pour une série sur les grands architectes prussiens : Gilly, Schinkel, Persius, Arius, Lenné. Cela devait s'appeler *Les Constructeurs du futur*. Dans la même ligne, Arius avait été également sollicité par la suite pour une reconstitution du Berlin romantique.

Ce projet s'inscrivait toujours dans la réflexion du Parti sur la réconciliation de la RDA avec son passé prussien. À l'époque, la figure jusqu'alors si décriée de Frédéric II de Prusse fut réhabilitée ; des ouvrages sur lui furent publiés. Mais la Prusse, c'était aussi le romantisme ; on redécouvrait Hoffmann, Kleist, Chamisso, et encore Clausewitz sur la sépulture duquel les soldats de l'armée nationale populaire allaient déposer une gerbe. Les pontes du Kulturbund songèrent aussi à une grande manifestation ayant comme décor le centre de Berlin et l'île des Musées pour un défilé en costume du Berlin romantique ; le couronnement de la fête aurait été la reconstitution de *La Chasse céleste* d'Enslen, telle qu'elle s'était déroulée sur les lieux mêmes en 1797. On consulta Arius sur l'affaire ; on lui confia un projet. Dans son enfance, l'oncle Nelson lui avait parlé de *La Chasse* et Arius songea à sa fille Verena, mais il n'avait plus de nouvelles d'elle depuis qu'elle avait disparu lors du grand exode de Prusse en 1945. Il détenait cependant pas mal de documents sur ce spectacle aérien, notamment les patrons des toiles enduites de gutta et le schéma des gréements. C'est Hans Joachim Hoffmann, toujours ministre de la Culture, qui le convoqua à son bureau pour lui faire part de ce projet de reconstitution. On adjoignit à Arius deux machinistes des studios de Babelsberg, et un hangar à décors de Potsdam fut attribué à l'équipe qui commença à fabriquer les ballons selon le modèle ancien. Les toiles furent remplacées par une étoffe synthétique beaucoup plus pratique à travailler. En trois mois, on parvint à fabriquer le fameux char de Diane tiré par des cerfs et d'autres figures mythologiques. On fit également une réplique d'un ballon de Nelson, *Le Cénotaphe*, qui ne déparerait pas dans la célébration. Un matin de mars 1979 eut lieu la première ascension des ballons au-dessus d'un terrain de Schlaatz non loin des studios de Babelsberg. Hoffmann était présent ainsi que des fonctionnaires du ministère de la Culture. Jeanette aussi.

On fut enchanté de la réalisation. Arius fut félicité d'avoir travaillé dans les délais impartis. Pourtant il ne se passa pas un mois que des récriminations se firent entendre au ministère ; elles remontèrent jusqu'au Comité central du SED. Qu'est-ce que c'était que cette farce de Berlin romantique, ces ballons à gaz au temps où on envoie des fusées dans l'espace ? On allait bien rigoler à l'Ouest quand on apercevrait le char de Diane par-dessus le Mur ! Et combien tout cela allait coûter !

À cette objection, les partisans du projet arguèrent qu'on pourrait justement y voir une expression du pacifisme de la RDA. Mais arriva la nouvelle de la conférence de la Guadeloupe, où Jimmy Carter annonça que des missiles nucléaires allaient être installés en Europe de l'Ouest. Hoffmann reçut un coup de fil du Politburo : « Vous pouvez vous attendre à une sérieuse mise au point de la part du commandement du pacte de

Varsovie quand on va savoir que la RDA songe à lancer des ballons au moment où les Américains installent de nouveaux missiles ! Déjà qu'on a fait venir d'URSS des chars et des missiles gonflables que c'en est une honte ! Et tout ça parce que le Premier secrétaire a déclaré qu'il était possible d'être un État pacifique tout en ayant une armée ! »

Ce fut la fin de *La Chasse céleste*. Les ballons furent pliés et finirent à Schlaatz, dans un hangar des studios de la Defa. Arius en fut affecté ; il s'était imaginé que ç'aurait été pour lui l'occasion de renouer avec les studios qu'il avait tant aimés. Il pensa qu'on pourrait au moins faire un film sur le sujet. Il écrivit le scénario et quelques scènes qui vinrent s'ajouter à celles des *Constructeurs*.

*

Plus étonnants sont les événements suivants qui concernent encore l'ancêtre Konstantin mais dont il n'a pas été l'acteur. Comment Götz a-t-il pu en avoir connaissance, alors même que les Arius les ignorèrent ? La réponse est évidente lorsque l'on fait référence à un personnage qui jouera plus tard un rôle important dans la vie de Manfred Arius et de sa fille Jeanette. Ce personnage est une Française, qui fut gouvernante dans une famille russe de 1911 à 1919, à Balachikha et à Odessa, en Russie, avant de devenir un agent du NKVD. Mais je n'anticipe pas plus pour revenir à ce qui arriva après que Konstantin Arius eut refermé la porte du 5 de la rue de Tournon.

La voyante appela incontinent sa femme de chambre pour qu'elle lui apportât son chocolat quotidien. La domestique arriva sans tarder. C'est quand elle tira les lourds rideaux qui maintenaient la pièce dans la pénombre que la pythonisse fut prise d'un tremblement devant son jeu de cartes et sous des volutes de fumée d'encens dérangée. « Par tous les dieux ! s'écria-t-elle ; le malheureux, c'en est fait de lui et de sa descendance ! » Elle se recula de la table et d'un coup de menton désigna les lames de tarot qui y étaient étalées.

« Regarde, dit-elle à la bonne ; sa pièce d'or ; elle a roulé sur le jeu. Je lui avais bien dit de la déposer dans la sébile. Jamais l'or ne doit toucher le jeu sous peine que malheur arrive à celui qui l'a posé… à moins, à moins qu'il ne se sépare plus du jeu jusqu'à sa mort et qu'il soit transmis à ses descendants.

— Le malheureux…, répéta la bonne sans conviction.

— Écoute ! Cours dans la rue, essaie de le rattraper ! Sinon je sais qu'il habite à l'hostellerie Saint-Jacques, rue Coq-Héron.

— C'est loin, fit l'autre en commençant de passer un manteau.

— Mais dépêche-toi !

— Et comment s'appelle-t-il, votre homme !

— Arius ! Tiens, j'écris son nom au revers de cette carte pour que tu ne l'oublies pas », fit-elle en joignant le geste à la parole. Puis, après en avoir fait sécher l'encre, elle la tendit à la bonne.

« Drôle de nom ! » s'exclama celle-ci en la prenant. Après quoi elle descendit dans la rue et marcha en direction des quais. Elle ne se pressait pas trop, se disant qu'au pire elle pourrait remettre le jeu de cartes à l'hostellerie. Quand elle s'engagea dans la rue Coq-Héron, elle y trouva un grand rassemblement de gardes. Un piquet l'arrêta. « On ne passe pas, citoyenne ! » lui dit l'un des gardes. Elle expliqua qu'il fallait qu'elle livrât quelque chose à l'hôtel, qu'il y allait de la vie d'un homme. « La vie d'un homme, citoyenne ! Il y va ici du salut de la patrie. Un groupe de factieux vient d'être arrêté à ton hôtel et qui sait si celui que tu cherches n'en est pas ! »

La fille eut peur et commençait à s'éloigner, quand un des gardes la rappela. Elle eut un frisson et se dit que c'en était fait d'elle à cause de ce maudit jeu. « Tu as perdu quelque chose, fit l'homme en se baissant, puis il se releva et lui tendit une des cartes. Tu dis la bonne aventure ?

— Pas moi, ma patronne…

— C'est dommage car j'aurais bien voulu que tu me dises ce qui m'attend… Et puis tu as des yeux d'Égyptienne qui me plaisent bien.

— Eh bien, citoyen, tu n'as qu'à aller consulter ma maîtresse ; c'est la célèbre mademoiselle Lenormand ! »

L'autre passa sa main sur une joue mal rasée, regarda la carte. « L'Amoureux ! lut-il et il ajouta : Ce n'est même pas la peine que j'aille voir ta patronne ; regarde tu as tiré une carte pour moi… et pour toi… l'Amoureux…

— Citoyen Quint, on te demande de ramener la section à l'hôtel de ville ! » s'exclama un personnage empanaché qui venait d'arriver à l'adresse du garde qui tenait toujours la carte à la main.

Le nommé Quint prit la main de la fille, lui serra doucement les doigts, fit glisser le tranchant de la carte entre son majeur et son index et dit : « Tu ne crois pas que c'est un signe… Sinon tu ne te promènerais pas dans les rues avec ce jeu de cartes. Hein, tu ne crois pas ?

— Oui, tu as peut-être raison ! » dit la fille et elle serra la carte qu'il lâcha. Elle resta ainsi plantée à se demander si elle aurait bien voulu qu'il continue de faire glisser la carte comme ça. Elle vit partir le citoyen Quint avec l'empanaché et se dit que c'était une drôle d'histoire, qu'il n'avait pas tort et qu'elle n'aurait pas de peine à le retrouver.

*

Le scénario des *Constructeurs* donne encore l'occasion à Götz de narrer une scène parisienne. Elle se déroule en septembre 1815 dans un immeuble du quai Voltaire à Paris. Deux mois après la bataille de Waterloo, une troupe de seize soldats prussiens vient d'entrer par effraction dans les appartements de Vivant Denon, le directeur des collections d'art de Napoléon ; il s'agit pour ces hommes de récupérer des œuvres d'art volées en 1806 par les Français à Berlin. Trois fonctionnaires prussiens accompagnent les soldats ; parmi eux, Konstantin Arius ; il est alors âgé de quarante-huit ans et fait office de secrétaire. Il doit dresser le procès-verbal de l'intervention sous la dictée du lieutenant Dieterici et des experts. On lui a confié cette mission car il parle très bien le français et connaît Paris pour y avoir séjourné en 1783, alors qu'il accompagnait les Enslen au service de la Couronne de Wurtemberg, puis à l'époque de la Terreur où il a rencontré Marat et trafiqué dans la ferraille pour le compte du général Jourdan.

Le travail de la troupe n'est pas facile car les œuvres d'art propriété de la Prusse sont mêlées à d'autres, venues des pillages de différents pays. Il y a aussi des œuvres appartenant de droit à Denon. C'est un mois plus tard, lors de la réception des objets d'art, que Konstantin remarque que parmi ceux-ci un carton à dessins, propriété de Denon, a été par mégarde expédié à Berlin. Il contient des projets architecturaux dont les auteurs sont parmi les plus illustres de France ;

notamment, trois superbes dessins serrés dans une grande enveloppe attirent son attention. Il s'agit d'une sphère gigantesque, supportée par un socle à terrasses bordées de peupliers ; elle doit bien mesurer trois cents mètres de haut. Elle est présentée de l'extérieur, puis en coupe, de jour et de nuit. C'est surtout la coupe nocturne qui retient l'attention de Konstantin. Car la sphère est dans sa partie intérieure piquée d'étoiles, on y voit la Lune et à la base une sorte d'autel environné de nuées. Sur l'enveloppe est portée la mention *Cénotaphe de Newton*, suivie de ces mots écrits à la plume : « Tu as déterminé la figure de la Terre, moi j'ai conçu de t'envelopper de ta découverte. » C'est signé Étienne Louis Boullée. Konstantin rêve. Il rêve de voir un jour se dresser ce monument à Berlin.

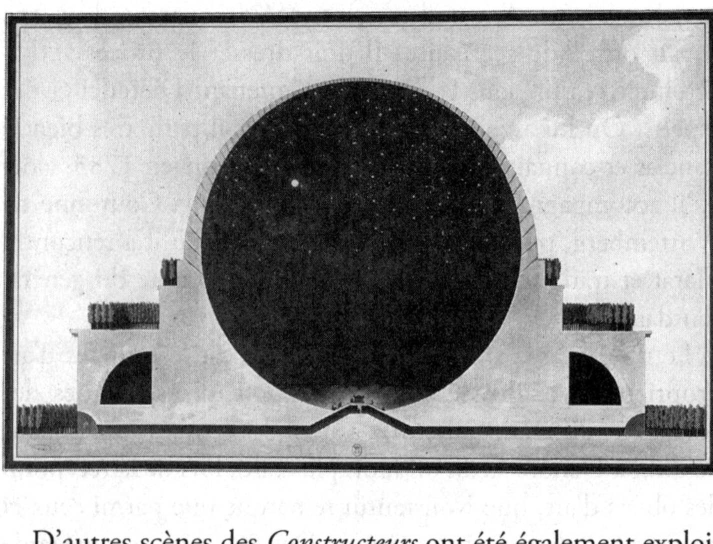

D'autres scènes des *Constructeurs* ont été également exploitées par l'agent de la Stasi. Peut-être moins détaillées, car elles ne font dans le rapport que l'objet de quelques lignes. Elles permettent par exemple d'établir comment Konstantin finit par se marier avec la fille de son patron. Aucun détail sur les circonstances ; peut-être n'avaient-elles pas d'importance aux yeux de Götz. Il a préféré s'intéresser au palais d'Orianda dont le projet a été d'une si grande conséquence pour la destinée des Arius.

On ne comprend toute l'affaire qu'en remontant encore à Schinkel dont Theodor Arius avait été l'assistant à partir de 1832. À cette époque, la carrière du grand architecte était à son apogée. Pour répondre aux nombreuses commandes de l'État prussien, il avait dû fonder ce qu'il est convenu d'appeler de nos jours une agence d'architecture. La famille royale de Prusse et l'aristocratie avaient fait appel à ses talents ; son génie l'inspirait pour la construction et la décoration de palais et résidences car, non content de dresser les plans de bâtiments, Schinkel avait pris en charge d'en dessiner l'ameublement jusqu'au moindre détail, plinthes, boutons de portes, etc. Sans doute fit-il alors, comme un designer de nos jours, le rêve de s'emparer véritablement de tout le décor de la vie de ses compatriotes. On se représentera que son activité sans répit, presque tendue par l'angoisse à la fin, fut la cause d'un fatal surmenage.

Les dernières années de la vie de Schinkel donnent en effet l'impression d'un être en proie à un rêve insatisfait. Obsédé par l'idée de n'avoir plus assez de temps pour réaliser ses projets, il fonde une académie d'architecture dans laquelle il fait installer ses appartements. C'est là que Theodor rencontre les Gropius et Speer. En ce lieu aussi, Schinkel lui dévoile un de ses projets les plus fantastiques : le palais d'Orianda, qui doit être construit sur une falaise de quatre cents mètres de hauteur au-dessus de la mer Noire, près de Yalta. Cet édifice, qui répond à la commande de la fille du roi Frédéric-Guillaume III de Prusse, la tsarine de Russie Alexandra Feodorovna, est en fait une espèce de grande machine théâtrale qui conjugue l'art grec et un orientalisme romantique ; il comprend des jardins suspendus et une immense glyptothèque qui fait songer aux souterrains de *La Flûte enchantée.* Dans des projets précédents, Schinkel avait déjà manifesté son goût pour le gigantisme, sans doute hérité de Boullée, notamment dans ses célèbres décors de l'opéra de Mozart, avec ce palais constellé de la Reine de la Nuit, mais aussi dans ce dessin d'une cathédrale gothique longue d'un kilomètre et haute de deux cents mètres. La démesure du palais d'Orianda est d'une autre nature ; c'est la pétrification d'un rêve théâtral.

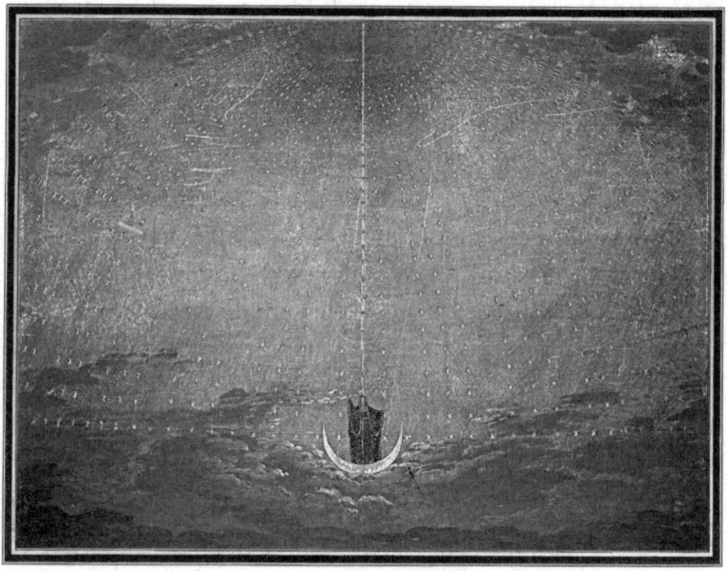

Au printemps 1840, dans le train qui depuis peu circule entre Potsdam et Berlin, Schinkel éprouve une paralysie de la main droite. C'est le début d'un lent processus de maladie auquel les cures à Badgastein ne seront d'aucune utilité. À mesure que le mal gagne, il se fait porter les cartons de ses projets grandioses restés sur le papier. Arius l'accompagne en cure, fait la navette entre la petite ville autrichienne et Berlin. C'est Arius qui lui ouvre les cartons et lui présente les dessins car Schinkel n'en a plus la force. Un jour, devant son patron en proie à une profonde mélancolie parce qu'il voit que la mort l'empêchera de mener à terme son projet, il lui fait la promesse solennelle qu'il se chargera de la construction de l'édifice.

Il ne trouva guère de moyen de tenir sa promesse ; surtout, son mariage avec Augusta Gauvain l'en écarta. Il se retrouva en effet à la tête d'une famille qu'il dut nourrir en acceptant des travaux moins glorieux, comme des prisons et des gares. Il dut veiller aussi à la gestion d'une imprimerie de théâtres de papier de Neuruppin apportée en dot par sa femme.

J'ai été en mesure de relater une partie de ces événements à Marianne à la Toussaint qui suivit mon premier séjour à Potsdam. Mon travail d'investigation dans le dossier d'Arius avançait, mais il me fallait aussi lui téléphoner pour qu'elle m'éclairât sur tel ou tel point des arcanes de la RDA. Peu à peu, elle et moi étions devenus intimes car, bien que motivées par le dossier d'Arius, nos conversations en déviaient parfois.

Marianne me posait des questions sur ma vie, mon enfance, mon père, ma jeunesse à Vienne, mon métier d'enseignant. Moi-même, j'aimais l'entendre me parler de son ministère à Kartzow et de son mari, avec qui rien ne semblait plus marcher ; et je crois que, si l'histoire de la blouse en Präsent 20 m'avait fait désirer sa chair juste pour l'accomplissement d'un rêve immémorial, il en était désormais tout autrement, et j'imaginais qu'un jour je me rapprocherais d'elle. Bien souvent après nos conversations, je me suis replongé dans le dossier Arius pour oublier notre séparation, mais j'avais du mal à me concentrer sur ce travail ; je pensais à elle, regardais une photo qu'elle m'avait envoyée. Une photo de son visage, dont l'arrière-plan me laissait penser qu'elle avait été prise sur le bord d'un des nombreux lacs qui entourent Berlin, peut-être par son mari.

Oui, j'imaginais que nous pourrions vivre ensemble ; mais bien vite me revenaient en mémoire que toutes les expériences amoureuses que j'avais faites avec des Autrichiennes avaient tourné court en vertu de quelque malédiction. Ma blondine de Vienne avait fini par me lâcher sous un prétexte futile ; deux ou trois autres femmes que j'avais connues à Salzbourg ou en Bavière rêvaient à travers moi de la France, comme les Germaniques en rêvent. La France, c'était Paris, une espèce de romantisme montmartrois, avec des lampions, de l'accordéon, l'amour un peu canaille, ou c'était la Côte d'Azur, ou la Bretagne. Rien ne m'était plus étranger. Une conquête de Salzbourg avait d'ailleurs fini par se mettre dans la tête que, une fois mariés, nous aurions pu vivre en France, sur la Côte d'Azur ; c'est lorsqu'elle comprit que ne m'intéressait en elle que ce qu'elle recelait de rêve germanique et que je ne cherchais à me marier avec elle que pour m'enfoncer davantage dans mon rêve que nous nous séparâmes. Avec Marianne, s'il n'était pas question de mariage, les choses risquaient de tourner de la même manière. Peu de temps avant les vacances de la Toussaint, j'avais pensé les mettre à profit pour la rejoindre à Berlin et la découvrir dans l'environnement automnal de Potsdam. Or elle a prétexté des difficultés avec son mari pour me faire accepter qu'on se retrouvât à Paris. Elle s'est pris une chambre dans un petit hôtel de l'avenue de Clichy. Je dois répéter ici que j'ai justement en détestation tout ce que les Allemands croient aimer dans la France et les Français. Marianne l'a trouvé dès qu'elle est montée dans le RER à Roissy. Elle connaissait Paris pour y être allée en 1992 avec Jeanette ; elle était descendue au Lutetia, qu'Arius avait fréquenté après la guerre d'Espagne, alors qu'il s'était joint à d'autres exilés allemands en 1937. Nous passâmes une semaine ensemble.

De mon côté, j'avais encore bien des questions à lui poser sur Jeanette ; quelques jours avant notre rencontre de Paris, je venais de lire les premiers rapports concernant son séjour à la prison de Hoheneck de décembre 1986 à décembre 1989. Malheureusement, j'avais eu beau parcourir le dossier de long en large, si j'y avais trouvé des détails sur son interrogatoire après Charleville et sur une détention de quarante-huit heures à la suite de quoi, deux ans plus tard, elle avait été condamnée pour dégradations de biens publics et insultes à l'État socialiste, je n'étais tombé sur aucune pièce qui eût pu me permettre de savoir quelles raisons avaient motivé son incarcération à Hoheneck, hormis qu'elle avait tenté de passer à l'Ouest. Peut-être Arius avait-il soustrait des documents du dossier de sa fille.

Au dire de Marianne, c'était une bêtise qui avait mal tourné ; elle s'était surtout laissé entraîner par un garçon, un guitariste. Tout avait été mal préparé ; quelqu'un les avait dénoncés ; ils s'étaient fait prendre. Le problème était que Jeanette était déjà repérée par la Stasi, en raison de l'affaire de Charleville d'où elle était rentrée quatre jours après qu'eut expiré son autorisation de sortie, puis d'une autre histoire à laquelle le musicien avait été mêlé. Elle avait été condamnée à cinq ans de prison. Marianne et son père avaient fait des démarches pour qu'elle pût être rachetée par l'Allemagne de l'Ouest : elle était sur la liste d'un convoi de libérables quand le Mur était tombé.

*

Je rentrais de Paris où j'avais passé quelques jours avec Marianne et j'étais dans le train entre Paris et N… à traverser sous un ciel cafardeux la mélancolique plaine de Brie ; sans que rien de décisif à mes yeux ne se fût passé entre ma nouvelle bien-aimée et moi, celle-ci regagnait Berlin et je me suis souvenu d'une autre rentrée des vacances de la Toussaint ; ce devait être en 1960. Notre mère étant de plus en plus souvent en cure dans les Alpes ou sur la Côte d'Azur, j'avais été confié pour l'année scolaire à mes grands-parents paternels à N…, et mon frère à mes grands-parents maternels de Montgeron en Seine-et-Oise. Mon père, lui, était reparti depuis quelques jours dans son insondable Allemagne, non sans avoir promis que quelqu'un viendrait me prendre à la rentrée pour m'emmener jusqu'à une nouvelle école située à l'autre bout de N…, école d'un quartier où l'on ignorait tout de son passé apparemment discutable. La personne, une sorte de cheftaine scoute, vint me prendre effectivement un lundi matin.

Elle était en bécane. J'aurais préféré la voiture et je dus aller à pied jusqu'à mon école tandis que la brave cheftaine essayait de m'égayer. Arriva alors ce qui fut un de ces moments décisifs dans ma composition d'une Allemagne mentale. Au fond d'une rue infinie et sinistre qui filait vers l'est, le ciel s'éclaircit timidement d'une clarté inattendue. C'était là-bas que mon père était, à l'aplomb de cette lumière lointaine et fascinante. (Je l'ignorais alors ; il venait de retrouver son vieux camarade de la prison de Landsberg, Manfred Arius. À Leipzig. Dix-sept ans après.) Ces pensées, j'en fis part à Marianne au téléphone le soir même de mon retour à N…

Je crois maintenant que ce mois de novembre, jusqu'alors si difficile pour moi, fut un moment de grâce, par la vertu de Marianne, de nos conversations téléphoniques, de nos rencontres ou de ma lecture des dossiers d'Arius et de Jeanette. Je le vis comme une réponse à l'énigmatique tristesse de mon enfance.

5

Depuis la mort de mon père, je passais toutes les fins d'année avec Anke à Vienne. Je consacrais ce séjour à des concerts, des après-midi au café Landtmann, à quelques achats de livres anciens dans un *Antiquariat*, à des messes chantées et à la rituelle promenade du 1er janvier dans la forêt viennoise. C'était toujours un heureux moment que cette fête à Vienne figée par un cérémonial qui avait déjà prévalu dans ma jeunesse, du temps de mon père.

Par habitude ou par fidélité à la mémoire de ma belle-mère, je ne voulus, après sa mort, rien changer à cet ordre, même si j'avais promis à Marianne de passer les derniers jours de l'année avec elle à Berlin pour la Saint-Sylvestre qui devait être fêtée chez les Werjowkin. Je me rendis donc à Vienne, où je devais aussi régler une affaire administrative. L'héritage de ma belle-mère, ma découverte de Berlin m'avaient soudain fait envisager d'une autre manière mon existence. Peut-être allais-je pouvoir quitter N… d'ici quelques années et prendre une retraite anticipée ; je me renseignai auprès de mon organisme de retraite qui me demanda une reconstitution de carrière. Je devais fournir des documents concernant mes différentes activités à Vienne, notamment celle de coursier en librairie en

1974. En effet, depuis très longtemps, je n'étais plus en possession de mes bulletins de salaire relativement à ce travail, bulletins égarés sans doute lors des tribulations qui suivirent mon retour d'Autriche.

Dès mon arrivée à Vienne, j'étais allé à la caisse de retraite des employés de commerce du Ier arrondissement, mais là on m'avait conseillé de m'adresser à mon ancien employeur. Par chance, ma patronne de l'époque, Frau Holty, était encore de ce monde ; elle vivait avec ses enfants dans une villa de Hietzing, pas très loin du château de Schönbrunn. Lors d'un téléphonage, elle m'avait assuré que les copies de mes bulletins se trouvaient parmi les archives de la librairie qu'elle conservait dans son sous-sol.

C'est le fils de mon ancienne patronne qui m'accueillit. Je l'avais connu aussi en 1974 ; depuis ce temps il était devenu assistant de régie au Volkstheater. D'emblée, il me dit qu'il avait eu le temps de retrouver les documents, puis il me guida jusqu'au salon près de sa mère, assise dans un fauteuil. « Quatre-vingt-huit ans ! me dit-elle, c'est mon âge ! Je ne pensais pas que vous reveniez aussi régulièrement à Vienne ; vous auriez pu nous faire signe plus tôt ! » J'expliquai sans détour que ma vie matrimoniale en France m'avait éloigné de cette ville durant quinze ans. Elle me tendit tout de suite l'enveloppe avec les bulletins. Cette enveloppe, j'en connaissais l'aspect ; elle portait la mention : *Kosmos Buchhandlung, Wollzeile 16*. Bien sûr ce furent des souvenirs ! Frau Holty me dit : « Je ne me rappelais plus que vous soyez resté si longtemps à la librairie. J'ai revu plusieurs fois la mère de votre belle-mère après votre départ ; elle était si déçue que vous l'ayez quittée !

— Oui, il est vrai que c'est grâce à elle que j'avais eu ce

travail, du moins par une de ses anciennes élèves qui avait donné sa démission !

— Pas du tout, fit Frau Holty, c'est par son mari Manfred Arius que vous l'aviez obtenu ! »

Cette révélation, à laquelle en d'autres circonstances je n'aurais accordé aucune importance, me laissa un moment sans voix avant que je la retrouve pour dire : « Je pensais qu'il était à Berlin depuis trente ans !

— Ça ne l'empêchait pas de venir à Vienne. Je me souviens l'avoir croisé plusieurs fois dans la Frimbergergasse pas très loin d'ici. Dans les années soixante-dix. Mon défunt mari m'a toujours dit qu'il le soupçonnait de travailler pour les services de renseignement est-allemands qui avaient leur agence au consulat de RDA au 6 de cette rue. Officiellement, il venait pour des colloques, ou pour réaliser des décors à la demande d'un théâtre. Je me souviens aussi de l'avoir vu avec sa petite fille lors d'une compétition sportive qui avait eu lieu à la Sporthalle. En tout cas, c'est grâce à lui que vous aviez été embauché. Il connaissait très bien les propriétaires de la librairie, ceux qui l'avaient reprise en 1960. Elle avait été fondée par l'armée française et l'agence Havas en 1947. Elle devait permettre la diffusion de la culture française à Vienne au même titre que l'Institut qui était alors dans le palais Lobkowitz. Mes patrons étaient toujours des militaires en retraite, ce qui faisait dire à mon mari que cette librairie était une couverture pour les services de renseignement français. Que Manfred Arius ait eu des rapports avec eux n'est pas étonnant ; il parlait très bien leur langue et avait gardé des relations avec des Français du temps où Vienne était occupée par les quatre puissances alliées. »

Je repartis excité par l'idée qu'Arius eût pu jouer un rôle

dans mon embauche à la librairie et que cette librairie eût même servi de couverture à des activités mystérieuses. Il neigeait à mon retour à la Wollzeile ; cette atmosphère me poussa à chercher le disque de Schubert qui avait appartenu à Arius ; je le trouvai sans peine parmi des affaires rapportées de la Kandlgasse dans l'appartement de ma belle-mère quelques années auparavant. La magie de l'*Inachevée* s'accorda bien à mon humeur et à la chute des flocons que je suivais par la fenêtre.

*

De Berlin à Vienne, le voyage en train prend dix heures. J'aurais pu faire le trajet de nuit, cela m'aurait permis de gagner du temps, mais j'ai le sommeil difficile, et la crainte de me présenter à Marianne après une nuit blanche m'a fait partir le matin du 27 décembre. Quant à l'avion, les billets étaient trop chers ; malgré la perspective de l'héritage de ma belle-mère, je craignais les dépenses imprévues ; je songeais à la charge nouvelle pour moi de l'appartement de Vienne et à une retraite qui pourrait arriver plus tôt. C'est au passage de Melk dont, de la ligne de chemin de fer, on aperçoit l'abbaye, et à la vue de celle-ci éclairée par un faible et ras soleil du matin, que le souvenir d'y avoir été avec mon père et Anke jeunes mariés m'est revenu. Ce devait être un été de la fin des années soixante. Alors, j'ai une fois de plus vu combien ce remariage avait été fatal pour moi et qu'avec cette histoire d'Arius je me retrouvais inextricablement pris dans des rets ourdis par les forces qui avaient présidé à cette union. Mais tout était fatal avant même celle-ci.

Je suis né de l'illusion de mon père et de ma mère, chacun

ayant imaginé dans l'autre un songe allemand ; mais il ne reposait que sur des impressions vagues et trompeuses. Ma mère avait la nostalgie de son pensionnat de Forêt-Noire quand elle rencontra mon père à N… Il revenait lui aussi de Forêt-Noire, avait eu un moment le projet d'y retourner travailler dans l'entreprise de son patron du STO. Sans doute pensait-il retrouver en la jeune femme juste rentrée de Baden-Baden quelque chose de l'Allemagne ; mais c'était bien insuffisant pour son rêve d'une femme allemande. Il en avait connu quelques-unes durant son séjour. Cela répondait à son orgueil ou à un désir de revanche. Car aux généralités de l'amour s'ajoutait le plaisir de séduire les femmes ou les filles des seigneurs. Ce trait tenait sans doute à l'influence d'un certain Drexler, maquereau de Paris et ancien boxeur, qui un moment se trouva au STO à Karlsruhe avec lui ; bel homme, il entraîna mon père dans des entreprises de séduction qu'il considérait comme une forme de revanche ; dès qu'il présentait une de ses propres conquêtes à mon père, il disait : « Tiens, celle-là, c'est pour Dunkerque, telle autre pour la percée des Ardennes… » Sans doute mon père ne partageait-il pas ce cynisme mais il n'en était pas loin. Ce qui était étrange, c'était qu'il conciliait cela avec un certain romantisme. Le désir d'Allemagne était né peut-être de la guerre de son père et de rêveries d'adolescent. J'ai su beaucoup plus tard, peu de temps avant sa mort, par un de ses vieux amis de collège retrouvé, que, déjà, lorsqu'ils étaient en classe, il rêvait devant les châteaux et les forêts de son livre d'allemand.

Un an avant la guerre surtout, de retour à N…, alors qu'il était au lycée, il avait fait partie d'un groupe de lycéens chaperonné par un jésuite, lequel revenait justement d'Allemagne. Plus tard, il se révéla que le jésuite y avait travaillé pour le compte des Renseignements de la rue Saint-Dominique. Les récits qu'il faisait à ses lycéens de la nouvelle Allemagne, de ses défilés ordonnés et de son réarmement ne laissaient d'intriguer mon père, bien que le jésuite n'en cachât pas le caractère menaçant. J'imagine que par la suite, même si, dès le début de la guerre, mon père avait entamé des démarches pour devancer l'appel et suivre l'école d'officiers de réserve, il partit pour le STO sans une larme et le cœur battant de rejoindre le pays des châteaux et des forêts. Il ne fut pas déçu car, en matière de château, il finit par se retrouver à la forteresse de Landsberg, vieille ville médiévale comme il en avait vu sous le burin de Dürer ou de Merian, et, pour ce qui touche les forêts, il y vécut un moment en tant que charbonnier qui fabriquait le combustible des gazogènes.

Mon père n'a pas connu l'abomination des camps. Ce qui aurait pu être la période la plus dure pour lui, sa captivité à Landsberg, se trouva être la plus intéressante à cause de Manfred. Quant à moi, même si à partir de photos sur lesquelles j'étais tombé dans mon enfance, photos rapportées par des oncles envoyés à Dora, Neuengamme, Dachau, même si à partir de certaines conversations des adultes de la famille ou des Ukrainiens du voisinage racontant leurs aventures en Allemagne, même si à partir de récits de mon père, je pouvais me construire un tableau gigantesque, des cadavres gelés ou gonflés par la chaleur, des villes offertes aux bombardements, des plaines à blé incendiées, des camps pétrifiés de froid et hirsutes de barbelés, des voies ferrées tordues et des ponts métalliques pendant au-dessus du vide, les uniformes sinistres, la bestialité autant que leur finesse empreinte de cruauté sur les faciès des bourreaux, le ciel de ce tableau restait pur, d'un bleu brûlant, fascinant, plus qu'un ciel méditerranéen. Je crois qu'entrait dans la composition de ce bleu quelque chose de la majesté de mon père, de sa générosité, et dans sa pureté quelque chose de son absence. Mais loin de toute subjectivité, je sais aussi que ce bleu existe en dehors du charme paternel ; il m'arrive même de penser que mon père, plus tard Anke n'auront été que des truchements destinés à me permettre d'aller à la rencontre de ce bleu oriental. Non, jamais je ne serai guéri de ce bleu allemand.

J'en étais à ces réflexions et songeries quand je me dis que ce rêve me possédait moi, seul de ses deux fils, et que j'étais tout à fait certain de l'avoir réalisé avec mon retour à Vienne ces dernières années, quand l'affaire Arius était venue le relancer cet été. Et Marianne ! Bien sûr qu'il me tardait de la voir.

Le train quitta la gare de Nuremberg en fin d'après-midi. Le paysage d'une campagne de collines enneigées qui s'offrait me ramena par son éclairage crépusculaire à ces heures d'il y avait longtemps où mon père, Anke, mon frère et moi roulions en direction de Landsberg. Mon père était mort depuis dix ans mais toujours durait son rêve qui me faisait m'agiter entre des femmes allemandes.

*

Dans sa quête de femmes allemandes ou autrichiennes, mon père lui-même ne recherchait-il pas un paysage, l'émanation d'un tuf ? Et moi-même n'ai-je pas aimé Blondine, l'élève d'Emmy, que parce qu'elle incarnait un monde d'Europe centrale adoré ? Il m'était arrivé quand nous étions à nous ébattre dans cette villa de Badgastein, à l'apex de mon transport amoureux, d'avoir la claire pensée que le corps que je vénérais était un chef-d'œuvre constitué d'un milliard de cellules agrégées par les tufs autrichiens, bohémiens, hongrois, enfin celui de tous les pays qui composaient l'Europe centrale. Et que je pouvais communier à ces grands paysages. Et c'était comme si les quelques Autrichiennes que j'avais ainsi connues étaient des espèces de machines à découvrir des pays dont j'avais eu connaissance par les livres ou les récits de mon père. Mais, pour autant, le destin avait fait que je n'eus de relations qu'avec des Autrichiennes et pas une Allemande, et sourdement me taraudait l'idée que ce versant de la germanité mythique me réservait des découvertes encore plus prodigieuses. Peut-être aussi était-ce la raison que, de toutes celles que j'eus ainsi, je ne pus en garder aucune. Et Marianne, la protestante du Brandebourg, était désormais celle qui recélait le plus de capacités à me fournir des songes merveilleux.

Je pus de nouveau louer la petite chambre mansardée chez sa mère. De ma fenêtre, je découvrais le jardin et un parc voisin sous la neige tombée quelques jours avant mon arrivée. La maison était décorée de guirlandes de Noël. L'après-midi de mon arrivée, Marianne m'emmena dans la colonie Alexandrowka voisine. La neige sur les isbas et un ciel bas me transportèrent dans une Russie théâtrale. Mais rapidement et une fois de plus me tourmenta la perspective de mon retour à N… quelques jours plus tard. L'idée de me séparer de ma bien-aimée réveillait de vieilles hantises. Et la séparation me serait plus douce si j'avais quelque gage de sa part que nous nous reverrions régulièrement.

Combien j'étais attaché alors à Marianne, je le mesurai le soir du 30 décembre. Je devais la retrouver à Berlin à l'occasion d'un concert à la Marienkirche, concert gratuit donné par une chorale de Potsdam ; une de ses amies en faisait partie. On y chantait des psaumes de Mendelssohn. Je ne sais quelle intuition me fit penser qu'elle n'y serait pas ; non pas qu'elle eût calculé qu'elle me gagnerait davantage en me tourmentant par son absence, mais parce que son absence me paraissait relever d'une logique divine dont je connaissais les ficelles depuis longtemps. Je ne fus pas détrompé ; elle n'était pas au rendez-vous. J'en éprouvai tout de suite un désespoir juvénile. Pourtant, quelque chose sembla dérangé dans la logique divine car, juste après le concert, alors que j'étais sur le point de sortir, j'entendis Marianne m'appeler du fond de l'église. Elle paraissait en proie à une profonde agitation. Elle n'était pas seule ; la suivait une jeune fille coiffée d'un bonnet de laine et le bas du visage caché par une écharpe. Marianne me dit qu'elle était désolée de son retard dû à un problème avec son mari, mais qu'elle était heureuse de me voir ; elle me présenta alors à la jeune fille, Valentyna, son amie choriste, une Ukrainienne d'une vingtaine d'années très typée ondine, aux pommettes hautes et saillantes.

Les deux femmes m'entraînèrent jusqu'à l'Alexanderplatz, immensité enneigée qu'éclairait la pleine lune levée à l'est. La tour de la télévision et sa sphère d'un futurisme vieilli resplendissaient dans le ciel nocturne. Encore sous l'exaltation de la musique et à la vue de ce lieu, j'eus une nouvelle fois l'impression d'un accomplissement. On prit place dans un café sans intimité aux lumières crues. Il fut d'abord question de Mendelssohn. Valentyna eut juste le temps de boire quelque chose avec nous ; puis elle s'en alla car elle devait reprendre de bonne heure son travail dans le voisinage.

Fut-ce l'effet de l'émotion d'avoir retrouvé celle que j'avais crue perdue, je me sentis dans des dispositions à m'épancher, proche de la confession. Je voulus lui parler du manuscrit pillé et, au lieu de cela, me lançai dans un discours extravagant sur tout ce qui aurait pu compter comme des circonstances atténuantes à mon forfait, une sorte de folie dont la cause première était Anke.

Je lui expliquai quel rôle de déesse elle avait joué à la fin de mon adolescence. Marianne m'interrompit avec douceur : « Arrêtez-vous là ! Je ne peux rien pour vous. Vous n'êtes pas sur le divan. J'ai d'autres problèmes à régler. Par exemple, Valentyna, qui vient de partir. Elle est arrivée il y a cinq ans, adolescente, dans un camion de déménagement. On lui avait fait la promesse d'un travail comme bonne chez un industriel de Berlin. À peine était-elle arrivée que ses passeurs se sont payés de leur peine sur elle. Puis il a fallu qu'elle rembourse les faux papiers. Elle a dû se prostituer pendant deux ans en supportant les coups et les humiliations. Et maintenant qu'elle en est sortie et qu'elle a un travail ici, on veut la renvoyer chez elle car elle n'a qu'un permis de séjour provisoire et la maison de retraite où elle est employée a été rachetée par un groupe qui veut faire des économies. À Berlin, il y en a bien deux cents comme elle qu'on essaie de sortir de cet enfer pour leur donner une vie simple mais juste. Alors vous comprendrez que je n'ai pas le temps d'écouter votre histoire avec votre belle-mère... Je crois que nous devons nous revoir demain soir pour la Saint-Sylvestre chez les Werjowkin ! Bonsoir ! » Et elle s'en alla, me laissant coi.

Mais cette promesse de revoir Marianne me rasséréna. Lorsque je ressortis du café, je fus pris par l'âme de mon père ou du moins par l'idée que je m'en faisais. Ce qui ne fait aucune différence car les morts n'ont pas d'autre âme que les images vraies ou fausses qu'ils laissent dans le souvenir des vivants. Je fus repris par son âme sous l'effet de la tour de la télévision qui jaillissait lumineuse dans la nuit. Tout en haut tournait la sphère du restaurant. C'est là que l'âme paternelle m'entraînait. Car la tour figurait sur un timbre qu'il m'avait rapporté de RDA. Et trop d'images auxquelles Anke et lui étaient liés se rattachaient à ce que je me représentais de l'intérieur de la sphère de verre et d'acier qui tournait pour que je n'y monte pas. Après avoir pris mon ticket d'entrée, je me trouvai propulsé jusqu'au restaurant panoramique à deux cents mètres de hauteur. Je crois que seul le moderne de l'Est trouve grâce à mes yeux. À cause d'Anke, ou plutôt de sa mère qui m'en fut la révélatrice. Lorsque j'arrivai à Vienne en 1968, le premier lieu où m'emmena Emmy fut la tour de la télévision des bords du Danube ; elle me faisait découvrir par là comment son pays s'était magnifiquement relevé de ses ruines. Par la suite, je compris que dans toutes ces tours de télévision, construites un peu partout en pays germaniques au moment du miracle économique, se manifestait comme une réplique à la verticalité dans laquelle s'étaient inscrits les bombardements de la guerre.

Arrivé au restaurant aux lumières douces et intimes, je m'installai seul à une table, tout contre une des fenêtres qui donnaient sur le vide au-dessus de Berlin illuminé. Je commandai un whisky, ce qui ne m'arrive que très rarement. C'était pour une libation à l'âme paternelle. Il y eut alors cette vieille chanson de Hildegarde Knef, *Für mich soll's rote Rosen regnen*. Et tout était réuni pour que se réalisât l'évocation d'un mort. Quand j'étais reclus dans ma chambre d'adolescent, chambre qu'adulte même je n'ai jamais su abandonner, en vertu d'une malédiction que je ne m'explique pas, mon père était dans des hôtels de luxe. Je pourrais dire que je l'imagine, mais j'ai la certitude que ce fut ainsi. Il m'en raconta assez par la suite pour que je puisse me représenter comment, le soir, dans les capitales du nord ou de l'est de l'Europe, il se retrouvait dans un restaurant somptueux en face d'une de ses secrétaires, attablé devant des mets délicats qu'une petite lampe basse éclairait et cela tandis que passait cette mélodie de Hildegarde Knef, qu'à son retour chez nous il avait encore sur les lèvres. C'est ainsi sans doute qu'il avait connu Anke, qui par la suite eut une prédilection pour ce genre de lieux. Tout était si insuffisant dans mon existence d'alors, d'une insuffisance à quoi s'ajoutait ma solitude, que je conçus ce rêve d'être à la place de mon père dans ces lieux élus en face d'une jeune Allemande éblouie par mes propos. Plus tard, quand j'entrai dans l'âge d'homme, je m'imaginai pouvoir me retrouver dans cette situation avec les jeunes filles dont je convoitais le cœur, ou celle avec qui j'avais une liaison. Rien de cela n'arriva et s'il advint que je finis par jouir d'un soir allemand semblable à ceux de mon père dans les années soixante, ce fut avec ma belle-mère quand elle fut veuve. Je restai plongé dans ces réflexions confuses bien que fût achevée la chanson de la Knef qui dit qu'à seize ans elle s'imaginait qu'elle aurait tout, qu'elle ne trouverait que merveilles sur son chemin et que toute sa vie ne serait que pluie de roses rouges.

Mon regard se portait sur Berlin illuminé et blanchi par la neige sous la lune. Marianne était loin, à Potsdam, derrière ces forêts de la banlieue, dans le salon familial, près de son mari ou alors à une réunion paroissiale. Si j'étais seul à ma table à deux cents mètres d'altitude, au moins m'était-il permis de songer à cet être que je ne connaissais pas encore six mois auparavant et dont la vie se déroulait dans le fond nocturne du paysage, permis aussi l'espoir de l'emmener un soir dans la tour du miracle socialiste allemand.

*

De sottes raisons d'économies m'incitèrent à prendre les transports en commun pour aller chez les Werjowkin à Neubabelsberg à l'occasion de la Saint-Sylvestre ; je comptais m'y présenter vers 22 heures, ce qui était convenu avec Marianne, mais, par je ne sais quelle crainte, j'arrivai une heure plus tôt que je passai à déambuler dans les rues des alentours. Enfin, quand il fut l'heure, je marchai en direction de la maison de la Virchowstrasse. Je n'eus même pas à me faire ouvrir la grille : Valentyna, Marianne et son mari arrivèrent en voiture en même temps que moi. Ils me firent une place dans un nuage de parfums inconnus. On avança jusqu'à la maison pour se garer sur le côté auprès d'énormes automobiles allemandes. Moi qui essaie de n'accorder aucun prix aux voitures, je me sentis un peu ridicule d'être arrivé par le bus.

Anatoli et Silke Werjowkin me firent un accueil avec des démonstrations d'affection auxquelles je ne m'attendais pas. Lui était en smoking, elle portait une robe inspirée des Ballets russes. Une bonne s'empara de nos manteaux. Sous le sien, Marianne découvrit une robe fourreau très décolletée dans le dos. Quant à moi, j'avais passé mes atours habituels des fêtes viennoises : une veste de chasse noire à col et parements verts et un pantalon de même couleur. Marianne m'en fit compliment et, un peu plus tard, me dit que Jeanette affectionnait ce genre de vêtements.

Silke nous fit les honneurs de la maison ; comme la villa de Badgastein, elle était agrémentée d'un vaste jardin d'hiver. Pour la circonstance s'y dressait un gigantesque sapin de Noël derrière quoi, par des baies vitrées, se découvrait un parc à l'étendue glacée. Une trentaine de personnes, dont les Hasslinger et les Larcher, se trouvaient en ces lieux d'où s'élevait une rumeur de fête ; dans un coin du jardin d'hiver, entre des palmiers quatre musiciens russes jouaient des airs du pays. C'est alors que Silke, m'ayant pris par le bras, invita Marianne à nous suivre dans une pièce voisine. Elle ne fut pas surprise quand je lui dis qu'à Badgastein j'avais connu la réplique de sa maison. « Oui, me dit-elle, Karl Friedrich Arius en avait fait les plans pour la famille Demant, des marchands d'ambre de Königsberg. Il avait connu les deux fils à Badgastein ; l'un fit construire celle que vous avez connue, l'autre celle-ci. Malheureusement ils ont été ruinés par un krach boursier au moment où les travaux étaient juste achevés. Karl Friedrich a décidé d'habiter celle de Potsdam. L'autre a été vendue à des Viennois, des Juifs aussi ; plus tard Manfred, qui avait gardé des relations avec eux, y passa quelques étés, jusqu'en 1938 où elle fut aryanisée. En 1945, une partie de l'état-major russe s'est établie ici mais, par la suite, la maison s'est trouvée dans une zone interdite à cause de la proximité du Mur. Mon mari l'a rachetée après le Tournant ; quand, peu après, il a appris que la villa de Badgastein allait être détruite, il y est parti avec un ingénieur pour récupérer des éléments décoratifs et restaurer celle de Berlin qui avait souffert de l'occupation russe !

— Alors, dis-je, vous allez peut-être m'expliquer ce que sont ces étranges acanthes aux chapiteaux des colonnes extérieures. Ça m'a toujours intrigué !

— Ce ne sont pas des acanthes, mais des feuilles de koksaghyz, un pissenlit russe et sa boule d'aigrettes. C'était un symbole important pour les Arius ; malgré quelques échecs au début, l'ancêtre Konstantin avait réussi à en faire pousser dans une lande au nord de Berlin ; il en avait tiré du caoutchouc dont il enduisait les enveloppes de ses ballons. Nelson était en pourparlers avec l'armée allemande pour lui vendre le brevet avant 1914, mais la guerre est arrivée qui a fait échouer l'affaire. Comble de malchance, cela s'est reproduit en 1944 ; à l'époque les nazis avaient besoin de caoutchouc synthétique, et le kok-saghyz était plus intéressant que le caoutchouc Buna ; mais l'Allemagne s'est effondrée avant. L'extraordinaire, c'est que Karl Friedrich a retrouvé le kok-saghyz lors de ses voyages en Asie centrale ; alors il a eu l'idée d'en faire un motif décoratif rappelant la vocation aérienne des Arius ; Manfred prétendait lui aussi avoir revu cette fleur quand il avait été prisonnier à Samarcande. »

Silke nous fit traverser la salle à manger de la maison pour nous conduire jusqu'à la bibliothèque, pièce immense qui, bien que refaite dans un goût récent, montrait d'anciens éléments décoratifs, notamment ces caissons sous lesquels j'avais dormi dans la villa de Badgastein. Entre des fenêtres qui donnaient elles aussi sur le parc enneigé étaient suspendus des tableaux : des maîtres expressionnistes, un extraordinaire Willi Sitte. Mais tous les murs étaient occupés par des toiles dont je reconnus instantanément la facture : j'avais passé assez de temps à Vienne devant le portrait d'Emmy peint par Arius pour reconnaître sa touche dans les tableaux qui étaient accrochés là.

Silke me dit que, depuis plusieurs années, elle tâchait de rassembler toutes ses œuvres ; portraits, paysages, mais également décors et costumes de scène. De concert avec Marianne, et encouragée par le ministère de la Culture du Brandebourg, elle avait l'intention de faire une grande exposition et de rédiger un livre sur son œuvre d'architecte jusqu'alors ignorée. Je reconnus avec bonheur des paysages et des lieux où j'avais passé ma jeunesse autrichienne. Badgastein, Goldegg, et surtout des quartiers de Vienne qui n'existaient plus sous cette forme, notamment la place de la gare François-Joseph. Aussi un portrait d'Emmy dans l'appartement de la Kandlgasse et un autre devant la cabane d'un jardin d'Ottakring. Je me rendis compte que désormais j'appartenais davantage à ce temps, plus proche des années de guerre qu'à ce siècle nouveau dont on allait fêter la quatrième année.

Je m'arrêtai longuement sur des décors pour des théâtres de villes allemandes ou autrichiennes. J'arrivai à une série de tableaux appartenant, comme disait Silke, à la période néo-classique d'Arius, très proche, par sa facture, des peintres dits fascistes tels que Wissel et Ziegler. Beaucoup de technique, une certaine froideur mais quelque chose dans le traitement des chairs trahissait un grain quasi photographique qui me mit mal à l'aise. Des portraits de proches ; bien sûr Jeanette à tous les âges. Enfin il y avait posé sur un chevalet, une machine monumentale assez sombre, à cause d'un vernis de mauvaise qualité qui, selon Anatoli, avait vieilli, *Le Sacrifice d'Iphigénie*. Le tableau avait été entreposé dans un garage chez les Mogwitz et cela faisait peu de temps qu'il avait rejoint les autres ; on ne devait pas tarder à le faire nettoyer. Il s'agissait d'un groupe de nus pratiquement grandeur nature sur une plage avec un horizon marin. Quatre femmes dans un style un peu stalinien et des postures hiératiques. Je reconnus sans peine Lilo Hasslinger, Silke, Marianne. Toutes portaient un petit croissant de lune en diadème, attribut de Diane.

« Ce tableau a été commencé sur la plage de Thiessow », dit Silke ; « C'était au FKK, une institution d'État qui préconise le retour à la nature ! » ajouta Marianne, comme pour excuser qu'elle se trouvât à me découvrir son corps. Elle m'expliqua comment elle avait posé pour rejoindre dans le tableau les portraits nus de Silke et de Lilo qui y figuraient depuis le début. Toutes ces nudités peintes avec soin dans des tons qui se seraient révélés auroraux sans la crasse du vernis m'enchantaient, surtout la vision de celle de Marianne. Elle était représentée de face, debout et tendant un arc de chasseresse. Mais elle avait les jambes légèrement écartées, comme pour assurer sa stabilité avant de tirer. Je fus assez longtemps intrigué par ce qui, en arrière-plan, se livrait entre ses deux longues jambes : un singulier lever de soleil à l'horizon maritime, et, plutôt que le soleil, on aurait dit quelque chose de saturnien, un astre aux teintes plombées. Silke me tira de ma contemplation pour me faire voir des décors de théâtre, notamment des esquisses pour un *Fidelio* donné à Leipzig en 1960 : « Quelques mois avant la construction du Mur », me dit-elle.

Comme je levais les yeux vers le plafond, mon regard s'attacha à leurs rosettes, dont je savais maintenant qu'elles étaient des aigrettes de pissenlit. C'est sous ces caissons que durant deux mois j'avais sur mon lit rêvassé, comptant machinalement leurs cannelures, parfois dans les bras de ma bien-aimée autrichienne, souvent seul à la désirer ou à la maudire, jusqu'au jour où sous les mêmes caissons, à moitié déshabillée, elle m'avait signifié que c'était fini entre nous, après quoi elle était partie, me laissant dans le désespoir. Ainsi, un fil rompu depuis plus de trente ans semblait vouloir se renouer.

Ici, il me faut revenir à mon enfance et à mon adolescence, à l'absence de mon père. À cause de ces caissons de bois cirés et de cette vue sur le lac et le parc nocturnes. Combien avais-je rêvé d'un tel lieu dans les moments où, nouvel élève du lycée de N… dans lequel mon père m'avait placé, j'étais maintenant livré à l'ostracisme de mes condisciples ! Ils appartenaient tous à la bourgeoisie de notre ville, et mon père, à la honte de travailler pour l'Allemagne, ajoutait celle d'avoir fait une faillite. Fils d'industriels établis depuis un siècle, de notables, de commerçants prospères, ils ne manquaient guère une occasion d'être froids, voire méprisants avec moi. Je ne pouvais m'en ouvrir à mes parents, mon père en Allemagne, ma mère en maison de repos. Alors il y avait mon livre d'allemand, ses images et ses héros ; et des demeures semblables à celle d'Arius. Ainsi le ressentiment peu à peu éclos dans mon cœur pourtant si tendre devait s'accorder à ce pays, et il ne pouvait trouver d'allié qu'en cet endroit encore honni chez nous, parce que ses soldats nous avaient humiliés vingt ans plus tôt. Mais ce n'est pas vers le nazisme que mon esprit se tournait ; je savais que bien des pères de mes persécuteurs s'étaient accommodés de sa présence. Non c'était l'Allemagne communiste, celle des timbres, celle où mon père allait, celle que dénonçaient sans cesse *L'Aurore*, *Le Figaro*, la presse que lisaient les familles de mes ennemis ; c'était elle, derrière son Mur, dont j'espérais soudain le salut, et je me prenais parfois à guetter les signes annonciateurs d'une guerre qui permettrait à mes alliés rouges d'envahir la France, sinon ma ville, de me reconnaître comme un des leurs, de récompenser ma fidélité en me confiant un pouvoir sur eux. Il m'arrive encore de croiser ces anciens condisciples dans les rues de N… ; parfois ils me saluent, ayant certainement tout oublié de leurs jeux cruels ; sans doute même sont-ils devenus des gens très bien, mieux que moi. Mais, la plupart du temps, ils ne me reconnaissent pas. Si j'ai certes vieilli, ce sont plutôt les nombreux séjours en Autriche, à Vienne, en Allemagne et surtout la faveur divine que fut Anke qui ont fini par faire de moi quelqu'un qui n'a plus rien de commun avec celui qu'ils ont tourmenté.

Silke me confirma que les caissons venaient de la maison

de Badgastein et elle fit observer : « Bien que Manfred ait prétendu qu'il n'avait rien laissé en Autriche, il ne s'est guère passé d'années depuis le Tournant que des traces de sa vie là-bas ne soient réapparues.

— Pourtant, lui dis-je, sa famille s'est bien employée à le faire disparaître du paysage viennois. À quelques objets près… » Je me tus, songeant au manuscrit volé, puis me revint le souvenir du disque : « Figurez-vous que j'ai retrouvé un disque qui lui a appartenu ; avec une mention amusante : où il est question d'une fille qui s'appelle Brunete, et c'est signé son fidèle Fritz Leissner… » Silke eut une expression de surprise mêlée d'embarras et elle me dit : « Alors çà ! Brunete, il n'y a qu'un Français pour penser que c'est une fille ! Pensez donc, c'est une bataille de la guerre d'Espagne. Quant à ce Leissner, c'est le nom de guerre de Mielke… Il faut absolument que vous me montriez ce disque… ! »

Je n'eus pas le temps de lui demander qui était Mielke. Des exclamations joyeuses proférées en russe, des chants plus vifs nous ramenèrent dans le grand salon des Werjowkin. Anatoli, me désignant, lança à la cantonade : « Un Viennois pour la Saint-Sylvestre, qui est aussi un Français de Champagne. Allons-y pour *La Chauve-Souris* ! » Et, d'une voix de fausset, il se mit à chanter l'air du prince Orlofski sur le champagne, aussitôt accompagné par les musiciens russes. Une soubrette me présenta justement une coupe. Mais comme Silke me voyait décliner l'offre, elle me dit : « Pour un Champenois, c'est le comble, notre meilleur Ruinart ; peut-être êtes-vous contre l'alcool ; essayez ça, ajouta-t-elle en me tendant un verre d'une boisson orange. C'est un soda russe que mon mari fabrique et qu'il importe ici ! »

Marianne et son mari s'approchèrent, accompagnés de

Joachim Larcher, qui ne me cacha pas son plaisir de me revoir en insistant une fois de plus sur ma ressemblance avec mon père. Une série de clameurs et de détonations nous interrompirent. On était en train de tirer des fusées dans le parc et Anatoli vint nous chercher. « Venez vite, c'est mon feu d'artifice ; cette année j'ai mis le paquet ! » et il attrapa Larcher sous l'épaule. Celui-ci le suivit, protestant et riant à la fois jusqu'au jardin d'hiver, où tout le monde s'était rassemblé. De ma place, cependant, j'arrivais à distinguer au fond d'un hall, derrière une grande porte vitrée, *Le Sacrifice d'Iphigénie* ; les pièces d'artifice illuminaient le tableau par à-coups. À un certain moment, vers la fin, quand toute une série de pièces se mirent à crépiter violemment, j'eus une mystérieuse révélation ; en ces corps de femmes allemandes réapparaissait quelque chose de la détresse suscitée par tant de bombardements dont mon père avait été le témoin dans sa jeunesse et dont il m'avait fait le récit.

Après le feu d'artifice, Silke revint en me tendant un autre verre du soda russe et elle me dit : « Oui, oui, il faut absolument que vous m'apportiez ce disque, ou vous nous ferez une photocopie de la pochette ; pour notre livre c'est important ! » Je lui demandai qui était le « Mielke » en question. « Erich Mielke ! Je vois qu'à Vienne autant qu'en France on ne s'intéresse guère à nous. C'était le ministre de la Sécurité d'État ; le chef de la Stasi ! Je savais bien qu'Arius avait fait partie des Brigades internationales ; jamais je n'aurais pu imaginer qu'il ait pu s'y retrouver avec Mielke au moment de la bataille de Brunete… »

Larcher, qui s'était rapproché, ajouta : « Votre père a dû savoir ces choses-là comme bien d'autres qui, je pense, nous intéresseraient. Quand je les ai connus, lui et Arius étaient très intimes. Après l'évasion de Manfred, ils se sont perdus de vue, mais ils ont fini par se retrouver à la faveur de leurs affaires à Leipzig et à Potsdam ; je crois au début des années soixante ; j'étais présent lors de leurs retrouvailles. C'est dommage que j'aie par la suite été muté à l'étranger. » Anatoli nous demanda de le suivre dans son compte à rebours des dernières secondes de l'année. À minuit, l'orchestre se déchaîna ; il y eut des toasts portés, des « *S'novim godom !* » Mais pas de verres brisés en considération du fait qu'on gardait cela pour le jour de l'an russe qui allait être célébré quelques jours plus tard.

La larme à l'œil, Anatoli chanta l'increvable et lent *Les Soirées près de Moscou* puis vint une valse. Ma cavalière fut alors Marianne dont le mari ne dansait jamais ; il ne subsistait rien de l'humeur où je l'avais laissée la veille, après le concert. Je dois dire que dans sa robe fourreau très décolletée du dos, elle était plus que jamais grande liane. Et je le sentis davantage lorsque ma main droite se posa au-dessus de ses reins dénudés. Une fine et fraîche transpiration émut ma main au point que je perdis un peu le rythme. Peu après, Anatoli m'entraîna jusqu'à la bibliothèque ; il alluma un cigare et m'entretint des tableaux d'Arius, me demandant si, par hasard, il aurait pu laisser quelque chose à Vienne. Je lui parlai du portrait d'Emmy que j'avais vu chez elle en 1974 et qui sans doute était dans les combles de la Wollzeile.

Quand nous revînmes au salon, les Carstens étaient partis, et Larcher et sa femme passaient leur manteau. J'étais un peu dépité que Marianne ne m'eût pas dit adieu. Les Larcher durent le remarquer qui me dirent qu'elle s'était disputée avec son mari pour une vétille et qu'ils avaient préféré rentrer. Ils me prirent dans leur voiture pour me ramener chez les Mogwitz. C'était Ingrid qui conduisait. Assis à l'avant, légèrement tourné vers moi tandis que nous roulions, Larcher me dit : « C'est vraiment extraordinaire cette ressemblance avec votre père ! Je ne m'en rassasie pas ! » Et sur un ton étrange il continua : « Mais votre belle-mère, ça devait lui faire une drôle d'impression… Non ? », puis il demanda si elle ne s'était jamais remariée. Je voulus lui raconter ma mésaventure avec Gordon Miller-Asquith ; à ce nom, il m'interrompit. « Voilà un nom que je n'ai pas entendu prononcer depuis trente ans. Miller-Asquith ! Avez-vous de ses nouvelles récentes ? Il faisait partie de notre petite bande de l'hôtel lors des foires de Leipzig ; il était le patron de la filiale européenne de la Carbon Chemical pour laquelle votre père avait la représentation en Allemagne. Il a dû vous raconter tout ça quand vous l'avez vu ; il a bien connu Arius aussi, certainement mieux que moi ! »

Je dus avouer à Larcher que j'étais désemparé par tout ce que j'avais appris ces derniers temps et quand, en quelques mots, je lui expliquai que jusqu'au mois d'août dernier, avant qu'il m'en informât, j'avais ignoré que mon père avait connu Arius bien avant Anke, Ingrid Larcher dit : « Mon mari n'en fait que des comme ça ! Il adore parler et il parle trop ! » et, s'adressant à lui : « Tu as encore fait du joli ! », mais je pris la défense de Larcher et insistai même pour qu'il me parlât davantage de mon père et de ses relations avec Arius, Miller-Asquith, enfin de sa vie en RDA, vie qui m'avait tant intrigué dans mon enfance. « Je n'en sais guère plus que ce que je vous ai raconté ; parce qu'à partir de 1962 je n'ai pratiquement plus été à Leipzig ni en Allemagne ; l'Intrac où je venais de prendre mes fonctions m'a envoyé aux quatre vents, à Bucarest, Varsovie, Moscou, Lugano, La Havane et les îles Saint-Martin… ; je n'en suis rentré qu'au Tournant. Comme je vous l'ai dit, c'est par votre père que j'ai connu

Arius, c'était, peut-être, un an avant mon départ. J'ignorais l'existence de votre belle-mère, des Stadler. Jeanette n'était pas encore née. Je sais qu'à l'époque Arius enseignait la scénographie à l'institut de Babelsberg. Quand je l'ai revu au début des années quatre-vingt-dix, il n'était plus que l'ombre de lui-même. Il avait été mis à la retraite depuis longtemps et vivait reclus dans son appartement de Potsdam à découper des théâtres de papier. J'ai su après que Lilo l'avait quitté quinze ans avant ; il ne s'était jamais remis du divorce. »

À un certain moment Larcher pria sa femme de ralentir. Il me désigna une demeure illuminée au fond d'un parc : « La villa Urbig, dit-il ; construite sur les plans de Mies van der Rohe mais ne dirait-on pas du dernier Schinkel ? » et sa femme ajouta : « C'était la résidence de Churchill durant la conférence de Potsdam ! » Ces remarques m'amenèrent à leur faire part de ce que m'avait narré la mère de Marianne à propos d'une rencontre entre Churchill et Arius devant la villa abandonnée, au moment de la conférence. Ce dernier était en train de charger dans une jeep des vieilleries récupérées dans les combles, notamment un petit théâtre de son enfance, quand une grosse voiture anglaise s'était arrêtée, d'où Churchill était descendu avec un grand sourire ; c'était le petit théâtre qui l'intéressait et une conversation s'était engagée entre les deux hommes. Larcher confirma les faits et ajouta : « Arius faisait alors partie de la 5e armée de Biélorussie où il était officier ; il était arrivé de Moscou avec d'autres Allemands, notamment le fils du président Pieck. C'est sa grand-mère paternelle qui avait hérité d'une imprimerie à Neuruppin. Ça peut paraître futile, ces petits théâtres, ces dioramas ; à l'époque c'était répandu. D'un autre côté, le grand-père avait travaillé avec Schinkel chez les Gropius qui avaient un diorama très fréquenté. Ça préfigurait le cinéma. En fait rien d'étonnant que cela ait intéressé les Arius ; Marianne vous l'a peut-être dit, le premier Arius établi à Berlin s'était marié avec une fille d'Enslen qui lui-même avait un cabinet d'apparitions, un diorama. C'est aussi à cause de cet ancêtre qu'il s'est pris d'intérêt pour l'aérostation… »

Nous étions arrivés devant la maison des Mogwitz. Il me fit promettre de lui rendre visite dans les jours qui venaient car il voulait que je lui parle du dossier et de mon père ; il allait rechercher des photos. Quand nous nous serrâmes la main, il avait encore ce regard étonné et mêlé d'affection qu'il avait eu lors de notre rencontre au mois de juillet précédent. Il me laissa sa carte de visite. Bien sûr, je ne dormis guère de la nuit, tant les révélations de Larcher, le flanc tressaillant de Marianne m'avaient excité. Car pour extraordinaire que se révélât soudain la vie de mon père, elle me faisait l'effet d'un chaos.

6

Que mon père fût un héros, je n'en ai jamais douté. Pourtant il n'en faisait guère état. Ce qui n'était pas le cas de certains de ses cousins ou voisins entrés dans la Résistance, vite arrêtés, déportés et revenus avec des galons, des médailles, des pensions et des relations. De toute apparence, le STO, où il avait dû partir sous l'influence de sa mère terrifiée à l'idée qu'il entrât au maquis, n'était pas un titre de gloire. Mais il lui arrivait de mentionner telle circonstance de la guerre, où il avait fait preuve d'un vrai courage, parmi d'autres assez pittoresques où il avait dû courber l'échine ou prendre les jambes à son cou. Ainsi n'en mena-t-il pas large un jour qu'il avait dû décharger des pots de peinture au camp des SS de Rastatt, un autre qu'il avait détalé du camion de l'usine pris sous le feu des Spitfire anglais sur la route de Pforzheim. Mais, à la fin de la guerre, il avait sauvé la vie de son patron blessé en forçant les lignes allemandes pour l'emmener se faire soigner du côté français ; une autre fois, il avait conduit au milieu d'un stade désert un camion chargé d'acétone en feu qui menaçait d'exploser près d'habitations. Il y eut aussi que, ayant réussi à se procurer une pince à plomber les wagons de marchandises de la Reichsbahn, il put, au risque de sa vie, faire repartir des évadés de stalags vers la France à partir de la gare de fret de Karlsruhe. Pour cela, dont j'ai eu des témoignages de proches par la suite, il n'avait jamais songé à demander quelque distinction que ce fût.

Je ne sais si je dois compter parmi ses hauts faits l'affaire des cigarettes Trommler destinées au front russe et qu'avec la complicité d'un fourrier de la Wehrmacht il avait détournées pour les revendre dans un fond de garage chez sa logeuse, lieu où il tenait un commerce clandestin. Il avait fini par se faire prendre à la suite de la dénonciation d'un Français. Jugé de manière expéditive au tribunal de Pforzheim, il avait été condamné à six mois de forteresse à Landsberg. Et c'est donc là qu'il avait rencontré Arius. Malgré ses absences, j'étais arrivé à me faire une idée de sa vie durant sa captivité grâce à quelques-uns de ses récits et à des propos tenus dans la famille ; et avec le temps à m'imaginer que cette histoire était exhaustive. Ainsi avais-je conçu une image de héros, héros à la mesure de mon insuffisance ; si les traits de mon visage étonnaient les autres par leur ressemblance avec les siens, pour le reste, j'étais, avec une complexion fragile et une humeur souvent mélancolique, l'opposé de ce qu'il était. En tout cas, les révélations de Larcher me firent mesurer combien je m'étais satisfait de peu avec cette mythologie paternelle et que le héros discret dont j'étais le fils se doublait aussi d'un aventurier. Pourquoi nous avait-il caché qu'il avait connu le père d'Anke à l'époque où celle-ci venait de naître et qu'il l'avait rencontré plusieurs fois après ?

*

Cela ne s'est jamais produit avec des Françaises ; mes relations amoureuses avec des femmes de l'Est m'ont la plupart du temps vite plongé dans de profonds accès de tristesse avant même qu'elles ne soient consommées. À l'adage *triste post coitum* j'aurais pu ajouter *ante coitum.* C'était justement la perspective de l'après qui déjà me consternait avant le passage à l'acte. L'idéal pour moi était le marivaudage et le jeu de la séduction. Ça me permettait de rêver. Mais quand, avec les Autrichiennes, il fallait passer au charnel, qui était l'occasion de découvertes souvent éblouissantes et sources de fantaisies, je savais qu'une fatalité allait faire en sorte que la séparation fût inéluctable et d'autant plus effrayante qu'il y avait eu cette fusion. C'était ce qui s'était passé quand Blondine m'avait quitté sous les caissons de la villa Arius de Badgastein. Mais, avec sa soutane de pasteur et sa nudité de Thiessow, Marianne s'inscrivait si bien dans mon imaginaire amoureux qu'elle m'apparaissait comme le point final à toutes mes errances.

Ces pensées occupaient mon esprit alors que je me rendais chez Larcher. Il m'avait téléphoné le matin du 2 janvier pour m'annoncer triomphalement qu'il avait retrouvé des photos de mon père datant du début des années soixante. Il m'attendait pour le thé dans son appartement situé rue Eberty. À cause des travaux, je descendis une station avant Ostkreuz où je devais changer de ligne. Cela me permit de voir des paysages de l'ancien secteur est de Berlin. Sous le ciel de marbre gris et froid de janvier, ces zones cataclysmiques d'acier, de béton, de ferraille faisaient un contrepoint à ce que j'appellerai tout simplement ma peine d'amour, car j'étais resté sous l'impression désolante du départ inattendu de Marianne le soir de la Saint-Sylvestre.

Les Larcher parurent très contents de me revoir et c'est avec une expression d'impatience que Joachim m'emmena dans son bureau-bibliothèque. Des masques indiens, des tapis d'Orient suspendus aux murs rappelaient ses missions à l'étranger. Il me fit asseoir à une table de salon dans le goût mauresque, se plaça en face de moi, puis il me tendit une chemise ouverte sur trois photos. « Raul les a fait refaire pour vous ce matin ! » dit-il. La plus grande avait été prise sur le stand de la Carbon Chemical à la foire de Leipzig ; on y voyait mon père en pleine discussion avec trois personnages en costume et imperméable. Larcher désigna celui de l'extrême gauche, avec des lunettes à monture Molotov, et me dit : « C'est moi ; la photo a été prise en 1964 peu avant mon départ pour Bucarest ! C'était mon premier poste à l'Intrac. » Puis il me désigna un grand type aux cheveux calamistrés : « Et là, Gordon Miller-Asquith ! » La deuxième photo, prise au flash, représentait une tablée d'une douzaine de personnes en enfilade dans un restaurant de Leipzig également. Je reconnus sans peine Manfred Arius, tant il m'avait été ces derniers temps donné de le voir en photo sous toutes les coutures. Mon père était présent ; Larcher aussi. Il porta mon attention sur une femme qui se tenait à côté d'Arius. « C'est Xenia Zylberfarb, une Russe d'origine juive avec qui Arius avait une liaison platonique ! » Enfin, m'en désignant une autre, il reprit : « Et là, Ingeborg Strohmayer, qui fut une des secrétaires de votre père et une de ses liaisons non platoniques, celle-là ! » Du salon, Ingrid Larcher lança : « Joachim, tu es vraiment incorrigible ! », à quoi il répondit en riant avec malice : « Je ne vois pas quel mal il y a à ce qu'il sache que son père avait beaucoup de succès auprès des femmes ; moi j'aurais été flatté d'avoir un père pareil ! »

Mais tout de suite après, Larcher me montra un des autres convives ; à première vue inconnu. Même si je l'ai peu rencontré dans ma vie, son identité se révéla de manière inattendue car c'était peut-être le contexte évoqué par ces photos qui avait fait que ma mémoire, par logique d'association, avait trouvé un nom tout prêt pour les traits de ce personnage portant des lunettes d'écaille. Il s'agissait du patron de la Société d'outillage de l'Est (SOE), dont mon père avait, entre autres, la représentation pour l'Allemagne, Paul-Marie Lousteau, gendre d'une famille de patrons de N…, qui fut longtemps député d'une circonscription d'un département méridional. Ce personnage, mort il y a plus de vingt ans, était apparu épisodiquement dans la vie de mes parents dès ma naissance jusqu'à ce que mon père quittât N… sous l'impulsion d'Anke. Quelques événements auxquels il a été mêlé sont restés dans la mémoire familiale, comme ce samedi de mai 1954 où nous étions reçus, mes parents et moi encore enfant, au château du Charmilly près de N… par les beaux-parents de Lousteau ; celui-ci annonça qu'il venait d'apprendre par le ministère de la Défense la reddition de l'armée française à Diên Biên Phu. Une autre anecdote m'a été rapportée par une tante, confidente de ma mère : c'était à peu près à la même époque ; mon père était à la recherche d'un travail ; ma mère était restée seule et Lousteau, que mes parents connaissaient depuis un an ou deux, s'était pointé à la maison dans le fond de l'impasse pour dire à ma mère qu'il avait trouvé un emploi à mon père. Assez rapidement, il était devenu pressant ; tout cela se termina de manière piteuse pour lui. Après l'avoir enfermée dans un placard, lui disant qu'il ne la libérerait que consentante, il s'entendit dire par ma mère qu'elle y passerait la nuit.

La troisième photo avait été prise à la terrasse du café Kranzler à Berlin-Ouest. Elle représentait mon père, sa secrétaire, Larcher, Arius et Jean Langelot, un imprimeur de N… avec qui mon père et Lousteau avaient monté une revue technique sur les colorants synthétiques. Ce Langelot était l'exécration de ma mère ; il ressemblait à Charles Trenet et ne décollait jamais mon père qui l'avait connu au MRP ; il avait fait partie de la bande de fêtards de la SOE lors des salons en Allemagne, bande dont il se plaisait à jouer les bouffons. Je le mentionne parce qu'il a eu son rôle dans le mariage de mon père avec Anke. « Celle-là, dit Larcher en parlant de la photo, c'est ma femme qui l'a faite en août 1965. J'étais pour quelques jours à Berlin ; votre père était venu pour préparer un contrat franco-allemand. Il a dû repartir à toute vitesse pour Salzbourg à la suite d'une lettre un peu folle que vous lui aviez envoyée de là-bas. Vous savez, votre père se faisait beaucoup de soucis pour ses enfants, surtout pour vous ; il m'avait dit que la mort de votre mère l'avait plus secoué que la guerre. Il vous savait malade et espérait que ce séjour à Salzbourg vous sortirait de l'ambiance délétère de N… Vous ne pouvez savoir quelle expression de désespoir il a eue quand, une fois qu'il a lu votre lettre, il l'a laissée tomber en me disant : « Joachim, il faut que j'aille le chercher avant qu'une catastrophe n'arrive ! » Je regardai longtemps la photo de mon père, dans toute sa souveraineté en cet août ensoleillé de 1965, il avait quarante-deux ans – dix ans de moins que moi à ce jour –, sa secrétaire à peine trente, avec une coiffure dans le style miracle économique allemand qui est aussi celui de ce café Kranzler. Enfin, Larcher me reparla de mon père au sujet duquel il me posa des questions. Je lui refis part de l'étonnement où m'avait plongé la révélation que mon père avait connu Anke à Berlin. « Ce qui m'étonne dans cette histoire, me dit-il, c'est la manière dont elle a quitté Berlin-Est. Car elle et son père, d'après ce que vous me dites avoir trouvé dans le dossier, étaient alors sous la surveillance de la Stasi, et il ne fait pas de doute qu'elle n'a pas pu partir sans des papiers en règle qu'au vu des circonstances elle ne pouvait obtenir des autorités. Et votre père n'a pas pu la ramener avec lui. »

Larcher remit les photos dans la chemise et glissa le tout dans une grande enveloppe d'un gris-vert quelque peu militaire : « Un souvenir de l'Intrac, me dit-il en me montrant l'enveloppe à l'en-tête d'*Intrac Amerika Latina* ; j'ai aussi quelque chose qui peut vous intéresser, ajouta-t-il en me tendant un petit livre précieusement relié. J'aurais dû le donner à Marianne depuis longtemps mais c'est notre conversation de l'autre soir qui me l'a rappelé. Raul a trouvé ça à la brocante de la gare de l'Est il y a pas mal de temps ! L'auteur de ce livre est l'arrière-grand-oncle d'Arius, reprit Larcher ; il a été un des premiers à introduire la photographie en Allemagne, s'est fait connaître par ce qu'on appelait les sculptures volantes et des dioramas ; comme je vous l'ai dit chez les Werjowkin, tout l'intérêt d'Arius pour les petits théâtres et l'aérostation venait de là. »

Ingrid arriva avec un plateau chargé de thé et elle me demanda si son mari ne me fatiguait pas avec ses histoires. « Il est bien content de vous avoir trouvé pour l'écouter, observa-t-elle, et moi aussi car, le reste du temps, c'est moi qui dois le supporter ! » Larcher s'esclaffa puis il reprit : « Lorsque votre père venait à Leipzig, il s'arrangeait pour nous inviter tous à l'Astoria, en face de la gare, un des meilleurs hôtels réservés à ceux de l'Ouest et aux éminences du régime. Il avait également accès aux magasins Intershops réservés alors aux Occidentaux et à la nomenklatura ; il y achetait des collants en nylon pour les dames et du cognac pour les messieurs. Lilo, elle, en envoyait à sa famille et en a bien profité ! »

Comme je m'étonnais qu'Arius n'ait pas eu de femme entre Emmy et Lilo, Larcher me dit : « Il avait sans doute eu des aventures avec certaines étudiantes et des actrices, bien qu'il y ait eu cette extraordinaire liaison platonique avec Xenia, une rescapée des camps qui avait été un amour d'adolescence. Pourtant, il n'avait eu qu'un seul grand amour, Jaanika, Jaanika qu'il avait connue avant même de rencontrer la mère de votre belle-mère. Je crois qu'il s'était engagé dans l'armée autrichienne peu de temps avant la fin de la Première Guerre ; il avait été fait prisonnier et expédié dans un camp en Asie centrale, c'est là qu'il a connu cette femme. Elle était infirmière dans un lazaret ; elle l'a soigné du typhus, et certainement bien, quand on voit l'âge auquel il est mort. Ils s'étaient fait la promesse de se revoir. Après, il est retourné en Autriche où il est resté quelques mois. C'est à cette époque qu'ils se sont perdus de vue. Quand il est revenu à Moscou, il a fait des démarches pour la retrouver ; en vain ; c'est plus tard qu'il a su qu'elle avait disparu lors de la guerre civile, au Kazakhstan ou quelque chose comme ça ; mais des années après il espérait encore. Enfin, je suis sûr que vous en apprendrez plus que moi avec le dossier. Drôle d'affaire que ce BStU ! continua-t-il avec des petits soubresauts d'enthousiasme ; peu de mes concitoyens se rendent compte de sa valeur. Il faut que je vous dise ; notre concierge a été l'objet de la surveillance et de l'espionnage du MfS. Quand, en 95, il a récupéré le dossier le concernant, il en aurait presque pleuré de joie. Il y a trouvé mention d'une foule d'événements concernant sa personne et des proches, pour certains disparus, des comptes rendus de conversations téléphoniques avec une de ses fiancées qu'il avait perdue et qu'il aimait encore. Il y a maintenant des gens qui paient des écrivains publics pour les aider à rédiger leurs Mémoires à destination de leurs descendants. Eh bien, le MfS est l'artisan de la plus vaste entreprise littéraire de tous les temps ; les deux tiers de la population est-allemande y ont collaboré pour écrire avec une minutie jamais égalée les vies de dix-huit millions d'individus… »

Ingrid, manifestement gênée par cette envolée, tâchait de le tempérer : « Tais-toi, dit-elle, si quelqu'un nous entend, on va s'attirer des ennuis ! » Mais il reprit : « Ce qui serait bien, c'est que vous nous fassiez part de certaines choses intéressantes pour le livre que l'association veut écrire, surtout sur la période autrichienne d'Arius car il ne s'en est jamais ouvert et, de nous tous, vous êtes celui qui est le plus à même de la resituer dans son contexte », puis après un silence… « C'est très sympathique cette petite bande qui s'est consacrée à la mémoire d'Arius, et moi, ça me sort de ce quartier désolé et ça me permet de retrouver ma jeunesse. Je dirais que je n'en espérais pas tant quand je vous ai vu chez les Werjowkin. Vous allez nous rejoindre ! »

*

Après avoir pris congé des Larcher, alors que j'étais dans le métro, je me rendis compte que le surlendemain, à la même heure, je serais à N… et sans doute en proie à cette tristesse trop éprouvée en pareilles circonstances. Au moins me consolait la perspective de revoir Marianne, car nous étions convenus de passer la soirée ensemble. Le souvenir de la photo de mon père et de sa secrétaire sur la terrasse du Kranzler me fit penser que nous pourrions nous retrouver dans cet établissement et qu'enfin mon rêve d'adolescent du miracle allemand allait se réaliser. Je m'imaginais que Marianne avait décidé de quitter son mari et me proposait de venir vivre à Berlin. Je rentrais à N… juste pour préparer mon départ.

J'étais toujours à broder sur ce rêve quand je l'appelai d'une cabine. Je tombai sur la voix d'un enfant enregistrée sur cette diablerie moderne qu'est le répondeur : « Vous vous adressez bien à Peter, Marianne, Emil et Dorothee Carstens ; vous pouvez laisser un message ; nous y répondrons avec plaisir. À bientôt ! » Ce banal propos me plongea dans un abîme de détresse. Le nom de Marianne cerné par celui de son mari et de ses enfants me fit soudain comprendre que mes rêveries sentimentales n'avaient aucun avenir. Je raccrochai pour rappeler aussitôt après en disant simplement qu'avant de partir je voulais remettre à Marianne le livre d'Enslen. J'attendis toute la journée du lendemain dans ma chambre de Potsdam, à regarder des séries allemandes à la télévision. Marianne ne me rappela pas. J'imaginai qu'elle avait eu un différend avec son mari.

Découragé, je filai au café Kranzler pour y passer seul ma dernière soirée berlinoise. Il n'y avait guère de monde. Je me fis servir un double whisky. Quand je sortis, la vue de la tour de la télévision illuminée, se détachant au loin sur la nuit de l'Est, me fit changer d'avis ; je voulus y finir la soirée. Je repris le métro pour l'Alexanderplatz.

En débouchant sur l'immensité de la place, je me trouvai face à une rixe de trois ou quatre clochards éructant des vocables russes ; il me sembla qu'il y avait une femme en difficulté parmi eux ; peut-être sous l'effet de l'alcool ou me sentant investi de la force paternelle, je voulus lui porter secours. Je commençai à empoigner l'un des combattants. D'autres passants accoururent, ce qui fit que les clochards s'égayèrent non sans que l'un d'eux m'allongeât un coup de poing massif. Je m'apprêtai à rebrousser chemin lorsque je me trouvai nez à nez avec, accourue elle aussi, Valentyna, la jeune Ukrainienne dont s'occupait Marianne. Elle allait prendre son service de nuit dans une maison de retraite à côté. « Dans quel état ils vous ont mis ! me dit-elle avec son joli accent, en examinant ma joue... Ils ne sont pas méchants mais... Je vous ai reconnu tout de suite ! » Elle me dit que je ne pouvais pas rentrer ainsi et me proposa de l'accompagner jusqu'à sa maison de retraite où l'on pourrait me faire un pansement. Je ne me fis pas prier, partagé entre le bonheur de cette compagnie inespérée en ces tristes heures et la honte de mon état. Tout en s'apitoyant sur l'apparence de ma joue qui saignait légèrement, elle m'entraîna jusqu'à une rue située à cinq minutes de là, du côté de la Rosa-Luxemburg-Strasse.

Dans une glace du couloir d'entrée de la maison de retraite, j'eus le loisir de découvrir ma joue enflée et sanguinolente. Valentyna me dirigea vers l'infirmerie ; une de ses collègues infirmières y était justement occupée à refaire les bandages d'une pensionnaire en fauteuil roulant. Valentyna me fit asseoir sur un tabouret et commença de nettoyer ma plaie. Je m'excusai de lui causer autant de dérangement à une heure aussi tardive. Elle me demanda ce que je faisais dans le quartier avec un froid pareil un 2 janvier au soir. Je lui expliquai mon infortune avec Marianne. Immédiatement, elle me dit : « Vous êtes amoureux ?

— Oui, du Brandebourg ! » répondis-je avec enjouement, et elle se mit à rire tout en s'excusant après. « Ce qui vient de vous arriver est une sorte de baptême, expliqua-t-elle ; c'est la mode ici de se faire casser la gueule au moins une fois dans le métro ou une arrière-cour ; il faut prendre cela sans ressentiment ! » Elle me laissa un instant pour aller chercher les clefs d'une voiture de service ; elle voulait me raccompagner à Potsdam. La vieille femme invalide en profita pour me demander depuis quand j'étais entré à la maison de retraite car elle ne m'avait pas encore remarqué dans la salle de restauration. L'infirmière lui expliqua mon cas mais elle semblait ne pas comprendre. De retour, Valentyna continua ses soins puis elle insista pour me ramener. Je ne refusai pas, trop heureux de pouvoir continuer de la faire parler de Marianne.

« Vous qui connaissez bien Marianne, je crois, pensez-vous que j'aie quelque chance de la revoir ? lui dis-je alors que nous filions par des avenues bordées de congères noircies.

— Si elle vous l'a promis, c'est que c'est sûr ! Pour son mari ne vous inquiétez pas, c'est lui qui est l'auteur du premier accroc et je crois qu'ils sont maintenant très libres.

— Mais les enfants ?

— Le message que vous avez entendu est très ancien. Ils sont grands et ne sont plus à Berlin. Si ça peut vous aider, elle me considère un peu comme sa fille et il se peut bien qu'elle me dise un jour quelque chose de votre affaire ! »

Il était 2 heures du matin lorsqu'elle me déposa devant la maison des Mogwitz.

*

De retour à N…, malgré toutes les précautions prises, ma joue tuméfiée, souvenir sacré de Berlin, finit par recouvrer son apparence normale. J'étais triste que ne me restât plus aucun souvenir tangible de cette mémorable soirée sur l'Alexanderplatz, triste aussi de ne pas avoir revu Marianne avant mon départ. Je me remis donc au travail. Les mille deux cents pages du rapport Arius ne m'offraient que des motifs à digression.

Si les premiers documents suivaient une chronologie, par la suite, tout était bouleversé. Sans doute un désordre imputable à Arius car Larcher m'avait assuré que les fonctionnaires du BStU s'appliquaient à fournir des dossiers impeccablement rangés. Il imaginait qu'Arius avait commencé à lire les documents dans l'ordre, puis que, poussé par on ne sait quelle fièvre, il avait fait des recherches en voulant anticiper, et en retournant en arrière, au point qu'il avait mis de la confusion dans la suite du dossier. À ce désordre, ma méthode d'investigation n'arrangeait rien parce que je ne résistais pas à la tentation de fureter dans celui de Jeanette.

Tout cela continuait d'occuper mon temps libre et, même durant mes quelques promenades dans les rues de N…, je songeais à la vie d'Arius selon les poètes de la Stasi, ne trahissant rien de cette dévotion ni à mes collègues ni à quelques membres de ma famille. Pourtant c'est de mon entourage de N… et non du BStU que m'arriva une information qui n'était pas étrangère à mes préoccupations. Je voulus revoir les bâtiments de la SOE, rue Traversière, dans ce qui s'appelait les Quartiers-Bas de N… Les locaux de l'usine où mon père avait travaillé du temps de ses disparitions en RDA, où Anke avait fini par se retrouver secrétaire, et dont à l'époque le patron était Paul-Marie Lousteau, se présentèrent à moi dans leur abandon datant de plus de trente ans. La cour à porte de fer, les toits à sheds et, visible de la rue, à un étage, une fenêtre au carreau cassé correspondant à ce qui avait été le bureau de mon père. Ce bureau, il m'y avait emmené quelquefois, quand j'étais souffrant, d'une maladie peut-être due à ma primo-infection, qui nécessitait que j'aille en voiture au lycée où je venais d'entrer. Comme, sitôt déjeuné, mon père reprenait le travail, je l'accompagnais dans sa Peugeot 403 – celle avec laquelle il partait à l'Est, celle qui sentait l'Est et un tabac particulier – à son bureau pour attendre l'ouverture du lycée où il me faisait conduire par un chauffeur de la SOE. Cela dura un mois d'hiver où il fut présent à N… J'étais donc arrêté dans une contemplation mélancolique de ce qui est aussi un signe de la désindustrialisation de notre ville, et je pensai à certains collègues de mon père dans cet établissement, me remémorant la plupart avec plaisir et songeant qu'ils étaient tous morts. Mais, après réflexion, je me rendis compte que parmi ces hommes il s'en trouvait certains qui étaient plus jeunes que lui et qui par conséquent pouvaient être vivants. Un nom se présenta à mon esprit : Favet ; que j'avais connu à la fin des années soixante et qui, s'il n'avait pas accompagné mon père en RDA, avait été son témoin lors de son mariage avec Anke. Vingt ans plus tôt, sous l'influence de Lousteau, il avait fini par laisser tomber les affaires pour se lancer dans la politique. Je n'en avais plus de nouvelles depuis longtemps mais je n'eus qu'à consulter l'annuaire téléphonique de N… pour le retrouver.

Bien sûr qu'il se souvenait de moi ; il ne m'avait d'ailleurs pas perdu de vue, grâce aux comptes rendus de certaines conférences sur la littérature allemande que j'avais faites à la Société académique de notre département. Il avait soixante-quinze ans et ne s'intéressait plus à la politique. Il m'apprit qu'il avait travaillé à l'Assemblée nationale grâce à Lousteau. Auparavant, il avait pris la succession de mon père en RDA, quand celui-ci était parti pour les Vosges pour y monter sa propre affaire. Mais très vite Lousteau l'avait poussé à prendre sa carte à l'UNR. « Votre père faisait aussi de la politique, mais c'était un centriste ; ses séjours en RDA en avaient fait un adversaire farouche du communisme. Il avait milité au MRP puis il avait collé des affiches pour les campagnes électorales de Lecanuet et par la suite pour Poher en 1969. Il y croyait dur comme fer. C'est après son remariage qu'il a cessé de s'y intéresser. D'ailleurs, c'est par la politique qu'il était entré à la SOE… ! » Je lui racontai l'histoire de ma mère enfermée dans le placard par Lousteau.

« Heureusement que votre père n'en a rien su car il lui aurait foutu son poing sur la gueule ! Il était comme ça ; je l'ai vu se battre contre des gars du PC lors des campagnes d'affichage ! » Quand Favet avait connu mon père, ça faisait douze ans que celui-ci travaillait pour la SOE. Ses souvenirs, me confessa-t-il, étaient un peu vagues, mais c'est à la suite de la politique industrielle de Sudreau orientée vers l'Allemagne de l'Est que mon père s'était retrouvé à avoir la responsabilité du secteur. Avec d'autres entreprises, la SOE avait été choisie par le ministère de l'Industrie pour représenter la France en RDA. D'après ce qu'il lui avait raconté un jour, alors qu'ils étaient en tournée ensemble, tout avait commencé après sa faillite de 1953. Mon père n'avait plus de travail et que des dettes. Il était allé à Brive où son frère s'était installé. Mon oncle s'y était établi à cause d'Edmond Michelet que, après avoir été arrêté avec un groupe de résistants, il avait connu en prison à Fresnes et retrouvé en camp de concentration. Michelet, qui avait un sens éprouvé de la camaraderie, avait après la guerre trouvé à mon oncle un travail dans la publicité et l'avait fait entrer aussi au MRP ; il avait été très actif dans les campagnes électorales locales.

Mon père était donc allé à Brive et Michelet l'avait mis en relation avec ses bureaux de Paris ; il y avait retrouvé Geoffroy Tancremont, qu'il avait connu à Karlsruhe en 1943, en l'aidant à s'évader grâce à sa pince à plomber, puis qu'il avait revu à la Libération alors que le même Tancremont, lieutenant à l'armée de Lattre, avait recouru à ses services comme interprète. Mais ils s'étaient perdus de vue après leur retour en France. Après leurs retrouvailles, Tancremont, qui, bien que militaire, avait des relations au ministère du Commerce extérieur, lui avait proposé un travail aux relations commerciales franco-allemandes ; mon père était allé aux foires de Hanovre et de Leipzig avec d'autres représentants délégués par le ministère. Mais, comme me le faisait remarquer Favet, mon père n'était pas fait pour les bureaux. Il avait une idée derrière la tête : se mettre à son compte et devenir délégué commercial d'entreprises de colorants chimiques pour le plastique. « C'était sa vieille idée d'une entreprise de peinture ! continua Favet. Ce qui avait été décisif, c'est qu'il avait retrouvé un des fournisseurs de son patron de Karlsruhe. Il lui avait proposé de prendre la représentation pour la France pour ses colorants chimiques du plastique. Un autre salon a suffi pour qu'il se voie aussi chargé de représenter une entreprise américaine, la Carbon Chemical. C'est deux ou trois ans après, je crois, qu'il a été contacté par Lousteau, qui venait de racheter une usine de films ; il voulait trouver un débouché pour ses films en Allemagne ; votre père a accepté. Après son remariage, il n'est plus retourné en RDA à la suite de décisions venues de la direction et c'est moi qui ai pris sa succession. »

Ces propos, s'ils me permettaient de mieux m'imaginer ce qu'avaient été les années 1953-1968 pour mon père, années que j'avais vécues dans le malaise et parfois au bord de la crise morale, m'en rappelèrent d'autres tout à fait différentes, celles qui suivirent et dont les images me laissent le souvenir d'un enchantement qui ne s'est plus jamais reproduit. Depuis son remariage mon père était moins absent et plus attentif à mon frère et à moi-mêmc. Il me semble que nous avions conquis ma belle-mère et qu'elle s'était prise d'une réelle affection pour nous. C'était l'époque où elle accompagnait mon père en Angleterre, car désormais c'était là que son travail l'entraînait, et lui, si oublieux autrefois de ses enfants, n'omettait jamais de nous ramener quelque nouveauté de Londres, le dernier disque des Beatles, une cravate aux couleurs psychédéliques. Tout cela était l'effet d'Anke. Ce fut aussi le moment où à toutes les vacances on m'envoyait à Vienne, quand je n'accompagnais pas mon père et Anke au Tyrol ; c'est là qu'un matin d'été, en promenade dans les alpages, alors que je marchais devant elle, elle piqua des fleurs des prés dans ma poche arrière de pantalon pour en faire un balcon fleuri. Anke aimait la fête elle aussi et nous en profitions. Elle était belle et généreuse ; c'était une déesse et elle m'avait ouvert les portes du royaume germanique de mon père.

Ma vie à N… en fut transformée. Parfois, Anke venait nous chercher mon frère et moi en voiture à la sortie du lycée. Elle nous parlait allemand ou s'amusait à nous parler anglais. Mes condisciples n'en revenaient pas. Pas plus qu'ils ne se remettaient de me voir avec mes cravates anglaises. Des jeunes filles s'intéressèrent à moi et je connus mes premières relations amoureuses.

Je me rappelle ainsi l'enchantement que furent mes premiers séjours à Vienne chez Emmy. La découverte des dieux peints sur les plafonds des palais viennois avait été précédée d'un signe étonnant. Juste avant que mon père m'annonçât son remariage avec Anke, j'avais repéré des vieux livres dans la vitrine d'une antique bouquiniste de N... *Les Métamorphoses* d'Ovide. La jolie reliure était en cuir à caissons colorés, le titre prometteur de mystère. Ils étaient seulement trop chers pour moi. Je repassai souvent devant la vitrine, imaginant comment pouvoir les acheter. Lorsque arriva le jour où mon père, profitant du fait que nous étions seuls dans sa voiture, déclara qu'il avait quelque chose d'important à me dire. Je ne devais pas avoir la conscience tranquille, car je craignais que ce ne fussent des reproches concernant ma conduite pas toujours convenable au lycée. Il le remarqua à mon expression et en fut certainement inquiet ; il chercha à me rassurer ; il m'emmena dans un café proche, La Chaumière, et, après avoir commandé, me fit part de son intention de se remarier. J'en fus soulagé. Ce fut à mon tour de le rassurer. Quelle puissance me souffla alors des propos qui furent les termes d'une sorte de marché. Je lui parlai des livres de la bouquiniste. Il ne fut pas dupe et me dit avec un sourire ironique : « Je t'achète ton accord... » ; on alla les chercher. On pourrait voir dans mes agissements le signe d'une âme corrompue ; je l'ai cru aussi. Je sais maintenant que c'était le moyen qu'avaient choisi les dieux pour me donner mon passeport dans leur royaume, l'Autriche.

C'était en 1969, j'avais dix-sept ans. Emmy, dès mon arrivée, me fit découvrir l'architecture baroque. Quand je me rappelle ces moments bénis – souvent alors je maudissais mon exil en Autriche qui m'obligeait à abandonner des amies en France, assez longtemps pour que l'une ou l'autre me devînt infidèle –, je vois que c'est l'âme de Manfred Arius qui agissait déjà en secret sur ma destinée, et je sais aujourd'hui que

Jeanette, que je découvrirais un jour sous les traits d'Iphigénie, venait juste de naître, peut-être au moment exact où je prenais possession des trois tomes des *Métamorphoses* ; Jeanette venait au monde, pour qu'au bout de trente-cinq ans je découvre comment assez de puissance poétique contenue dans un livre peut engendrer un être de chair.

7

En février 2003 sortit ce film qui devait cristalliser une disposition d'esprit inattendue à laquelle les Allemands donnèrent le nom d'« Ostalgie ». Quand cet événement se produisit, j'étais justement à Berlin pour signer l'acte de cession de l'appartement aux missions protestantes. J'assistai à la projection avec Marianne et Valentyna dans une salle de Potsdam. Cela faisait bien dix ans que je n'étais pas allé au cinéma. Je m'y étais rendu pour passer la soirée avec Marianne ; elle m'avait laissé penser qu'elle y viendrait seule. Je m'étais fait des idées sur cette séance, des idées puériles. J'avais décidé de profiter de la pénombre pour m'adonner à un vieux schéma de conquête amoureuse qui remontait à mon adolescence : me serrer un peu contre elle, chercher sa main, puis tenter un baiser. Elle arriva donc avec Valentyna, ce qui anéantit mon misérable projet. Mais je dois dire que je fus pris par l'histoire du film. On y voyait des pionniers comme sur la photo de Jeanette ; ils chantaient dans une clarté matinale. Puis il y avait cette vie sociale d'un immeuble qui paraissait chaleureuse au solitaire que je suis.

Après la projection on se retrouva dans un café voisin du cinéma. Valentyna me demanda comment j'avais trouvé le film ; je ne sais pas quelle idée me vint de lui dire que dans ma jeunesse, lorsque je vivais à Vienne, j'avais fait partie d'un mouvement communiste et qu'en France j'avais été inscrit à l'Union des étudiants communistes ; j'ajoutai qu'il me semblait qu'après tout le monde des démocraties populaires n'était pas si noir qu'on se plaisait à le dire. Valentyna eut une expression perplexe et jeta un regard dubitatif à Marianne qui s'écria : « Comment pouvez-vous affirmer des choses pareilles ! Voilà des propos d'esthète gâté ! Vous auriez vécu dans ce système, avec la délicatesse que je vous connais, que vous seriez devenu fou ou auriez sombré dans l'alcool et la dépression. À moins que vous n'ayez marché dans les combines de la Stasi ! C'est encore possible ! » Cette dernière réflexion me renfrogna car j'étais dans ce temps à découvrir en Götz un personnage peu ragoûtant.

J'expliquai que j'avais connu adolescent une vie d'immeuble assez semblable à celle qui était représentée dans le film. « J'ai tout simplement la nostalgie et non l'"Ostalgie" ! » dis-je, mais Marianne ne semblait pas du tout convaincue et reprit : « Vous voyez ce café, confortable et coquet aujourd'hui ; il était sinistre et vous n'auriez pas pu y aller sans être sûr qu'un informateur de la Stasi se trouvait là et avait enregistré les plus anodins propos de votre conversation qui, on ne sait quand, pourraient être utilisés contre vous. Alors, je vous en prie ! Cessez de dire de telles sottises ! Vous savez, sans ce fichu régime, Jeanette serait encore là et bien d'autres ! » Valentyna semblait contrariée par la discussion et sans doute pour faire diversion me demanda : « Et votre joue ? Vous n'avez pas eu de séquelles ? » Je lui dis que non et que j'avais été content de pouvoir rapporter ce souvenir à N… car il me faisait penser à elle, à Berlin et à cette soirée merveilleuse où elle s'était occupée de moi.

Marianne n'était pas au courant de l'affaire ; quand Valentyna lui en fit le récit, elle éclata de rire. On ne pouvait pas m'en vouloir ! « Mais que faisiez-vous le soir du 2 janvier dans ce coin de Berlin ? » fit-elle, soudain égayée.

Je lui racontai mon chagrin, les deux whiskys au Kranzler, cette idée de monter au restaurant de la tour. Comment là-haut j'avais pensé à elle…

Elle eut un regard tendre pour me dire au revoir sur le trottoir. À mon retour chez les Mogwitz, Bettina m'annonça qu'Anatoli Werjowkin avait déposé une enveloppe pour moi. Il s'agissait de reproductions de tableaux et de décors que je lui avais demandées quelques semaines auparavant. Elles devaient figurer dans le livre en préparation. Bien sûr, ce qui m'intéressa le plus fut la photo du *Sacrifice d'Iphigénie*. Je crois bien que je passai une heure à en faire le détail. Toujours fasciné par la figure de Marianne et de son long corps serpentin, de sa menue poitrine, de sa toison un peu rousse à la jonction de ses jambes légèrement écartées sur l'arrière-plan de la plage et de la mer avec ce curieux astre à l'horizon.

Il me revint alors que mon père m'avait parlé de cette « rivière parisienne », à savoir l'espace qui se tient chez certaines femmes entre les deux colonnes de leurs jambes, « des fumerons », selon son expression. Toujours galant, courtois, « charmeur » – comme disent les Allemands en mettant l'accent sur la dernière syllabe – avec les femmes, il ne se gênait pas dans le privé et avec moi et mon frère adolescents pour les juger avec un œil de maquignon et semblait vouloir nous transmettre sa science ; je crois que lui, qui avait failli être prêtre, avait ramené cette science d'Allemagne, de Karlsruhe, notamment où il avait fréquenté au buffet de la gare une pittoresque clique dont faisaient partie un SA au bras atrophié et Drexler, l'ancien maquereau de la rue Saint-Denis. C'est de lui qu'il tenait cet œil et ce vocabulaire comme « rivière parisienne » ou « fumerons ». Peut-être voulait-il nous armer d'un peu de cynisme pour nous préparer à faire face aux femmes qui nous attendaient. Ce fut raté pour moi. Ce que je vis plus tard de la rivière parisienne fut effectivement le vide situé entre les deux jambes, mais rien que ce vide, en aucune manière les jambes, rien que le paysage qui se montrait entre elles. Je me demande ce qu'il aurait dit en voyant Marianne nue sur le tableau. Pour mon compte j'y voyais l'horizon de la Baltique orné d'un astre mystérieux, et c'était comme s'il appartenait à Marianne ; la ridicule rivière parisienne s'était muée en immensité baltique et m'attachait plus encore à elle.

C'est le surlendemain matin de la séance que j'appris enfin comment Jeanette avait tenté de passer à l'Ouest. Jusqu'alors j'avais évité ce sujet, sentant combien Marianne y était sensible. Je la retrouvai avec Valentyna dans l'appartement d'Arius pour le débarrasser de tout ce que celui-ci y avait laissé. Raul Larcher, avec qui Marianne s'était entendue, nous y rejoignit pour récupérer des livres, de vieux papiers et bibelots susceptibles d'être vendus dans sa boutique. Marianne avait de nouveau sa petite tache d'impétigo ; cette fois-ci elle m'en parla. « On peut s'embrasser, ce n'est pas contagieux ! » dit-elle. Et nous nous embrassâmes.

Tirant d'un carton à dessin une affiche de Che Guevara en compagnie de Fidel Castro, Raul me dit qu'il devait son prénom au frère de celui-ci. Il était né à Cuba, à l'époque où son père y travaillait pour l'Intrac ; Raúl Castro était un proche ami de la famille. Avant de récupérer un livre, Raul me demandait s'il ne m'intéressait pas. C'est ainsi qu'à un moment donné il me présenta un livre d'enfant que je reconnus tout de suite malgré sa couverture défraîchie. C'était celui que, sur les conseils d'Anke, j'avais offert à Jeanette en 1975, pour me faire pardonner de l'avoir fait pleurer. J'avais depuis oublié son titre et son aspect mais ce fut comme un intersigne : sur la couverture un petit personnage en turban turc dans la nacelle d'un ballon. Il s'agissait du conte si célèbre en pays germanique, *Le Ballon de Hatschi Bratschi* de Franz Karl Ginzkey. Cet objet, remonté comme du fond d'un naufrage, venait me rappeler mon forfait : le pillage du manuscrit d'Arius.

Avant que j'aie pu dire à Marianne que c'était moi qui avais offert ce livre à Jeanette, elle le prit de mes mains et s'exclama : « C'est le hasard, mais je n'ai jamais pensé à ça ! » Mon étonnement à son propos sibyllin l'incita alors à poursuivre ; ce qu'elle fit sans réticence. Si extraordinaire que cela paraisse, Jeanette et ses deux compagnons, Kai et Marat, s'étaient mis en tête de franchir la frontière en ballon, mais ils s'étaient fait prendre avant. Cela faisait quelques mois que j'avais appris la tentative de fuite de Jeanette et j'avais alors imaginé une histoire de tunnel ou de camionnette avec une cache ; c'était ce qu'il y avait de plus classique. Maintenant je me demandais si Marianne ne se moquait pas de moi. Mais cette idée était-elle d'ailleurs si extraordinaire ? Quatre ans avant Jeanette et ses comparses, une famille avait réussi à passer à l'Ouest en ballon et il y avait d'autres passages dans des conditions plus aventureuses.

« Ce livre, c'est moi qui l'ai offert à Jeanette, sur les conseils de ma belle-mère ! » bafouillai-je et je racontai de nouveau la scène de Vienne. Marianne eut un drôle de sourire qui se mua en un léger rictus vite effacé. Après avoir feuilleté le livre en silence, elle dit :

« C'est incroyable ; on dirait que votre belle-mère l'a fait exprès. Pourtant elle n'a jamais dû savoir que son père descendait d'une famille d'aérostiers… Qui aurait pu prévoir ? »

Raul me demanda si j'étais intéressé par le livre mais, avant même que j'aie répondu, Marianne dit qu'elle voulait le garder en souvenir de Jeanette. Quand tout ce qui les intéressait fut emporté par Raul et Valentyna, nous nous retrouvâmes, Marianne et moi, seuls ainsi que lors de l'ouverture des scellés. D'une armoire, elle sortit une bouteille de vodka. Comme les verres avaient été emportés eux aussi, elle me tendit la bouteille après l'avoir débouchée. Mais ma dernière expérience de l'alcool me fit refuser. Elle porta le goulot de la bouteille à ses lèvres et avala une rasade, après quoi elle me la tendit de nouveau en insistant : « On peut boire à la fraternité ! » J'acceptai en disant : « *Brüderschaft !* » et en pensant à son impétigo. Elle sourit et je songeai à mon idée de l'aimer en ce lieu. Marianne commença à me raconter comment elle et Jeanette s'étaient connues.

Cela faisait quelque six mois que Jeanette était rentrée de Charleville. Marianne avait alors vingt ans ; elle était étudiante au Sprachenkonvikt, un centre de formation théologique de Berlin-Est. Leur rencontre eut lieu à l'église de Galilée, dans le quartier de Berlin-Friedrichshain, église où par la suite je devais l'aider à porter des cartons de vêtements pour les missions protestantes. La première vision qu'elle eut de Jeanette, ce fut un soir d'avril où le pasteur Gerhard Cyrus, qui avait en charge la paroisse, avait invité à la messe un groupe de musiciens punks pour accompagner l'office.

Depuis plusieurs mois l'église de Galilée s'était tournée vers la jeunesse réprouvée de Berlin-Est, ces garçons et filles qui, à cause de leur allure ou leur comportement antisocialiste, avaient été exclus du système. Musiciens ou non, les punks de Plänterwald et d'ailleurs s'y retrouvaient. En tout cas, c'était comme une lueur nouvelle qui, d'un coup, se levait dans cette église néogothique en brique de la Rigaer Strasse. Quand, un soir d'avril, Marianne s'y rendit la première fois, elle n'allait pas bien ; tout simplement parce qu'elle aimait un garçon qui en aimait une autre, me dit-elle en paraphrasant le poète Heinrich Heine. Le mot d'ordre de l'équipe pastorale de l'église de Galilée était : « Ouvert à tous ceux qui ne vont pas bien. » C'est non du haut de sa chaire mais à la hauteur de son assistance que le pasteur Cyrus s'adressait à elle, et cette jeunesse lui répondait et on débattait. Puis il y avait la célébration de la messe avec des interludes de musique et de chants plus ou moins spirituels.

Ce soir-là, Marianne fut ahurie, scandalisée même par la dégaine d'un personnage qui s'était avancé devant l'autel pour chanter avec un guitariste, un métis aux cheveux crépus. Le chanteur tenait le micro tandis que, un peu à l'écart, un autre marquait le rythme sur un petit orgue électronique qu'il portait en bandoulière. Il était vêtu d'un blouson en jean, ouvert sur un tee-shirt imprimé du portrait de Rimbaud. Pour le reste, c'était un pantalon de parachutiste et un béret rouge. D'une voix qui ne trahissait pas son sexe, l'étrange personnage déclara avec une solennité liturgique : « L'éternité est retrouvée ! » ; son acolyte plaqua des accords de guitare ; l'organiste fit des arpèges d'un air désabusé. Il avançait le long du premier rang des fidèles d'un pas décidé, s'arrêtant parfois pour s'adresser directement à l'un d'eux.

Peut-être le hasard fit qu'il se planta devant Marianne et lui lança la phrase inaugurale de la chanson *99 Luftballons.* Marianne tremblait un peu parce que ce garçon fragile la regardait droit dans les yeux ; surtout, il avait une petite plaie sur le côté de la bouche ; alors il retira son béret, découvrant son crâne coiffé pour moitié en une brosse quasi militaire. C'est là que Marianne fut conquise. Il lui parut également que le gars n'était pas indifférent à la tristesse de son regard. Comment elle se retrouva juste derrière lui à la communion, elle ne le sut, mais elle y vit un signe du Ciel. Le pasteur essuya le bord du calice où le chanteur avait bu pour le passer à Marianne, qui y trempa ses lèvres. Trois jours après, elle avait la même tache mais elle se réjouissait de partager ce stigmate avec ce poète merveilleux. Elle retourna à l'église de Galilée, à la messe, mais aussi à des débats imprudents organisés par le pasteur, imprudents car des mouchards de la Stasi s'infiltraient sans peine dans ce milieu.

Le chanteur était souvent présent, mais ses absences attristaient Marianne. Un événement les rapprocha ; ce fut, en juillet, l'oubli du béret que, le cœur battant, elle découvrit sur un banc. Sans doute le pasteur l'aurait-il trouvé et gardé pardevers lui mais Marianne lui demanda comment elle pourrait le rendre au chanteur. Alors elle entendit pour la première fois le prénom de Jeanette. Elle en fut troublée. Ce n'était pas possible qu'elle pût éprouver de l'amour pour une fille. Elle s'engagea à aller porter le béret à l'adresse que Cyrus lui avait indiquée, chez Manfred à Potsdam. Le pasteur la remercia. Dans le S-Bahn, elle se promit de restituer le béret et de ne plus jamais aller à l'église de Galilée, mais elle ne cessait de le retourner entre ses mains ; il portait une étiquette : *Laruelle chapelier. Reims* ; deux cheveux peroxydés de Jeanette étaient pris dans le petit nœud de la ganse. Et s'en dégageait ce parfum étrange de sueur d'enfant mêlée à un patchouli bon marché.

Marianne me narrait ces événements, visiblement ébranlée

par l'apparition du livre de Ginzkey et mon histoire de Noël. Jamais elle ne s'était ainsi confiée à moi. Surtout, elle avait vidé la moitié de la bouteille de vodka ; elle me raconta la suite.

En arrivant à Potsdam, sur le quai de la gare, elle sait qu'elle est perdue. Quand elle se trouve devant la maison de Manfred, elle tape du pied, murmure : « Non ! Mon Dieu ! Non ! » La boîte à lettres indique le deuxième étage. Elle monte par l'escalier qui sent le plâtre suintant. Elle sonne chez Manfred ; elle entend des bruits de pas rapides. Manfred apparaît en blouse de peintre et une *papirossa* russe éteinte aux lèvres : « Jeanette ? Ça fait quinze jours que je ne l'ai pas vue ; elle doit être chez sa mère, à Marzahn. Mais entrez donc ; vous êtes une de ses amies ; excusez le désordre ! » Marianne suit Manfred dans son atelier attenant au bureau. Tout est rangé impeccablement : les livres, les cadres, les boîtes de peinture. Manfred se tient debout près de son chevalet à contre-jour sous la verrière de l'atelier dans une colonne de poussière illuminée et tournoyante. Il fait comme s'il voulait présenter son empire autour de lui, les livres en piles parfaites sur sa table, les gravures d'architecture bien alignées sur les murs, les petits théâtres illuminés même à cette heure du jour ; sur le chevalet une grande toile rectangulaire avec l'esquisse d'un nu féminin assis et un paysage maritime. Puis, sans prévenir, il entraîne Marianne dans la chambre de Jeanette. Rien à voir avec le chat sauvage écorché de l'église de Galilée. Une chambre de petite fille. Manfred fait asseoir Marianne sur le lit, puis il ouvre sa blouse ; il est en gilet de tweed et cravate. Il s'installe sur un siège en rotin et tient sa tête entre ses mains. « Vous la connaissez ; alors, vous êtes son amie. C'est bien, car vous avez une bonne figure. Ce n'est pas comme l'équipe avec laquelle je l'ai croisée l'autre jour sur l'Alexanderplatz. Que font vos parents ? » Mais sans attendre la réponse : « Jeanette n'a pas supporté le divorce. C'est ma faute si tout a tourné de travers. À soixante-huit ans, on ne fait plus d'enfant, on est trop sensible ; ce dénuement des enfants, ça vous ronge. Et surtout quelle bêtise que ce prénom ! J'aurais mieux fait d'écouter sa mère qui voulait l'appeler Eva ! » À mesure qu'elle écoute ce vieillard, Marianne lui trouve une espèce d'incandescence proche de celle de Jeanette, même dans les arêtes osseuses du visage. Manfred lui a finalement donné l'adresse de Lilo à Marzahn. Puis il sort de sa poche de pantalon un carnet où est écrit en grosses lettres : « Attention ; tout est enregistré par la Stasi ! » Marianne lui fait un sourire entendu. Elle lui a promis de venir le revoir et de dire à Jeanette que son père aimerait bien de ses nouvelles.

La restitution du béret ne se fit pas non plus chez Lilo. Une voisine indiqua à Marianne qu'elle et son mari étaient partis pour quinze jours sur la Baltique ; quant à Jeanette, elle ne s'était pas montrée depuis trois semaines. Marianne garda le béret chez elle. Finalement, elle revit Jeanette à l'église de Galilée et le lui rendit. Jeanette le posa sur sa tête à demi tondue et dit : « Il vient de Charleville, le pays de Rimbaud. Il est magique, dès que je le porte, j'ai des idées de chansons ! » Elle l'entraîna dans une rue de Prenzlauer Berg, Choriner Strasse, au fond d'une arrière-cour, dans les combles d'un immeuble délabré et promis à une démolition toujours différée. Elle vivait là avec ses deux musiciens, Marat et Kai, dans une vieille tente de l'armée populaire dressée sur le plancher. C'était le Harrar. Pour s'éclairer, trois lampes à pétrole volées sur des chantiers. Les lits : des paillasses tachées mais qui dégageaient une odeur de foin car on les avait rembourrées avec des hautes herbes ramassées à l'automne dans un parc du quartier. Pas de chaises, on s'asseyait sur les paillasses ; juste une table bancale, quelques assiettes, un réchaud à alcool. Au mur avait été peint un désert au milieu de quoi trônait une affiche, le portrait de Rimbaud par Carjat. En dessous étaient écrits des vers tirés d'*Illuminations*. Mais ce qui plaisait à Marianne, c'était surtout cette odeur de foin qui transfigurait tout comme une musique et surtout Jeanette si proche.

Elle semblait révérée par ses compagnons. Une des premières choses qu'elle dit : « Ne va pas croire qu'on couche tous ensemble, comme dans ce bordel des communautés de l'Ouest. On peut dormir dans le même lit sans une pensée pour l'autre ! D'ailleurs j'attends un enfant ! », et elle fit le geste de se tenir le ventre. Marianne fut consternée par cette révélation, non à cause de l'enfant mais de savoir qu'un mâle avait possédé ce corps délicat et si jeune. Elle fut rassérénée quand Jeanette ajouta, montrant la photo de Rimbaud : « C'est lui le père ! » Marianne rit doucement mais Jeanette lui adressa un regard furieux : « Tu ne vas pas t'y mettre comme ceux de la police ! » Les autres vaquaient autour d'elles à leurs occupations comme si de rien n'était. Elle reprit : « La grossesse est un peu compliquée mais c'est normal, m'a dit le médecin, cela arrive chez les poètes. J'ai juste un mois de retard ! Tu voudrais vivre avec nous ? Ce serait bien car tu as l'air gentille et pas godiche ! On te trouverait un matelas. Et tu pourrais t'occuper du petit quand on serait en concert…

— Il faudrait que j'en parle à mes parents !

— C'est sûr qu'ils ne vont pas être d'accord. Moi, je n'ai rien demandé du tout. Ils voulaient me faire avorter. J'ai pris mes jambes à mon cou. »

Marianne lui dit qu'elle avait vu Manfred à Potsdam. Jeanette prit un air désolé. « Mon père, mon père ; c'était quelqu'un. Il aurait dû mourir à Samarcande, ou en Espagne. Il se serait épargné bien des misères. Je ne serais pas née et ne porterais pas ce prénom idiot de Jeanette auquel il manque un *n*. Je l'ai vu pleurer quand ma mère lui a annoncé qu'elle partait avec mon oncle Paul. Lui qui s'était battu en Russie. Tu sais pourquoi je m'appelle Jeanette ? À cause de *La Pucelle d'Orléans* de Schiller, de *Sainte Jeanne des abattoirs* de Brecht et de *La Sainte Jeanne* de Shaw ; il a fait les décors pour ces pièces, c'était au moment de ma naissance. Mon second prénom, c'est Iphigénie ! À cause de celle de Goethe. Qui a été son premier décor autrefois. Parfois il m'appelait Iphijeanette pour s'amuser. Note que les deux finissent sur un bûcher. Mais moi je sais que Jeanette c'est le féminin de Jean-Arthur Rimbaud ! »

Jeanette raconte encore qu'à son retour de Charleville, au passage en RDA à Helmstedt, elle a été arrêtée par la police des frontières ; elle est rentrée avec quatre jours de retard sur son autorisation. On l'interroge. Mis au courant par Hasslinger, le ministre des Sports, Manfred Ewald, intervient pour qu'on la relâche ; mais ça n'empêche pas les problèmes à l'école et à la FDJ (Jeunesse libre allemande) où elle a été admise un an auparavant, et où elle est jusqu'alors considérée comme un modèle. Elle passe en commission ; la chef de groupe lui demande des explications. Elle ouvre son chemisier bleu sur le tee-shirt de Rimbaud. On en réfère aux instances supérieures. Lors d'une autre convocation, elle traite ouvertement ses juges d'« assis ». On l'accuse de propagande antisocialiste. Elle est exclue du lycée, de la FDJ et du Dynamo Potsdam où elle était championne de gymnastique acrobatique. Quand il apprend la nouvelle, Manfred n'est pas étonné. Il accepte la chose avec fatalisme comme s'il s'y attendait depuis longtemps. En revanche sa mère et son beau-père prennent très mal l'affaire, surtout Paul qui voit ses projets de faire d'elle une championne de haut niveau ruinés et imagine la réprobation de ses camarades du Parti s'abattre sur lui. Il a une violente discussion avec Jeanette, la menace de lui faire subir une cure psychiatrique car pour lui il ne fait pas de doute qu'elle est devenue folle. Sans doute a-t-elle pris de la drogue à Charleville.

En décembre 1983, peu avant Noël, Jeanette décampe atterrée parce qu'elle s'imagine qu'on veut l'envoyer dans une clinique pour la faire avorter ; elle va vivre quelques jours chez son père puis va traîner à Plänterwald où elle fait la connaissance de punks. Ils sont gentils et la comprennent. Elle leur récite des poèmes de Rimbaud ; c'est quelques mois après sa condamnation par les instances de la FDJ. Bientôt, elle exerce un ascendant sur quelques-uns, notamment un groupe de musiciens, dont Marat et Kai font partie, à cause de sa dégaine, de ses poèmes, des soleils et des poiriers qu'elle fait à n'importe quelle occasion sur les gazons pâles du parc de Plänterwald. Surtout elle chante *99 Luftballons*, Rimbaud et des poèmes qu'elle écrit avec les trois musiciens. En juin 1984, elle s'installe avec eux dans les combles de l'immeuble de Choriner Strasse. Ils font de la musique avec des instruments qu'ils se sont bricolés à partir de matériel de récupération parce qu'ils n'ont pas un sou ; Marat, qui a commencé une formation d'électrotechnicien, fabrique un amplificateur avec un vieux poste de radio trouvé dans la cave d'Arius.

C'est aussi à ce moment que Jeanette participe aux offices du pasteur Cyrus. Marianne, comme je l'ai dit, était alors étudiante en théologie. Elle préparait une thèse sur la mystique Mechthild de Magdebourg. Elle pensa retrouver son avatar en Jeanette. Ce qui avait amené Marianne à traiter ce sujet était d'abord le nom de Magdebourg ; elle y était née en 1965. Ensuite que ce fût un personnage de femme. Enfin la vibration érotique des poèmes. Quand elle s'était ouverte de son projet à l'un de ses professeurs de l'Institut, celui-ci l'avait tout de suite encouragée. Elle avait commencé à lire de nombreux ouvrages sur Mechthild quand elle se retrouva sur les bancs de l'église de Galilée et rencontra Jeanette. Pour elle, il ne fit pas de doute qu'un trait intime dans le personnage de Jeanette en faisait une descendante directe de Mechthild. Elle en parla à son professeur qui lui dit que ce serait intéressant d'étudier ce cas qu'il considérait comme une sécularisation moderne de l'expérience des béguines rhénanes.

Marianne avait promis à Manfred de venir le revoir. Elle le fit en octobre 1984 ; ils sympathisèrent. Elle prit l'habitude de se rendre à Potsdam une fois par semaine. Elle finit même par passer quelques nuits dans la chambre de Jeanette, trop heureuse de se glisser dans les draps de son lit. Elle donnait de ses nouvelles au vieux Manfred pour qui d'un coup l'horizon s'éclaircissait. Il lui raconta pas mal de choses de sa vie passée, mais, comme avec bien d'autres, prit soin d'omettre toute sa vie à Vienne. Il arriva qu'ils se promenèrent ensemble dans le parc de Sanssouci. Parfois, cependant, Manfred lui faisait part de son malheur de voir comment sa fille avait tourné. Il disait alors que les sociétés étaient catastrophiques. Lui, qui avait cru que le socialisme allait fonder un homme nouveau, savait maintenant que les pouvoirs, de quelque nature qu'ils soient, corrompent, et ce mal est incurable.

Il lui disait que, quand elle était repartie, il restait assis dans son fauteuil devant son grand tableau. La lumière du soir tombait par le toit de verre et éclairait ses mains ridées et tachées par le temps mais aussi par des ombres de feuilles collées et de mousse sur la verrière. Il lui parlait d'une jeune fille d'Odessa, d'une naïveté touchante, et d'une autre, Jaanika, si aciérée, si énergique, son seul amour, que la machine de l'Histoire avait réduite à néant, même pas un nom sur une liste de tués à la guerre. Peut-être que c'était cela, la vie, les âmes errantes qu'il essayait d'apaiser en peignant cet interminable tableau du *Sacrifice*, repentir sur repentir, avec des personnages disparaissant.

Sans doute Charleville avait été fatale à Jeanette mais, loin d'avoir été indulgente avec elle, la RDA s'était révélée brutale. « Avant les temps bibliques, disait-il aussi parfois à Marianne, les parents sacrifiaient les enfants à la gueule enflammée du Moloch ; aujourd'hui ce n'est pas mieux, les adultes sacrifient les jeunes générations à l'abîme que sont les États, les modes et la consommation » ; puis il ajoutait, posant sa main sur celle de Marianne, « pensez-vous que vous pourrez me la ramener ? ». Et elle en faisait la promesse.

Manfred fit un premier portrait de Marianne dont elle fut très heureuse. Papa Mogwitz lui dit que ce n'était pas rien. Il connaissait la famille Arius de réputation et avait vu quelques-unes des œuvres de Manfred lors d'expositions à la fin des années cinquante. Les parents de Marianne invitèrent le vieux Arius qui se trouva une nouvelle famille. En août 1985, il les accompagna à Thiessow où ils pratiquaient le naturisme ; c'est là qu'il demanda à Marianne de poser nue pour lui, sur une dune avec en arrière-plan le ciel indescriptible au-dessus de la Baltique. Il reprit ce nu pour son histoire du *Sacrifice d'Iphigénie*.

Marianne ne manquait guère les réunions à l'église de Galilée. Elle était de plus en plus bouleversée par Jeanette et ne voulait pas l'admettre. Elle l'évitait mais voilà ce qui la rendit folle : l'œil gauche de Rimbaud. Un soir à l'église, alors que le groupe remballait son matériel musical dans un coin, d'un mouvement, le blouson de Jeanette s'était ouvert sur le visage de Rimbaud. Dans la pénombre Marianne ne comprit pas tout de suite. Elle vit quelque chose dépasser de l'œil par intermittence ; on aurait dit une petite feuille morte qui était venue s'accrocher là, battant parfois au vent ; elle voulut la retirer d'un revers de main et sentit la chair tiède du sein qui se dérobait derrière le tissu, déchiré à cet endroit. Jeanette, tout affairée jusqu'alors, la regarda d'un coup, le regard brouillé, une expression de tristesse sur le visage et elle dit avec lassitude : « Non, pas ça ! » Marianne resta là, les bras ballants, pendant que les autres partaient. Elle pensait qu'elle ne pourrait jamais retourner à la tente. Mais ce fut, quelques jours plus tard, Jeanette qui se plaignit de ne plus la voir.

Marianne travaillait pour Manfred ; elle réussit à faire en sorte que Jeanette se rendît de nouveau à Potsdam. Pour l'occasion, elle arrangeait sa tenue, remettait une jupe et un imperméable, dissimulait sa curieuse coiffure sous son béret. Manfred semblait revivre ; il faisait même des projets. Quand elle découvrit *Le Sacrifice d'Iphigénie* avec le personnage de Marianne nue sur la dune de Thiessow, Jeanette eut la même expression que lorsque cette dernière lui avait touché le sein. C'est dans le S-Bahn du côté de Babelsberg qu'elle prit la main de Marianne qui ne se déroba pas. Au sortir de la gare de Friedrichstrasse, elles coururent comme des folles jusqu'au porche d'un immeuble, s'y engouffrèrent et ce fut un premier baiser. Les mains de Jeanette sur sa nuque, serrant sa tête contre ses lèvres, son haleine, Marianne se souvenait de tout, et elle était secouée de courts sanglots en me racontant cela et en se réconfortant à petits traits de vodka. « Je cherche depuis longtemps les mots pour dire ce que c'était sous le porche, cela fait maintenant dix-huit ans et je n'ai jamais trouvé ! » Puis Jeanette, le feu aux joues, lui dit : « Au moins avec toi je n'ai rien à craindre pour mon enfant. Nous allons lui choisir un prénom ! » Ce fut Frédéric, le prénom du père Rimbaud.

Marianne continuait la rédaction de sa thèse tout en poursuivant sa relation avec Jeanette. Elle me dit même qu'elle avait eu l'idée stupide d'étayer son travail de cette expérience. Mais ce n'était pas facile de s'aimer. Elles se cachaient des autres. Elles se retrouvaient chez Marianne et profitaient de l'absence de ses parents. Elle se souvenait qu'elles faisaient ça sur le canapé déplié du salon, plus large que les autres lits de la maison. C'était souvent l'après-midi, quand le monde de l'Est était en proie à une déréliction mortelle, dans un vieil appartement, un trois-pièces aux plafonds très hauts et cernés de taches bistre d'humidité. Juste au-dessus du canapé, il y avait un lustre fait de quatre globes de verre ; il devait dater d'avant-guerre. Après leurs ébats, les deux filles s'amusaient malgré le froid à se tenir nues allongées côte à côte sur le lit et contemplaient leurs images multipliées par les quatre globes du lustre. « On aurait dit un tableau moyenâgeux, des Ève de Cranach sur le plafond tendu d'un grand paysage que faisaient des taches d'humidité. » Elle revoyait Jeanette nue, quelque peu efflanquée, recharger le poêle à charbon puis courir jusqu'au lit et se blottir contre elle sous l'édredon car tout cela s'était passé en novembre 1985 qui avait été glacial. Oui, l'après-midi, on atteignait l'éternité dehors : tout Berlin, le Brandebourg, l'Est infini était pris sous un ciel gris et cendreux.

Lorsque Marianne eut terminé son récit, elle ne pleurait plus et était seulement secouée de légers spasmes. Elle avait retiré ses lunettes pour se tamponner les yeux. Elle me regardait de cette espèce de regard fixe que peuvent avoir les myopes dès qu'ils n'ont plus leurs lunettes. Et ses yeux brouillés de larmes me la rendaient encore plus aimable. Alors c'est arrivé. Quand nous nous sommes levés, comme pour partir. J'ai simplement posé ma main sur sa joue pour essuyer une trace de larme ; elle s'est serrée contre moi ; je n'ai eu qu'à la pousser légèrement d'un pas ou deux pour qu'elle se laissât tomber sur le lit d'Arius.

Arius

8

Longtemps Arius resta silencieux sur ses origines et son enfance. Il n'y fit guère allusion à Landsberg. Quant à Emmy, lui en parla-t-il durant ses années viennoises ? Devant moi, elle ne fit jamais allusion à de telles confidences. Pour traiter ce sujet, Götz s'est servi des rapports d'écoutes dans l'appartement de l'impasse Am Schönblick ; il a également obtenu une copie de l'*avtobiografia* des camarades du KGB, notamment d'Oleg Vladimirovitch Krasko, en fonctions à Potsdam dans les années quatre-vingt.

Quand Jeanette fut en âge de comprendre, Arius se mit à lui raconter certains souvenirs d'enfance, ceux qu'il jugeait édifiants, ceux que d'autres auraient aimé narrer à leurs enfants. L'enchantement d'une jeunesse de la haute bourgeoisie, il en faisait la tristesse d'un monde livré à l'injustice. Il avait dépassé soixante-dix ans, l'âge où le passé immédiat commence à s'évaporer en un clin d'œil alors que les événements les plus éloignés et parfois les plus futiles resurgissent de la mémoire comme à marée basse des rochers étincelants au crépuscule. À cette époque, son appartement avait reçu plusieurs fois la visite des techniciens de la Stasi avec leurs appareils de photographie ; ils y avaient laissé quelques micros (appelés « punaises » dans leur jargon) qui permettaient à Götz de suivre les conversations.

L'enfance d'Arius se déroula entre plusieurs lieux selon les saisons, comme celle de nombreux petits garçons de la haute bourgeoisie prussienne. Pour lui, ce fut la colossale villa de la Virchowstrasse à Babelsberg, bâtie par son père, et un vaste appartement sur la Friedrichstrasse. Potsdam, c'étaient les défilés militaires, les revues, avec l'empereur et ses neuf fils, raides et cambrés d'orgueil, les visites royales en landaus armoriés et fleuris sous un soleil qui argentait l'heure, les sorties au théâtre à Berlin, les concerts, les opéras de Wagner, Spohr, Marschner, et après, le café chez Josty sur la Potsdamer Platz, enfin les sorties de messe à l'église catholique. Dans le hall néogrec de la villa, les réceptions, les fêtes de Noël avec le sapin immense illuminé et entouré de la famille proche, l'oncle Nelson et sa femme, leur fille Verena. Enfin les incessantes visites des amis de la famille, gens de théâtre, architectes, peintres, savants, écrivains.

Cet environnement n'avait rien d'exceptionnel pour un enfant de cette caste quasi aristocratique. Je dis quasi aristocratique car il ne tenait qu'à quelques années que les Arius fussent anoblis, que la particule *von* vînt précéder le patronyme Arius – et il en était fortement question dans l'entourage de l'impératrice qui appréciait les talents de Karl Friedrich –, et qu'une des cousines Romanov les employât ; Theodor, qui rêvait de cette distinction, avait déjà trouvé une devise : « *Arius sit aerinus.* » La guerre, la chute du régime impérial furent la seule cause que cela n'arriva pas.

Ce qui rendit remarquable l'enfance de Manfred fut son éducation confiée à Charles Fouquet, son précepteur français, ami du poète Jules Laforgue, qui fut près de quinze ans lecteur de l'impératrice. Malgré certaines astreintes, l'auteur de *L'Imitation de Notre-Dame la Lune* jouissait d'une grande liberté ; celle-ci et des émoluments princiers lui permettaient de faire des voyages à travers toute l'Europe. Lorsqu'il était absent, Fouquet le remplaçait qui avait été nommé second lecteur sur sa recommandation. C'est en 1906, alors qu'il traduisait Laforgue en allemand et qu'il rédigeait un traité sur Jakob Boehme et les racines mystiques du marxisme, qu'il fut engagé comme précepteur chez les Arius. Il n'avait pas besoin de cela pour vivre mais le fit par sympathie pour la famille qu'il connaissait ; l'oncle Nelson, l'aérostier, l'estimait : c'est par son entremise que Nelson avait fait connaissance du célèbre Gaspard-Félix Tournachon, dit Nadar. Les deux hommes s'étaient trouvé des affinités dans leur passion pour la photographie et l'aérostation. Nelson lui avait rendu visite dans sa propriété de Draveil, au sud de Paris, à la fin des années 1880.

(Je m'arrête à ce nom de Draveil ; il est pour moi l'occasion d'un raccourci étonnant. Draveil, mon grand-père maternel y avait un jardin, mais j'y reviendrai encore et encore, car depuis que je le compulse, sans méthode, tantôt avec frénésie, tantôt avec lassitude, mais à quoi bon une méthode dans cet amas de documents à la chronologie chaotique, le rapport du BStU me donne le sentiment d'un organisme vivant, ou plutôt d'une machine fonctionnant indépendamment de ma lecture. Et cette impression s'est accentuée depuis que me sont arrivés entre les mains les cahiers que Götz a tenus à Elektrostal à partir de 1996.)

Lorsque Fouquet entra au service des Arius, Manfred souffrait de cauchemars, causés, selon sa mère, par un événement qui avait marqué la famille un an auparavant, l'assassinat d'un ami intime de la famille, le grand-duc Sergueï, époux de la grande-duchesse Élisabeth Feodorovna et oncle du tsar Nicolas II. La nouvelle avait été apportée par un secrétaire de chancellerie de l'ambassade alors que Manfred et son père étaient dans la bibliothèque à jouer aux échecs.

Oubliant la présence du jeune garçon, le secrétaire raconte comment la bombe lancée dans la voiture du grand-duc l'a déchiqueté, projetant ses restes jusqu'aux toitures des maisons voisines, surtout comment, peu après, la grande-duchesse s'est rendue sur place pour recueillir, avec des gestes lents et graves, tout ce qu'elle peut de ces restes ; enfin comment on a retrouvé, ceint de son alliance, l'annulaire de son époux sur un toit. La nuit qui suit, Manfred rêve qu'il est lui-même déchiqueté. Ce cauchemar récurrent ne cessera que grâce aux soins attentifs de Fouquet.

Peu de temps après son engagement chez les Arius, Fouquet se maria avec la fille d'un gros négociant en vins de Champagne et fourrures de Russie établi à Berlin ; cela nécessita qu'il prît la nationalité allemande. Il éduqua Manfred en poète, lui fit découvrir le monde d'une manière fantaisiste qui conféra à l'enfant une profondeur peu commune pour son âge. Il existe une photo de Manfred à dix ans à côté de sa mère, photo exécutée dans l'atelier de Nelson Arius, avec au fond une espèce de brouillard à la Watteau d'où ressortent des architectures théâtrales qu'on dirait tirées du portfolio d'Orianda. Merveilleuse photo : Manfred est en costume marin, son visage très pâle et carré, ses grands yeux clairs un peu tristes sous des sourcils à peine marqués, sa mèche blonde relevée sur le front, Anna Maria, en chemisier fermé à haut col et aux cheveux remontés. Manfred tient un livre dans la main ; c'est la première édition des *Complaintes* de Laforgue. Déjà quelque chose d'indécis, annonciateur cependant d'un mouvement qui sera manifeste chez Jeanette, ce côté balte qui n'existe pas chez Anke parce qu'il semble que la marque Stadler l'a complètement gommé.

Très vite, Fouquet fait lire des auteurs français à Manfred, auteurs que Laforgue lui a fait connaître : Nerval, Rimbaud, alors peu célèbres, même en France. Singulièrement l'adhésion de Manfred au marxisme passera aussi par Nerval, dont il a lu *Les Illuminés* ; il y découvrira les utopistes français du XIXe siècle, Leroux et Comte. Fouquet écrit aussi à ses heures perdues ; dans son traité sur les racines mystiques du marxisme, il montre comment le matérialisme dialectique est déduit de l'idéalisme dialectique de Hegel, dont la philosophie doit tant au mystique Jakob Boehme. À douze ans, Manfred ne comprend pas grand-chose aux idées fumeuses de son précepteur mais il est fasciné par son enthousiasme et les textes alchimiques de Boehme ; ceci permet de comprendre bien des choses de sa manière de voir le monde. Quant à Rimbaud, au même âge Manfred est capable de réciter par cœur des poèmes d'*Illuminations* et *Le Dormeur du val.*

Autre photo, Arius à l'âge de onze ans au pied du *Cénotaphe de Newton*, un aérostat de son oncle, baptisé ainsi en souvenir du monument de Boullée qui obsédait la famille depuis un siècle ; c'est juste avant l'ascension au-dessus du terrain de Berlin-Staaken. Outre Manfred sont présents trois autres personnages, l'oncle Nelson, sa fille Verena et le météorologue Reinhard Joachim Süring.

Également déterminantes sont les visites fréquentes que fait à la maison Arius l'orientaliste Albert von Le Coq. Celui-ci organise les collections asiatiques du musée ethnologique de Berlin, quand il n'est pas en Asie centrale à explorer la vieille Route de la soie. Chez les Arius, il raconte ses expéditions ; ses fouilles à Samarcande, ses trouvailles ramenées des ruines mythiques de Kachgar et de Tourfan dans ces pays aux noms fabuleux : Sogdiane, Transoxiane ; il leur fait découvrir ses collections d'art gréco-bouddhique ; il offre un jour à Karl Friedrich une petite croix nestorienne en jade, ornée de la colombe du Paraclet, témoignage de l'évangélisation de ces régions perdues par l'apôtre Thomas et ses disciples. À côté de cela, il fait part de son hypothèse selon laquelle les Germains sont apparentés aux Kachgari, population arienne rousse aux yeux bleus, de religion manichéiste, établie en Transoxiane ; il parle aussi des Scythes de Crimée, certifie à Karl Friedrich Arius que le site d'Orianda, choisi pour la construction du palais de Schinkel, a été l'emplacement de la capitale de l'ancien royaume de Thoas, le lieu où Iphigénie fut prêtresse de Diane. Ces récits retentissant de noms mystérieux fascinent l'enfant Manfred et le plongent dans des rêveries infinies ; ils ne seront pas étrangers à son grand amour pour une princesse du Turkestan qui, à cette époque, est une élève de von Le Coq ; il ne la rencontrera qu'en 1918 à la faveur de sa captivité en Russie, Russie qui le fascine déjà au point qu'à sa demande on lui fait donner des leçons de russe par un professeur particulier.

*

Versant autrichien. C'est au mois de juin que la famille Arius quittait Berlin pour Badgastein ; un rite auquel on ne dérogeait pas depuis que Theodor Arius avait suivi son patron, Schinkel, en cette station thermale d'Autriche. Le mariage de Karl Friedrich avec Anna Maria Pötzner, nièce et future héritière du propriétaire de l'hôtel Edelweiss, avait fait de ce lieu une seconde patrie pour Manfred. Les Alpes théâtrales sont le lieu du catholicisme, d'une certaine alacrité latine et d'une douceur maternelle ; mais elles sont aussi celui de ce mystère forestier tantôt sombre, tantôt solaire, dont pour moi vibre la pulsation de la *Symphonie inachevée.* Ce mystère venait des Pötzner, de l'ancêtre Alois, dit Spiritus parce qu'il distillait. Il débitait ses élixirs dans son auberge à l'entrée de Bad Goisern, à l'enseigne de la Nymphe d'or. La nymphe, il avait cru la voir un matin qu'il cueillait des baies et des simples pour la fabrication d'un cordial dont un moine de Lambach lui avait donné la recette. L'histoire se racontait chez les grands-parents Pötzner, et Arius la connaissait. Spiritus livrait sa marchandise, des alcools de toutes sortes de baies, dans les alentours, et l'empereur François-Joseph, lors de ses séjours à Bad Ischl, se faisait porter du genièvre et l'élixir dont il prenait, disait-on, un petit verre chaque jour après le thé, ce qui lui avait assuré un long règne. L'affaire prospérant, Spiritus avait fait construire l'hôtel Edelweiss à Badgastein. À sa mort ses deux fils s'étaient entendus pour le partage de ses biens. Le grand-père maternel d'Arius avait hérité de la Nymphe d'or, son frère de l'hôtel de Badgastein, qu'il devait bientôt transformer en établissement renommé. Il n'avait pas d'enfants et Anna Maria fut comme sa fille. Manfred et ses parents occupèrent une suite qui leur était réservée à l'hôtel puis un appartement dans la villa construite par Karl Friedrich pour un des frères Demant.

*

Si Fouquet fut celui qui cultiva le versant prussien de Manfred, le côté autrichien devait revenir à un autre personnage : Otto Förster-Lex, l'un des protagonistes d'un drame dont ce versant fut le théâtre, Otto Förster-Lex dans le procès duquel Manfred fut impliqué en 1948. Ils s'étaient connus au collège de Lambach. Comme le fit remarquer le procureur du tribunal devant lequel Förster-Lex eut à comparaître, Lambach n'est pas n'importe quel collège. Cet établissement sent le soufre. En effet, c'est dans cette institution tenue par les Bénédictins qu'Adolf Hitler a fait une partie de sa scolarité de 1888 à 1890. À quoi s'ajoute qu'il a été transformé en Napola en 1940. Or Förster-Lex reconnut y avoir été moniteur avant de partir prendre en Allemagne des responsabilités dans un camp de concentration. C'est plus tard, lors du procès, quand le tribunal lui demanda quelles relations il entretenait avec Arius, qu'il mentionna Lambach. Ses souvenirs sont précis.

Arius était entré au collège à l'âge de treize ans, c'est-à-dire en 1913, arrivant de Potsdam. Sa mère était malade et faisait de nombreuses cures à Badgastein ; son père était souvent en voyage pour son agence d'architecte. Manfred avait été inscrit à Lambach parce que ce n'était pas loin de Badgastein et de Hallstatt, pays d'origine des Pötzner. Ces derniers firent quelques visites à leur petit-fils au début de sa scolarité. Otto Förster-Lex y était professeur de littérature allemande et archéologue à ses heures perdues. En ce personnage s'incarne un fatras d'idées qui circulaient en Autriche à la veille de la Première Guerre.

Götz, qui à mesure qu'il instruit le dossier Arius consacre, semble-t-il, de plus en plus de soin à ses investigations, au point parfois de digresser, et de s'intéresser à l'arrière-plan culturel où Arius a grandi (mais en cela il applique la méthode apprise à l'école de la Stasi de Golm, méthode déduite du système marxiste), Götz nous dessine un profil tout à fait passionnant d'Otto Förster-Lex qui, après son procès en 1948, finit fusillé par les Russes à Vorkouta, un des plus terribles camps du goulag. Âgé d'à peine vingt-quatre ans quand Arius arrive à Lambach, il entretient des relations avec des cercles occultistes en vogue en Autriche. Il est abonné à la revue *Ostara* de Lanz von Liebenfels, ce moine défroqué qui répand dans ses écrits des idées antisémites, et prône le retour des Allemands à leurs sources païennes. Ainsi, Förster-Lex s'est rendu plusieurs fois à des espèces de cérémonies templières organisées par Liebenfels dans le château médiéval de Werfenstein ; s'y rencontrent des intellectuels, également des aristocrates prussiens. Mais l'inspirateur de tout ce mouvement s'appelle Guido von List ; Förster-Lex se chargera de faire connaître ses livres à Manfred. Le système qui y est exposé s'appelle l'aryosophie ; c'est une espèce de cosmogonie mystique hétéroclite qui, tout en considérant l'homme germanique comme un homme-dieu, et en vouant les Juifs à la stérilisation, s'applique notamment à retrouver dans les grands paysages germaniques la trace des dieux.

Ce n'est qu'à la deuxième rentrée des classes à Lambach, en octobre 1914, et au moment où l'Europe se précipite dans la guerre, que Manfred fait la connaissance de Förster-Lex, qui se prend de sympathie pour lui ; ils sont presque compatriotes puisqu'il est natif de Rassdorf, près de Hallstatt. Manfred vient d'apprendre par sa mère que son père, parti quelques mois plus tôt en Crimée pour lancer les travaux d'Orianda, n'en est pas revenu, contrairement à ce qu'il annonçait par télégramme. Le navire à bord duquel il devait embarquer à Odessa au moment de la mobilisation générale est bien arrivé à Trieste, mais sans lui. Au ministère des Affaires étrangères autrichien, on a laissé entendre qu'il y avait peu de chances qu'on pût le retrouver avant longtemps, toutes les communications entre l'Autriche et la Russie étant coupées.

Manfred, désemparé, trouve un réconfort en Förster-Lex et en sa famille qui le reçoit de temps en temps. Son professeur lui explique que son patronyme, Arius, indique sans ambiguïté qu'il appartient à une des plus nobles tribus originelles de la race aryenne, et que c'est une élection du Ciel. Ce nom fait également référence au théologien Arius, lequel fut à l'origine d'une croyance considérée par les chrétiens comme une hérésie et d'une secte secrète maudite par les Juifs. À ce bric-à-brac idéologique, Förster-Lex ajoute un rêve qui va occuper Manfred, celui d'un pays appelé tour à tour Chersonèse, Tauride, Crimée, d'où seraient originaires les Teutons. À cette époque, Manfred sort tout juste des élucubrations de Fouquet et des théories de l'orientaliste Albert von Le Coq, et c'est pour s'enflammer à celles de Förster-Lex. Celui-ci lui fait lire dans sa chambre les ouvrages d'Alfred Götze et de l'abbé Cochet sur la civilisation gothique de Crimée. Förster-Lex, qui ne manque pas d'imagination, lui expose que le projet de Schinkel et d'Arius pour Orianda devait répondre à cette vocation du lieu marqué par les présences de dieux. Comme Albert von Le Coq, il affirme que c'est là que se situe la Tauride mythique, celle où la douce Iphigénie fut la prêtresse de Diane, celle où les Doriens, qui sont de purs Aryens, reçurent la révélation des dieux. De telles idées ne devaient pas manquer d'exercer un charme merveilleux et consolateur pour Manfred dont le père venait justement de disparaître dans ce pays.

L'importance que Lambach eut pour Manfred tient également au théâtre, et sans doute est-ce en ce lieu que sa vocation pour les décors fut encouragée. Il eut ainsi l'occasion de participer à des cérémonies religieuses qui avaient gardé beaucoup de la pompe baroque ; elles flattèrent la foi catholique dans laquelle sa mère l'avait élevé. Il put aussi consulter la riche bibliothèque du cloître, avoir entre les mains nombre de gravures de décors qui devaient plus tard l'inspirer. À propos du théâtre, Götz s'interroge sur les sentiments qu'Otto Förster-Lex eut pour son protégé mais ne parvient pas à une conclusion précise.

Ici apparaît le personnage de Jeanne d'Arc qui comme celui d'Iphigénie sera récurrent dans les préoccupations d'Arius. En effet, Lambach est connu pour disposer d'un des rares théâtres baroques qui aient survécu. À l'époque de Förster-Lex, les élèves ont l'habitude de donner des représentations sous sa direction. Förster-Lex a fait jouer plusieurs fois *La Pucelle d'Orléans* et *Iphigénie en Tauride* à ses élèves. Comme c'en est l'usage, les rôles féminins sont tenus par des garçons. En l'occurrence, durant sa scolarité, Arius tient plusieurs fois les deux rôles-titres. Deux photographies prises en 1914 par Förster-Lex sont restées ; elles ont été trouvées lors d'une perquisition à son domicile, au moment de son arrestation, et Götz les a jointes au rapport.

*

Arius s'est exprimé à plusieurs occasions sur l'événement suivant devant Mme Mogwitz et d'autres proches ; la Stasi a tout noté, encore. Il arriva au mois d'août 1917, peu de temps avant la rentrée des classes, dans les bois proches de Rassdorf près de Hallstatt. Que Manfred faisait-il à Rassdorf ? Götz, qui a pu établir que le père de Förster-Lex y était employé des postes, affirme qu'il était hébergé par la famille avant la rentrée. C'était le temps des Wandervögel, ce mouvement de jeunesse hérité du romantisme qui entraînait des bandes de garçons et de filles pour des randonnées infinies par monts et forêts du Harz, du Tyrol. Förster-Lex, professeur à Lambach, était moniteur d'un de ces groupes et il est possible qu'il y ait enrôlé Manfred à la faveur de cet été-là. Une lettre adressée à sa mère confirme en tout cas qu'il avait passé les vacances dans la famille de Förster-Lex, aidant parfois aux travaux des champs chez un voisin. Dans une autre lettre adressée à sa cousine Verena, il parle de sa découverte du cinéma. On peut s'étonner qu'elle fût si tardive pour quelqu'un qui avait vécu à Berlin ; les premières salles de cinéma s'y ouvrirent dès 1896 ; et on sait que Manfred, dès sa petite enfance, allait au théâtre avec ses parents. Götz suppose que dans la famille une prévention régnait contre le cinéma qui avait amené la ruine définitive des dioramas. À Rassdorf, Arius s'éprit d'une jeune Juive, Xenia Zylberfarb. Elle accompagnait ses parents dans la tournée de projections cinématographiques « Elektro-Bioskop » qu'ils faisaient en roulotte à travers l'Empire austro-hongrois. Malgré les admonestations de Förster-Lex, qui voyait en eux des Juifs de la pire espèce, Manfred se rapprocha de la famille de Xenia et accepta une invitation lors d'une séance donnée en plein air. En effet, il avait été frappé par l'apparition de Xenia manipulant le projecteur d'où sortait une vie merveilleuse et surtout par un petit film montrant la grande actrice Charlotte Wolter dans le rôle d'Iphigénie. Mais sans doute espérait-il aussi quelques informations sur les événements de cette Ukraine russe dont les Zylberfarb étaient originaires, pays où son père avait disparu.

Quand Manfred l'avait questionné sur les chances qu'on avait de le retrouver, Nathan Zylberfarb avait répondu : « Je ne veux pas vous décourager, mais ce que je sais de la situation en Russie ne laisse présager rien de bon pour lui ! » D'un coup, il avait pris un ton exalté : « Une étoile inespérée se lève de l'Est, une étoile de la maison de Jacob ; elle va rétablir mon peuple dans son droit et sa lumière terrifiante va renverser les superbes, ceux-là mêmes qui avec une férule d'acier ont fait depuis des siècles courber l'échine de mes frères ! Monsieur Arius, tels que vous nous voyez, ma femme et moi-même, votre serviteur, nous avons été obligés de quitter notre *shtettl* de Russie, il y a dix-sept ans à la suite d'un pogrom dont je ne vous décrirai pas l'horreur. Mais regardez ! », et, ayant retroussé sa chemise à la taille, il lui découvrit le bas de son ventre labouré de cicatrices. « Voilà, reprit-il, ce que ces chiens de Polonais m'ont fait, ils ont renversé une lampe à pétrole sur moi. Tout ça parce que la foudre a mis le feu à une grange. Ils ont brisé mon matériel, sous les yeux de la police russe qui n'a pas bronché. Mais une étoile inattendue s'est levée de l'Est pour confondre les méchants. Vous allez voir ! Vous allez voir ! »

Deux jours avant le départ des Zylberfarb eut lieu l'événement capital. On fit une nouvelle projection des mêmes films à quoi Manfred assista. Au moment où la Wolter apparaissait sur l'écran, l'image sauta puis s'immobilisa. La figure de l'actrice se tordit, se déforma sous l'effet de la lampe à arc du projecteur. Au milieu apparut une tache noire qui s'étendit pour crever et laisser passer le rayon éblouissant. Manfred se retourna vers le projecteur, il en sortait des flammes et de la fumée que Xenia, désemparée, et son père gesticulant parvinrent difficilement à éteindre au moyen d'un plaid. Des sifflets partirent des rangs les plus lointains. Zylberfarb alla devant l'écran, s'inclina et, ayant présenté ses excuses, annonça le remboursement des places sur-le-champ. Tandis que Xenia murmura sur un ton mystérieux : « C'est le sacrifice d'Iphigénie… »

*

Je nc sais si Manfred eut connaissance des événements suivants concernant Xenia, alors qu'il était à Rassdorf, ou plus tard, en 1945 lorsqu'il la retrouva rescapée des camps, mais je pencherai plutôt pour la première circonstance ; sans doute leur force poétique motiva-t-elle la conduite de Manfred lorsqu'il s'engagea dans l'armée bavaroise. Il n'est sans doute pas indifférent qu'ils se déroulent à Lemberg (aujourd'hui Lviv en Ukraine), ville natale d'Emmy, dont elle me parla souvent. Je les établis à la lumière d'une note des cahiers d'Elektrostal ; elle peut paraître à première vue un peu abstruse, la suite de cette chronique l'éclairera :

Floh-блохá. Cahier d'Elektrostal (12 juin 2002)

Jaanika von Trotha-Treyden dont il était question dans les confidences d'Arius à la Mogwitz n'est pas un rêve. Les camarades de Moscou m'ont fait parvenir à son sujet un rapport datant de 1925. Elle a bien été infirmière à Samarcande en 1919. Elle a servi par la suite au Turkestan où elle a disparu près de Gouriev. Mais aucun astéroïde ne porte son nom. Arius devait confondre avec Xenia Zylberfarb, qu'il a connue (quand ?) à Rassdorf et avec laquelle il a vécu jusqu'à sa mort en 1957 ; c'est elle qui a donné son nom à un astéroïde. Les camarades m'ont fait savoir que la commissaire politique Alexandra Kollontaï avait donné son nom à un autre astéroïde en 1966. Arius était dans la confusion à ce sujet ; pas étonnant au vu de son état mental.

Avant 1914, les Zylberfarb avaient leur domicile et leur officine de photo et d'optique dans le quartier juif de Lemberg qui devait, comme beaucoup d'autres, devenir le ghetto organisé par les Allemands avant que la plupart de ses hôtes soient expédiés aux chambres à gaz. Emmy m'avait parlé de ce quartier, d'un cinéma où elle avait vu un film sur Marie Curie, ce qui l'avait décidée plus tard à faire des études de chimie. Même si ce n'était pas l'Elektro-Bioskop, je veux croire qu'elle avait su, poète comme elle l'était, car elle lisait Heine, Hölderlin, mais aussi Trakl et Rilke, ce qu'avait de merveilleux le quartier juif de Lemberg.

Le couple Zylberfarb est arrivé de Russie à Lemberg, en 1897, à la suite d'un pogrom. Il n'a pas d'enfants car les entrailles de la femme ne les gardent pas depuis qu'elle a été témoin de la violence des Polonais déchaînés. En août 1902, elle est allée consulter un rabbi, un sage qui vit dans un tilleul ; de nuit, il l'a fait mettre toute nue sous l'arbre. Elle est restée debout, ainsi, jusqu'à ce que le rabbi secoue les branches dont sont tombées des fleurs dorées. Après il a dit à la femme de se rhabiller et à l'homme de faire ce qu'il avait à faire. Quelques semaines plus tard, la femme a vu qu'elle était enceinte, elle est retournée près du rabbi qui du haut du tilleul a étendu les mains au-dessus d'elle. Quand l'enfant est née, un soir de mai de l'année suivante, on l'a tout de suite amenée au rabbi ; on l'a montée dans un panier. Il l'a prise dans ses bras et a clamé que c'était une merveille. Car l'arbre s'est illuminé ; c'étaient des vers luisants, des lampyres, arrivés d'un coup à éclosion, donc pas un miracle, mais il y avait une délégation révolutionnaire juive russe qui se tenait non loin de là attendant son tour ; elle a voulu voir l'enfant, la toucher.

À cette époque, Nathan Zylberfarb venait d'ouvrir un magasin d'optiques et de photographies dans la rue commerçante de Lemberg. Plus tard, encouragé par son frère cadet, photographe lui aussi, qui tournait des films dans les studios d'Odessa, il se lança dans le cinéma. Zylberfarb était aussi commissionné par l'université de Lemberg pour assurer l'entretien de l'Observatoire astronomique impérial et royal et lui fournir du papier photographique. Xenia apprit auprès de l'organiste de la cathédrale le piano et le chant avant de savoir lire. Malgré ses dons et les recommandations de l'organiste, le père préféra l'employer au cinéma ; à six ans, il lui arrivait de se tenir derrière l'écran pour accompagner à l'harmonium des films et les actualités de l'époque. C'est l'âge auquel il lui arrivait d'aller avec son père à l'Observatoire ; par sa grâce, elle séduisit un jour les deux astronomes en titre de Lemberg.

Les deux savants travaillaient en collaboration avec August Kopff de Heidelberg à la découverte d'astéroïdes. Le 10 février 1907, les sels d'argent plongés dans le bain révélateur par les mains du père Zylberfarb sous la lampe rouge du laboratoire photographique de l'université découvrirent certain corps céleste aux yeux des humains. C'était le six cent vingt-cinquième de ce genre ; il filait à la vitesse orbitale de 18,1 kilomètres à la seconde. Il fallut lui trouver un nom ; Kopff en laissa le soin à ses collègues de Lemberg : ils le baptisèrent Xenia en raison de la petite fille qui courait avec une corde à sauter autour de leur bureau sous la grande lunette.

*

L'innocente idylle qui lia Manfred à la jeune Zylberfarb marqua la fin de l'admiration qu'il vouait à Otto. Le lendemain de la dernière représentation cinématographique, une grange prit feu à Rassdorf. Un vieux réflexe local fit qu'on en accusa les Zylberfarb. Ils étaient comédiens, juifs. Une bande de paysans excités et menés par Otto alla rouer de coups le père de Xenia. Manfred, impuissant et honteux, assista à la scène et à la malédiction que le père Zylberfarb, crachant le sang, lança à l'adresse de Rassdorf. Il disparut avec sa femme et sa fille.

Manfred fut ébranlé au point qu'il décida de rejoindre la jeune fille à Munich, que le père Zylberfarb lui avait dit être sa prochaine destination. Trois jours après la rentrée des classes, il s'enfuit de Lambach, sans aucun bagage et en simple veston de pensionnaire ; il prit le train pour Munich via Salzbourg ; il n'y trouva aucune trace de l'Elektro-Bioskop. Ne sachant à quel vent se vouer, il erra dans la ville jusqu'au moment où il passa devant le bureau de recrutement du Ier régiment royal bavarois d'uhlans « Empereur Guillaume II de Prusse ». Par la fenêtre ouverte, il entendit des noms de pays dont lui avait parlé Xenia avant sa disparition de Rassdorf.

Il signa son engagement ; il serait palefrenier ; le lieutenant ferma les yeux sur son âge. On lui remit un casse-croûte et un bon de transport pour prendre le train à destination de Bamberg, où était stationné le régiment. Comme il se rendait à la gare, passant devant l'hôtel Bayerischer Hof, il y reconnut derrière la grande vitre, attablés, Fouquet, son ancien précepteur, et son fils Ludwig, lequel malgré la saison était emmitouflé dans un manteau de fourrure. Ils arrivaient de Suisse. Fouquet s'y était rendu, non pour y jouir de la paix mais pour y soigner son fils phtisique. Il prétendait à qui voulait l'entendre que c'était le contact de Laforgue qui avait contaminé Ludwig dans son enfance. Ils étaient descendus au

Grand Hôtel des Bains Kempinski de Saint-Moritz, un client de sa maison de champagnes. L'état de Ludwig ne s'améliorant pas, il avait pris la décision de retourner à Berlin où un professeur de la Charité expérimentait un nouveau sérum antiphtisique. Pendant que Fouquet narrait ces événements, sur le perron de l'hôtel, des officiers de l'état-major bavarois prenaient solennellement congé d'une délégation de Turcs en fez que venait de recevoir le prince Louis III de Bavière. Dès que Fouquet sut que Manfred venait de s'engager dans un régiment de cavalerie, il se lamenta, disant tout bas que c'était de la folie, que tout était perdu, qu'il ne donnait pas six mois aux empires. Et qu'est-ce que Mme von Arius allait dire ? Elle avait déjà perdu son mari, disparu justement dans cette Russie incertaine ! En Suisse, il avait pu lire les journaux français et anglais ; ils donnaient une autre image de la guerre que ce que les presses allemande et autrichienne voulaient bien montrer. Il eut alors une idée : « Vous parlez le russe ; n'est-ce pas ? Je sais que les états-majors cherchent des gens sachant parler le russe pour le bureau des renseignements ! Vous serez plus tranquille dans un bureau ! » Il se leva et disparut dans l'hôtel pour en revenir un quart d'heure plus tard brandissant une enveloppe. C'était, signée du lieutenant-général Herrgott que Fouquet connaissait bien à fréquenter le salon de son épouse, une recommandation pour Manfred à l'adresse du chef des archives du ministère de la Guerre autrichien. Il lui remit de quoi s'acheter des vêtements et prendre un billet pour Vienne.

9

Quel était l'aspect de Vienne et quelle émanation s'en dégageait lorsque Manfred y arriva une après-midi de septembre ? Par ces questions, j'entends faire revivre le mystère puissant d'une ville que j'ai longtemps considérée comme l'aimant spirituel de ma vie.

Après un voyage de nuit, Manfred se trouva sur le quai de la gare de l'Ouest. Comme je m'y retrouvai cinquante ans plus tard. Nous avions le même âge. C'était sa mère qui l'attendait, et moi c'était Emmy. À l'évocation de cette arrivée, je ne peux m'empêcher de songer à la mienne, de penser à une pulsation particulière que j'ai connue en découvrant cette ville ; sans doute celle-ci avait-elle encore conservé quelque chose de l'âme de Vienne telle que l'a sentie Manfred ce jour-là, et j'entends là par âme cette conjonction particulière et fragile d'odeurs, de lumière et de rumeur qui auréolait les lieux.

Oui, ce secret de Vienne, presque charnel, ce secret émanant des replis de la ville comme quelque chose émanerait des replis d'une femme, je l'ai perçu à la fin des années soixante, malgré le temps passé, la présence des Alliés, leur occupation, les bouleversements de l'après-guerre, enfin la vague du miracle économique.

Emmy, elle, était arrivée à la gare du Sud, de Lemberg exactement en 1914. Elle était née la même année qu'Arius. Lorsque je la rencontrai, en 1968, elle avait encore de nombreux amis qui avaient connu le Vienne de la fin de l'empire, Lothar Nowaak, un professeur de littérature allemande, incarnation parfaite de l'Autrichien cultivé et courtois, Martha von Köplitz, bâtarde de l'intendant des haras impériaux, la tante Sophie, criminaliste dont le mari avait servi la Gestapo. Je fis connaissance de ces personnages dès mon arrivée à Vienne. Quand Anke apprit plus tard que je m'étais ainsi laissé traîner par sa mère chez toutes ces antiquités, surtout Martha qui, à la suite de la crise de 1923, avait trouvé le moyen de faire à Emmy un procès pour une paire de chaussures, elle poussa les hauts cris. Moi-même, je n'avais suivi sa mère que par faiblesse de caractère, maudissant ces visites incessantes, alors que je n'aspirais qu'à retrouver une jeune fille laissée en France. Je ne savais pas que, dans les rencontres de ces personnages avant qu'ils ne meurent, m'était fait présent par l'entremise d'Emmy d'un bien inestimable, impérissable : l'âme d'une ville.

*

Manfred s'installa chez sa mère, Anna Maria, laquelle avait d'autre part recueilli sa propre mère. Elle habitait depuis la guerre un grand appartement hérité de ses parents et situé au 20 de la Porzellangasse dans le IXe arrondissement. Je prends soin de préciser l'arrondissement car, tant pour Manfred que pour moi, il devait être le théâtre d'événements dont l'enchaînement dénonce sourdement des puissances obscures, et dont la mort de Jeanette en 1999 ne fut pas le moindre.

Manfred était furtivement passé au 20 à la déclaration de guerre, juste avant la rentrée des classes à Lambach. Depuis, le grand-père Pötzner était mort du croup. Anna Maria et sa mère ne vivaient pas trop mal comparativement à la majorité de la population viennoise. La vaste maison de Potsdam avait été louée à la cousine Verena et son père Nelson, paralysé depuis une chute en aérostat. Même engagées dans l'économie de guerre, les usines et les forêts qu'on avait en Bohême rapportaient encore un peu ; il y avait quelques loyers de Berlin qui tombaient chaque mois. En revanche, des valeurs placées dans des banques anglaises avaient été mises sous séquestre et l'hôtel de Badgastein n'était plus d'aucun intérêt à cause de la baisse de fréquentation due à la guerre et à la nécessité de travaux. Un jardin dans le nord-ouest de Vienne permettait d'améliorer l'ordinaire. C'est là qu'en 1940 Manfred devait se cacher et que cinquante ans plus tard Emmy devait me faire cueillir des cerises.

Dans tous les cas, les deux femmes avaient de quoi se chauffer et se nourrir. Parfois elles cédaient un peu de bois et des pommes de terre à des voisins moins fortunés qu'elles. Anna Maria, qui avait dû accepter que son fils quittât Lambach, s'occupait entre sa mère et l'Hôpital général où elle allait prodiguer des soins aux blessés de guerre. Parfois aussi, elle s'enquérait auprès d'un blessé du front de l'Est de quelque renseignement qui eût pu lui indiquer que son mari vivait encore. Mais c'était peine perdue.

Dès son arrivée, Manfred se rendit au ministère de la Guerre pour s'y présenter. Il toucha un uniforme et il fut affecté au service des archives du front de l'Est auprès de deux autres collègues plus âgés que lui. Il s'agissait de répertorier et de tirer toutes les informations possibles des documents glanés dans les territoires russes qu'avaient conquis les Autrichiens depuis le début de la guerre ; tracts imprimés au pochoir que les automobiles furieuses et cahotantes des bolchéviques semaient au vent pour convertir les populations d'Ukraine à la révolution, affiches rouges aux slogans épiques, proclamations de toutes sortes. Son travail lui fit faire des connaissances, des vieux démobilisés, des malades, des blessés, et quelques jeunes planqués, parmi eux l'écrivain Franz Karl Ginzkey, qu'il croisa alors que celui-ci fournissait des rapports sur les opérations du front italien dans le Tyrol. J'insiste sur cette rencontre car je rappelle que Ginzkey est l'auteur du livre que j'allais offrir à Jeanette.

Autre rencontre, celle d'Arpad, comte Koppay, Hongrois dont le père était administrateur des forêts du clergé dans un cercle de Bucovine. Koppay était un pilier de bordel qui finit par emmener Arius dans une maison de la Leopoldstadt. Il crut avoir été infecté après la seule visite qu'il y fit ; c'était le lendemain de ses dix-huit ans. Ce n'était qu'un chancre sans gravité qu'un médecin-major de l'armée lui soigna en quinze jours.

*

La signature de la paix avec la Roumanie au début de mars 1918 eut pour conséquence que Manfred dut quitter Vienne peu de temps après. Il rejoignit l'état-major de la IIe armée impériale à Odessa. Il fut un des quatre traducteurs-interprètes du service du renseignement et il s'entendait bien avec ses collègues, de bonne famille, des gars habitués à la

Moldovanka, le quartier mal famé d'Odessa, ghetto et lieu de tous les trafics. Ils étaient tous plus âgés que lui et l'avaient pris en amitié. L'aîné de la bande, Ferdinand Stokowitz, exerçait un certain ascendant sur les autres ; il avait plus d'expérience de la vie, s'était battu en duel et deux fois son père avait dû éponger ses dettes de jeu. C'est lui qui communiqua à Manfred le goût pour les *papirossas* Herzegowina Flor ; il avait l'art, d'une chiquenaude sur le plat de la main, de les envoyer se percher entre ses lèvres après deux circonvolutions dans les airs.

Depuis la révolution de 1917, Odessa, comme toute l'Ukraine, avait fait sécession de l'Empire russe et était en proie à une confusion extraordinaire. La ville s'était donné un gouvernement bolchévique autonome ; elle avait été le théâtre d'affrontements violents entre la garde rouge et des indépendantistes ukrainiens. Après les offensives déclenchées par le pouvoir bolchévique de Moscou, les armées des Empires centraux avaient contre-attaqué victorieusement, ce qui avait conduit la Russie soviétique à demander la paix qui fut signée à Brest-Litovsk. Odessa passa sous contrôle austro-allemand au printemps de 1918 ; pour autant, les combats n'étaient pas terminés. Des rouges continuaient de parcourir la campagne, tentant de la soulever contre les puissances impérialistes.

Manfred et ses compagnons travaillaient au commandement autrichien de la ville installé au palais Vorontsof. Comme eux, il était logé à l'école des cadets réquisitionnée par l'armée impériale. Ses activités étaient les mêmes qu'à Vienne : traduire les documents pris chez l'ennemi, journaux, affiches, tracts et documents militaires. Sa mutation à Odessa lui valut de prendre de l'avancement – cela ne se fit pas sans l'intervention de sa mère auprès d'une de ses relations du ministère – et de la moustache car Anna Maria lui avait conseillé de se la laisser pousser pour se vieillir un peu. Du grade de feldwebel qu'il avait acquis aux services des archives à Vienne il passa à celui d'aspirant, qui lui permit de jouir du confort d'une chambre particulière et de porter un revolver.

C'est en dépouillant la presse du matin qu'il apprit la proclamation de la République soviétique de Tauride par le Comité central soviétique. Ce mot Tauride écrit en cyrillique fut comme un appel de cor venu de l'horizon oriental. Il feuilleta le journal en quête de plus de détails. Une photographie à la trame grossière lui découvrit dans un paysage indéfini trois femmes, des gardes rouges, coiffées de chapkas, revolver à la ceinture. Un article commentait la photo ; il faisait l'éloge des femmes qui combattaient dans les troupes bolchéviques d'Asie centrale contre les blancs ; lyrique, l'auteur n'hésitait pas à les comparer à des amazones. Des rumeurs que les armées austro-allemandes ne tarderaient pas de marcher sur la Crimée firent espérer à Manfred qu'il serait affecté là-bas, à la faveur de quoi il pourrait se rendre à Yalta sur les traces de son père.

Un soir, après le service, ses trois camarades du bureau l'emmenèrent dans les rues aux maisons basses de la Moldovanka. Les filles se tenaient dans des couloirs sombres au fond desquels elles produisaient des remuements de lueurs sur des chairs luisantes. Stokowitz connaissait les lieux ; en faisant claquer les clous de ses bottes, il entra dans une maison dont le pignon le plus haut était éclairé par les derniers feux du couchant. Manfred suivait sans autre appréhension que celle de devoir, après l'affaire, se retrouver à craindre un nouveau chancre et le sentiment d'avoir failli à l'appel de l'Orient. Ils arrivèrent dans une cour intérieure éclairée par des loupiotes pendant aux galeries qui régnaient sur le pourtour. Ils grimpèrent par un escalier de fonte jusqu'à la première d'entre elles. C'est là que la taulière, une Juive à lorgnon, assise à faire des réussites sur une table de bois clair, entre deux bouffées d'un cigare les salua d'une voix de rogomme en les gratifiant du titre de *Herr Offizier*. Elle observa les hommes, s'arrêta sur Manfred et dit en riant : C'est la première fois. Il allait protester mais vit que c'était ridicule. Il était à réfléchir quand il se rendit compte que les autres avaient disparu, déjà happés par des portes. Alors il se trouva devant Lyalya, qui n'eut pour lui d'autre nom.

*

Lyalya est la fille d'un douanier russe qui a été tué à la bataille de Tannenberg et d'une Ossète qui meurt lentement chez elle du saturnisme. Deux ans auparavant, alors qu'elle fuyait avec Lyalya devant des bandes de cosaques, elle a pris une balle dumdum dans l'épaule, si mal placée que les médecins, qui par ces temps dramatiques ont bien d'autres soucis, ont décidé de laisser le projectile continuer sa lente et fatale désagrégation qui empoisonne le sang. Lyalya est la protégée d'un bandit juif circassien qui s'est chargé de transmettre l'argent des transactions à la mère pour ses soins à base d'opium. Bien sûr, au passage, il prend sa commission.

Lyalya entraîne Manfred par la main vers un lit en fer dans une petite pièce juste éclairée par une lampe à pétrole qui fait des ombres sur une vieille tapisserie où semblent peintes des montagnes. Tout en se déshabillant, elle lui demande en russe qu'il lui montre son appareil pour voir s'il n'est pas infecté. Il ne comprend pas. Alors, elle lui baisse le pantalon et l'examine près de la lampe et cela fait un drôle de théâtre d'ombres sur le semblant de montagnes. Elle passe plusieurs fois le doigt sur l'induration restée de Vienne et dit que c'est bon. Seulement, ce manège a déconcerté Manfred qui ne peut plus. Il est allongé nu sur la paillasse près d'elle qui promène sa main sur son corps. Elle lui dit qu'il est bien jeune, qu'il n'a presque pas de poils. Lui demande ce qu'il fait à Odessa et comme il lui répond qu'il y est traducteur pour l'armée :

« Alors tu pourrais me traduire ce livre ? interroge-t-elle.

— Quel livre ?

— Celui de la pantoufle magique ! »

Elle enfile une chemise et disparaît un moment pour revenir avec un livre. *Trois Contes de Grimm*, que son père a rapporté à sa dernière permission, butin d'un pillage à Tarnopol, comme le laisse supposer un tampon de bibliothèque sur la page de titre. Lyalya appelle ça la « pantoufle magique » en raison d'une illustration où l'on voit un roi chenu montrant à un soldat un soulier de jeune fille complètement déchiré. Manfred connaît ce conte, comme de nombreux autres qu'on lui a racontés dans son enfance. C'est *Les Souliers usés au bal*. Lyalya a imaginé quelque chose à partir de quatre illustrations mais ça ne correspond pas à la vérité du conte que Manfred aurait bien commencé à lui traduire. Malheureusement, les autres sont venus cogner à sa porte pour lui dire qu'il se dépêche de tirer sa chique car le couvre-feu allait sonner et que la feld-gendarmerie pourrait bien leur chercher des noises, si elle les surprenait à cette heure dans ces parages. Manfred promet de revenir rien que pour lire le conte à Lyalya.

*

C'est en ce temps qu'il rencontra Meïer Zylberfarb, l'oncle de Xenia. Quand Manfred avait appris à sa mère son passage au grade d'aspirant et qu'il s'était laissé pousser la moustache, celle-ci lui avait demandé une photo de lui avec ses nouveaux galons. Il se mit en quête d'un photographe et se souvint que le père de Xenia avait parlé d'un frère photographe qui tournait aussi des films à Odessa ; il n'eut aucune peine à trouver le studio de Meïer Zylberfarb rue Dwarjanskaya. Manifestement, l'oncle de Xenia n'avait aucune nouvelle ni de celle-ci ni de ses parents, et Manfred ne dit mot du drame de Rassdorf ; il nota juste la présence d'une jeune Française que Zylberfarb lui présenta comme une assistante qu'il avait depuis peu ; elle ne sortait guère du laboratoire où elle procédait aux développements et aux retouches. Anna Maria fut ravie des photos qu'elle montra avec fierté à son entourage.

Manfred avait vu son travail de bureau se muer peu à peu en activités sur le terrain. En effet, des unités de l'armée autrichienne étaient affectées à des opérations de police entre Odessa et la Crimée, territoire soumis à une continuelle agitation. On procédait régulièrement à des arrestations suivies d'interrogatoires qui nécessitaient des interprètes. Parfois Manfred était réquisitionné en cette qualité. Par une campagne dévastée et soumise à des vents poussiéreux, une voiture l'emmenait dans un village plus ou moins éloigné d'Odessa. On l'attendait dans une école, une mairie ou une salle d'auberge, édifices portant des traces de combats récents. Il prenait place à une table près d'un militaire et face à un bolchévique tout juste capturé lors d'un affrontement ; ce pouvait être aussi un paysan soupçonné d'avoir prêté main-forte aux gardes rouges. Manfred traduisait avec le plus de rigueur possible les questions et les réponses. Il repartait avant que la sentence fût exécutée, souvent une exécution sommaire. Il exerçait cette activité sans états d'âme, songeant aux heures de liberté, avec Lyalya, parfois se disant qu'il se lierait davantage avec Meïer, pour se rapprocher de Xenia.

Il ne revit qu'une seule fois le photographe, un matin où il allait chercher d'autres photos de lui ; sa mère en était tellement fière qu'elle en distribuait autour d'elle. Comme il arrivait devant l'officine, il découvrit un véhicule de l'armée arrêté à sa hauteur et des feld-gendarmes autrichiens qui y faisaient monter Zylberfarb sans ménagement. Leur chef lui dit qu'il s'agissait d'un espion bolchévique. Manfred repartit sans savoir que l'assistante du photographe avait suivi toute la scène, en retrait à un coin de rue, un peu plus loin, alors qu'elle arrivait juste pour prendre son travail.

*

« Il était une fois un roi qui avait douze filles, l'une plus belle que l'autre. Elles dormaient ensemble dans une salle, où leurs lits étaient disposés côte à côte et le soir, quand elles étaient couchées, le roi fermait la porte et tirait le verrou. Mais le matin, quand il ouvrait la porte, il voyait que leurs souliers étaient usés par la danse et personne ne pouvait savoir comment cela était arrivé… » Assis sur un pouf de cuir, Manfred lisait et Lyalya écoutait le conte, debout à se tailler les ongles dont elle laissait tomber les rognures par la fenêtre. C'était un dimanche après-midi de la fin de septembre et cela faisait dix minutes que Manfred était arrivé. Tout seul, cette fois-ci. Lyalya lui avait sauté au cou ; elle ne croyait pas qu'il reviendrait. Généralement ceux qui n'avaient pas bandé ne revenaient pas ; ils avaient honte. Elle lui avait dit : « Tu vas voir, avec toi je serai patiente ; j'arriverai bien à réveiller ton colibri ! » ; à côté un phono nasillard jouait *La Valse des fleurs*. Manfred traduisait le conte et Lyalya finissait par lui poser des questions. « Si tu étais le soldat, quelle princesse aurais-tu choisie ? La plus jeune ou comme lui, la plus âgée ? » Et Manfred répondait : « La plus jeune, parce qu'elle doit avoir ton âge. »

Mais la conversation ne durait pas. Au bout d'une demi-heure la taulière au lorgnon venait rappeler que, si Manfred prolongeait le plaisir, il devrait payer plus cher. Quand ils se revirent la fois suivante et comme le colibri ne voulait rien savoir, ils décidèrent de se retrouver désormais au-dessus de la Moldovanka, dans la Romanowka, un quartier de terrains plus ou moins vagues traversé par la ligne de chemin de fer de Kiev et à proximité duquel il y avait un cimetière. Ils allaient entre des buissons de caroubiers, cherchant parfois l'ombre d'un rare chêne-liège ; ils s'asseyaient sur un talus d'où ils apercevaient la mer derrière Peressyp et les fumées des vapeurs ancrés au port militaire. C'était toujours la lecture. Mais les questions de Lyalya portaient maintenant sur la vie de Manfred : il lui parla de Xenia, de Karl Friedrich qui avait disparu à Odessa en août 1914. De la Tauride à quoi elle ne comprenait rien. Elle disait qu'elle était bête ; elle savait juste lire et compter, mais elle était bonne en amour. « Enfin pas tant que ça, ajoutait-elle, en soupirant, puisque je n'arrive pas à faire chanter ton colibri ; pour une fois que j'ai quelqu'un qui me plaît ! » Elle aurait voulu se marier, avoir des enfants, tiens, douze filles comme le roi du conte !

Manfred aurait peut-être fini par se lasser de cette liaison – les autres ne comprenaient pas qu'il ne les accompagnât plus au bordel – si Lyalya ne lui avait fait miroiter qu'elle pourrait trouver quelque trace de son père. Elle comptait parmi ses pratiques d'anciens cosaques de la police locale qui pouvaient avoir eu vent de la présence de Karl Friedrich à Odessa. C'est ce qui gâta les choses. En effet, elle s'adressa à un de ses clients qui rapporta au protecteur que Lyalya lui avait posé des questions sur le père d'un soldat allemand. Le Circassien juif flanqua une correction à la malheureuse et lui dit qu'il ne voulait pas d'ennuis ni avec la police ni avec les Cosaques ou encore les Allemands ; et comment se faisait-il qu'elle voyait ce type alors que la taulière n'en savait rien ? Elle voulait le doubler ! Et il remit ça qui n'empêcha pas quelques jours plus tard Lyalya de retourner près de la voie ferrée au rendez-vous fixé avec Manfred. Quand il vit son visage tuméfié, il pleura avec elle. Elle lui raconta ce qui était arrivé. Pour la consoler, il lui lut encore *Les Souliers usés au bal.* Juste après, elle se compara au soulier déchiré de la princesse. Le colibri était depuis longtemps oublié. Ils se retrouvèrent plusieurs soirs. Ils s'étendaient dans l'herbe et passaient leur temps à rêver de je ne sais quelle vie future. Cela dura jusqu'au jour où le Circassien interrompit la lecture. Accompagné d'un colosse à très longue barbe qui sentait l'oignon, il avait suivi Lyalya. Il resta froid et demanda simplement à Manfred de payer. « Non ! Non ! cria la petite que le barbu tenait par le bras. Non, ne paie pas, tu vas tuer l'amour ! » Manfred paya. Le barbu lâcha la petite qui alla se coller contre Manfred. Les deux gars leur tournèrent le dos et repartirent. Alors Lyalya attrapa son soulier et le lança sur le Juif, ce qui est dans ces lieux orientaux une insulte grave. Le soulier le toucha au dos. Le Juif se retourna, marcha sur Lyalya menaçant, disant qu'il allait la tuer. Manfred sortit son revolver de service et tira au hasard. Le Juif s'effondra, touché, en se tenant le ventre et en le maudissant. L'autre s'enfuit.

Le lendemain Manfred fut arrêté. Il ne sut jamais ce qu'il advint de Lyalya ni de son souteneur. Après une semaine à la prison militaire, il passa en cour martiale et fut condamné à rejoindre un bataillon disciplinaire qui devait effectuer des coups de main contre des unités bolchéviques au nord de Sébastopol. Il ne tarda pas que, lors d'une opération de celles-ci, il fut pris ainsi qu'un de ses compagnons par une escouade rouge. Il fut envoyé au camp de prisonniers de Samarcande où il arriva un matin de juin 1918.

10

Rapport Floh. Affaire Arius. 12 novembre 1987. Écoutes de 10 h 15. Présents : Manfred Arius et Bettina Mogwitz.

Ils parlent de la pluie qui s'est transformée en neige ; puis du poêle en faïence qu'il faut faire réparer car il y a des fuites de fumée, à moins que le comité de quartier n'accepte qu'on fasse installer le chauffage central mais ça fait sept ans qu'on attend. Quintes de toux d'Arius qui dit que sa faiblesse respiratoire vient de Samarcande où il a failli mourir d'une pneumonie due au typhus.

Elle dit que s'il tousse c'est à cause du poêle, mais il est encore solide pour quelqu'un qui a failli mourir du typhus ; à côté de ça l'ulcère au mollet n'a pas bonne mine.

Il dit qu'il a été bien soigné par une femme qu'il a aimée, une princesse tartare infirmière dans l'Armée rouge.

Elle rit et dit que ce n'est pas bien de lui raconter des fantaisies pareilles à son âge.

Il lui dit d'aller chercher l'album de photos qui est dans le deuxième tiroir du secrétaire dans l'entrée.

Elle dit qu'il y en a trois.

Il dit que c'est le rouge et la remercie.

Il dit que c'est elle, Jaanika von Trotha-Treyden, la princesse, la troisième à gauche au premier rang.

Elle dit qu'il peut bien lui raconter ce qu'il veut elle ne voit pas comment elle pourrait affirmer le contraire.

Il dit que la photo a été prise à Samarcande par un photographe américain. C'était en 1920 ou 1921 peu de temps avant qu'ils se disent adieu sur le quai de la gare où il lui donna le seul baiser qu'il eut d'elle. C'est la seule femme qu'il a aimée. Il y a une étoile qui porte son nom. Il conclut qu'il faudrait faire des recherches.

Elle lui demande s'il a des nouvelles de Jeanette.

Il dit que non, que la fillette est chez sa mère depuis plusieurs mois. La Mogwitz est repartie à 11 h 36.

Floh

*

« Nageur d'un seul amour. » Un jour, Manfred, âgé de plus de quatre-vingts ans, tombera sur ces lignes d'un poète qu'il ne connaît pas ; c'est dans une revue ramenée de Charleville que Jeanette a laissée dans sa chambre. Peut-être parce qu'il commence à perdre la tête, ses lignes le bouleverseront ; instantanément, elles lui rappelleront son amour pour Jaanika et le fleuve où son père s'est perdu à la construction d'un pont et d'une gare. L'amour qui fait parler les poètes depuis que les poètes parlent et qui rend poète tout un chacun, l'instant de l'apparition, de la fulgurance et lui fait dire des mots lyriques et banals usés comme de vieux souliers au bal, comment moi-même en dirai-je quelque chose de sensé, moi qui, à cinquante-deux ans, n'ai encore rien compris à cette chose, moi qui m'imagine aimer Marianne, après m'être imaginé aimer une vingtaine de femmes auparavant. Comment en parlerai-je moi qui sais au moins qu'il n'y a pas un amour semblable à un autre et que les mots ne servent alors à rien ; oui, comment parlerai-je de l'amour de Manfred pour Jaanika, amour qui fut le seul même si, par la suite, il connut Martha von Köplitz, Xenia Zylberfarb, Lyalya, Emmy Stadler et Liselotte Demsky, ces deux dernières dont il eut des enfants ? Peut-être que le poète a donné la réponse dans ces simples mots « Nageur d'un seul amour » et que cette clef m'autorise à parler de cet amour.

Pour se représenter les circonstances dans lesquelles Manfred fit connaissance de Jaanika et du frère d'Emmy, Ferdinand Stadler, à Samarcande, il faut penser à l'état chaotique de la Russie au moment où ils se rencontrèrent. Les Soviets avaient pris le pouvoir et signé les accords de paix avec les Empires centraux en mars 1918. Tous les problèmes n'étaient pas réglés ; parmi ceux-là celui des prisonniers de guerre. De manière expéditive, Lénine créa par le décret du 27 avril 1918 le Centroplenbez chargé de régler leur libération et leur rapatriement dans l'espoir qu'ils porteraient dans leur patrie les idéaux communistes. Mais cette centrale avait beau envoyer des télégrammes, parfois lyriques, aux différents districts, la plupart du temps ils restaient sans effets.

Dans un pays livré à la guerre civile, les directives s'égaraient, se dissolvaient pour n'être plus appliquées. Dans les camps, des soviets s'étaient créés qui improvisaient sur la manière de diriger les choses. C'était le cas du camp de Samarcande où Manfred arriva un matin de juin 1918. Situé au nord de la ville sur les bords buissonneux de la rivière Zeravchan, il était dirigé par des soldats qui s'étaient constitués en soviet. Outre des Allemands, on y trouvait des prisonniers originaires de tous les coins de l'Empire austro-hongrois, des Tchèques, des Polonais, des Ruthènes, etc. Certains d'entre eux avaient repris une usine de chaussures laissée à l'abandon à la révolution. Elle employait quatre cents personnes. Les autorités communistes ne voyaient pas l'affaire d'un mauvais œil. La production était achetée par le sovnarkhoze (soviet pour la propriété du peuple). À sa tête un adjudant autrichien de Linz : Ferdinand Stadler, le frère d'Emmy. Manfred fit sa connaissance le lendemain de son arrivée. Des contremaîtres de l'usine circulaient dans le camp en quête de main-d'œuvre ; il se porta volontaire.

Parce que Manfred parlait russe, Stadler le plaça à la comptabilité et au service des livraisons ; on y avait affaire aux commissaires du sovnarkhoze, dont le magasin se trouvait dans la rue Narimanova, pas très loin du salon de thé Leo Moor. Une semaine après qu'il eut pris ses fonctions, il fut chargé d'une livraison au sovnarkhoze. Il accompagnait Stadler, qui conduisait un camion. Ce fut ainsi qu'il découvrit la ville, alors peuplée de soixante mille habitants. Peut-être avait-il espoir d'y retrouver quelque chose des récits qu'autrefois son père lui avait faits de ses différents séjours à Samarcande à l'occasion de travaux pour des commerçants autochtones.

Alors qu'il déchargeait sa cargaison dans la cour du magasin, il aperçut dans un bureau près du dépôt un mollet féminin qui se déroba rapidement à son regard. Une femme coiffée d'un bonnet à étoile rouge était assise sur un banc en train de retirer des bottines délabrées. Elle releva le visage vers lui et rabattit le bas de sa jupe. Je ne décrirai pas ses traits. Manfred dirait plus tard, et ce fut une des raisons de son amour, qu'elle ressemblait à une de ces princesses sogdiennes figurées sur des fresques que von Le Coq avait rapportées pour le musée de Berlin.

Pour Götz, ce sont plutôt les bottines délabrées qui ont tout déclenché. Selon lui, elles rappellent à Arius Lyalya, à qui il lisait des contes de Grimm. Dans le cahier d'Elektrostal, Götz met cette histoire en relation avec le fait que Jeanette, adolescente, a joué le rôle d'une des douze princesses pour un film de la Defa tourné en 1980, film que j'ai pu voir chez Marianne. Et je serais tenté de lui donner raison si je n'étais pas effrayé par cette étrange récurrence du soulier usé dans l'histoire des Arius, si, moi, fils adoptif de la fille d'Arius, et en cette qualité promu au rôle de confident d'Emmy Stadler qui, elle aussi, devait se coltiner les souliers usés, si, en lisant le rapport de la Stasi, et par le biais d'un récit étrange fait par Arius dément, je n'avais fini par avoir la vision dramatique de ces souliers volant au-dessus d'un tas d'autres souliers plus ou moins usés dans le ciel du camp d'extermination d'Auschwitz.

*

Jaanika allait entraîner Manfred dans des aventures qui, dans cette région et en ces temps, n'avaient rien d'exceptionnel, même si Götz se plaît à leur conférer une lumière étrange. Mais avant de narrer ces événements à la fois exceptionnels et ordinaires, il me faut dire qu'ils n'ont eu guère de témoins et ceux qui l'ont été sont morts depuis longtemps. Mes seules sources sont encore le rapport du BStU et surtout le cahier que Götz a tenu à partir de 1996 à Elektrostal en usant toujours des copies d'archives fournies par des ex-collègues du KGB.

Quand Manfred aperçoit le mollet puis le visage de Jaanika, celle-ci a vingt-six ans. Elle est alors infirmière au lazaret du camp de Samarcande. Cela fait six mois qu'elle y a été envoyée, en raison de ses connaissances de l'allemand, du russe et de l'ouzbek. Elle s'appelle Jaanika von Trotha-Treyden. Son père, Lothar von Trotha-Treyden, est un baron balte ; il a rencontré celle qui allait être la mère de Jaanika alors qu'il était veuf d'une aristocrate de Frise orientale laquelle lui avait donné deux fils, Walsemar et Dodo ; il travaillait alors en qualité d'ingénieur à la construction de la ligne de chemin de fer transcaspienne et se trouvait à participer aux négociations avec des tribus indigènes pour le passage de la ligne. Lors d'une réception, il a fait connaissance de Surya, petite-fille d'Isfandiyar Muhammad Khan, prince d'une tribu oghouz établie depuis des siècles en Sogdiane. Après l'achèvement des travaux, il s'est marié avec la princesse et l'a ramenée à son domaine, non loin de Libau, en Courlande.

Jaanika est née en 1896, un an et demi après l'arrivée de sa mère au château familial. De sa petite enfance jusqu'à l'âge de douze ans, elle est restée à Libau, confiée au soin d'une nurse anglaise ; parfois il lui est arrivé d'accompagner sa mère dans ses visites à des institutions charitables locales. Puis elle est entrée comme pensionnaire à l'institut de l'ordre de Sainte-Catherine à Saint-Pétersbourg, établissement réservé aux jeunes filles de l'aristocratie russe. Elle y est restée jusqu'en 1913. Elle s'y lie particulièrement avec la fille du général Rooph, un ancien gouverneur militaire d'Odessa. Quatre étés de suite elle est reçue au château de la famille à Balachikha, à l'est de Moscou, localité où Götz se rendra plusieurs fois lors de son exil russe. Je retiens que Manfred aura aussi l'occasion d'y aller en 1921, après que le château aura été transformé par les bolchéviques en centre d'hébergement pour les sans-abri. En 1934, également, alors qu'il participe au Congrès des écrivains à Moscou. Dans les deux cas, il s'y rend dans l'espoir de saisir dans l'air de ce lieu quelque chose de Jaanika qu'il a perdue.

À l'occasion d'un voyage à Samarcande en 1911, lors duquel elle a pu rencontrer pour la première fois ses oncles et tantes sous la yourte et se revêtir des habits de princesse, Jaanika se prend d'intérêt pour la civilisation de Sogdiane. Alors qu'elle est âgée de dix-neuf ans, son père l'autorise à s'établir à Berlin où parallèlement elle suit des cours de médecine à l'hôpital de la Charité et les conférences d'Albert von Le Coq au musée d'ethnologie. Son travail à la Charité lui fait découvrir la misère du prolétariat, et peu à peu elle est gagnée par les idées socialistes. Durant ce séjour, un peintre fait son portrait en princesse oghouz. Elle fréquente aussi des communistes russes en exil ainsi que des socialistes allemands comme Rosa Luxemburg, Karl Liebknecht, Leo Jogiches et Karl Radek. Ce dernier, de son vrai nom Karol Sobelsohn, a pu jouer un rôle dans la disparition définitive de Jaanika. Arius sera amené à en jouer un autre dans la destinée de ce Juif, de nationalité autrichienne, qui a fait partie des compagnons de Lénine dans le wagon dit plombé.

Lorsqu'à la déclaration de guerre Jaanika reprend le chemin de Libau, elle est complètement acquise à la cause marxiste. Pour les membres de la famille von Trotha-Treyden, la situation est dramatique. Leur domaine est situé sur la ligne de front. Et on ne sait quel parti prendre.

*

Le 2 août 1914, les cuirassés russes bombardent le port de Libau. Le père von Trotha-Treyden, descendant d'une vieille race teutonique, veut rester fidèle aux Hohenzollern, mais sa femme prend le parti des Russes. Les deux fils, junkers sortis du corps des pages de Saint-Pétersbourg, décident de suivre leur mère. L'un mourra lors de la défense du palais d'Hiver en 1917, l'autre passé du côté des blancs émigrera en Angleterre, profitant de l'arrivée des Anglais à Mourmansk en 1918. Quant à Jaanika, elle tient des discours pacifistes qui scandalisent son entourage. Elle finit par se rendre en Suisse, où, en mars 1915, elle participe à la Conférence internationale socialiste des femmes qui produit le premier manifeste contre la guerre. Alors que le père s'installe dans l'appartement familial à Berlin, la mère prend le bateau pour Helsinki. L'un de ses fils vient l'y chercher, puis, ayant atteint Saint-Pétersbourg, elle se rend à Samarcande. Elle occupe un petit appartement derrière le bazar de Bibi Khanoum ; il est pourvu d'un balcon en bois qui est festonné de rosiers et donne sur une cour où fleurissent deux amandiers. Jaanika l'y rejoint mais, quand sa mère lui demande de la suivre dans sa famille, elle refuse. Elle reste seule à Samarcande, y vit de peu et se porte volontaire à l'hôpital militaire de la ville.

Elle profite de sa situation pour faire une propagande clandestine autour d'elle. De temps en temps, elle va distribuer dans les rues des tracts aux textes sommaires qu'elle rédige elle-même. Il ne faut pas qu'ils soient trop longs car c'est elle qui les imprime au moyen de bois de poirier gravé ; ils sont en russe et en ouzbek. Bien que ce soit la guerre et qu'une partie de sa population masculine ait été envoyée sur différents fronts, Samarcande reste une ville populeuse. Plaie chronique, les mendiants sont toujours dans les rues ; quelques-uns sont des invalides de guerre. Ils se tiennent assis à l'ombre d'une muraille avec devant eux un carré de velours où miroitent quelques petites pièces de cuivre. Il arrive à Jaanika de s'entretenir avec eux lorsqu'elle leur prodigue des soins. Elle essaie de les convaincre de se sortir de leur condition du lumpenprolétariat.

Lumpenprolétariat ! Le prolétariat en haillons ! Un concept marxiste qui désigne les limbes de la lutte des classes, puisque ceux qui en font partie, le rebut immonde de la société, ne seront pas sauvés lors du Jugement dernier du Grand Soir. *Lumpen*, cela veut en effet dire « haillons, chiffons », et justement l'outil des mendiants de Samarcande, comme de tous ceux de cette région d'Asie centrale, est un carré de velours ou de soie vaguement rectangulaire, où le passant charitable peut jeter une piécette. Jaanika ne parvient guère à convaincre ces plus que damnés d'abandonner leur *Lumpen* pour servir les rouges d'une manière ou d'une autre. Mais un jour, il en est un avec qui elle engage une conversation. Il a perdu un œil à la bataille de Przemyśl en Ukraine au tout début de la guerre et rentre comme il peut à Tachkent, son pays d'origine. Il a participé à la boucherie. Lui aussi, il souhaite la paix et ne veut même pas se venger de ceux qui lui ont fait perdre son œil car, de toute manière, c'était écrit que cette guerre arrivât pour qu'il laissât son œil là-bas où le soleil se couche. « Mais toi, tu es une des nôtres, et si belle, que fais-tu avec les Russes ? » lui demande-t-il. Elle lui parle de ses frères pour qui elle se fait du souci. Alors il se penche en avant et, d'un geste vif des deux mains, réunit les bords de son chiffon, d'un bleu foncé impeccable. Et il lui offre cette bourse improvisée. « Le Ciel pour toi ! », la scène se passe au pied d'un des murs de

Bibi Khanoum et c'est comme si l'homme lui offrait un des ciels de mosaïque de la mosquée.

Jaanika ne le revoit pas. Elle conserve le carré de velours et les pièces qui ne valent rien. Quand la révolution éclate en 1917 et que, peu après, la garnison de Samarcande se constitue en soviet, elle continue son service à l'hôpital.

De Saint-Pétersbourg arrivent des ordres de Radek qui vient d'être placé par Lénine à la tête du Narkomindel, le ministère des Affaires étrangères, notamment l'ordre de convertir le maximum de prisonniers aux vertus du bolchévisme, de les renvoyer dans leur pays pour y proclamer la bonne nouvelle et engager leurs camarades du front à déserter ou à passer de leur côté. On songe tout de suite à elle pour le camp de Samarcande où sont rassemblés quatre cents prisonniers de guerre des Empires centraux. Une salle de classe est mise à sa disposition dans une école en bois et en toile goudronnée. La guerre, la révolution, c'est la Russie. Par leur patriotisme petit-bourgeois, les socialistes occidentaux ont trahi le prolétariat en votant les crédits pour la guerre. Il n'y a qu'en Russie où la petite bourgeoisie n'existait pas que la révolution est possible. Jaanika a séduit ainsi plus d'une vingtaine d'Allemands et d'Autrichiens, pour certains des anciens socialistes qui vont à ses cours car dans la salle on a bien chaud. C'est l'époque où est proclamée la république socialiste du Turkestan.

Lorsque, après sa vision du mollet de Jaanika au magasin de chaussures, Manfred interroge Stadler sur l'identité de la jeune fille à l'étoile, celui-ci lui répond tout simplement que c'est une bolchévique qui lui a déjà débauché quelques ouvriers de son usine. Au bout d'un mois de cours, il les a revus armés d'un fusil ou d'un revolver, attifés de nouveaux uniformes. On les a agrégés à des unités de l'Armée rouge locale qui patrouillent dans les environs où opèrent les cosaques des Armées blanches placées sous le commandement du colonel Zaïtsev.

Manfred se porte volontaire pour suivre les cours de Jaanika. Il ignore alors à peu près tout du socialisme et du marxisme. Le peu qu'il en sait, il le tient d'Otto Förster-Lex et de Fouquet ; c'est caricatural ou fantaisiste. La première fois qu'il s'assoit sur son banc, il voit dans le marxisme une sorte de religion ; son instruction religieuse catholique, c'est un peu comme cela qu'il l'a reçue à Lambach. Ils sont une vingtaine de prisonniers avec leurs manteaux d'uniforme élimés et puants dans la salle en cette fin du mois d'octobre alors que dehors l'air sent la poussière de feuilles mortes et la fumée des poêles à pétrole. Au-dessus du tableau les portraits de Marx et Engels.

« Camarades, ne vous faites aucune illusion sur les chances qu'on vous donne ici ! Toutes les tentatives de vos compatriotes passés dans l'Armée rouge avec le secret espoir qu'ils pourraient se servir des trains et de leurs armes pour regagner leurs pays ont mal tourné. L'Europe est loin ! » sont les premiers mots de Jaanika à ses élèves. Elle est parfumée d'une odeur ramenée du lazaret voisin, celle de la térébenthine et de l'iodoforme dont elle se frotte tout le temps les mains à cause du typhus exanthématique qui sévit. Puis elle lit un message du commissaire Trotski adressé aux socialistes révolutionnaires qui ont décidé de renverser toutes les sortes d'impérialismes. Après quoi, elle expose les finesses du marxisme et de sa rhétorique, les rouages du matérialisme dialectique, les pièges de la social-démocratie, la révolution prolétarienne internationale ; elle raconte aussi la vie des saints du Parti, dont les portraits figurent au-dessus du tableau. En deux semaines, Manfred est rompu à la théorie communiste.

Pour autant son adhésion à la mécanique idéologique parfaite dont Jaanika lui a révélé les arcanes n'est pas seulement le fruit de la réflexion ; il y a que la jeune femme l'a séduit par sa ressemblance avec les princesses asiatiques des fresques de von Le Coq. À quoi s'ajoutent son uniforme de garde rouge, ses intonations épiques, un timbre un peu fêlé, son odeur chimique.

Ils se sont rapprochés au lazaret où Manfred a dû se rendre plusieurs fois pour une fistule à la fesse attrapée selon lui sur le siège du camion cahotant de l'usine de chaussures. Un jour qu'elle le reçoit dans son petit logement, Jaanika lui a raconté qu'elle a suivi les cours de von Le Coq à Berlin et que le nom d'Arius ne lui est pas inconnu ; un autre jour, que ses oncles maternels établis dans la vallée de Pendjikent descendent des Sogdiens, ceux-là mêmes dont von Le Coq disait à la table des Arius qu'ils étaient les héritiers des cultures manichéiste, grecque, bouddhiste, et représentaient la civilisation la plus raffinée d'Asie centrale, quelque chose de comparable à la civilisation courtoise d'Occident, avec, comme celle-ci, des princes, des princesses, des chevaliers, des châteaux et des poètes. Elle lui fait cadeau des pièces du mendiant, parce que, parmi celles-ci, il en est une ancienne avec une inscription coufique et un profil grec.

Elle lui narre aussi ses vacances dans la famille Rooph, au château de Pekhra-Yakovlevskoïe, à Balachikha, près de Moscou, quand elle était adolescente. Elle a vécu avec Olga, la fille de la maison, et la gouvernante française, Marie Quint, de Pontoise. Celle-ci a fait lire aux jeunes filles les poèmes de Marceline Desbordes-Valmore et de Verlaine. Ces lectures rapprochent Jaanika de Manfred, qui est capable de lui réciter des *Complaintes* de Jules Laforgue. Parfois ils parlent français entre eux.

Comme un adolescent naïf, Manfred veut se distinguer aux yeux de la princesse et, lui qui a échappé jusqu'alors aux combats, le voici qui se porte volontaire pour l'instruction militaire. Celle-ci est confiée à des Autrichiens. Le pragmatique Trotski s'est vite rendu compte de l'intérêt que l'on pouvait tirer des prisonniers des Empires centraux, souvent mieux formés que les recrues russes, surtout celles des Républiques du Sud ; aussi n'a-t-il pas hésité à donner des ordres pour que l'on favorisât la situation des cinq mille prolétaires étrangers qui ont décidé de combattre les Armées blanches au Turkestan. À la fin de novembre 1918, Manfred est affecté à une compagnie mobile de l'Armée rouge qui compte autant de Russes que d'anciens prisonniers autrichiens. Elle doit surveiller la ligne de chemin de fer Achgabat-Krasnovodsk, sans cesse menacée par les troupes blanches de Kornilov. Pour ce faire, elle se déplace dans un train de wagons juste couverts de bâches sous lesquelles on se chauffe avec des braséros ; le train est accompagné des redoutables *tatchankas*, chariots attelés et équipés de mitrailleuses lourdes qui gravitent autour de la voie ferrée et font des descentes dans des localités voisines en répandant la terreur. Manfred fait partie d'un de ces équipages et il ne peut s'empêcher de songer qu'il est sur un char de la cavalerie scythe. Il est servant d'une mitrailleuse Maxime. Il apprend à la démonter, à en reconnaître toutes les pièces, à les nettoyer ; mais ce qui le fascine, c'est sa mécanique et les bandes de cartouches ; elles défilent comme le film du projecteur cinématographique de Xenia Zylberfarb.

Les conditions sont très dures : un froid de moins 40 degrés, la faim et les poux, surtout les poux qui sont le vecteur du typhus. L'intendance n'existe pas et les combats peuvent être violents.

Un peu plus tard l'unité de Manfred est envoyée à l'est en direction de Samarcande. Lors d'une mission relativement éloignée du train, il dort avec une escouade dans un trou recouvert de planches, de tôle et de neige, autour d'un braséro. Une nuit, lui et ses hommes repoussent une attaque nocturne de Basmatchis, conglomérat de tribus kirghizes, tadjikes qui, jusqu'alors alliées des soviets, sont passées du côté des blancs. Il est blessé à un doigt en rabattant le levier d'armement de la mitrailleuse sur ses doigts gourds. Quelques jours plus tard, sa blessure s'infecte. On le rapatrie au lazaret de Samarcande, où il va falloir l'amputer pour éviter la gangrène. Jaanika assiste le chirurgien dans cette opération. Comme il n'y a pas de chloroforme ni d'éther, elle lui fait avaler des espèces de figues confites qui le plongent dans un sommeil de plusieurs heures et, pour conjurer les miasmes, elle fait brûler des parfums qu'elle a apportés dans le *Lumpen*. Finalement, en vidant un abcès purulent, on a pu sauver son doigt. Il ne sait par quel miracle cela a réussi ; pour autant il n'est pas quitte. Deux jours après l'intervention apparaissent les premiers symptômes du typhus, éruption cutanée, fièvre, toux violente et enfin le délire. Le médecin ne donne pas cher de sa peau ; il le dit à Jaanika et laisse Manfred s'enfoncer dans un état dramatique. Je dis dramatique car il y a un quelque chose de théâtral dans ce qui se passe au milieu de son délire.

Jaanika est à son chevet ; elle est restée assise une éternité pour l'arracher aux enfers où il était descendu. Elle se tient dans la pénombre, près d'un réchaud à alcool, sur lequel elle fait brûler des parfums locaux. Elle alimente un peu Manfred et continue de lui faire avaler ses figues. Pendant des heures, elle lui parle, et toute parole devient une image, une sensation ; les vieux cauchemars de l'enfance, le corps déchiqueté, le doigt ceint de l'anneau reviennent. Jaanika devient une sorte d'apparition blanche, lunaire et phosphorescente et sa figure se confond avec celle de la grande-duchesse Élisabeth Feodorovna penchée sur son époux.

Puis d'un geste ample, elle déploie le *Lumpen* au-dessus d'eux ; le secoue d'un geste sec, installant une nuit extraordinaire remuée peu à peu de tourbillons d'étoiles.

Le *Lumpen*, mot trois fois souligné dans le cahier rédigé par Götz à Elektrostal.

Manfred passe sa convalescence à Samarcande ; deux mois pendant lesquels il consacre son temps à lire Lénine et à dessiner des monuments de la ville et des antiquités rassemblées dans un petit musée.

En mars 1919, appelée à rejoindre le secteur d'Astrakhan où la guerre civile faisait rage, Jaanika doit quitter le camp, puis en 1920 elle participe au Congrès des peuples d'Orient à Bakou et disparaît. Promesse.

Ils se disent adieu au petit matin sur un quai de la gare de Samarcande. Et Manfred promet que, dès que la guerre sera finie et que la paix régnera sur le monde et pour toujours, ils se retrouveront et iront vivre dans le camp de Pendjikent avec la famille, sous d'incomparables dômes. Du givre scintille sur les rails et les traverses. La locomotive de type O, d'un beau noir à parements rouges, portant de chaque côté de son étrave un drapeau également rouge, son gros cœur d'acier bat plus lentement que celui de Manfred. Deux silhouettes qui s'étreignent dans les échappements de vapeur autour d'eux, voilà ce qu'ils finissent par être alors que le cornet du chef de gare annonce que le convoi va s'ébranler et que claquent les dernières portières sur les voyageurs et les soldats. Jaanika, serrée dans sa vareuse de cuir, qui sent toujours l'essence de térébenthine, et son seul baiser, le premier et le dernier, sur les lèvres, n'a pas de goût.

Par la fenêtre baissée, elle tend quelque chose à Manfred. Le mouchoir qu'elle agite, c'est le *Lumpen*. Elle le lâche, il le ramasse, se relève. Le convoi s'ébranle. De grands reflets de ciel matinal glissent sur les flancs de la locomotive dont les roues d'un coup patinent dans une grande excitation machinale. Manfred a les yeux brouillés de larmes et ces reflets font un drôle de mélange au milieu de quoi tout disparaît, alors que le chant du muezzin appelle à la prière.

*

Marie Quint. Avtobiografia.

Je suis née à Pontoise le 24 juin 1880 dans un milieu petit-bourgeois. Mon père était relieur et ma mère l'aidait dans ce travail. J'ai eu une éducation catholique et j'ai fait mes études chez des religieuses d'Auvers-sur-Oise ; j'étais destinée à devenir religieuse. À l'âge de dix-huit ans, je suis partie en Russie, embauchée comme préceptrice et dame de compagnie dans la famille du général Christophore Christophorovitch Rooph domiciliée à Saint-Pétersbourg et à Balachikha (gouvernement de Moscou). J'ai appris le russe dans cette famille. J'y ai également connu la camarade Jaanika Trotha-Treyden, alors qu'elle était adolescente. J'ai vécu la révolution à Saint-Pétersbourg et éprouvé de la sympathie pour les camarades, sans toutefois m'être engagée à leur côté parce qu'à cette époque je n'avais aucune idée du matérialisme dialectique. En juillet 1917, je suis partie pour Odessa, suivant en cela la famille Rooph. C'est en septembre de cette année que j'y ai connu le camarade Meïer Zylberfarb qui m'a révélé Le Capital *de Karl Marx et les œuvres de Vladimir Oulianov Lénine.*

*

Manfred et quelques autres Allemands furent appelés en mars 1920 à Perm, ville située aux portes de la Sibérie, pour prêter main-forte à une organisation chargée du rapatriement des prisonniers de guerre d'Europe centrale. Notés comme des camarades exemplaires, ils furent accueillis par Johann Koplenig, un socialiste autrichien fait prisonnier par les Russes dès le début de la guerre ; en 1917, ce personnage avait sympathisé avec les bolchéviques qui lui avaient confié la direction de l'organisation internationale des prisonniers de guerre de Nijni Novgorod. Peu à peu, il était devenu un membre éminent du Parti communiste soviétique. Lorsqu'il fit sa connaissance, Manfred était sous-lieutenant, grade qu'il avait acquis durant les campagnes contre les blancs en Asie centrale. Il travaillait dans un wagon attaché à la gare de Perm ; de sa main gantée d'une mitaine qui sentait la graisse rance et le tabac de ses *papirossas*, il tenait un registre pour les candidats au rapatriement.

Cela faisait neuf mois que Jaanika était partie pour l'Asie centrale combattre les blancs. À part deux lettres – lettres qui seront détruites par Martha von Köplitz – il n'avait plus aucune nouvelle et cela malgré les démarches faites auprès de l'administration des armées.

*

Les huit corps remontés du puits de mine n'étaient pas décomposés. L'autopsie qui fut pratiquée par les médecins, sous l'autorité de l'amiral Koltchak, permit de les identifier et d'établir sans difficulté les causes des décès. À l'exception du grand-duc Sergueï Mikhaïlovich, tué d'une balle dans la tête avant d'être précipité au fond de la mine, les martyrs étaient morts de faim ou des suites de leurs blessures. Retrouvé sur un palier de ferraille à mi-hauteur entre la surface et le fond du puits, le corps de la grande-duchesse Élisabeth Feodorovna était dans un état de conservation miraculeux. Un léger sourire marquait ses lèvres et trois doigts de sa main droite étaient réunis pour le signe de croix, ce qui confirme le témoignage de paysans, ayant entendu, alors qu'ils passaient près de la mine peu de temps après le crime odieux, une voix de femme chantant *L'Hymne des Chérubins*.

En ce mois de septembre 1918, qui fut le moment où, sous le commandement de l'amiral Koltchak, les Armées blanches reprirent la région de Perm aux bolchéviques, le père Anastasy était novice au monastère Saints-Séraphin-et-Alexis du diocèse de cette ville. Comme ses compagnons, Maxime Grigorovitch Kanunnikof et Séraphin Dimitrijevitch Gnevashef, il avait été choisi par l'higoumène Séraphin, confesseur de la grande-duchesse, pour concélébrer les obsèques des martyrs à la cathédrale de la Trinité dans la crypte de laquelle ils furent inhumés.

Quelque dix mois plus tard, les rouges menaçant de reprendre l'avantage, il fut décidé de ne pas laisser les dépouilles à leur merci ; ceci d'autant qu'on avait appris que la grande-duchesse Élisabeth avait, durant sa captivité à Iékatérinbourg, manifesté le souhait d'être enterrée en terre Sainte. L'amiral Koltchak donna son autorisation pour que l'on évacuât les huit corps. Ainsi furent-ils montés dans un wagon spécial qu'on accrocha à un train de fret militaire à destination de l'est, et cela le 14 juillet 1919. Le père Séraphin, les trois novices, dont Anastasy, et deux religieuses accompagnèrent les cercueils.

Dès le départ, la chaleur dans le wagon au toit de fer devint insupportable, et il ne tarda pas que les cadavres se mirent à dégager une odeur de putréfaction épouvantable. Anastasy priait ; il priait mais de temps en temps, à cause de cette odeur, il songeait aux *Frères Karamazov*, qu'il avait lu en son adolescence ; précisément il songeait à l'odeur que dégage le cadavre du saint starets Zosime, et il se disait que c'était le romancier qui avait raison sur les théologiens ; les saints, tout saints qu'ils fussent, leur cadavre sentait la charogne, et la grande-duchesse, bien qu'elle fût morte comme une martyre, sa dépouille dégageait une odeur putride, et il s'enfonça davantage dans la mélancolie que causait en lui la certitude de devoir quitter à jamais son pays.

Le voyage fut long en raison des convois militaires qui empruntaient la même ligne et avaient priorité ; on attendait alors sur une voie de garage. D'autres fois, c'était dans le lointain la menace de bandes rouges qui immobilisaient le train dans une petite gare ou en rase campagne. À plusieurs reprises, on dut accrocher le wagon à des convois différents. L'attente, la chaleur, l'odeur nauséabonde, on essayait de les oublier par la prière et les paysages monotones de Sibérie, steppes, forêts insondables qui n'en finissaient pas. Pourtant, il se fit que peu à peu la puanteur s'estompa et fit bientôt place à un parfum merveilleux, quelque chose comme un mélange de miel, de jasmin et d'épices inconnues. On remarqua que cela provenait du cercueil de la grande-duchesse et d'un liquide qui s'en épanchait. Celui-ci fut recueilli dans un flacon. Régulièrement, Anastasy et ses compagnons émerveillés procédaient à cette tâche, essuyant le sol du wagon au moyen de chiffons qui furent conservés avec soin. Un matin, alors que cela faisait une heure que le train était arrêté en gare de Chimanovsk, dans l'oblast de l'Amour, des autochtones vinrent trouver le père Séraphin pour lui demander de donner les derniers sacrements à un mourant ; il n'y avait plus de prêtre depuis que les rouges avaient fusillé le leur. On avait amené le mourant sur un char à bras, à côté de la gare, à l'ombre d'un auvent. Séraphin et Anastasy s'y rendirent. Il s'agissait d'un Allemand d'une cinquantaine d'années.

Un rapport du NKVD local fait état de la présence d'un architecte allemand dans la région. Les rouges l'avaient arrêté quelques mois auparavant à Khabarovsk, alors qu'il se promenait sur les bords d'un cratère que des ouvriers kirghizes étaient en train de creuser. Un commissaire politique a interrogé l'homme sur ces travaux. « S'agit-il de fortifications ? — Non, ce sont les fondations d'une gare, a répondu l'homme. — Emmenez-les tous ! » a dit le commissaire. Les Kirghizes ont été enrôlés de force et l'Allemand a dû suivre. Malheureusement, il a attrapé la fièvre. On a essayé de le soigner, puis on l'a laissé à Chimanovsk, dans un dispensaire. Quand les blancs ont repris la ville, sa vie ne tenait plus qu'à un fil. Götz apprendra que c'est Karl Friedrich, le grand-père de Jeanette, qui meurt dans cette gare, sur le char à bras, sous la chaleur et la poussière. Et que dans le wagon à vingt mètres de là, la grande-duchesse, qu'il a aimée sans espoir, exhale des senteurs merveilleuses. Séraphin reçoit sa confession et donne les derniers sacrements ; Anastasy, dont le prénom se termine presque par *Stasi*, et à qui Götz doit cette histoire d'amour impossible, récite la prière aux agonisants ; après ils repartent et le train s'en va. À l'emplacement du wagon, le liquide merveilleux a fui sur une traverse, sur le ballast ; il en lève une fleur de pissenlit dont la sphère grandit, grandit, et à un souffle de vent s'envole. La dernière parole du mourant est : « Esprit sublime ! Immense et profond génie ! Être divin ! » La fleur a été conservée par Anastasy ; c'est encore ce kok-saghyz de la steppe russe.

Avant que le wagon funèbre arrivât à Tchita, quarante-sept jours passèrent, voyage souvent interrompu par la nécessité qu'il fût décroché et attelé à différents convois. La nuit, les voyageurs dormaient à tour de rôle. Deux lampes à huile brûlaient au pied d'icônes. Parfois, durant son sommeil, l'higoumène semblait avoir des visions et s'entretenait avec la défunte grande-duchesse au sujet de la hiérarchie des anges.

À Tchita, les cercueils furent entreposés dans un monastère de religieuses. Lorsque, six mois plus tard, ils prirent le chemin de la Chine, Anastasy resta à Tchita, pour garder le wagon qui les avait transportés et qui avait été béni par le liquide parfumé échappé du cercueil de la grande-duchesse. Les autorités locales l'avaient en effet transporté dans les jardins du monastère. On y fit quelques aménagements. Sa toiture de fer avait été surmontée d'un clocher à bulbe et on le compartimenta. Une chapelle avec une petite iconostase occupa la moitié du wagon. C'était sur son plancher que le nard mystique s'était répandu ; on le recouvrit d'une plaque de verre gravé du portrait de la grande-duchesse. L'autre moitié fut réservée à Anastasy ; une cellule lui fut aménagée ainsi qu'un débarras pour l'entretien de l'ensemble. Anastasy passait son temps dans la chapelle à prier. Quelques mois plus tard, les rouges étant sur le point de reprendre la ville, on décida d'éloigner le wagon. Il fut remis sur rails et accroché à un des derniers convois militaires des Armées blanches en direction de Vladivostok. Le capitaine Pavel Boulyguine fut chargé de le faire embarquer sur un navire pour l'Alaska. Durant tout le voyage, Anastasy ne quitta jamais le wagon et il ne le quitta pas plus lorsque après bien des émotions et son débarquement à Anchorage en juin 1920 il fut tracté sur un plateau pourvu de roues de bois jusqu'au monastère orthodoxe de Saint-Serge à Sutchka. C'est en ce lieu que le hiéromoine Anastasy passa soixante-dix ans de sa vie comme un ermite. Célébrant la Divine Liturgie, les vêpres, les acathistes devant une assistance composée de quelques Russes, mais surtout d'Indiens, d'Esquimaux et d'Aléoutes. Il peignit une magnifique icône de la grande-duchesse. Elle fit deux miracles, confondit le sorcier d'une tribu voisine. Mais surtout le parfum attirait les fidèles qui ressortaient des cérémonies dans un état de douce extase. Il écrivait des méditations qu'il envoyait aux communautés orthodoxes des États-Unis et du Canada ; ainsi, plusieurs pèlerins vinrent de très loin. Parmi eux, quelques riches industriels d'origine russe, qui contribuèrent à l'entretien du wagon et, quelque soixante-dix ans plus tard, n'hésitèrent pas à financer son retour en terre russe après l'effondrement de l'URSS.

On pensa l'installer à Alapaïevsk, mais l'oblast de Perm, dont la ville dépendait, refusa pour des raisons obscures. Finalement, c'est en république de Carélie que, moyennant quelques valises de dollars, on trouva des autorités compréhensives. Le wagon fut démonté à Anchorage et, le 18 juillet 1993, jour consacré à la sainte depuis sa canonisation, il fut remonté et installé dans une clairière de la forêt de Derevianka. Anastasy, vieillard, y vécut en ermite. Il recevait de rares visites de la population des alentours car le patriarcat local n'avait pas vu d'un bon œil son installation en ce lieu. On ne savait d'où il venait et, depuis la canonisation de la grande-duchesse, des doutes avaient été émis sur l'authenticité du wagon. Il vit dans sa solitude une occasion de se consacrer davantage à la sainte. Il méditait plus encore, priait, peignait des icônes ; un Juif en taxi lui faisait quelques courses. Quelques babouchkas venaient parfois le consulter. Aussi des jeunes mariées inféconde.

Sa seule vraie société était un ours dont la mère avait été tuée par des chasseurs. Il l'avait nourri ourson et apprivoisé. L'animal était capable de ranger son bois. Telle était la vie d'Anastasy, toute dévouée à la mémoire de la grande-duchesse Élisabeth, dont la première tragédie avait tant frappé Arius dans son enfance, vie qui fut plus tard l'objet de nombreuses heures de conversation entre le moine et Helmar Götz. C'est encore grâce au rapport qu'en fit ce dernier dans ses cahiers d'Elektrostal que je suis en mesure d'établir ce que furent les jours de Karl Friedrich à partir de sa disparition en août 1914.

*

Karl Friedrich Arius lança les travaux sur le site d'Orianda le 2 juin 1914. Il était alors l'hôte de la grande-duchesse Xenia à Yalta. Chaque jour, il se rendait sur le chantier pour diriger ses deux assistants russes et la cinquantaine d'ouvriers qui devaient mener à bien le projet. Conformément au plan élaboré par Schinkel à la fin de sa vie, le palais devait se situer en haut de la falaise d'Orianda et se composer de corps de bâtiments ceignant un vaste complexe de terrasses arborées donnant sur la mer et sous lesquelles un musée du Caucase et de la Crimée devait rassembler des vestiges antiques. C'est cette partie qui nécessitait des travaux d'excavation gigantesques. Une semaine après leur début, on mit au jour une nécropole, vestige d'une colonie grecque. On y trouva huit squelettes, des armes et des bijoux, les restes d'un fanum. Cette découverte emplit Karl Friedrich d'une joie fébrile ; il lui parut que ce lieu était ainsi consacré de manière inaugurale. Cependant l'arrivée deux jours après de l'archéologue Alexandre Alexandrovitch Bobrinski, dépêché sur le chantier par Saint-Pétersbourg, lui fit craindre que la construction du palais en fût freinée. La grande-duchesse elle-même se rendit sur place ; elle se fit montrer les tombes, les vestiges mis au jour ; on se répéta que c'était un signe du Ciel et qu'ils seraient le fleuron de la glyptothèque souterraine. Dans son for intérieur, Karl Friedrich songeait à la légende d'Iphigénie en Tauride, au royaume de Thoas cher à Albert von Le Coq. Que l'on dégageât soudain une statue de Diane, une stèle avec une inscription décisive, d'un coup, le mythe deviendrait une réalité historique.

Chaque jour, quelle que fût la chaleur, Karl Friedrich, coiffé d'un fez, allait sur le chantier, et n'hésitait pas à se défaire de sa veste pour aider les terrassiers. Il parut cependant que la terre n'eut plus rien d'autre à livrer. Juillet était arrivé et les soudaines complications politiques. Tout absorbé qu'il fût par les travaux, il suivait avec anxiété les développements de la crise austro-serbe. Il était pris d'accès de mélancolie à l'idée que tout allait échouer alors qu'il était si près du but. Il s'en ouvrait à la grande-duchesse et Bobrinski qui s'employaient à le rassurer.

Au moment où arriva la nouvelle que l'Autriche avait déclaré la guerre à la Serbie furent dégagées les fondations d'un mur cyclopéen. Karl Friedrich s'enthousiasma, fit prendre des cotes et des photos. Il se précipita dans son bureau, reprit les plans de Schinkel et se dit que l'on pourrait sans peine intégrer ces vestiges au sous-sol du palais. Il se fit installer une tente à proximité du chantier et ordonna qu'on travaillât de nuit sous des projecteurs dans l'espoir que l'on ferait la découverte capitale. Le 30 juillet, il reçut un télégramme de l'ambassade d'Allemagne l'invitant à prendre toutes les dispositions nécessaires pour rejoindre son pays, désormais en guerre avec la Russie. Peu de temps après, la grande-duchesse, les larmes aux yeux, lui conseilla d'aller à Odessa pour se joindre à un groupe de ressortissants allemands et autrichiens qui, expulsés de Russie, devaient prendre les bateaux diplomatiques pour Trieste. Elle mit son train privé à sa disposition pour rejoindre la ville. Il y arriva le 31 juillet vers midi. Il descendit à l'hôtel Excelsior où se tenaient d'autres de ses compatriotes dans la même situation.

Le 1er août au matin, il venait d'envoyer une dépêche à Berlin annonçant son retour et se tenait près de ses malles dans le fumoir de l'hôtel, attendant le taxi qui devait l'emmener prendre son bateau au port, lorsque arriva un télégramme de Yalta. C'était Bobrinski qui lui annonçait la découverte d'une stèle portant une inscription grecque pouvant être lue comme « Thoas ». Cette nouvelle transporta Karl Friedrich ; ainsi était confirmée la thèse de von Le Coq. Lorsque le taxi se présenta, il lui demanda de patienter. Sa décision fut prise rapidement. Il devait retourner à Orianda. À son injonction, le taxi l'emmena à la gare où il pensait prendre le premier train pour Yalta. C'était sans compter avec la mobilisation générale. La gare d'Odessa était en proie à une confusion extraordinaire ; tous les trains étaient réquisitionnés par les transports de troupes. Il n'était plus question de partir tout de suite. Karl Friedrich devait trouver une retraite secrète pour y attendre que les trains de civils fussent rétablis. Moyennant un pourboire, il se fit indiquer par le chauffeur de taxi un hôtel de la Moldovanka qui accepterait de le loger quelques jours en toute discrétion. Il y resta un jour, le temps que le dernier navire de la Croix-Rouge pour l'Autriche partît d'Odessa. Le 2 août, la police, avertie par le chauffeur de taxi, l'appréhenda dans sa chambre alors qu'il relisait pour la énième fois le télégramme de Bobrinski. Il fut emmené à un tribunal militaire qui le condamna à être fusillé comme espion. Il ne dut qu'à l'intervention de la grande-duchesse d'être sauvé. Deux agents de l'Okhrana l'accompagnèrent en train jusqu'à Moscou où l'attendait un fonctionnaire du ministère des Transports. On avait besoin de lui à Khabarovsk pour la construction du pont sur l'Amour dont le projet avait été bouclé un an auparavant, mais il était aussi question de construire à côté une gare gigantesque dont lui, Arius, pourrait faire les plans. On lui proposa de prendre la nationalité russe, ce qu'il accepta sans sourciller. Le 26 septembre, après un court séjour à Omsk, Karl Feodorovitch Arius arrivait à Khabarovsk, déçu d'abandonner le chantier d'Orianda mais heureux de pouvoir se consacrer à l'œuvre impossible de Boullée qui avait fait rêver sa famille.

11

Manfred arriva à Vienne le matin du 15 août 1920 à la gare du Sud. Il avait pour tout bagage le *Que faire ?* de Lénine, un revolver Nagant, quelques provisions et les sequins emballés dans le *Lumpen*. Une semaine avant, il était parti de Moscou avec un contingent d'anciens prisonniers, individus pour la plupart devenus apatrides, ex-ressortissants d'empires qui n'existaient plus depuis presque deux ans. Du Komintern, qui venait de tenir son IIe congrès à Moscou et d'édicter les vingt et une conditions sur quoi devaient désormais s'aligner les partis frères à peine nés, il avait reçu la mission de sonder les camarades viennois sur leur loyauté envers la IIIe Internationale, qui ne faisait pas l'unanimité dans une Autriche livrée au chaos. Il avait aussi pour mission de faire passer les consignes invitant les sociaux-démocrates se réclamant de la IIe Internationale à rejoindre le Parti communiste. Après quoi il avait prévu de regagner Moscou, d'où il rejoindrait Jaanika. Ainsi commença une période de sa vie consacrée au service du Komintern mais également, par le hasard d'une rencontre, au théâtre, période qui devait s'achever à la prison de Landsberg où mon père fit sa connaissance.

À Vienne, capitale d'un État démembré et en proie à des

convulsions incessantes, il s'installa chez sa mère qui vivait désormais dans une soupente au-dessus de l'appartement du 20 de la Porzellangasse qu'elle avait été réduite à vendre. Elle vivait misérablement, l'hôtel de Badgastein ayant été hypothéqué. Louée à la cousine Verena, la villa de Potsdam était son seul revenu. Elle partageait son logement avec Martha von Köplitz, ruinée par la guerre elle aussi, personnage à qui cinquante ans plus tard je fus présenté par Emmy, ce qui fut pour moi l'occasion de découvrir cette soupente où Martha habitait toujours près d'un poêle dont le tuyau serpentait à travers l'espace. C'est elle qui fit entrer Manfred à la Sascha Film, une société de production cinématographique dont elle connaissait le directeur. Il dessina ainsi ses premiers décors en tant qu'assistant du décorateur pour la superproduction *Sodome et Gomorrhe* tournée sur le Laarberg au sud de Vienne. Sur les conseils de son patron, il s'inscrivit à l'université au cours du professeur Strzygowski, spécialiste des civilisations de l'Asie centrale, et à l'École des beaux-arts de Vienne.

Götz ne nous donne pas toujours des informations précises sur cette période. On peut cependant noter que Manfred eut une liaison orageuse avec Martha ; sans doute Manfred se sentait-il coupable d'infidélité à l'égard de Jaanika. On ne sait trop dans quelles circonstances Martha vendit les sequins du *Lumpen* et fit disparaître les deux seules lettres de Jaanika. Cela provoqua la rupture ; c'était juste avant qu'il partît à Moscou pour le IIIe congrès de l'Internationale, et j'imagine que la mauvaise conscience d'avoir trahi Jaanika en succombant à Martha l'amena à une forme de résipiscence qui renforça son adhésion à la cause communiste.

*

Chez les Arius on connaissait vaguement les aventures arrivées à l'ancêtre en 1783 à Paris : on connaissait la scène qui s'était déroulée chez Charles, la présence de Konstantin lors de l'envol d'un de ses ballons ; son projet manqué de plantation de kok-saghyz, son rôle dans l'inventaire des œuvres d'art prussiennes détenues par Vivant Denon. Mais c'est à Manfred seul que fut réservé d'apprécier toute l'importance du *Cénotaphe de Newton.* Il le dut à ses professeurs de l'université de Vienne, et de ce qui s'appelait alors l'Institut d'histoire de l'art, où il s'inscrivit en octobre 1920. En Josef Strzygowski, qui dirigeait l'Institut d'histoire de l'art, il pensa peut-être retrouver son père disparu.

Dans l'enseignement de Strzygowski, spécialiste de l'art des steppes, qui devait finir par adhérer aux théories nazies, Manfred goûta à nouveau l'enchantement des théories que von Le Coq exposait autrefois dans le salon de ses parents. Mais elles prenaient un tour philosophique. L'une d'elles était que le paysage, le décor naturel structuraient l'esprit de la race. Ainsi la nudité de la steppe avait-elle fait de ses habitants des êtres portés aux abstractions comme en témoignait l'art scythe, mais également celui du Turkestan. Cette théorie pouvait se concilier aisément avec le matérialisme de Marx : un paysage engendrait des rapports économiques, lesquels structuraient les individus. Bien sûr, Manfred, lors des relations étroites qu'il entretint avec le savant, lui révéla qu'il connaissait la vallée de Pendjikent, sans toutefois lui découvrir les raisons pour lesquelles il y était allé.

Mais celui à qui il dut d'apprécier dans tout leur génie les architectes révolutionnaires français fut Emil Kaufmann. De dix ans plus âgé que lui, Kaufmann soutint sa thèse sur

Ledoux, un contemporain majeur de Boullée, un mois après que Manfred eut fait sa rentrée. La soutenance eut lieu en public dans l'*aula magna* de l'université de Vienne. Les maîtres de l'Institut d'histoire de l'art étaient tous présents en grande tenue. Martha avait accompagné Manfred ; à la sortie, elle se lamenta que Kaufmann fût juif et que l'université accordât une place à un Juif.

À quelques pas de cette salle où Kaufmann soutint sa thèse de doctorat de philosophie est l'amphithéâtre où, cinquante ans plus tard, j'allais suivre les cours du professeur Kindermann. C'était du temps que je préparais mon chimérique mémoire sur Goethe. Blondine venait m'attendre à la sortie des cours. Après on allait au café Landtmann, non loin de là, et quand il faisait beau dans le Rosengarten on s'asseyait au soleil sur les marches du petit temple grec du Théséion. Alors on s'embrassait comme le font les amoureux des jardins publics. Les nuages au-dessus de nous arrangeaient des formes magnifiques et je n'écrivais rien de mon mémoire. Et j'avais raison de me consacrer à l'amour puisque ce mémoire Manfred Arius l'avait écrit pour moi, afin que moi-même un jour je me mette à écrire pour lui.

*

Manfred dut interrompre son travail durant l'été 1921. Le Comité exécutif du Komintern le rappela à Moscou pour le IIIe congrès où il devait rejoindre la camarade Bertha Braunthal, partie quelques jours avant lui. Il passa par Berlin, alors capitale d'un pays en proie à un désordre qui rendait tout possible. Il revit sa cousine Verena, sans rien lui révéler de ses activités politiques et pour cause : celle-ci recevait chez elle des membres éminents de l'organisation Consul, organisation secrète qui rassemblait des anciens des corps francs, dont certains avaient participé aux combats de Haute-Silésie à des tentatives de putschs et allaient tremper dans des assassinats politiques, notamment un peu plus tard celui de Matthias Erzberger, un des signataires de l'armistice de 1918. Lors d'un déjeuner chez elle en compagnie de ces personnages ténébreux, Verena leur présenta Manfred comme son cousin chéri d'Autriche et le propriétaire de la villa qui avait été construite par son père ; il arrivait de Vienne où il travaillait dans le cinéma. Chacun parut impressionné de faire la connaissance du fils du célèbre Karl Friedrich Arius. Après deux jours à Berlin, il prit le train pour Moscou à la gare de Silésie, où, singulière coïncidence, il aperçut avec terreur Otto Förster-Lex alors qu'il descendait d'un train, portant sur son dos deux roues d'obusier mal camouflées.

*

Le but du Komintern était de diffuser le communisme dans tous les pays, pour l'avènement d'un monde enfin gouverné par la dictature paradisiaque du prolétariat. Ce nom de Komintern a toujours pour moi des résonances mystérieuses et je dois m'émerveiller devant le fait qu'Arius a pris part à cette gigantesque utopie qui secoua l'univers, à laquelle bien des idéalistes sacrifièrent tout, et dont Staline précipita la fin.

Le nom de Komintern résonnait dans la bouche des adultes autour de moi lorsque j'étais enfant et fut un des éléments de l'espèce de mythologie de la guerre froide que je m'étais forgée. Le soir, durant le dîner, chez mes grands-parents maternels, il arrivait que ce mot, d'un coup, apparût à la radio dans la péroraison d'un chroniqueur de l'époque. Il y en avait deux alors qui savaient donner à ce terme les inflexions fatales : Jean Grandmougin, à l'élocution dramatique, et surtout la pythienne Geneviève Tabouis, qui était encore mieux placée pour insuffler à ses incantations un ton de prophétie puisqu'elle fut un moment stipendiée par l'URSS. Pour avoir participé à la pacification des pays Baltes en 1919 sous le général Niessel, mon grand-père Alfred était un anticommuniste farouche et lui-même usait du mot « agent du Komintern » pour désigner les communistes français dont certains étaient maires de villes avoisinantes.

Lors de mes séjours chez mes grands-parents, je dormais dans une partie aménagée du sous-sol qui avait été la chambre de ma mère. Un rideau masquait le mur contre lequel était installé mon lit. Dans le demi-sommeil qui me prenait peu de temps après que je fus couché, ce rideau s'ouvrait sur un paysage de l'Est dont le ciel était parcouru de prodiges atomiques et du premier satellite artificiel émettant un chant monocorde. Mon père, assis à la terrasse d'un café de Berlin, devisait là-dessous sans s'inquiéter. Et j'imaginais le Komintern comme une sorte de gigantesque machine de métal, haute comme dix immeubles, ressemblant aussi à cause de l'assonance à une citerne rebondie, aux plaques d'acier rivetées, où se tramaient mille complots et toutes les expériences atomiques possibles pour produire dômes, champignons, colonnes de nuées ardentes qui me fascinaient autant qu'ils me terrorisaient.

Lisant le rapport de Götz sur le premier voyage qu'Arius fit à Moscou en juillet 1921, à l'occasion de la réunion du Comité exécutif du Komintern, je me suis souvenu de mes rêveries d'enfant. Et je me suis imaginé Arius dans son train filant vers l'est où se dessinait l'énigmatique monument d'acier de mon enfance. D'un coup m'est venue à l'esprit une association d'images d'une évidence telle que je me suis demandé pourquoi je ne l'avais pas conçue plus tôt ; mais sans doute fallait-il que ce mot Komintern vînt frapper plusieurs fois à la porte de mon imagination pour que cela se produisît : le *Cénotaphe de Newton*, dans sa sphéricité monumentale, était un proche parent de mon Komintern, autant que du dôme initial de l'explosion nucléaire.

Lorsqu'il arrive à Moscou en 1921, Manfred sent émaner de la ville une forte odeur d'électricité, comme d'un générateur surchauffé. Le générateur c'est le Komintern, mais aussi le bureau de Lénine sous la coupole surbaissée construite par Kazakov. Car c'est de ces centres irradiants que part l'énergie nouvelle qui doit transformer le monde. Et il avait besoin qu'on le transformât, du moins celui de la Russie. Tout y allait mal ; la pénurie de logements, les difficultés d'approvisionnement tournant en famines. Des rumeurs circulaient dans les campagnes selon lesquelles des enfants mouraient de faim et qu'on s'y livrait à l'anthropophagie.

Les trois mois que Manfred passa à Moscou marquèrent un pas de plus dans son engagement communiste. Ainsi qu'une quarantaine de délégués allemands, autrichiens et d'autres venus du monde entier, il fut logé dans ce célèbre et mystérieux hôtel Lux, rue Gorki, qui dès ce mois de juillet 1921 devait devenir le caravansérail de l'Internationale et, par la suite, quand Hitler prendrait le pouvoir, le refuge de l'émigration communiste allemande ; c'est là que devaient avoir lieu les débats et proclamations qui allaient organiser la révolution mondiale et porter l'évangile de Lénine. Arius fut présent à la plupart de ceux-là et c'est à ce moment qu'il entra à la section n° 2 du 4e département de l'Armée rouge, autrement dit le GRU, dont il fit partie jusqu'à la fin de la Seconde Guerre mondiale. Son chef direct était Jan Berzine qui, quelques années plus tard, allait prendre la tête du service ; il se révéla à Arius sous un jour paternel quand celui-ci se mit en quête de nouvelles de Jaanika.

Berzine fit faire des recherches et il ne tarda pas qu'il procura à Manfred une photo d'elle prise au Congrès des peuples d'Orient qui s'était tenu un an plus tôt à Bakou. Elle était vêtue en princesse oghouz, avec l'étoile rouge agrafée sur sa poitrine, et se tenait alors parmi les familles aristocratiques autochtones lors de leur serment d'allégeance au nouveau régime représenté par Radek et les délégués de Moscou. Pour le reste, on était beaucoup plus vague, mais dans tous les cas, elle était engagée dans des opérations qui nécessitaient le plus grand secret. Lorsque la révolution aurait triomphé, on pourrait espérer la revoir.

Parallèlement à ses activités d'agent du GRU, Arius fut introduit dans les milieux artistiques de Moscou. Ainsi obtint-il des informations sur son père auprès d'Alexeï Viktorovitch Chtchoussev, un des représentants du néoclassicisme dont l'influence grandissait et que Karl Friedrich avait connu au début du siècle chez la grande-duchesse Élisabeth Feodorovna. « En août 1914, dit un jour l'architecte russe à son sujet, il a refusé de repartir en Allemagne et s'est retrouvé en Sibérie, à Omsk, à l'institut des ingénieurs du Transsibérien. Puis on l'a envoyé à Khabarovsk, où il a assisté l'ingénieur Proskurïakov à la construction d'un pont ferroviaire sur l'Amour. Mais le pont, c'était d'un moindre intérêt pour lui ; surtout, il devait lancer les travaux d'un projet gigantesque et symbolique, une gare ultramoderne, qui devait compléter le pont et être le nœud ferroviaire de toutes les lignes en construction dans cette région de l'empire pour permettre la relation de l'Inde avec la Sibérie. J'ai retrouvé ses projets. Regardez ! » fit-il en tendant à Manfred des plans où celui-ci reconnut, à quelques détails près, notamment des voies ferrées qui rayonnaient de sa base, le *Cénotaphe de Newton* ; et c'était bien le trait de plume de son père et surtout cette lumière théâtrale héritée des Arius qui avaient travaillé pour Schinkel.

« La révolution et la guerre civile ont fait capoter ce projet, reprit Chtchoussev ; depuis, on ne sait hélas ce qu'est devenu votre père. A-t-il été tué lors des combats entre les blancs et les nôtres dans cette région ? On ne peut rien dire. En tout cas, son projet n'a pas été sans influence sur nos jeunes architectes. Voyez cela ! dit-il en dépliant d'autres plans sur son bureau ; c'est ce que le jeune Leonidov, tout juste inscrit dans notre école, a réalisé pour la construction d'un institut Lénine ! Mais vous-même, camarade Arius, ne voudriez-vous pas mettre votre talent d'architecte au service des soviets ? Nous avons de grands projets de barrages dans le Turkestan et le camarade commissaire du peuple Tchitcherine semble compter sur une collaboration avec les capitalistes allemands pour ces travaux ! » Manfred ne lâcha pas du regard des plans de l'institut Lénine où se révélaient la sphère du cénotaphe et celle du ballon de Charles.

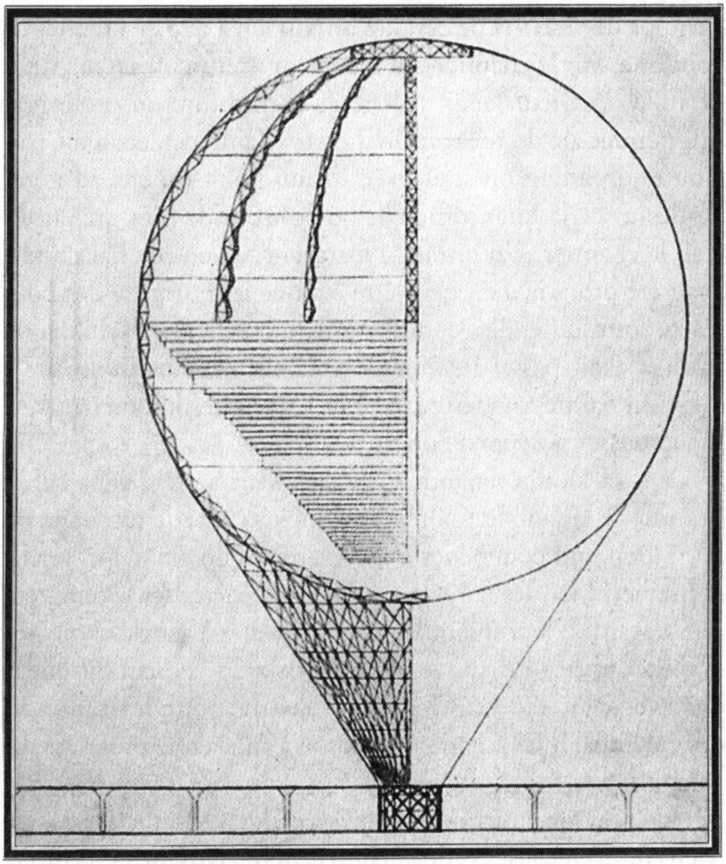

*

Une après-midi de septembre, Chtchoussev l'emmena au sud-est de Moscou sur un chantier d'un sanatorium dont il avait fait les plans. Ils partirent dans une Mercedes Torpedo ornée de fanions rouges et mise à disposition avec son chauffeur par le ministère de la Culture. Pour la circonstance, on s'équipa de vestes et de casques de cuir ainsi que de lunettes de conduite. Sur le chantier, un ingénieur minuscule en manteau de toile cirée leur faisait l'éloge de la dictature du prolétariat qui permettait de telles réalisations ; Manfred n'écoutait pas. Toute son attention était fixée sur un point du ciel au nord, au-dessus de la forêt infinie de bouleaux et de pins qui encerclait le chantier. Un instant auparavant le nom de Balachikha avait été prononcé ou peut-être était-ce le murmure des bouleaux dont les feuilles commençaient à sécher. Balachikha où Jaanika allait passer les étés alors qu'elle était pensionnaire à l'institut Sainte-Catherine. C'était à quelques kilomètres, que Chtchoussev accepta qu'on fît.

Dans la localité endormie, le chauffeur se renseigna sur le château de la famille Rooph. On l'envoya chez le secrétaire du Parti local, qui commença à les regarder d'un air soupçonneux et inquiet. Mais les fanions rouges sur la Mercedes le rendirent plus bavard. Il leur indiqua le site de Pekhra-Yakovlevskoïe, sur la route appelée « chaussée des enthousiastes » et leur dit que le château avait été transformé en centre pour les sans-abri des environs. Il les accompagna jusqu'à l'ancienne propriété des Rooph.

Après avoir quitté la « chaussée des enthousiastes », la Mercedes s'engagea sur un chemin de terre, laissant sur la droite une église barricadée, et les déposa devant le château, un édifice de style néoclassique flanqué de deux colonnades en arc de cercle ; par endroits son crépi jaune fichait le camp, laissant apparaître un appareil de brique grise. Un drapeau et une banderole rouges flottaient au fronton. Le directeur du centre laissa les trois hommes se promener dans les couloirs et les différentes pièces où régnait une odeur de crésyl. Les murs portaient la marque d'un mobilier disparu. Ils montèrent dans les appartements à l'étage supérieur. Sous les stucs des plafonds auréolés d'humidité et les motifs grecs des corniches s'étageaient des châlits de bois blanc mal équarri. Certains étaient occupés par de cadavériques formes humaines endormies ; elles semblaient se réveiller au passage des visiteurs et leur jetaient des regards anéantis avant de sacrer de manière incompréhensible ; des toux caverneuses résonnaient dans des couloirs. Des mères se traînaient avec leur marmaille étique et dépenaillée dans les autres pièces où elles faisaient cuire sur un poêle des ragoûts mystérieux qui sentaient le chou. Manfred cherchait à se représenter la splendeur passée de ce lieu qui devait avoir retenu un peu de l'âme de Jaanika. Il questionna le camarade directeur sur les anciens propriétaires. L'homme, un autochtone, lui dit que le général était mort en 1917 et que le reste de la famille avait disparu, sans doute émigré. Ils étaient sur le point de repartir lorsqu'il leur parla de Marie Quint, une Française, qui avait été gouvernante au château. Elle était mariée avec un habitant de Balachikha, un ancien comptable de la filature de coton, alors mobilisé sur le front de l'Est ; elle travaillait chez elle à coudre des vêtements pour les sans-abri. Le secrétaire du Parti ajouta qu'il la connaissait et qu'elle habitait dans la partie nord de la ville, sur les bords de la rivière Pekhorka.

*

Marie Quint. Avtobiografia.

J'ai été initiée au communisme par le camarade Meïer Zylberfarb en septembre 1918. Mon intérêt pour les idées de Marx et de Lénine m'a fait voir la révolution d'un œil favorable. J'ai assisté le camarade Zylberfarb dans certaines de ses missions à Odessa, alors que celui-ci était agent du renseignement de l'Armée rouge et que la ville était occupée par les troupes allemandes.

À Odessa, j'ai lu le Manifeste du Parti communiste *sur les conseils du camarade Meïer Zylberfarb. C'est à sa mort, quelques mois après notre rencontre, que j'ai décidé de travailler pour les troupes bolchéviques roumaines et russes qui combattaient au nord. J'ai également fait partie des agents de propagande qui ont incité le corps expéditionnaire français cantonné à Odessa à ne pas se battre contre nous. Ce n'est qu'en 1920, lors d'un séjour avec mon mari à Odessa, que j'ai appris comment le camarade Zylberfarb avait été exécuté par les partisans de Petlioura.*

*

Le domicile de Marie Quint était une isba entourée d'un jardin ceint d'une clôture en bois. Je peux me le représenter à partir des maisons des Russes du quartier de mon enfance et de ce que j'ai vu des isbas de la colonie Alexandrowka à Potsdam où je me suis promené avec Marianne.

Marie était à ramasser des pommes dans des hautes herbes lorsque Arius, Chtchoussev et le secrétaire arrivèrent. C'était une femme d'une cinquantaine d'années, aux cheveux blancs tirés en chignon. Elle eut une expression d'effroi quand elle vit se présenter les trois hommes devant son portillon. Le secrétaire présenta simplement Arius et Chtchoussev comme les camarades architectes et expliqua le motif de leur visite. Elle parut soulagée. Elle avait cru à une mauvaise nouvelle relative à son mari. « Vous êtes une bonne communiste ! » pontifia le secrétaire. Marie les pria d'entrer dans sa maison. Ils la suivirent par une véranda jusqu'à une étroite et modeste cuisine où elle les fit asseoir près d'une machine à coudre.

« Je me souviens bien de Jaanika Trotha-Treyden, répondit-elle à ses visiteurs ; c'était l'amie intime d'Olga Christophorovna Rooph ; elles étaient toutes les deux élèves à l'institut Sainte-Catherine de Saint-Pétersbourg. Une très belle et gracieuse jeune fille. Le baron et la baronne Trotha-Treyden n'avaient pas le temps de s'occuper d'elle ; c'est la raison pour laquelle, durant les vacances scolaires, elle était souvent chez nous, comme une sœur d'Olga et de Sergueï, le fils aîné du général. Elle est venue passer quatre étés de suite au château, le dernier étant celui de 1914. Cela faisait un an qu'elle était à Berlin d'où elle nous écrivait des lettres. Elle en était revenue avec des idées socialistes qui effrayaient un peu la famille Rooph. Puis il y a eu la guerre et, à la fin de juillet, elle a dû rejoindre sa famille à Libau ; après elle est allée en Suisse. Nous n'avons plus eu de nouvelles. En tout cas, je peux vous dire que c'est par elle que j'ai entendu pour la première fois parler du communisme. De Berlin, elle avait rapporté des livres de Karl Marx. Il ne m'étonne pas que la camarade Trotha-Treyden ait combattu de notre côté ; elle était devenue une communiste convaincue. » Comme Manfred allait prendre congé sous la véranda, elle disparut et revint avec une photo. « Elle a été prise sur la terrasse devant le jardin d'hiver du château en juillet 1914. La famille Rooph au complet, la camarade Trotha-Treyden ; les deux hommes sont des ingénieurs de la filature de coton Troubetzkoï qu'on invitait de temps en temps ! » Manfred revit le visage de Jaanika comme par une déchirure dans son âme. Il détailla longtemps la photo. Mais maintenant il était intrigué par les rideaux du jardin d'hiver. Il en reconnut le motif, des fleurs de kok-saghyz alternant avec leur boule d'aigrette, motif présent autant dans les histoires ancestrales que dans la décoration de la demeure paternelle. Il dit : « Les rideaux, savez-vous d'où ils viennent ?

— C'est Artem Minassian, un ingénieur arménien de la filature qui les faisait fabriquer à Moscou ; il avait pris comme modèle une étoffe dont Jaanika avait ramené une pièce du pays de sa mère pour l'offrir aux Rooph ! Vous pouvez garder la photo ; j'en ai d'autres… »

Le retour de la fleur de kok-saghyz derrière l'apparition de Jaanika fit penser à Manfred que ce pouvait être un signe qu'elle fût vivante et qu'un jour elle lui reviendrait. Il glissa la photo dans son portefeuille et dit à Chtchoussev qu'il voulait s'en aller. Il remercia Marie et lui tendit la main. Elle lui donna la sienne en retour et dit : « S'il vous arrive d'avoir des nouvelles de la camarade, promettez-moi de m'en faire part, camarade… »

À quoi Manfred répondit : « Arius, Manfred Arius », puis acquiesça du regard. Marie lui tourna le dos et disparut dans sa cuisine.

*

Marie Quint. Avtobiografia.

Une après-midi de septembre 1921, les camarades Chtchoussev et Arius, accompagnés d'un chauffeur et du camarade secrétaire du Parti local, sont venus à mon domicile ; ils arrivaient du château de Pekhra-Yakovlevskoïe où j'ai habité avec la famille Rooph avant la révolution. C'est le camarade directeur du centre des sans-abri qui les envoyait chez moi. Le camarade Arius – j'ai ignoré son nom jusqu'au moment de prendre congé, car jusqu'alors il se faisait appeler camarade architecte – voulait en effet m'interroger sur la camarade Trotha-Treyden qu'il avait rencontrée en 1918 au camp de Samarcande et que j'avais connue auparavant, du temps qu'elle était reçue par la famille Rooph. J'ai répondu à ces questions. Au moment de partir, le camarade Arius m'a dit son nom et je dois dire que j'ai été surprise qu'il portât le nom d'un officier autrichien qui avait procédé à l'arrestation du camarade Zylberfarb en 1918 à Odessa, fait dont j'ai été témoin.

*

De retour à Vienne, Arius intégra les théâtres de la ville ; bientôt, son talent étant reconnu, il travailla aussi à Prague et à Berlin. Ce fut le début d'une carrière de décorateur au service de metteurs en scène réputés comme Piscator et Reinhardt. On était alors au temps du traité de Rapallo qui permettait à l'URSS et à l'Allemagne, pays ostracisés par les grandes puissances de l'après-guerre, de se rapprocher. L'Allemagne allait pouvoir se réarmer secrètement, en transférant dans de lointaines contrées et à l'abri des commissions de contrôle alliées ses terrains d'essais pour les chars et l'aviation. Pourtant et comme il se doit, la méfiance restait de mise entre les deux puissances, surtout après l'arrivée au pouvoir du pro-français Stresemann à la chancellerie. Aussi, nombre d'agents du Komintern, doublés du titre d'agent du GRU, étaient-ils chargés de « visiter » tous les lieux d'importance stratégique en Allemagne et en Autriche, de prendre des notes et de les transmettre à la direction et au camarade Berzine. Ce fut le cas d'Arius ; à cette époque il lui arrivait de donner des représentations de petit théâtre dans les orphelinats et les patronages des environs de Vienne ; il circulait en moto attelée d'une remorque et sa longue silhouette chevauchant cet engin n'était pas inconnue aux Viennois. Il mettait à profit ces représentations innocentes pour observer des lieux stratégiques, comme des gares de triage ou des terrains de manœuvres.

12

Quel héros fut mon père, je l'ai appris incidemment à travers les récits de guerre qu'il nous fit les rares occasions qu'il fut avec nous et je le découvre aussi avec ce que m'en dit Larcher. Et je dois dire que je ne vois pas d'ombre à son portrait. Sa faiblesse pour les belles femmes, ses fréquentations parfois douteuses et l'enlèvement d'Anke à Potsdam à la fin de l'automne 1968 n'altèrent en rien son image lumineuse. Moi aussi j'ai été faible avec les femmes, mais plus médiocrement, sans sa truculence et bien sûr je n'ai jamais été un héros que dans mes rêves.

Quant à Arius, qui exerça une telle fascination sur mon père, et dont l'apparition à Landsberg ne fut sans doute pas indifférente à la transformation du gars un peu timoré qu'il était à son arrivée en Allemagne en ce Grant capable de prendre des risques pour ses convictions, Arius, autant que je puis désormais le juger, s'il prit encore beaucoup plus de risques que mon père, ne les prit pas pour le seul service du Bien. Qu'à ce mot « Bien » que j'ose écrire ici, on ne déduise pas une quelconque naïveté de ma part. Je sais que Bien et Mal traversent nos vies sans qu'on n'y puisse pas grand-chose, mais je voudrais montrer ici qu'Arius venait d'un pays et d'un temps où l'aune de ces deux principes n'était pas du tout celle dont usait mon père, issu d'une famille modeste, française, catholique et républicaine à la fois.

Élevé sous les portiques monumentaux des demeures construites par ses ancêtres, lesquels avaient depuis plus de deux siècles été mêlés à l'Histoire, fréquentant une aristocratie dont l'origine immémoriale en faisait la descendance des dieux, ces dieux de marbre qui étaient figés dans des postures terribles sur les attiques des monuments familiaux, Arius ne se posait pas la question du Bien et du Mal comme mon père se la posait. En un sens, paradoxalement, mon père aurait été plus kantien que le Prussien Arius qui ne faisait pas dépendre sa morale d'un impératif catégorique. Pour lui les actes, les décisions n'avaient de valeur morale que celle que leur conférait son rêve, une poétique mystérieuse qui rejoignait toujours le politique.

C'est l'époque où la mère de Marianne vient le soigner. Arius commence à être livré aux ombres de la démence. Souvent, devant Mme Mogwitz, il lui arrive de se justifier face à un tribunal imaginaire. Peut-être de vieilles hantises réprimées se sont alors fait jour : il avait connu à Moscou cette terreur stalinienne qui frappait les hôtes du Lux, qui, chaque matin, quand ils entendaient les voitures du NKVD s'arrêter dans la rue Gorki, se demandaient, tenaillés par l'angoisse, si ça n'allait pas être leur tour. Il avait trahi un trotskiste espagnol. Il avait témoigné à charge et faussement dans les grands procès de Moscou. Enfin, plus tard, il avait espionné des collègues. Alors on peut imaginer que lorsqu'il a vu à la télévision les images de son compagnon d'Espagne Mielke, quasi gâteux, poussé dans un fauteuil roulant devant un tribunal pour y répondre du meurtre d'un policier sur la Bülowplatz, il s'est dit que lui aussi on allait finir par lui demander des comptes.

Ainsi se lançait-il dans des plaidoyers *pro domo* excusant tel acte commis par lui lors d'événements précis. Revenait souvent l'affaire de la Bülowplatz à Berlin. Les circonstances dans lesquelles Arius et Mielke s'étaient entrevus en 1931 sur cette place ne semblent pas avoir été vraiment éclaircies par Götz malgré l'*avtobiografia*. Dans ses délires de vieillesse Arius faisait parfois allusion à cet événement dont il donnait des versions différentes. Tout juste Götz put-il établir ceci : le 8 août 1931, Arius était en train de travailler dans un bureau de la Maison Karl-Liebknecht, le siège du Parti communiste, où il partageait un atelier avec d'autres au service de l'agit-prop. Il ne prêtait pas garde à la foule de manifestants rassemblée sur la place depuis des heures, ni à l'atmosphère menaçante qui s'en dégageait jusqu'à ce que deux policiers soient abattus par des tireurs et que la panique s'installât ; les auteurs de ces coups de feu étaient Mielke et son compagnon Zaisser. L'un des policiers mourut sur le coup, l'autre fut grièvement blessé. La police sur leurs talons, les deux communistes avaient profité du désordre général pour disparaître ; par la suite, ils avaient filé en automobile à Rostock d'où ils avaient pu passer en URSS. Si Götz n'a jamais réussi à savoir quel rôle précis Arius avait joué à ce moment dans la fuite des assassins (il fait allusion à une clef décisive et des papiers fournis par Arius, sans donner d'autres détails), il n'en était pas moins sûr que ce rôle devait avoir été réel, pour que Mielke plus tard ait manifesté une certaine reconnaissance à son camarade qu'il devait retrouver à Albacete.

Un matin de février 1992, peu de temps après avoir vu à la télévision Mielke comparaître devant le tribunal régional de

Berlin pour cette affaire, Arius fut retrouvé par Mme Mogwitz sur le palier de son appartement ; il était en costume et manteau, un dossier vide sous le bras. Il s'apprêtait à se rendre à Berlin où, disait-il, on venait de le citer à comparaître pour répondre de complicité dans le meurtre des deux policiers. Souvent aussi, il revenait sur la trahison d'un trotskiste espagnol. Mais c'était la ligne du Parti, et le Parti était menacé de toute part à cette époque, par les fascistes, les Américains, les trotskistes.

Une autre affaire qui motivait également ce genre de justification fut celle qui lui fit jouer un rôle dans ce que les historiens appellent le *Schlageter Kurs*, ou encore l'Octobre allemand, opération orchestrée par Trotski, Zinoviev et Radek qui jugeaient que la situation de décomposition politique en Allemagne était propice à une révolution semblable à celle de 1917 en Russie. Au regard de ses contacts avec sa cousine qui fréquentait des membres de l'organisation Consul, pour certains de futurs cadres nazis, Manfred avait été chargé de se faire passer pour un de leurs sympathisants et de les inciter à liquider des communistes allemands qui s'opposaient au plan du Komintern. Avant même que les hommes de Consul parviennent à leurs fins, la révolution n'ayant pas trouvé l'appui escompté sur les socialistes, elle capota. Mais l'échec de l'Octobre allemand eut de graves conséquences à Moscou. Il marqua le début de la disgrâce de Radek, disgrâce dans laquelle Arius devait avoir sa part de responsabilité. Il donna une des premières impulsions aux manœuvres de Staline pour évincer ses rivaux potentiels, notamment les trotskistes, qui avaient cru en la possibilité de la révolution en Allemagne.

*

Arius avait donc eu des rapports étroits avec les fascistes de Consul. Ce mot « fasciste » fut le dernier mot que j'entendis mon père prononcer. Avec le prénom de ma mère. C'étaient ses derniers jours et il était couché dans un lit médicalisé qu'Anke avait fait installer pour lui dans une des chambres de la grande maison des Vosges, pièce où j'avais vécu dans une singulière captivité, huit ans auparavant alors que j'étais rentré de Vienne. Depuis un an la santé de mon père s'était considérablement altérée. Un mal mystérieux s'était emparé de lui, une maladie mal identifiée minait chacune de ses cellules. Le cœur avait fini par être atteint.

J'avais profité des vacances de février 1993 pour aller passer quelques jours près de lui alors qu'Anke était partie aux États-Unis pour son travail. Mon divorce remontait à quelques années. Je venais de faire connaissance de cette collègue d'origine balte dont j'ai déjà parlé ; j'étais parti avec une photographie d'elle qu'elle avait consenti à me donner. Je précise cela parce que cette photo, posée sur ma table de nuit, me donna du courage, ou l'illusion d'en avoir, pour supporter la vue de la déchéance intellectuelle et physique du héros de Landsberg, au chevet duquel je passais toutes mes journées, lui tenant la main, comme il me le demandait. La pureté de l'hiver faisait resplendir la vallée en contrebas de la maison et les monts enneigés. Les après-midi, des cris d'enfants jouant dans les alentours montaient jusqu'à la chambre, cependant étouffés par la neige. Ces après-midi étaient longues ; je tirais un rideau orange qui laissait passer une lumière chaude. Parfois il m'arrivait même de m'endormir auprès de mon père et j'étais traversé par des songes intemporels.

La faiblesse cardiaque de mon père avait eu pour effet qu'il souffrait de rétention d'eau contre quoi on lui avait donné un médicament qui, mal dosé, provoqua une déshydratation du cerveau. La veille de mon retour à N…, sous l'effet du traitement, mon père délira à voix basse. « Les fascistes ! Tu les entends ? me répétait-il ; les fascistes, ces ordures, ils sont en bas, dans la maison, il faut faire quelque chose ! », et son corps affaibli fut parcouru d'un soubresaut. J'étais plus accablé par son état qu'étonné par le sens de ses propos. Mais aujourd'hui, plus de dix ans après, à la lumière du rapport de Götz et de tout ce que j'ai appris depuis mon arrivée à Berlin, ce terme « fasciste » prend une résonance particulière. C'est d'Arius, du temps de Landsberg, mais certainement plus encore du temps où il l'avait côtoyé à Leipzig et à Potsdam, que mon père tenait ce terme, car en France on ne l'utilisait guère ; du moins dans le milieu que mon père fréquentait, on ne l'utilisait pas, lui préférant celui de « nazi » ou plus rarement celui d'« Allemand ». Soucieux de ne pas diaboliser tous les Allemands, les communistes formés à Moscou usaient de « fasciste » et je sais par Larcher que, durant ses discussions avec mon père, Arius usait de ce mot-là.

Pour finir, il y eut le prénom de ma mère. « Va la chercher, me dit mon père ; dis-lui que je ne vais pas bien et qu'il faut qu'elle s'occupe de moi ! » Le temps n'existait déjà plus pour lui. Ma mère, morte pratiquement au moment où il avait retrouvé Arius, ma mère et celui-ci, dont la mémoire était invoquée par le mot « fasciste », et enfin son fils aîné, voilà à quoi se résumait pour lui l'humanité alors qu'il se tenait aux portes des Enfers. Anke revint des États-Unis le soir même ; je ne lui confessai rien de ce que mon père m'avait dit, me bornant à lui rapporter qu'il avait déliré sous l'effet de la fièvre. C'est le médecin, le lendemain, qui devait lui apprendre les causes du délire. Les jours qui suivirent, alors que j'étais rentré à N…, je restai sous l'impression étrange des propos de mon père. Mais plus que les fascistes, c'était l'apparition de ma mère, que je croyais depuis longtemps effacée de sa mémoire par ses secrétaires allemandes et enfin Anke, qui m'avait ébranlé.

13

Puis il y eut l'affaire de Schattendorf qui en 1927 secoua la fragile Ire République autrichienne. Schattendorf est une petite localité autrichienne de la frontière austro-hongroise. Arius y était à préparer une représentation de théâtre de papier lorsqu'il fut le témoin de l'assassinat de manifestants socialistes par des nationalistes autrichiens. Un jeune garçon tomba sous ses yeux.

C'est pour cela qu'il ne voulut jamais d'enfants. Pour cela qu'il fut obsédé par le personnage d'Iphigénie sur le bûcher. Ces images le poursuivaient. Ce fut une raison de plus pour qu'il persévérât au service du communisme, espérant qu'il apporterait une alternative à cette monstruosité des sociétés qui dévoraient sa jeunesse dans les guerres. Mais il eut Anke parce que la nature est impérieuse et aveugle. Il ne revint pas chez Emmy après la guerre, non par lâcheté mais par un excès d'amour paternel, qui lui faisait penser qu'il ne supporterait pas de voir le dénuement de son enfant face à la monstruosité du siècle. Peut-être par une espèce de superstition aussi ; c'était à cause de l'affaire de Schattendorf – où un enfant était mort – qu'il avait rencontré Emmy, et qu'Anke était née et qu'il allait le payer à travers sa progéniture. Oui, il était tellement épris d'Emmy, fine Viennoise, si heureux de la voir rayonnante marcher sous les cerisiers en fleur du verger d'Ottakring où il vivait caché… Mais Anke était venue. Quand il avait quitté Vienne, il ignorait qu'Emmy était enceinte. C'est de son beau-frère Ferdinand, à Linz, alors qu'il venait de s'évader de Landsberg, qu'il avait appris qu'il était père. Avant son passage en Russie, il avait fait passer une lettre à Emmy par un camarade ; il lui disait qu'il était recherché par la Gestapo et qu'il valait mieux qu'on l'oubliât un moment. Emmy, avec ce fatalisme des gens de l'Est, avait accepté cet abandon qui se voulait temporaire.

Beaucoup plus tard, quand il avait rencontré Lilo, il avait pensé que la RDA, pays de paix, le ferait échapper à la malédiction. L'avait-il pensé vraiment ? Rien ne pouvait empêcher Lilo d'avoir un enfant d'Arius, parce que son désir trouvait sa force dans quelque chose contre quoi il n'était plus capable de lutter.

*

Des pièces rassemblées par Götz permettent de donner davantage de détails sur la visite que, le 15 août 1934, Arius était allé rendre à Marie Quint à Balachikha et sur le rôle singulier qu'elle joua dans sa destinée. Présent à Moscou pour le Congrès des écrivains, il était accompagné d'un chauffeur qui, bien sûr, était aussi chargé de le surveiller. Cela faisait treize années qu'il n'avait pas vu Marie. Depuis, il s'était davantage engagé au service de l'URSS, en tant qu'artiste bien sûr, mais en qualité d'agent du GRU, pour lequel il collectait des informations militaires en Autriche et en Allemagne.

Le ciel était lourd de nuées presque matérielles mais des

jardins alentour circulait un vent frais et parfumé de lierre. Surtout il y avait eu, soudaine, l'odeur d'essence de térébenthine : un voisin était en train d'en enduire la clôture en bois qui séparait son jardin de celui de Marie. Un coq n'arrêtait pas de chanter. Bien qu'Arius l'eût prévenue de sa visite, Marie parut surprise de le voir, du moins émue. Mais lui-même fut troublé de son apparition, vêtue d'une robe qu'elle s'était manifestement taillée dans les rideaux du jardin d'hiver des Rooph. Il avait beau savoir que les difficultés économiques étaient telles que ce procédé était fréquent, il ne pouvait détacher son regard des rangées de fleurs mystérieuses dont le souvenir désormais était pour lui attaché à Jaanika. Elle l'avait fait asseoir sous la véranda de sa maison de bois. Elle lui avait dit que son mari était mort d'une pneumonie un an plus tôt ; il avait voulu traverser la Pekhorka gelée et la glace avait rompu sous son poids. La ville s'était agrandie depuis qu'une usine d'avions de chasse avait été établie le long de la rivière ; son mari y avait travaillé. Elle avait demandé à Manfred s'il pensait qu'il y aurait un jour la guerre. « Qui aurait pu prévoir que les fascistes arriveraient au pouvoir en Allemagne ? » avait-il répondu. Elle lui avait offert du thé et, toujours installés sous la véranda, ils avaient parlé. Elle lui avait confié qu'elle n'avait plus du tout de nouvelles de sa famille en France. Que parfois, quand elle écoutait la radio de Paris, elle avait la nostalgie d'Auvers-sur-Oise où elle avait été pensionnaire. Enfin elle s'était permis de poser quelques questions à Manfred, car jusqu'alors elle ne savait que très peu de choses de lui. Elle lui avait demandé comment, étant allemand, il s'était retrouvé à combattre avec les rouges en Asie centrale. Manfred lui avait raconté sa présence en qualité de sous-officier allemand à Odessa, et comment il avait été fait prisonnier et envoyé à

Samarcande où il avait rencontré Jaanika. Au nom d'Odessa, Marie avait manifesté une sorte de bref intérêt fébrile.

« J'étais à Odessa dans le même temps que vous y étiez, avait-elle dit ; nous aurions pu nous y rencontrer. J'avais suivi la famille Rooph qui pensait pouvoir quitter la Russie. Mais vous, comment avez-vous pu combattre nos camarades et passer ensuite de leur côté ?

— Je ne me suis jamais trouvé à combattre directement les rouges, avait répondu Manfred ; j'étais affecté au service du renseignement à traduire les interrogatoires des prisonniers. Après, quand on m'a envoyé au front, j'ai été pris avant même d'avoir pu tirer un coup de feu ! »

Marie s'était alors levée, excusée et avait filé dans le fond de la maison où elle était restée un assez long temps ; peut-être avait-elle parlé à quelqu'un ; enfin elle était revenue, souriante. 10 heures avaient sonné à une église. Alors, il n'y avait plus eu de temps ni de lieu. Le vent avait caressé les feuillages dans le jardin. « Seul le communisme peut donner un sens à notre mort ! » avait dit Manfred, mais d'une voix mal tenue pour cacher son émotion. Il aurait bien voulu dire autre chose. Qu'il n'avait alors plus qu'une envie. C'était une folie. Rester chez Marie Quint. Vivre près d'elle, pour qu'elle lui parlât de la jeune fille qui venait passer les vacances chez les Rooph. Enfin, il s'était rassemblé pour dire qu'il était temps qu'il reparte à Moscou où allait commencer le Congrès des écrivains. Quelques jours plus tard, lors d'une réception chez Gorki, il avait entrevu Radek, l'un des artisans du calamiteux Octobre allemand.

*

Marie Quint. Avtobiografia.

À la suite de la visite du camarade Arius en 1934, j'ai contacté le secrétaire du Parti de Balachikha pour lui faire part de la confirmation de mes soupçons relatifs au rôle qu'en 1918 il avait joué dans l'exécution atroce de Meïer Zylberfarb, et sur le fait qu'il était un agent étranger infiltré chez nous. J'avais déjà reçu sa visite en 1921, mais je n'avais appris son nom qu'au moment où il avait pris congé.

Le lendemain de ma visite au secrétaire du Parti, j'ai exposé les mêmes faits à deux agents du NKVD qui m'ont emmenée à Moscou où j'ai été interrogée durant une journée sur mes relations avec la famille Rooph, la camarade Trotha-Treyden et le camarade Arius.

Rapport de déposition et conclusion du NKVD. 17 août 1934.

A déposé à la Loubianka la camarade Quint qui a attiré notre attention sur l'agent autrichien du GRU, Manfred Arius, venu l'interroger sur la camarade Jaanika Trotha-Treyden. La camarade Quint a reconnu en Arius un ancien officier autrichien qui, en service à Odessa en 1918, a participé à l'arrestation et à l'exécution du camarade Meïer Zylberfarb. À la suite de cette déposition, avons fait des recherches sur le passé d'Arius pour constater qu'il avait bien combattu contre les nôtres à Odessa, que, prisonnier peu après à Samarcande, il était, comme nombre de nos prisonniers allemands, passé de notre côté en 1919. Avons pu établir que, après son entrée au Komintern, il s'était compromis dans l'affaire de l'Octobre allemand orchestrée par les trotskistes. De l'examen des informations au sujet d'Arius que nous avons en notre possession, nous avons considéré que nous pourrions l'utiliser pour liquider Karl Radek dont le cas est en suspens depuis l'affaire allemande. En effet, il s'avère qu'Arius aurait eu à cette époque des relations avec les fascistes d'une organisation nommée Consul, ce qui tend à fonder les soupçons de la camarade Quint. Son appartenance au GRU ne doit pas faire oublier cet aspect et justifie d'ailleurs la méfiance que nous devons avoir à l'égard du 4e département de l'armée. Il serait opportun d'avoir en la personne d'Arius un agent travaillant pour notre service.

Transmis au camarade commissaire Iagoda.

*

Quelques jours après la fin du Congrès des écrivains, Arius revit Marie Quint. Elle avait déposé un message pour lui à la réception de l'hôtel Lux. Elle avait des choses importantes à lui dire et lui fixait un rendez-vous au parc Gorki, précisément près de la fontaine Melnikov, pour le lendemain après-midi ; s'il ne s'y rendait pas, elle reviendrait le jour suivant à la même heure ; après il faudrait qu'il vînt à Balachikha. Manfred alla au parc Gorki. Il trouva Marie près de la fontaine. Elle portait encore la robe à fleurs de kok-saghyz. Ils marchèrent sous les halliers déjà automnaux et les propos qu'elle tint alors ne firent qu'accroître son sentiment.

« Il faut que je vous dise, fit-elle ; je ne peux me souvenir de la camarade Trotha-Treyden sans penser à une histoire singulière… Il y avait la sœur de la générale Rooph, Alexandra Stepanovna Erchova, qui s'était établie au château depuis son veuvage. Elle avait ramené de Paris, où elle avait vécu, et de sa fréquentation de l'occultiste Oswald Wirth, qu'elle appelait son maître, cette manie de pratiquer les tarots ; elle tirait les cartes aux filles que ça amusait mais c'était aussi une disciple d'Elena Petrovna Blavatsky, cette folle qui prétendait être allée au Tibet et faire parler les tables. Un soir par semaine, nous nous retrouvions dans le petit salon vert autour de la table car Alexandra Stepanovna prétendait entrer en contact avec son mari, mort lors de l'incendie du bazar de la Charité à Paris. Quand je dis nous, c'était Alexandra Stepanovna, la générale, la camarade, Olga, moi-même et Yéfime Yéfimovitch Grouchev, cet ivrogne de sacristain de l'église voisine de la Transfiguration. Son curé y voyait une œuvre du diable et lui donnait des coups de bâton mais Alexandra Stepanovna le payait bien pour ça, car elle prétendait qu'il avait du fluide. Le général n'y était pas parce qu'il tenait toutes ces pratiques pour des sottises. Les filles et moi nous amusions à faire craquer la table pour donner à la tante l'illusion que se manifestait l'esprit de son mari.

» Un soir de juin 1914, Jaanika, qui ne manquait guère les occasions de se moquer de la tante, nous dit qu'elle avait fait un mauvais rêve la nuit précédente et qu'elle ne voulait pas faire parler la table ; Alexandra Stepanovna insista. Les filles et moi-même nous nous sommes entendues auparavant pour que la table reste silencieuse et ceci afin que la séance ne s'éternise pas et que chacun puisse regagner sa chambre. Les choses se passèrent de manière si étrange ! Au bout d'une demi-heure peut-être, Alexandra Stepanovna dit qu'on allait arrêter là. Alors elle a été saisie d'un spasme brutal qui l'a fait s'abattre sur la table pour s'y cogner le front. Elle s'est relevée et a dit : “Les entendez-vous ? Vous ne les entendez pas ? Le bruit de leurs fers… moi je les entends ! Ils reviennent pour nous demander des comptes et justice… ! Ange de la charité manifeste-toi !” En effet, on entendait un cliquetis de chaîne tout à fait régulier venant du fond de la maison. Cela s'approchait et nous nous sommes tous regardés, en pensant à un fantôme comme on en voit dans les théâtres. Enfin on a frappé à la porte du salon. La générale Rooph a dit d'entrer. C'était un domestique, il a rapporté qu'il y avait là un moine qui demandait l'asile pour la nuit. Il portait des chaînes aux pieds. Vous savez qu'à cette époque il y avait encore de ces moines errants qui parcouraient le pays comme des Christs en récitant des poèmes et parfois en prétendant faire des miracles. On les considérait comme des saints et personne ne leur refusait l'hospitalité. La générale a ordonné de le faire entrer. Je ne sais plus quel était son nom. Il s'est présenté. Il sentait mauvais, avait une barbe crasseuse, était habillé comme en hiver ; il nous expliqua qu'il était le fils d'un ancien déporté, un de ceux qui, quelques décennies plus tôt, empruntaient en convoi la route de Vladimir, celle qui longeait la propriété au nord. Il était né dans le camp où son père avait fini ses jours et, comme celuici, y retournait enchaîné, parce que le Christ, lui aussi, avait porté des chaînes. La générale l'a fait emmener à la cuisine pour qu'on lui donne à manger et qu'après cela on lui fasse un lit dans les communs. Alors l'homme est tombé à genoux, a invoqué le Ciel pour qu'il répande ses bénédictions sur la maison. Nous avons dû prier avec lui. Puis il s'est relevé et a baisé les mains de chacun d'entre nous en faisant un compliment. Lorsqu'il a pris celles de la camarade Trotha-Treyden, il a dit que c'était elle la sainte et l'icône et que la grâce lui serait faite de couvrir de son manteau étoilé les malheureux. Le lendemain matin, au moment où il bénissait la famille avant de reprendre son chemin, le secrétaire du général est arrivé pour dire que, par un appel téléphonique de Moscou, il avait reçu la nouvelle que l'archiduc héritier d'Autriche-Hongrie avait été assassiné la veille. Ça n'a eu aucun effet sur la famille car personne n'entrevoyait alors les conséquences de l'affaire ; seul le pèlerin a semblé mesurer la portée de l'événement car il s'est exclamé que la grande tribulation allait arriver, que la terre de Russie allait connaître cent ans de tourments et qu'il allait falloir dévouer sa vie au grand Christ que devait être le peuple de Russie régénéré par le sang des martyrs. Il s'est approché de la camarade, lui a pris les mains, les a baisées et a dit : “Les filles de ta race seront introduites dans le ventre du dragon et leur pureté flétrie par les fils du Satan et toi-même tu ne pourras les protéger…” Puis il s'en est allé avec son bruit de chaînes et un cantique aux lèvres ! »

Manfred avait suivi le récit de Marie et c'était comme s'il avait assisté aux scènes qu'elle décrivait. Il la questionna sur le destin de la famille Rooph et ils parlèrent de nouveau d'Odessa. Ils s'assirent sur un banc à l'ombre d'un platane gigantesque. Il ne parla pas de Lyalya, mais de son travail d'interprète et finit par demander à Marie si elle avait connu un photographe nommé Meïer Zylberfarb. Elle ne broncha pas. Alors, il raconta comment il avait rencontré sa nièce en Autriche, qu'il l'avait aimée comme un adolescent peut aimer. Puis il fit le récit de sa fugue et enfin comment, impuissant, il avait assisté à l'arrestation de Meïer, un matin où il était venu chercher des photos que sa mère lui avait demandées. Ils restèrent silencieux puis Manfred prit la main de Marie, la porta à sa lèvre. Marie soupira, lui laissa sa main. Enfin elle se leva sans un mot, se rajusta et dit : « Camarade, ne cherchez pas à me revoir ! » Elle pleurait. Il la vit s'éloigner à pas lents sous les grands platanes du parc Gorki.

*

Le dossier Arius établi par le NKVD en septembre 1934 arriva sur le bureau de Guenrikh Grigorievitch Iagoda qui était alors à la tête du service et devait se révéler l'un des plus impitoyables artisans du premier grand procès de Moscou. Depuis un certain temps, comme il a été dit, Karl Radek était au centre de ses préoccupations. Iagoda transmit le dossier Arius à Iakov Saulovitch Agranov, l'une de ses plus tortueuses créatures, spécialiste des fausses preuves et des complots montés de toutes pièces qui, à sa lecture, élabora une machination destinée à perdre Radek. Agranov s'entretint avec Marie Quint ; à la lumière de ses informations, il fit des recherches sur Jaanika von Trotha-Treyden, dont il apparut qu'elle avait été présente au Congrès des peuples d'Orient puis qu'elle avait été tuée au cours des combats contre les blancs à Gouriev au nord d'Astrakhan ; sans doute son corps avait-il été jeté à la fosse commune. Il ressortit alors un rapport concernant ce fameux congrès, rapport qu'il n'avait jamais pu utiliser de peur que le scandale qui en serait sorti éclaboussât de hauts responsables. Il y était fait état qu'une orgie avait eu lieu dans le train spécial des délégués du Comité exécutif du Komintern, à la présidence duquel Karl Radek se trouvait. Lors d'un arrêt à une gare du Caucase, Radek avait fait monter de vieilles musulmanes dans le wagon-salon du train ; elles amenaient de jeunes Caucasiennes, certaines pas nubiles, pour la distraction et l'agrément des camarades de Moscou. Elles les déshabillèrent devant eux. Ce fut le début d'une débauche qui dura toute la nuit. Agranov, dont la devise était : « S'il n'y a pas d'ennemi, il convient d'en inventer un, de le traquer et de le liquider ! », finit par trouver le moyen de faire servir deux tragiques histoires d'amour, celle d'Arius, celle de Marie Quint, à ses sombres conspirations. Si, comme moi je l'ai fait en consultant une biographie de Radek, Götz a pu vérifier la véracité des faits arrivés dans le wagon du Caucase, il suppose que l'épisode de la prophétie du moine au lendemain de l'assassinat de l'archiduc autrichien est une invention d'Agranov et de Marie Quint pour servir aux machinations du NKVD et alimenter l'imagination romantique d'Arius.

Un an avant qu'il partît pour l'Espagne et alors qu'il était invité au théâtre Maly à Moscou, Arius fut convoqué à la Loubianka. Agranov le fit interroger sur son rôle lors de l'Octobre allemand. Il lui fit reconnaître qu'il avait eu des relations avec les fascistes de Consul et les trotskistes, dont Radek. Il lui dit qu'il attendait de lui un témoignage montrant que Radek avait été payé par les nationaux-socialistes allemands et des agents britanniques pour faire capoter la révolution. Arius ne trembla pas lorsqu'il répondit qu'il avait toujours été un serviteur loyal du Parti mais que jamais il ne témoignerait faussement. C'est au nom de Jaanika von Trotha-Treyden qu'il trembla. Il crut d'abord qu'elle avait été impliquée dans un complot contre les autorités soviétiques. Alors Agranov lui fit le récit de l'orgie du train spécial, ajouta que Jaanika avait été assassinée sur les ordres de Radek parce qu'elle voulait le dénoncer au bureau exécutif du Komintern. Arius pâlit en lisant le rapport d'enquête sur la mort de la jeune femme ; il éprouva un trouble mystérieux quand il se souvint du récit que Marie Quint lui avait fait dans le parc Gorki et de la prophétie du moine gyrovague ; ainsi prenait-elle tout son sens au vu des événements du train du Caucase. Non, il n'y avait pas à tergiverser ; il fallait témoigner.

« Maintenant tu vois où est l'ennemi, dit Agranov ; que

vaut ton honneur au regard du bien que tu peux apporter au Parti !

— Mais vous en avez assez pour faire arrêter Radek ; pourquoi ne dénoncez-vous pas publiquement son crime ? fit Arius.

— Il ne faut pas que ce scandale moral porte préjudice au Parti. La presse étrangère n'attend que cela. On ne l'attaquera que sur l'affaire de l'Octobre allemand et on compte sur ton témoignage ! » Arius se déclara prêt comme on l'exigeait de lui.

Radek dut attendre un an pour que sa disgrâce fût consommée. Il fit partie de la seconde fournée des grands procès de Moscou. Depuis longtemps le pendule tranchant s'était rapproché de lui. Staline était de plus en plus dans les affres du complot trotskiste. Le procureur Vychinski accusa Radek. Des témoignages furent produits. Entre autres choses, on évoqua le piteux Octobre allemand. On produisit des témoignages à charge. Parmi ceux-ci celui d'Arius.

Radek se défendit habilement et fut condamné à l'exil dans une prison de Sibérie. Pour autant, il ne sauva pas sa peau, puisque deux ans après sa condamnation il mourut sous les coups de jeunes détenus de droit commun. Ses persécuteurs, Iejov, Agranov et Iagoda, furent eux aussi emportés par la machine diabolique qu'ils avaient servie. Ils firent partie des charrettes suivantes et furent aspirés par ce tropisme de l'Est : les camps où ils moururent exécutés ou sous les sévices. Leurs collaborateurs, proches ou lointains, les suivirent et Marie Quint fut arrêtée également.

La mémoire de Karl Radek fut réhabilitée par l'Union soviétique en 1988. Arius n'avait pas oublié son nom. Il apprit la nouvelle par la télévision, alors qu'il était à la clinique pour des complications respiratoires. Ce fut comme une secousse électrique. Il se leva de son lit, s'habilla et ce n'est que dans la cour de la clinique qu'on le rattrapa. Il était en proie à une grande agitation et ne cessait de dire qu'il voulait aller s'expliquer à Moscou car Radek ne méritait pas cette réhabilitation.

*

Rapport d'interrogatoire et conclusion. NKVD. 18 février 1940.

A été interrogée à la Loubianka une première fois Marie Quint, d'origine française, agent trotskiste, infiltrée au sein même de notre service depuis 1934 et ayant servi sous Iejov. A avoué avoir participé sous sa direction à la liquidation de tchékistes : a également avoué avoir en 1934 accusé faussement l'agent du GRU Manfred Arius d'avoir participé à l'exécution du camarade Zylberfarb, son amant. A dit pour sa défense qu'elle avait été troublée par le fait qu'il avait travaillé comme interprète militaire dans l'armée autrichienne à Odessa au moment de l'exécution du camarade Zylberfarb par les petliouristes auxquels les Autrichiens l'avaient remis ; qu'il portait le même nom qu'une des cartes d'un jeu de tarots que, lors d'une séance de voyance, elle avait tirée peu de temps avant l'exécution, carte qui avait prédit la mort de Zylberfarb, enfin qu'elle avait été abusée parce qu'il lui avait semblé avoir vu le camarade Arius au côté de gendarmes autrichiens au moment de l'arrestation du camarade Zylberfarb.

Lors d'un second interrogatoire plus serré, l'agent Quint a dit qu'elle avait appris de la bouche d'Arius qu'il n'était pour rien dans cette affaire mais elle n'était pas revenue sur sa dénonciation de 1934 parce qu'elle craignait de trahir son amour pour le camarade Zylberfarb en raison d'un sentiment qu'elle éprouvait pour le premier. Enfin, elle a de nouveau fait mention de cette histoire de cartes, affirmant que c'était à cause de ce jeu qu'elle existait, que c'était à cause de lui que ses ancêtres s'étaient rencontrés, et que c'était normal que cet Arius fût revenu pour séparer leur ultime descendante de celui qu'elle aimait. Ce genre de superstition montre bien l'état de délabrement idéologique dans lequel étaient tombés certains membres de notre service sous la direction de ce traître visqueux de Iejov. Devrait rejoindre toute sa clique au peloton d'exécution ou dans un camp. Quant au camarade Arius, il n'est que de constater qu'il a été injustement soupçonné, comme bien d'autres agents de nos services persécutés par les trotskistes.

14

Emmy ne fut jamais vraiment au courant des activités de Manfred en Espagne. Quant à son appartenance aux services secrets du Komintern, elle n'en sut rien. Elle connaissait juste sa sympathie pour les communistes. De toute façon, de leur première rencontre en 1927 jusqu'à leur séparation en 1940 après la naissance d'Anke, Manfred ne fut qu'un courant d'air. Et ce n'est que lorsqu'il vécut dans la clandestinité à Vienne, juste après son retour de Paris et de Prague, que leurs relations furent les plus intimes ; ce fut le temps où ils passèrent quelques séjours à la villa de Badgastein. Autrement, Manfred se cachait dans la cabane d'un verger d'Ottakring où Emmy venait régulièrement l'approvisionner.

La première fois qu'il la vit, le palais de Justice de Vienne était en train de brûler derrière elle. C'était le 15 juillet 1927, lors d'une manifestation socialiste contre le verdict trop indulgent rendu aux assassins de Schattendorf. Il sortait du Burgtheater où il était allé consulter des archives, lorsqu'un groupe informe de manifestants poursuivi par la police montée l'avait happé et lui-même avait été pris en chasse par un policier à cheval. Celui-ci lui assena un coup de bâton sur le nez puis, emporté par un reflux de la foule furieuse, Arius s'était retrouvé en face de l'université ; c'est là qu'Emmy le vit. Elle venait de l'Institut du radium de la Boltzmanngasse, où elle travaillait, et tâchait d'éviter la manifestation. Elle guida Arius jusqu'à une pharmacie située derrière l'université. L'officine était fermée à cause des événements mais Emmy, de par ses travaux à l'Institut du radium, connaissait les pharmaciens qui habitaient au-dessus. Elle se fit ouvrir et Arius fut soigné. Ils attendirent quelques heures que le calme fût revenu. C'est durant ce temps qu'ils firent connaissance, qu'il apprit – était-ce un signe ? – qu'elle était la sœur de Ferdinand Stadler, le directeur de l'usine de chaussures de Samarcande. Un peu plus tard, en tombant nez à nez avec l'ancienne locataire d'Anna Maria, Martha von Köplitz, qui l'air effaré sortait du palais de Justice, ils devaient se rendre compte que tous les deux la connaissaient ; Martha, Arius n'en avait plus eu de nouvelles depuis 1923, année où il s'était définitivement brouillé avec elle.

Voici en quelles circonstances Emmy se rapprocha d'elle. À la déclaration de guerre en 1914, Lemberg étant près de la Russie, Emmy, âgée de quinze ans, et ses deux jeunes frères furent envoyés par leurs parents dans différents pensionnats de Vienne tandis que Ferdinand, l'aîné, avait été mobilisé à la frontière russe. Il devait être fait prisonnier quelques mois plus tard et envoyé au camp de Samarcande, où Manfred allait faire sa connaissance en 1918. Fidèles fonctionnaires de la monarchie, les parents restèrent à leur poste à Lemberg. Ils le payèrent de leur vie ; dès le début des hostilités, la ville fut prise par les Russes. Les parents Stadler moururent du typhus qui frappa Lemberg durant son occupation. Emmy et ses jeunes frères ne l'apprirent qu'après la libération de la ville par les Allemands en 1915. C'est à cette date qu'ils durent quitter leurs internats car la provision déposée à la banque par leurs parents pour en couvrir les frais était pratiquement épuisée. Le reste des économies leur permit tout juste de s'installer dans un galetas de la Leopoldstadt. Emmy travailla dans une brasserie du Prater tout en s'occupant de ses petits frères et continuant d'étudier. Pourtant, en 1916, la situation devint si critique qu'elle dut aller sonner à la porte de Martha, une lointaine cousine sur laquelle les parents lui avaient dit qu'elle pourrait compter en cas de nécessité.

Un jour, Emmy alla donc chez Martha pour qu'elle lui prêtât de quoi s'acheter des chaussures. Elle tombait mal, un des amants de sa cousine arrivant sur les entrefaites. Martha humilia Emmy devant cet officier qui avait fière allure. Elle lui fit signer une reconnaissance de dettes. Ruinée, après la guerre, elle fit un procès à Emmy qui ne pouvait pas lui rendre l'argent. Elle n'obtint pas gain de cause ; les pièces du procès et la reconnaissance de dettes brûlèrent avec le palais de Justice en 1927, au moment même où Emmy rencontrait Arius. Beaucoup plus tard, Emmy se sentit coupable et s'occupa de sa vieille parente qui lui répétait : « C'est bien toi qui as payé les incendiaires ! Hein ? » C'est l'époque où je la connus.

Je vois que le conte qu'aimait la jeune Lyalya d'Odessa, ou quelque chose de sa trame, portait l'histoire d'Arius, et je le vois aussi à l'histoire des chaussures d'Emmy et je le vois encore en prenant maintenant connaissance des événements au centre desquels se trouve une fille qui faisait tapisserie au bal de l'université, en janvier 1932 exactement, et que rapporte Götz dans ses cahiers d'Elektrostal.

Cette fille se demandait ce que les autres filles, Elisabeth Kolisch, Hermine Stockl, Paula Grün, surtout celle-là avec son profil juif, avaient de plus qu'elle pour que des garçons aussi bien que Hubsi Brunner, Poldi Hinterleitner, Maxi von Daxau, avec leurs tailles si bien prises dans leur tunique à brandebourgs et leurs petites calottes brodées d'étudiants, les invitent tour à tour et ne lui accordent pas un mot, pas un regard. Celle qui faisait tapisserie et qui s'appelait Therese Ritter, et dont les parents étaient assis à une table de l'autre côté du grand salon de l'hôtel Bristol où virevoltaient plus de cinquante couples de danseurs aux notes de *Rose du Sud*, évitait justement les regards de ses parents en train d'essayer d'oublier que leur fille était la plus délaissée de ce bal pour lequel on se préparait depuis des mois. Therese Ritter sentait que son cœur se transformait en une distillerie d'un poison acide qui lui rongeait l'âme et tâchait de remonter à sa gorge en un sanglot. Et la musique pourtant magnifique et les figures composées par les danseurs sous les lustres étincelants du grand salon ne faisaient qu'activer cette opération chimique. Qu'est-ce qui lui manquait donc que les autres avaient ? Elle se leva, les jambes engourdies, et alla au vestiaire pour vérifier dans un miroir si quelque chose ne clochait pas dans son ajustement.

Avec sa toilette de gala prêtée par une cousine et arrangée par une couturière, elle se trouvait assez bien. Alors elle regagna la salle de bal où l'on avait temporairement cessé de danser. La Kolisch, la Stockl et la Grün se tenaient aux côtés de leurs cavaliers, lesquels entouraient leur professeur, Josef Strzygowski, et son épouse. Celui-ci, en frac, ses médailles universitaires à la poitrine, bavardait avec ses étudiants. Therese les rejoignit mais, comme elle se tenait en retrait, on continua de l'ignorer. Le professeur attira alors l'attention du cercle sur un couple qui venait d'entrer et dit : « Tenez, justement le voilà ! » C'était l'un de ses anciens étudiants, un oiseau rare qui en connaissait un rayon sur les inscriptions en sogdien de Pendjikent. « Une mémoire de marbre, une faculté de synthèse phénoménale et des intuitions fulgurantes. Songez qu'il a été le premier à découvrir l'influence de nos baroques Pozzo et Fischer von Erlach sur Boullée pour la conception du *Cénotaphe de Newton* ! Je l'ai encouragé à rédiger sa thèse sur le sujet mais il a préféré se lancer dans les décors de théâtre et c'est Kaufmann, son condisciple, qui s'y est mis. Avec brio d'ailleurs ! Mais je suis sûr qu'il nous apportera autre chose de très bien ! »

Arius était alors à portée de voix de son ancien professeur qu'il alla saluer. Il était en tenue de soirée, les cheveux gominés, peignés en arrière, une écharpe de soie blanche descendait de ses épaules. Il présenta sa cavalière : Emmy Stadler. Therese eut un frisson, à cause de la froideur du marbre d'une colonne contre laquelle elle venait, en reculant, de plaquer son dos décolleté ; alors, d'un mouvement inverse et pleine de courage, elle tâcha de se rapprocher du centre du cercle pour voir cet Arius de plus près. Elle n'y était pas encore parvenue, paralysée de nouveau par l'émotion d'une part, rejetée plus ou moins sciemment par les autres, que les premières mesures d'une polka retentirent. Alors elle retourna au vestiaire pour y attendre ses parents, résolue à rompre avec tout ce monde odieux.

La Grün et la Stockl y étaient à se rafraîchir. La première était assise et avait retiré ses escarpins et déplorait qu'ils ne finissent pas la soirée. « Ah, Therese, dit-elle, tu tombes à pic ; comme tu ne danses pas, tu pourrais peut-être me passer tes escarpins, mon ange ! » Et comme Therese ne bronchait pas, la Stockl s'adressa à elle : « Allons, sois gentille, Paula et Maxi, c'est du sérieux ce soir ! » L'autre répondit qu'elles n'avaient sans doute pas la même pointure mais Paula insista pour essayer les souliers de Therese qui dut céder. « Comme dans mes pantoufles, ma chérie ! Écoute, c'est pour deux ou trois tours ; après, je te jure, je te les rends et je te présenterai un jeune homme que tu pourrais intéresser ! » Therese passa finalement les escarpins malmenés de Paula et rejoignit la salle de bal où elle n'eut d'yeux que pour Manfred et Emmy à propos de laquelle elle ne cessait de se dire : « Mais qu'est-ce qu'elle a donc de plus que moi ? »

Paula ne rendit pas les souliers comme convenu ; elle le regretta, mais c'était si bien parti avec Maxi. Cinq ou six valses avaient passé lorsqu'elle voulut restituer les escarpins à Therese. Elle avait disparu avec ses parents. Le lendemain, Therese se réveilla avec, sur sa descente de lit, les escarpins ratatinés de Paula. Elle les attrapa et les jeta de toutes ses forces par la fenêtre. À la table du petit déjeuner, son père en robe de chambre lisait le journal. « Alors, tu t'es bien amusée hier soir, je crois ! Il me semble que je t'ai vue dans l'entourage du professeur Strzygowski. C'est une des éminences de notre université. Si cela t'intéresse, j'ai quelques-uns de ses ouvrages ; ils sont passionnants. De plus il n'a pas peur d'afficher ses convictions quant à la supériorité des civilisations du Nord. Plutôt que de continuer le droit tu devrais t'inscrire à ses cours ! »

Therese s'inscrivit au cours du professeur Strzygowski au deuxième semestre de 1933. Quatre ans plus tard, elle achevait une thèse sur les inscriptions du Kyzylkoum sous sa direction. Entre-temps elle avait écrit quelques articles dans une feuille antisémite publiée à Reichenberg, dans les Sudètes, des articles consacrés aux origines de l'architecture aryenne. Elle publia, toujours dans la même feuille, un curieux opuscule consacré aux cités idéales. Elle y mettait en relation les réductions jésuites d'Amérique du Sud et les villes visionnaires de certains princes du Saint Empire.

L'été, elle s'adonnait au naturisme au bord de lacs alpestres. En 1936, elle suivit des cours d'architecture à Munich ; ce fut pour elle l'occasion d'entrer dans une organisation féminine du parti nazi. Dans la nuit du 12 mars 1938, qui suivit l'Anschluss, elle se trouvait à Vienne dans un bureau d'une section locale du parti ; elle suivait les événements à la radio. En rentrant chez elle vers minuit, elle tomba sur un groupe de SA qui était à terroriser une famille juive condamnée à savonner le trottoir ; c'était non loin du carrefour de la Gumpendorfer Strasse et de la Stumpergasse. Elle reconnut Paula Grün agenouillée sur le pavé. Elle fonça sur elle, s'arrêta net et promena la pointe de son pied juste devant le nez de la pauvre fille. Les autres rirent sans savoir pourquoi.

Trois ans plus tard, mariée avec l'*Obersturmbahnführer* Dürring, ingénieur à la direction centrale des bâtiments de la Waffen-SS et de la police d'Auschwitz, elle s'établit avec lui au camp ; elle y travailla en qualité d'auxiliaire SS à la gestion des stocks féminins. Elle était appréciée de son entourage à cause de ses connaissances en architecture et on goûtait sa conversation lors des réceptions entre familles SS, surtout quand elle soutenait des thèses aussi étonnantes que les camps n'étaient que des succédanés des réductions jésuites et que les provinces (*Gau*) nazies reprenaient l'ancienne structure du Saint Empire. Un jour qu'elle était particulièrement inspirée, elle s'amusa à imaginer une noblesse du IIIe Reich, et on se gratifia de titres, grand-duc d'Auschwitz, margrave de Treblinka, comte de Belzec. Elle s'adonnait à des beuveries et, en juillet 1944, elle éclata de rire alors qu'elle se tenait maladroitement juchée sur un tas de chaussures de femmes, qu'elle s'amusait à envoyer en l'air. Elle ne pouvait pas entendre les accords de l'ouverture d'*Iphigénie en Tauride* que Xenia Zylberfarb jouait au même moment sur un piano désaccordé dans un bordel de kapos au camp de Belzec, alors que montait la fumée des crématoires, mais au moins percevait-elle dans son ivresse, ténues, les vibrations de l'Histoire, l'Histoire monstrueuse, mais au fond de celle-ci, d'autres vibrations venues du conte préféré de la petite putain qu'Arius avait aimée à Odessa.

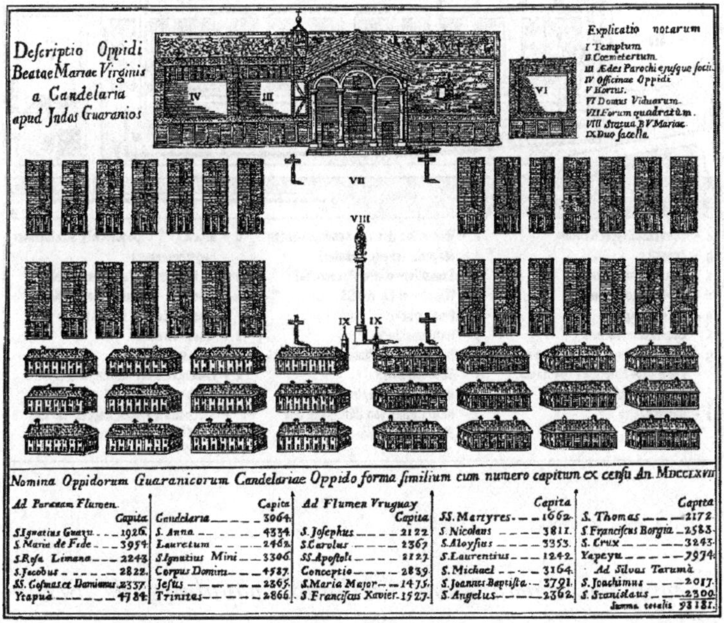

*

A comparu devant nous, tribunal populaire de Berlin-Lichtenberg.

Ritter, Therese, épouse Dürring, née le 25 avril 1907 à Vienne, remise à nos services par les autorités soviétiques, a reconnu avoir collaboré à l'organe fasciste Le Glaive d'As-Gard *de 1935 à 1938, y avoir écrit des articles incitant à la persécu-*

*tion des Juifs et à la liquidation des communistes, avoir fait partie de l'organisation fasciste de la Waffen-SS à partir de son mariage avec l'*Obersturmbahnführer *Karl Heinz Dürring, c'est-à-dire en 1942, avoir exercé des fonctions d'auxiliaire dans le camp d'Auschwitz, avoir dépouillé nombre de déportés juifs, communistes, de leurs bagages et biens personnels, bijoux, or dentaire, avoir au moment de la défaite du régime fasciste laissé mourir de faim des enfants juifs du camp. A fourni pour sa défense que c'était l'amour qui l'avait amenée à détester les Juifs. A signé ses aveux du nom de grande-duchesse d'Auschwitz. Sur quoi nous avons fait observer à l'accusée qu'elle portait gravement atteinte à la mémoire de millions de victimes, qu'elle insultait le tribunal et que cela aurait des conséquences graves. L'accusée a répondu qu'elle était bien grande-duchesse, qu'elle tenait son titre légitimement. Puis elle s'est lancée dans un exposé tissé d'absurdités sur un projet de résurrection du Saint Empire romain germanique. Avons constaté à la suite de ces propos que l'accusée ne disposait pas de toutes ses facultés mentales. Un second interrogatoire en présence d'un médecin psychiatre, interrogatoire au cours duquel l'accusée a sorti un jeu de cartes de dessous sa blouse, a permis de confirmer cette constatation. A été condamnée à la prison à perpétuité et envoyée au centre d'Erfurt.*

Fait le 7 septembre 1945 à Berlin-Lichtenberg.

15

En 1971 furent signés les accords de transit entre la RFA et la RDA. Ils facilitaient l'entrée des Allemands de l'Ouest à l'Est et réduisaient les formalités et tracasseries qui jusqu'alors accompagnaient leurs visites. Ce fut le début d'une période difficile pour Mielke, le chef de la Stasi, qui redoutait que toutes ces visites des *Wessis* ne cachent des contacts illégaux et ne servent d'une manière ou d'une autre des passages de ses concitoyens à l'Ouest. Le résultat de ces accords fut que de méfiant il devint paranoïaque. Il mit la Stasi sur les dents, multiplia les circulaires et commença à échafauder des plans faramineux pour circonvenir davantage les habitants de la RDA par un « rempart antifasciste ». Le progrès technique aidant, ces plans devaient aboutir au projet Mauer 2000 qui ne se réalisa jamais. Dès 1971, il fit plancher des ingénieurs sur différents systèmes qui permettraient de rendre les frontières de son pays complètement hermétiques, du moins dans le sens Est-Ouest. Car il y avait urgence, les fuites vers l'Ouest se multipliaient.

Quatre ans plus tard, les choses ne s'arrangeant pas, Mielke créa le Groupe de coordination et de lutte contre la fuite et les transfuges, et ses ingénieurs conçurent un mur de quatrième génération fait de blocs de béton préfabriqués. L'inflexion de la courbe des passages illégaux à l'Ouest à partir de cette date témoigne de l'efficacité de son travail. Cependant, pour moins poreuse qu'elle fût, la frontière laissait encore passer trop de fugitifs aux yeux de Mielke. Chaque tentative réussie était une insulte envers sa personne et le mettait dans des colères écarlates qui terrorisaient son entourage. Une réunion du groupe de coordination eut lieu en octobre 1979 dans la salle de conférences jouxtant son bureau. Après avoir recensé tous les procédés utilisés par les fugitifs, des plus courants : tunnels, voiture ou camion avec une cache, aux plus sophistiqués : câble tendu au-dessus du Mur, ballon à air chaud, scaphandre tracté par un moteur de mobylette, mini-avion, sous-marin de fortune, le conférencier, un ingénieur timide, présenta sur un écran différents projets destinés à rendre la frontière complètement hermétique. Il y en avait trois : un mur de cinquième génération encore plus haut que les précédents, des canons magnétiques dont le constant feu croisé devait empêcher la traversée du no man's land, projet qui n'avait pour inconvénient que de nécessiter une énergie électrique considérable que toutes les centrales de RDA réunies n'étaient pas capables de fournir, enfin le dernier, qui était une série de sphères – chacune mesurant plusieurs centaines de mètres de haut – qui devaient englober les grandes agglomérations de RDA où on aurait rassemblé la plus grande partie de la population du pays, ces sphères communiquant entre elles par un système de trains souterrains.

Quand le dessin de ces villes sphériques apparut sur l'écran, Mielke redressa sa massive petitesse pour afficher sa perplexité. Perplexe, il ne l'était pas à cause du caractère fantaisiste de la vision qui s'offrait à lui – ce projet était aussi utopique que le précédent – mais parce qu'il fut transporté quarante-six ans en arrière. « Qui est-ce qui a pondu cela ? » s'écria-t-il d'une voix où les autres ne savaient distinguer un quelconque sentiment. On entendit un léger cliquetis de médailles sur la poitrine du présentateur, sans doute dû à son émotion, à sa crainte de devoir rendre des comptes à son chef. Mais une voix faible et enrouée se fit entendre, venant du fond de la salle, tout au bout de l'immense table de conférence : « C'est nous !

— Qui *nous* ? fit Mielke agacé sans se retourner.

— Moi, colonel Luecke, le lieutenant Probst et l'ingénieur Kauder…

— Alors, vous allez me dire d'où vous tirez cette idée absolument géniale qui n'est pas de vous… »

Luecke reprit la parole : « Eh bien voilà, camarade ministre, c'est qu'on a été pris de vitesse. On ne savait plus que faire et alors mon gendre, le capitaine Helmar Götz, à qui j'en ai parlé, m'a apporté ça qu'il a récupéré, il y a quelques années, chez un artiste…

— *Ça*, vous savez ce que vous appelez *ça* ? » dit Mielke après s'être levé et avoir pris la place du présentateur. Puis, en bombant le torse et avec un sourire de triomphe qui rassura tout le monde, il déclara pompeusement : « Ce que vous appelez *ça*, c'est le *Cénotaphe de Newton* ! La dernière fois que je l'ai vu, c'était à Albacete, en Espagne, lors de la guerre où j'ai combattu ! »

Le lendemain de la conférence, Mielke reçut Götz et son beau-père dans son bureau. Il était en train de décapiter le premier de ses deux traditionnels œufs à la coque du petit déjeuner. Götz, au garde-à-vous, tenait sous le bras le dossier Arius renfermant entre autres une photo agrandie du *Céno-*

taphe. Mielke lui demanda comment il avait pu accéder à ce document.

« Il s'agit d'un artiste qui a travaillé pour nous il y a quelques années. Il avait été mêlé de loin à un incident qui avait mis aux prises l'armée populaire nationale et la Mission militaire française interalliée de Potsdam. D'autre part sa fille avait fui à l'Ouest. Je n'avais pas vraiment de preuve qu'il ait joué un rôle dans l'une ou l'autre affaire, mais l'occasion était trop belle pour ne pas en faire un collaborateur inofficiel car il fréquentait pas mal de monde dans le milieu artistique et universitaire. Si mes souvenirs sont bons, il dirigeait la section de scénographie à l'institut cinématographique de Babelsberg dans les années soixante. Il m'a honnêtement informé jusqu'en 1975. Après je l'ai mis en veille. Il avait pris sa retraite depuis plusieurs années. Il vivait complètement seul, si bien qu'il n'était plus d'aucune utilité. C'est au cours d'une visite de son appartement avec mon équipe que j'ai pris des photos de ce que vous appelez le "cénotaphe". Une gravure parmi d'autres accrochées à ses murs. Ça m'avait impressionné, cette sphère gigantesque.

— L'artiste en question s'appelle Manfred Arius ! dit Mielke avec une pose.

— C'est exact, camarade ministre ! » répondit Götz toujours aussi raide.

Après avoir fait débarrasser les restes de son petit déjeuner par sa secrétaire, Mielke posa le dossier sur son bureau et en tira le cliché du cénotaphe. Il ne résista pas au plaisir de donner des explications : « Arius n'est pas l'auteur de ce projet ; c'est un Français qui a conçu cela durant la révolution de 1789 ; il s'appelle *Bulle* ! »

Les deux autres eurent une expression ostensible d'admiration.

« Vous pouvez disposer, leur dit Mielke ; inutile de vous dire que votre projet n'est pas retenu. Pour le reste, votre petite tricherie m'a mis de bonne humeur. Il n'y aura pas de suite ! » Götz et Luecke firent un salut militaire impeccable que Mielke leur rendit négligemment avec un morceau de blanc d'œuf qui tremblait au bout de son majeur.

Dans le couloir, Götz et son beau-père attendirent d'être assez loin du bureau de Mielke pour s'essuyer le front et se dire qu'ils avaient eu chaud.

*

En avril 1937, presque dix mois après le début de la guerre civile en Espagne, Arius débarqua à Benidorm situé alors en zone républicaine. Chargé de l'instruction idéologique des nouvelles recrues, il avait quitté la Russie dix jours auparavant en compagnie de deux Tyroliens et d'un Allemand, qui devaient se joindre au bataillon Thälmann, unité des Brigades internationales établie à Albacete et composée d'Allemands, de Juifs d'Europe centrale et d'Anglais. Leur bateau, un simple cotre de pêche battant pavillon turc, chargé d'armes et de pièces détachées de chars BT5, était parti d'Odessa. Il avait traversé la mer Noire, passé le Bosphore et mit le cap sur la côte espagnole, où il devait jeter l'ancre dans une crique non loin de Tortosa. À cause de navires de guerre italiens et de sous-marins franquistes qui croisaient non loin de là, ils durent accoster par une nuit couverte à l'ouest de Benidorm. Des camarades les accueillirent, chargèrent le matériel sur un camion et les emmenèrent à Albacete, plus précisément au camp de Pozo Rubio à quelques kilomètres de là. Ils y arrivèrent aux premières lueurs du jour. Manfred prit Calderón comme nom de guerre. Il eut une chambre dans un des baraquements réservés aux officiers et situés dans une pinède à proximité d'un château dont les propriétaires avaient déguerpi dès le début de la guerre. Bientôt il eut comme voisin de chambre Mielke, arrivé de Riazan. Celui-ci était souvent absent en raison de ses tournées d'inspection dont le but était de repérer les trotskistes dans les rangs des brigades afin qu'ils soient éliminés. Sans revenir aux événements de la Bülowplatz à Berlin quelques années plus tôt, Mielke cherchait la compagnie d'Arius qui lui avait raconté ses aventures d'Asie centrale et était capable de réciter de longs passages de Lénine. Mais ce qui l'intéressait le plus en lui, c'était le Viennois et le mélomane.

*

C'est donc à Albacete que furent écrites les premières lignes de mon mémoire. Manfred y songeait depuis quelques années avant même que sortît en 1933 le livre de Kaufmann *De Ledoux à Le Corbusier* mais il avait été distrait de son projet par son activité politique et son travail dans les théâtres de Vienne et de Berlin. Une angoisse irrépressible l'avait saisi lorsqu'il avait découvert dans la vitrine d'un libraire du Graben à Vienne cet ouvrage avec sa couverture illustrée d'une vignette représentant le *Cénotaphe de Newton.* Il ne s'était calmé que trois heures après avoir achevé la lecture du livre dans un café voisin. Même si dans son livre Kaufmann avait réalisé un excellent travail, il n'y était pas question de l'influence de Pozzo ni de celle de Fischer von Erlach, ni des constructions du Turkestan et surtout pas des décors de théâtre. Aucune analyse marxiste non plus. Mais il ne pouvait plus se départir de cette nécessité d'écrire lui aussi un livre sur la cité idéale enfantée par le *Cénotaphe*.

À côté de ses activités d'instruction et de renseignement, Manfred trouva assez de temps pour se mettre à l'écriture dans son bureau, au fond de la pinède. Il ne cachait pas à son entourage qu'il travaillait à la rédaction d'un livre et Szinda lui-même le note dans son rapport de 1941.

Mielke était au courant du projet d'Arius. C'est sur la couverture du livre de Kaufmann posé sur une table qu'il vit pour la première fois le *Cénotaphe* ; il le prit pour un aérostat. Il fallut lui expliquer ce qu'était un cénotaphe : un tombeau vide donc, une sorte de monument à la mémoire d'un grand homme. Il fallut lui expliquer qui était Newton. Il fallut lui montrer que ce monument devait mesurer quelque trois cents mètres de hauteur. Les deux hommes sympathisèrent ; ils ne se disputèrent qu'une fois : à l'occasion d'une cuite prise par Mielke pour fêter la victoire des républicains à Brunete. Il voulut faire trinquer Arius avec lui, alors que celui-ci était plongé dans mon mémoire. Mielke se fit plus pressant, voulut embrasser à la russe son camarade chéri qui le repoussa au point qu'il perdit l'équilibre et chut sur un gramophone à proximité. Un disque y était posé, la *Symphonie inachevée*, qui fut brisé. Mielke le remplaça quelques semaines plus tard.

*

En septembre 1937, l'Espagne marqua une étape de plus dans le zèle d'Arius à servir le Parti. Choisi parce qu'au NKVD on sait qu'il est fidèle à la ligne – il a fait ses preuves lors de l'affaire Radek – et aussi parce qu'il s'est peu montré dans le milieu des Brigades et qu'il connaît la petite crique près de Benidorm, il a reçu de Szinda et Zaisser la mission de se faire passer auprès de Pavo, un chef anarchiste, pour un trotskiste anglais chargé d'aider les camarades pourchassés par le pouvoir communiste espagnol. Il doit gagner la confiance de Pavo et lui annoncer qu'un cargo anglais viendra le chercher au large de Benidorm pour l'emmener à Gibraltar. Leur première rencontre a eu lieu un soir dans une chapelle au milieu d'une oliveraie aux environs d'Albacete. Pour l'occasion, Arius a revêtu un uniforme de coupe anglaise et on l'a muni d'un passeport britannique au nom de John Macaulay. L'autre ne parlant que l'espagnol, il n'a pas eu de peine à se faire passer pour un interbrigadiste britannique. Après une deuxième entrevue, Arius l'a emmené en voiture jusqu'à Benidorm où un cargo était au rendez-vous. Les choses se sont déroulées vite et sans le moindre incident. Pavo n'y a vu que du feu. Lorsque Arius est rentré faire son rapport à Szinda, Mielke, entretemps mis au courant, l'a félicité de son efficacité. Puis, avec un air solennel, il lui a appris l'arrestation de son patron du GRU Jan Berzine, accusé lui aussi de trotskisme.

Bien plus tard, quand il a eu Götz sur les talons, Arius s'est souvenu de Pavo pourchassé, et du rôle qu'il avait joué dans son enlèvement. Mais même s'il pensait que l'Espagnol était un traître, il avait eu la naïveté de croire qu'il serait jugé équitablement. Ce n'est qu'en 1956, après la mort de Staline, qu'il a su que Pavo avait été torturé à mort dans les caves de la Loubianka quelques semaines après son embarquement à Benidorm.

16

En quête du héros qu'avait été son père, lequel n'était plus qu'un fantôme, Jeanette en trouva quelques vapeurs à Paris en 1993. Marianne l'y accompagna. Ce n'était pas seulement un voyage touristique. Les deux femmes prirent une chambre au Lutetia et y passèrent deux semaines : c'étaient les Werjowkin qui, sans compter, subvenaient à leur dépense. Jeanette vivait chez eux quand elle n'était pas en vadrouille entre Vienne, Badgastein, Hallstatt et Berlin.

Elles passèrent beaucoup de temps au bar du Lutetia, dans le grand salon, aussi à l'Institut historique allemand, où elles firent la connaissance du fils d'un ancien compagnon d'Arius, du temps qu'à son retour d'Espagne il avait séjourné à Paris. On fit également une visite à l'hôpital Sainte-Anne où le mari de Michèle Dacenois était chef de clinique. Car depuis deux ans, Jeanette perdait du poids, avait un bourdonnement dans la tête et des accès d'angoisse térébrants. Alors elle essayait de s'étourdir dans ces voyages que les Werjowkin, qui l'adoraient comme leur fille, ne rechignaient jamais à lui offrir. Mais passé quelques heures de dépaysement, les hantises revenaient à la charge. Car, même si Arius était encore vivant, dans quel état, à vrai dire, un légume, *demens precox*, disait-on à la Charité, son ombre, celle du héros formidable, ne tardait pas de faire son apparition dans un coin du décor. Les voyages de Jeanette n'avaient pour but que de rassembler des traces d'un père qu'elle n'avait que peu connu, parce qu'en passant du côté de Lilo, de Hasslinger (qu'elle appelait Claudius), elle l'avait trahi. Et c'était à Paris comme ç'avait été Hallstatt, Badgastein ou Vienne, lieux où elle avait tenté de capter par le cœur la fine brume laissée par son père.

Un ordre du Comité exécutif du Komintern était arrivé à Albacete, où Arius se trouvait ; à la suite de quoi, à la mi-décembre 1937, des camarades français étaient venus le prendre à sa sortie d'Espagne, passant par les chemins enneigés des Pyrénées pour l'emmener à Paris. Il avait fréquenté régulièrement le Lutetia. En effet, depuis la prise du pouvoir par Hitler, nombre d'antifascistes, dont des communistes allemands, s'y étaient réfugiés, fomentant des projets de complots pour renverser le régime nazi, tâchant d'alerter l'opinion internationale, espérant même un conflit qui pût entraîner une révolution dans leur pays.

Son séjour à Paris se partagea essentiellement entre le Lutetia et la Bibliothèque nationale. Il déambula aussi entre quelques théâtres, où il cherchait du travail, et les domiciles de compatriotes exilés. Au Lutetia, il fut de presque toutes les réunions des émigrés antifascistes, fidèle à la ligne du Komintern et à sa mission d'agent du renseignement. Il appartenait au comité de secours aux victimes du fascisme allemand. Il rédigeait des rapports sur certaines personnalités du cercle, des sociaux-démocrates surtout, mais parfois des communistes sincères. Il remettait ses rapports chaque fin de semaine à un nommé Jean Delbeck qui les envoyait par radio à ondes courtes à Bruxelles.

Götz note ce fait étrange : Manfred se retrouva un matin au pied du 5 de la rue de Tournon. Il était à bavarder avec d'autres exilés, l'écrivain Joseph Roth et le dramaturge Ödön von Horváth : celui-ci l'invita à l'accompagner l'après-midi à une séance de *Blanche-Neige et les Sept Nains* de Walt Disney qui venait de sortir. Arius refusa, fidèle à ses petits théâtres. Le lendemain, il apprit la mort de Horvath en face du théâtre Marigny ; une branche d'arbre arrachée par une bourrasque lui avait été fatale alors qu'il rentrait de la séance de cinéma. Arius songea à l'aventure de son ancêtre Konstantin.

*

Quelle science mystérieuse fit que dans son délire mon père mourant associa ce terme de fasciste, venu d'Arius, à Draveil lié à la figure de ma mère morte depuis trente ans ? Je ne le sais. Comme le met en évidence le rapport de Götz, Arius s'était rendu à Draveil lors de la conférence de Berne, le 30 janvier 1939. Que Draveil devînt Berne, cette ville de Suisse alémanique, elle le dut aux précautions prises par les communistes allemands. Ils ne pouvaient qu'être sur leurs gardes. Mal vus par le gouvernement français, poursuivis par les agents de la Gestapo infiltrés en France, ils durent à la sympathie du maire communiste de pouvoir tenir cette conférence dans cette petite ville de Seine-et-Oise, précisément dans une maison isolée de la forêt de Sénart. Sans doute choisirent-ils ce nom de ville suisse en souvenir de la première conférence de Berne qui jeta les fondements de la IIIe Internationale. Pour les Allemands et les Autrichiens – notamment Koplenig, que Manfred avait connu à Perm en 1921, alors qu'il l'assistait à convertir ses compatriotes prisonniers à passer du côté des rouges –, il s'agissait de préparer l'après-Hitler et de réfléchir à l'organisation d'un régime communiste en Allemagne. Arius se rendit donc à Draveil en train avec Arthur Pieck, un homme de théâtre qu'il avait connu à Berlin, qu'il retrouverait à Moscou à la fin de la guerre et dont le père allait être le premier président de la RDA.

*

Ma mère connaissait bien Draveil. Elle y accompagnait son père comme mon frère et moi l'accompagnâmes plus tard jusqu'à ce jardin poétique planté de légumes et de quelques arbres fruitiers, jardin qui pour moi est une raison suffisante d'aimer la France. Établi dans une maison cossue de Montgeron depuis les années vingt, mon grand-père Alfred avait acheté ce lopin de terre allée des Sycomores à Draveil à la naissance de ma mère pour agrémenter l'ordinaire de la famille. À Vienne, il m'arrivait de songer avec regret à cette minuscule parcelle de sol français comme d'un lieu où j'aurais pu être heureux sans songer à d'autres pays. Il ne faut pas être grand savant pour comprendre que c'est la douceur de ma mère disparue qui s'est, pour moi, attachée à ce jardin où elle passa une partie de son enfance.

Cette apparition du nom de Draveil dans l'histoire d'Arius m'amène donc à revenir sur le versant maternel de l'Allemagne. Alfred connut Berlin en 1919 en qualité d'ordonnance d'un des officiers français chargés d'examiner les papiers saisis chez Karl Radek juste avant son incarcération à la prison de Moabit, puis il fit partie de la mission militaire interalliée du général Niessel qui devait contrôler l'évacuation des territoires baltes par les corps francs allemands. Peut-être tenait-il de cette époque son horreur du communisme. Par la suite, il avait fait l'occupation de la Sarre en tant que commandant du train, puis il s'était marié et installé à Montgeron. Ma mère était née. Alfred fut nommé commissaire militaire à la gare de Lyon en 1939, tâche dont il s'acquitta parfaitement. Bien que son prénom fût Alfred en souvenir de Dreyfus, c'était un homme du XIXe siècle avec des côtés courtelinesques et des principes étroits, ce qui ne l'empêchait pas d'écrire des sonnets sentimentaux.

En 1946 Alfred fut envoyé en Allemagne pour organiser les transports ferroviaires dans la zone française. Ma mère suivit ses parents. Ils s'établirent d'abord à Herrenalb, au nord de la Forêt-Noire. Ma mère fréquenta le lycée de Fribourg pendant un an. Puis Alfred dut aller en zone américaine à Karlsruhe où il réglait les questions de transit ferroviaire. Ma mère fut alors envoyée dans une pension au lycée de Baden-Baden ; on y était plus tenu et c'était plus proche. Ces trois années marquèrent considérablement la famille. Alfred et sa femme qui ne se remirent jamais de devoir rentrer en France, surtout ma mère qui pour toujours dévoua son âme aux paysages du pays de Bade, à ses coulisses forestières brumeuses d'automne, à l'idyllique Baden-Baden. Elle en conçut une inextinguible nostalgie qui devait la conduire à se marier avec mon père et dont j'allais *ab ovo* hériter.

Alfred, lui, rapporta d'Allemagne des vues romantiques du Rhin et du Neckar, un fanion nazi, une pendule Biedermeier, et une autre *Jugendstil* et un coucou de Forêt-Noire. Ils devaient sonner tous en même temps et une partie de sa retraite fut passée à les régler pour que, dans un parfait accord, ils distillent une atmosphère germanique dans la maison de Montgeron.

La grande silhouette d'Arius, telle que je la vis ce lendemain de Noël à Vienne, je l'imagine se tenant un soir avec ses camarades dans la maison forestière de Draveil, alors qu'un poste de radio nasillard, avec ses ondes erratiques, y fait entendre un discours de Hitler et les acclamations des fascistes. Comme je me représente ma mère dans le même temps, encore enfant, dans la chambre au sous-sol de la maison à Montgeron. Le mercredi 1er février 1939, à l'heure où Arius écoute la radio, entouré de tous les hommes qui vont faire cette Allemagne où mon père errera, celle dont enfant je rêverai, ma mère est à son petit bureau et, dans le cercle de la lampe basse, elle fait ses devoirs pour que demain elle puisse aller se promener avec le patronage dans la forêt de Sénart. Et je la vois avec ses camarades, la religieuse qui les accompagne, dans un léger brouillard pénétré de soleil. Ainsi Arius et ma mère, qui jamais ne se sont rencontrés, se sont pourtant frôlés dans le temps et dans l'espace, et mon père dans son délire de mourant a eu raison de les réunir.

17

J'ai déjà évoqué ces circonstances : mon père avait failli entrer dans la Résistance et sans doute l'aurait-il fait si des oncles ne l'en avaient dissuadé en lui représentant qu'il allait causer bien du tracas à sa mère.

Il se trouva à faire partie d'un contingent de jeunes hommes qui partit de la gare de N… un soir de la fin de juin 1943, particulièrement chaud cette année-là. Il y avait des embrassades, des pleurs sur le quai de cette gare, qui comme toutes les gares en ces temps fut la scène de bien des joies et des peines humaines. Mais mon père n'était pas particulièrement triste de partir. Des haut-parleurs saluèrent son arrivée à Karlsruhe. Ils disaient que le grand Reich était heureux de recevoir la jeunesse française, que celle-ci pouvait être fière de servir son pays en permettant par sa relève le retour des combattants français dans leur foyer, fière de participer aussi par son travail au combat de l'Allemagne et de la France contre le bolchévisme.

Sur la place de la gare, mon père et une dizaine de ses compagnons sautèrent dans des camions qui les conduisirent à un casernement dans le sud de la ville ; là on leur fit prendre une douche, on les tondit complètement, on désinfecta leurs vêtements, après quoi ils furent envoyés en forêt, près de Freudenstadt où, s'étant restaurés, ils se mirent au travail sous la surveillance d'un contremaître pas antipathique.

*

À quoi bon se demander si le destin de Jeanette aurait été autre sans cette rencontre de Landsberg ? Pour mon père, les choses se passèrent ainsi. Cela faisait six mois qu'il était en Allemagne quand, par l'entremise du souteneur Drexler, il fit la connaissance d'un fourrier de la Wehrmacht. Mon père n'était plus dans la forêt, à dresser des fours à charbon de bois. Cela n'avait duré qu'un mois, après quoi il avait été embauché à la fabrique de peinture Fritz Holl GmbH de Karlsruhe ; très rapidement, par son zèle et sa débrouillardise, il devait s'attirer la sympathie et l'estime de son patron qui le payait convenablement, ce qui allait lui permettre de s'installer dans une chambre de la Durlacher Strasse. Investi de certaines fonctions par celui qu'il appellerait toujours Fritz et disposant, pour les remplir, d'un laissez-passer qui lui permettait de circuler comme il le voulait dans le district de Karlsruhe, il en fit tous les usages possibles. Comme je l'ai dit, il servit aussi un réseau d'évadés des stalags ; c'est dans ces circonstances qu'il fit la connaissance de Geoffroy Tancremont qui venait juste de se sauver de l'oflag de Weinsberg. D'un autre côté, il s'était acoquiné avec quelques piliers d'une brasserie près de la gare, compagnie cosmopolite qui s'adonnait au jeu et au marché noir. Il se trouva bientôt à faire le trafic de chaussures et d'alimentation qu'il entreposait dans un garage dont sa logeuse de la Durlacher Strasse lui avait laissé l'usage. Or il arriva que son commerce amenât mon père à écouler des cigarettes Trommler détournées du front russe par le fourrier. J'ai eu entre les mains de ces cigarettes rangées dans une boîte en fer-blanc frappée d'un joli écusson. Le train de vie de Grant devait susciter des jalousies car il fut dénoncé par un autre Français. Un matin de la fin de novembre 1943, la police fit irruption chez lui, lui ordonna d'ouvrir le garage et l'entraîna à la prison de Karlsruhe d'où, quelques jours plus tard, il fut transféré à Pforzheim. C'est là qu'il fut condamné par le tribunal à une peine de six mois de forteresse à Landsberg-am-Lech.

La prison de Landsberg, la seule fois que je l'ai vue, ce fut cette après-midi de décembre où mon père, Anke, mon frère et moi nous rendions à Vienne, l'avant-veille de ma seule et unique rencontre de Manfred Arius. Bien que je fusse au volant, je pus voir que c'était un bel édifice de style wilhelminien dont le bâtiment d'entrée était orné de clochetons à bulbe. Elle ressemblait au décor d'un conte. Lorsque mon père y arriva en 1943, Manfred Arius s'y trouvait incarcéré depuis la fin de décembre 1942. Il avait alors quarante ans passés et avait été condamné par la deuxième chambre de tribunal de Munich à une peine de forteresse à perpétuité. Comme communiste, mais aussi pour avoir témoigné en 1929 à Vienne contre des membres du Front des combattants lors du procès de Schattendorf, lesquels membres devaient finir au parti nazi et lui vouer une haine éternelle, il était depuis longtemps dans le collimateur de la Gestapo et figurait sur des listes de personnes recherchées. On l'imaginait en Russie avec bien d'autres qui y vivaient en exil après la guerre d'Espagne ; en réalité, il était en France, ce que confirme un rapport de Szinda. Puis, muni de faux papiers autrichiens sous l'identité de Fritz Bader, il avait circulé entre Prague, Vienne et Berlin ; c'est à cette époque que sa mère était morte ; on avait pensé qu'il serait à son enterrement à Potsdam et qu'on aurait pu l'arrêter à ce moment ; les agents de la Gestapo en furent pour leurs frais. En contact avec le réseau de résistance de Rudolf von Scheliha et Harro Schulze-Boysen, qui furent, comme bien d'autres, exécutés à Berlin-Plöttensee, il se cachait à Vienne. Emmy, qu'il connaissait depuis la fin des années vingt, avait une sorte de chalet au fond de son jardin d'Ottakring, dans la banlieue viennoise. Il y avait vécu dans la clandestinité à partir de 1940, ce qui ne l'avait pas empêché de concevoir Anke. Il s'était laissé pousser un bouc ; il était alors chargé par le GRU du dépôt de postes émetteurs de radio ; il mettait une dernière main à mon mémoire de maîtrise. La raison pour laquelle il quitta brutalement Vienne huit mois avant la naissance d'Anke reste mystérieuse. Pour avoir laissé son manuscrit chez Emmy, il devait songer à revenir à Vienne ; mais cela ne se fit pas. On peut supposer un ordre de Moscou. En tout cas, il était à Berlin, dans une pension de famille, toujours sous l'identité de Fritz Bader, au moment de son arrestation. La Gestapo avait trouvé son nom et l'adresse de son hôtel dans des papiers laissés par l'orientaliste Philipp Schaeffer, une relation des studios de l'UFA à Babelsberg, et qui, lui-même, avait été arrêté avec Scheliha.

Qu'Arius n'ait pas fini exécuté à Berlin-Plöttensee comme bien d'autres et ait atterri à Landsberg, il le devait à l'amitié de l'acteur Gustaf Gründgens, qu'il avait fréquenté durant son activité chez le célèbre metteur en scène Max Reinhardt, et au fait que les nazis avaient besoin de ses services. Tout de suite après son arrestation, sa cousine Verena, fille de l'aéronaute Nelson, était entrée en contact avec Gründgens, lequel était allé trouver Goebbels pour plaider la cause d'Arius, dont le génie n'était pas moins contestable que la naïveté de s'être lié avec des comploteurs. Fut aussi déterminante l'intervention de l'architecte Hermann Giesler, qu'Arius avait connu à la Königliche Kunstgewerbeschule de Munich en 1923 lorsqu'il y avait pris des cours pratiques ; il se souvenait très bien des maquettes romaines faites par Arius à cette époque. Ce Giesler, qui ne doit pas être confondu avec son frère Paul, lui-même architecte, avait toujours estimé le travail d'Arius et, comme son frère, il était un membre en vue du parti nazi. Il ignorait l'engagement politique d'Arius au point qu'à la fin des années vingt il lui avait même proposé de prendre sa carte au NSDAP. Giesler était depuis 1938 à la tête du projet urbain de Munich, Hauptstadt der Bewegung, lequel projet comptait parmi les folies architecturales de Hitler, comme le projet Germania, capitale du monde.

Sous les instances de Verena, Giesler argua qu'il avait besoin d'Arius pour mener à bien son projet. Goebbels accepta de le relâcher mais à condition qu'on le fît travailler en captivité et que sitôt le travail achevé on rendît à la Gestapo son otage. On installa pour Arius un bureau avec tout le matériel dans une dépendance de la prison de Landsberg ; puis on l'oublia car les projets urbains grandioses avaient fait long feu. Finalement, on l'employa davantage à la bibliothèque de la prison. C'est là que mon père le vit pour la première fois.

*

Deux jours après son arrivée à la prison de Landsberg, Grant fut affecté à un atelier où les détenus collaient des petites fleurs en décalcomanie sur des peignes. Un dimanche matin de janvier, à la bibliothèque, il fit la connaissance d'Arius qui, en entendant son accent, le salua en français. Il s'amusa à lui réciter le début d'un poème de Jules Laforgue.

Il lui raconta son histoire avec Fouquet. Ils parlèrent de théâtre et de Corneille dont la bibliothèque possédait une édition complète en français. Arius lui fit lire *Othon* et *Pulchérie* qu'il estimait être les pièces les plus intéressantes de Corneille. Ils prirent l'habitude de bavarder et de se retrouver à la promenade. Peu de temps avant son évasion, Arius dévoila à mon père qu'il était communiste ; auparavant il évoquait juste son opposition au régime qui avait été le motif de son arrestation.

La guerre eut peu d'effets directs à Landsberg ; une seule bombe larguée par un avion anglais égaré détruisit une maison médiévale du centre sans faire de victimes. Cet avion appartenait à la vague qui déferla sur Munich dans la nuit du 24 au 25 avril 1944, pour y procéder au bombardement le plus violent que la ville eût à connaître. Le lendemain, un groupe de prisonniers de Landsberg fut envoyé participer au déblaiement des ruines de la bibliothèque de la Salvatorplatz, une succursale de la bibliothèque municipale qui abritait les collections musicales ; Grant était du lot. Entouré des notabilités locales du parti nazi, Giesler s'y rendit dans l'après-midi ; il était en tournée dans la ville pour constater les dégâts et remonter le moral de la population. Le directeur de la bibliothèque était également présent et fit remarquer à Giesler qu'il faudrait recourir à une main-d'œuvre plus précautionneuse et plus éclairée pour cette tâche. Giesler fit arrêter les travaux sur-le-champ et s'adressa au chef pour lui faire part des observations du directeur. Le soir, lors du retour à Landsberg, le chef du commando, qui avait fait de Grant son homme de confiance car il était le seul des prisonniers à se rendre compte de la valeur des livres, le désigna pour choisir parmi ses compagnons ceux qui lui semblaient les plus aptes à ce travail. Grant lui parla d'Arius qui travaillait à la bibliothèque de la prison. La direction n'émit aucune objection à ce que le lendemain Arius fît partie du nouveau commando à destination de Munich.

Depuis le début de son incarcération à Landsberg, Arius projetait de s'évader. Il était conscient de la précarité de sa situation et savait qu'il suffisait d'un rien pour que la bienveillance de Giesler ne lui fût plus d'aucun secours, que soudain un fonctionnaire de la Gestapo s'intéressât d'un peu plus près à son cas ou encore qu'en haut lieu, alarmé par l'avancée des Alliés, on décidât de liquider les derniers ennemis de l'intérieur, et alors on viendrait le chercher dans sa cellule pour le conduire au lieu de son exécution. Seulement, jusqu'à l'arrivée de Grant, il ne savait pas comment il pourrait réaliser son projet. Malgré la faveur de Giesler, il ne jouissait d'aucune autorisation de sortie de la prison. L'administration n'accordait le travail à l'extérieur qu'aux droits communs comme Grant ; on les conduisait menottés sur leur lieu de travail où ils étaient surveillés par des gardiens armés. Peu après Munich, alors qu'Arius était retourné à son bureau de Landsberg, Grant se porta volontaire pour travailler sur une conduite forcée près d'Oberammergau. Quand il en fit part à Arius, celui-ci entrevit une possibilité pour lui d'échapper à la prison. Ce Français pourrait un jour ou l'autre lui procurer un outil avec quoi il s'arrangerait, en telle occasion, pour forcer la mécanique d'une porte ou d'une grille ; mais tout restait confus.

*

Je ne sais quelle idée passa par la tête de Grant, lui qui jusqu'alors avait surtout brillé en grec et en latin au lycée (peut-être en avait-il assez de coller des fleurs sur des peignes, tâche qu'il avait retrouvée après le tri des livres de Munich), lorsqu'il se porta volontaire pour faire partie d'un groupe chargé de remplacer les tuyaux de la conduite forcée. Il se retrouva dans une équipe de soudeurs composée exclusivement d'étrangers, Français, Yougoslaves, Tchèques. Deux camions qu'escortaient des feld-gendarmes à moto les prenaient à 6 h 30 ; ils roulaient pendant une heure et demie et toute la journée, tant qu'il faisait clair, remplaçaient les tuyaux rouillés de la conduite par des neufs ; tout cela dans une saignée forestière sur les pentes des Alpes. Ainsi, Grant passait son temps à cheval sur la conduite à faire son travail de soudeur. Peu après, lorsqu'il souffrit d'une bronchite, on lui demanda de s'occuper du bureau que le chef avait dans une cabane, d'allumer le poêle, de faire le café et de cirer les bottes de ce dernier. Ce rapprochement fit que le chef lui confia la responsabilité d'un petit atelier d'usinage et de l'entrepôt où l'on stockait les tuyaux détériorés et les neufs ; par là il réglait les questions d'expédition. Le seul jour de repos était le dimanche ; il allait à la messe du matin dans la chapelle de la prison, recevait la communion alors qu'il était bouclé dans une espèce de cabine de bois.

L'activité d'Arius à Munich eut pour effet que l'administration de la prison relâcha son attention sur lui. Juste après cet épisode, il se porta volontaire, lui aussi, pour les travaux sur la conduite forcée et personne ne sourcilla ; il faut dire que la machinerie du Reich commençait à dérailler. Les gens qui avaient Arius dans leur viseur étaient distraits de leur proie par d'autres problèmes. Cependant Arius craignait toujours qu'une fantaisie prît quelqu'un de la Gestapo et qu'un jour arrivât l'ordre de son exécution. Il songeait plus que jamais à s'évader et il confia son projet à Grant qui se débrouilla pour que son chef le prît dans l'équipe de soudeurs. Pour Grant, il suffisait qu'après l'appel du soir au chantier d'Oberammergau, alors que les gars montaient un par un dans les camions, Arius s'éclipsât, qu'il s'introduisît dans le dépôt des tuyaux usagés, qu'il se dissimulât dans l'un d'eux et qu'il attendît le jour où l'on les emportait à la gare située à vingt kilomètres de là. Un concours de circonstances favorables, l'astuce de Grant et son habileté à la lime permirent de fabriquer à l'atelier une clef du dépôt. Deux mois avaient passé pour la fabrication, deux mois durant lesquels Grant et Arius firent mine de se quereller de plus en plus au point de ne plus avoir de relations visibles. On était au début de juillet 1944 quand on jugea que le moment était venu. Tout se déroula comme prévu ; Arius s'introduisit dans un tuyau coudé. Quand on constata sa disparition le soir à Landsberg, on téléphona au camp où on fit une rapide inspection sans aller au dépôt ; le chef se souvenait bien l'avoir fermé après le départ de Grant et juste avant l'appel. Il se fâcha, pensant qu'on voulait lui mettre les torts sur le dos. On interrogea les prisonniers, les gardes et les chauffeurs des camions. Personne ne put expliquer la disparition. Le lendemain, c'était l'attentat contre Hitler et le coup d'État raté ; les vagues d'arrestations se succédaient. Un arrivage de prisonniers se fit à Landsberg qui eut pour effet de distraire l'administration de l'évasion de Manfred. Grant retourna à Karlsruhe quinze jours après, ayant purgé sa peine et n'ayant pas été un instant soupçonné.

Le tuyau dans lequel Manfred passa deux nuits et un jour fut dirigé comme les autres sur Linz aux Eisenwerke Oberdonau, où l'acier récupéré était employé à la fabrication de panzers. Manfred sauta du camion à l'entrée de Linz au petit matin. Il faisait un temps d'été de Haute-Autriche et il en fut ragaillardi. Il savait à qui s'adresser en cette ville. Ferdinand Stadler, le frère d'Emmy, qu'il avait connu à Samarcande, y avait un commerce de chaussures. Lorsqu'il se présenta dans son magasin, Ferdinand fut saisi d'inquiétude et le traita de con. Il apprit à Manfred qu'il avait une fille, lui dit qu'elle se passerait bien de lui, un artiste et un aventurier dont il n'y avait rien à tirer, et lui conseilla de décamper avant d'attirer l'attention des voisins parmi lesquels il y avait deux policiers. Il lui donna de l'argent pour gagner Vienne et renouvela la recommandation de ne rien tenter pour revoir sa famille de crainte de lui attirer de graves ennuis. D'une cabine de la poste, Manfred téléphona au numéro d'un camarade de la clandestinité viennoise. Il se présenta sous le nom de Fritz qui voulait passer une commande de trente *Apfelstrudels* pour la fête de Gustav, à quoi l'autre répondit que le délai était trop court à cause du manque de pommes mais qu'il pouvait lui proposer des brioches. C'était le signe qu'il pouvait compter sur le contact de Vienne. Bien sûr, Manfred n'avait pas de papiers et prendre le train était trop risqué. Il fila jusqu'à Urfahr, un port du Danube, et se glissa dans une péniche de bestiaux qui descendait à Vienne. C'est le lendemain soir qu'il y arriva et qu'il se présenta devant un immeuble du quartier de Favorite. Au deuxième étage, un vieux camarade de Moscou, Kurt Brenner, le reçut à bras ouverts.

Manfred passa trois jours à Vienne, le temps d'écrire une lettre à Emmy, qu'on lui fît de faux papiers au nom de Johann Dahlmeyer et enfin qu'il fût informé de sa mission, à savoir rejoindre les services d'information de l'Armée rouge ; il prit alors le chemin de la Hongrie, et grâce au réseau de résistance communiste – dont certains étaient des Français du STO –, il put atteindre la ligne de front dans les Carpates ; des partisans polonais le firent passer du côté soviétique, exactement dans les bois de pins qui environnent Suczawa, au sud de Radautz aujourd'hui en Ukraine. Quand ces événements eurent lieu, les Soviétiques venaient de lancer leur grande offensive d'été et, d'un coup, ils étaient entrés en Pologne.

18

Les dieux – peut-être ceux des *Métamorphoses* – firent qu'en juillet 1944, dix jours après son évasion de Landsberg, Manfred retrouva la trace de Xenia Zylberfarb qu'il n'avait pas vue depuis dix-sept ans. Une heure ne s'était pas passée depuis son arrivée au poste de commandement du premier front d'Ukraine de l'Armée rouge près de Czernowitz que, après avoir donné son nom de code et répondu aux questions du commissaire politique, il reçut l'ordre de filer à Moscou où on l'attendait. Il monta avec un chauffeur dans une jeep anglaise et traversa Lemberg, durement atteint par les combats. Il y retrouva la roulotte des Zylberfarb ; elle était délabrée et des réfugiés la traînaient chargée de blessés dans un convoi innombrable. Il apprit d'eux qu'après leur fuite d'Odessa, où ils vivaient depuis vingt ans, les Zylberfarb s'étaient établis dans leur ancienne maison ; six mois plus tard, ils avaient été emmenés par les SS.

Il mit trois jours pour se rendre à Moscou. Roulant vers l'est, il découvrit sous le ciel estival une campagne ravagée par les années de guerre : villages aux fermes brûlées, villes en ruine, routes bordées de chars à l'acier crevé et calciné, encombrées de carcasses de camions, ponts brisés, voies ferrées tordues, arrachées. Mais malgré toutes les horreurs qu'il apprenait à mesure qu'il filait vers la Russie, malgré son angoisse pour Xenia, alors que sa jeep fonçait sous un ciel assombri, et laissait derrière elle le soleil couchant, il éprouvait une espérance illuminée de manière diffuse par les clartés qui l'avaient reçu vingt-six ans plus tôt quand il était arrivé en Asie centrale. La nuit surtout dans la plaine d'Ukraine, campant près des tombeaux scythes, sous le ciel pur, il revoyait le *lumpen* constellé de Jaanika. Et c'est le cœur, l'âme remplis d'un sentiment ineffable qu'il s'enfonçait entre la steppe infinie et le ciel immense jusqu'à un horizon où semblait l'attendre une embellie insoupçonnée, la paix des hommes, la paix éternelle.

À Moscou, il fut convoqué par le 4e bureau de l'Armée rouge puis au NKVD. On s'y méfiait de tout ce qui venait d'Allemagne, même des prisons et des camps ; ainsi les Soviétiques libérés finissaient pour la plupart dans des goulags. Mais Arius était autrichien. Il ne demanda des nouvelles de personne. Il ne trahit aucune émotion en apprenant que certains camarades d'Espagne avaient été liquidés. Pour cause, il avait été un artisan de cette purge, humble artisan, il est vrai, en comparaison d'un Marty ou d'un Mielke. On le soumit à un interrogatoire auquel il se prêta avec bonne volonté, note le rapport qui le concerne. Ce qu'on voulait d'abord savoir se rapportait aux fréquentations qu'il avait eues en prison, notamment avec d'autres communistes ; et par quel miracle il avait échappé à la Gestapo en se retrouvant à Landsberg d'où il avait pu s'évader. Il fit le récit de son évasion (ici apparaît le nom de Grant). Il expliqua comment l'acteur Gründgens et sa cousine étaient intervenus auprès des coryphées nazis en sa faveur. Son interrogateur le regarda d'un air soupçonneux. Mais ce fut l'arrivée d'un ancien d'Espagne (l'agent Nahum

Eitingon qui avait officié à Albacete, selon Götz), son témoignage et le rapport de Szinda qui dissipèrent tous les soupçons. Enfin on l'interrogea sur ses relations avec Marie Quint. Il raconta les différentes visites qu'il lui avait faites et conclut en disant que cela faisait dix ans qu'il n'avait plus de nouvelles d'elle.

Arius reçut l'ordre de rejoindre Arthur Pieck qu'il n'avait pas vu depuis Draveil. Celui-ci lui expliqua que, après avoir été chargé du département moscovite de la presse de l'Internationale communiste, il était officier au haut commandement politique de l'Armée rouge. La victoire sur l'Allemagne nazie n'était plus qu'une question de mois. Les Soviétiques allaient occuper une partie du pays, tout en plaçant des communistes allemands dans son administration. Son père, Wilhelm, et Walter Ulbricht se préparaient au retour au pays pour y former un premier gouvernement sous contrôle soviétique. Pieck lui proposa de travailler avec lui au commandement politique de l'Armée rouge. Arius eut le grade de capitaine et reçut un uniforme qu'il devait porter jusqu'à son retour à Berlin.

Il retrouva l'hôtel Lux où il avait vécu dix ans plus tôt. Il lui arrivait de passer des nuits sur le toit à contempler le ciel de Moscou illuminé par des coups de canon de DCA qu'on tirait pour célébrer l'avancée des troupes soviétiques à l'ouest. Il n'est pas noté qu'il se rendit à Balachikha.

Le 28 avril 1945, à 10 heures du matin, Arius prit l'avion avec Pieck à l'aéroport de Vnoukowo pour arriver quatre heures après au commandement russe de Landsberg an der Warthe. Le 30, il rejoignait l'avant-garde de la 5e armée de choc du front de Biélorussie. C'est dans une jeep qu'il entra dans Berlin, le 1er mai en fin d'après-midi. Il se revit dans des circonstances semblables à celles qu'il avait connues un quart de siècle plus tôt alors qu'il arrivait de Russie à Vienne. Il faisait un temps printanier, les arbres qui n'avaient pas été brisés ou carbonisés avaient leurs premiers feuillages. Il fut logé quelques jours dans un immeuble intact de la Frankfurter Strasse. Le lendemain, juste avant de rejoindre le conseil de guerre de la 5e armée de choc à la chancellerie tout juste conquise, il s'arrêta un instant devant la place du Gendarmenmarkt pour avoir une vision théâtrale baroque. Il découvrit l'une des plus prestigieuses places de Berlin en ruine. L'église des Français décapitée, le majestueux théâtre de Schinkel et sa colonnade criblés d'impacts, plus loin la légendaire brasserie Lutter und Wegner réduite à un amas de décombres. C'est deux heures après que fut prise une photo devant le Reichstag en ruine, photo sur laquelle il est en uniforme de capitaine en compagnie d'Arthur Pieck, d'officiers russes, notamment Nikolai Erastowitsch Bersarin, commandant militaire de Berlin. Ce dernier le missionna avec d'autres artistes, une semaine plus tard, pour se rendre aux studios de Potsdam-Babelsberg, et y dresser l'état des lieux de l'ancienne UFA, qui allait devenir la Defa.

Il ne s'agissait pas seulement de reconstruire l'Allemagne mais bien plus d'édifier un monde nouveau, pacifique, ensoleillé et enthousiaste. Arius était pénétré de cette vocation. Il lui semblait qu'il avait assez payé de sa personne, passant parfois sur ses sentiments d'humanité, pour espérer qu'après tant d'épreuves l'Histoire, dont les derniers soubresauts avaient été catastrophiques, cette Histoire s'arrêterait.

Il s'installa à Potsdam, dans un appartement de l'impasse Am Schönblick pourvu d'un atelier, qui avait été réquisitionné juste après que ses propriétaires l'eurent abandonné pour fuir devant l'Armée rouge. À la suite d'un avis de recherche dont la diffusion fut favorisée par ses relations de l'état-major, on put retrouver Xenia, réchappée de Belzec. Elle était dans un sanatorium de Tarnopol. Un avion sanitaire l'amena un mois plus tard à l'aéroport de Tempelhof. Arius aurait sans doute pu user de ces mêmes relations pour rentrer en possession de la villa familiale, abandonnée par sa cousine Verena qui avait, comme beaucoup d'autres, disparu sans laisser de traces, mais il voulait rompre avec le passé. Oui, rompre avec le passé, c'est sans doute ce qui explique aussi qu'il eût renoncé à repartir pour Vienne et y retrouver Emmy et Anke.

*

Rompre avec le passé ! Arius pensait bien y être parvenu dans les années qui suivirent son retour à Berlin. Il était complètement absorbé par les soins que nécessitait la santé fragile de Xenia et la réorganisation de la Defa, plus précisément sa section de scénographie de Potsdam-Babelsberg où on lui confiait des responsabilités de plus en plus importantes. La vie reprenait donc, partagée entre sa compagne et le théâtre. Une douce routine s'installa. Arius goûtait la quiétude de Potsdam. Lui et Xenia faisaient partie de la vie de la cité. On avait pris l'habitude de les voir lors de soirées de gala à la Defa pour la première d'un film, lors d'une manifestation politique, ou encore le dimanche après-midi, lorsque le temps le permettait, se promenant dans le parc de Sanssouci. Ils se rappelaient le passé le moins possible et discutaient surtout de l'avenir. Arius espérait qu'on allait penser à lui pour la reconstruction. Les décors de théâtre, c'était bien mais il avait quand même l'ambition de laisser quelque chose de moins éphémère. Il se disait prêt à accepter le projet le plus humble : une cité ouvrière, une crèche ; il avait de grandes idées.

Un soir de mars 1947, alors qu'il sortait de l'institut et attendait le tramway devant la gare de Potsdam, un homme à casquette l'accosta. C'était Förster-Lex. Il n'eut rien à dire. Manfred le reconnut tout de suite bien qu'il eût mauvaise mine et qu'il manquât une touffe à l'un de ses sourcils. La première réaction de Manfred fut de le saisir au col et de le secouer en serrant les dents. Mais des passants les observant, il relâcha son poing et s'éloigna. Il monta dans sa rame de tramway ; l'autre le suivit.

« Mani ! Écoute-moi je t'en supplie, commença-t-il ; je sais que tu travailles à l'institut cinématographique de Potsdam et que tu es un homme en vue du régime. Tu pourrais faire quelque chose pour moi, au moins pour ma famille. Je n'ai plus de travail. Je sais que j'ai mal agi. Mais j'étais un imbécile. En Autriche et en Allemagne de l'Ouest, les Américains me recherchent parce que je suis sur une liste. Si je n'avais pas mes enfants, je me serais tué, mais j'ai eu le malheur de faire des enfants alors que je suis trop vieux et pendant cette foutue guerre ; il y en a un, le plus jeune, qui est malade, une malformation du thorax, des problèmes respiratoires. Je travaillais dans un collège de Charlottenburg, un parent d'élève m'a reconnu ; on m'a mis à la porte. Tu ne pourrais pas me trouver quelque chose ? Je suis prêt à tout faire. Je me ferai oublier. »

Manfred allait lui dire qu'il ne se souvenait que trop de la scène de Rassdorf et que c'était à cause de salopards comme lui que des proches parents de Xenia avaient été exterminés mais il vit que cela ne servait à rien. Il descendit à l'arrêt du tramway à quelques dizaines de mètres de l'entrée de l'impasse Am Schönblick ; l'autre le suivit sans rien dire.

Manfred se retourna et dit : « Fiche le camp ou je te fous mon poing sur la gueule ! » Förster-Lex tourna les talons et disparut dans la pénombre du soir. Toute la nuit, Arius pensa à lui. Quel sens avait ce retour au moment même où il voulait rompre avec le passé ? Il revoyait la silhouette pitoyable de son ancien maître se fondre dans l'obscurité. Il pensa à la famille de Förster-Lex et à la sienne qu'il avait laissée à Vienne, à sa fille qu'il ne connaissait même pas. Il pensa qu'il avait également trahi Jaanika. Et à l'enfant malade de Förster-Lex. Et soudain, il vit que sans cette incarnation du Mal (selon lui), rien ne serait arrivé. Il n'aurait pas fui Lambach, n'aurait pas rencontré Jaanika et connu les enchantements de Balachikha. Oui, surtout, jamais il n'aurait rencontré sa princesse oghouz. Le lendemain soir, Förster-Lex l'attendait encore à la sortie de l'institut. Manfred lui dit que c'était entendu, qu'il allait essayer de lui trouver quelque chose dans un atelier de la Defa.

Newton

19

Helmar Götz, il est temps d'accorder plus d'attention à ce personnage. Comme me l'apprendront les rapports sur lui-même qu'il a rédigés en Russie bien après s'être consacré aux Arius, il naquit à Magdebourg en 1945, au moment où les chars russes entraient dans la ville après que les Américains la leur eurent abandonnée. Ses parents n'étaient pas des communistes convaincus ; tant s'en fallait. Son père tenait de ses propres parents une petite entreprise d'équarrissage. Les autorités communistes n'avaient pas tardé d'accaparer le tout ; c'était pour le père Götz un motif suffisant de détester le régime. On le laissa cependant à la direction de l'affaire dans les années qui suivirent. Malgré la volonté de son père, Götz entra dans les pionniers ; l'enfant Götz n'était pas favorisé par la nature. Il était roux, trop grand, avec un visage plat et camard et une carnation rougeaude qui le désignaient comme une tête de Turc aux yeux de ses camarades ; c'était l'âge où à l'école et aux pionniers il fut l'objet de vexations de la part de tout le monde et même de certains de ses maîtres. Pour essayer de leur échapper, il se fit servile.

Il le fut au point qu'il trouva le moyen de dénoncer ses parents aux autorités de l'arrondissement ; en effet, le père

Götz revendait au marché noir des viandes avariées. Il comparut devant un tribunal qu'il insulta, fut condamné à dix ans de prison à Bautzen où il mourut quelques mois avant la date prévue pour sa libération. La mère Götz, convaincue de complicité, s'en tira avec des travaux forcés à perpétuité dans les mines d'uranium de la Wismut, exploitées pour la fabrication de la bombe atomique soviétique. Helmar et ses deux sœurs cadettes furent confiés à une tante de Magdebourg. Elle s'occupa bien de lui, essaya tant bien que mal de remplacer les parents disparus. L'enfant disposait d'une chambre ; il avait quelques jeux, assistait son oncle dans des travaux de photographie à quoi celui-ci s'adonnait en amateur ; il lisait aussi des romans qui, comme ceux de Karl May et de Jules Verne, lui offraient la possibilité de s'évader de la vie quotidienne et des persécutions. Elles cessèrent grâce à des photos de femmes nues datant d'avant la Première Guerre mondiale et retrouvées dans un stock de son oncle ; il les distribuait à ses bourreaux.

Helmar s'intéressait aussi à l'optique. C'est l'époque où il lut deux livres importants pour lui, le conte d'Hoffmann *Meister Floh* (*Maître Puce)*, dans lequel, justement, un des personnages, qui est une puce, a la faculté de voir toute chose avec un grossissement microscopique, et Götz se plaisait à imaginer qu'il disposait d'un tel pouvoir ; « Floh » devint plus tard son nom de code lorsqu'il fut d'abord informateur inofficiel de la Stasi, puis agent officiel. L'autre est *Le Château des Carpathes* de Jules Verne, roman dans lequel un savant nommé Orfanik bricole un système de projection et de sonorisation qui permet de faire revivre la figure d'une cantatrice morte ; « Orfanik » fut aussi le nom qu'il donnerait plus tard au théâtre mystérieux auquel il se consacrerait dans les combles de la maison d'un informateur à Potsdam. Un appareil de photographie, un Zorki, imitation russe de Leica, qu'il avait dégoté chez son oncle, fit aussi qu'il fut chargé de photographier toutes les manifestations du groupe des pionniers. Il développait les photos avec le matériel de l'oncle et les distribuait gratuitement. Ceci arriva dans son adolescence.

À cette époque, la conduite de Götz fut le résultat d'une sorte de réflexe qui consistait pour lui à se concilier les puissants, et quand il entra à la FDJ, sans qu'il fût cette fois-ci victime – ses anciens persécuteurs s'étaient dispersés ou s'étaient accoutumés à ce qu'il fût un des leurs –, il se trouva près des dirigeants, se fit apprécier comme un communiste zélé, ce qu'il était, et passa chef de groupe. Juste avant de faire son service dans la NVA (l'Armée populaire nationale), il était très bien noté et on le pressentait pour entrer au bureau de la FDJ de Magdebourg. En 1963, il devança l'appel de l'armée. On l'affecta au 15ᵉ régiment de blindés « Paul Hornick » de Cottbus.

Dix mois après son incorporation, Götz fut convoqué au bureau de la Stasi de Dresde où, en raison de ses états de service, on lui proposa de devenir collaborateur inofficiel au sein même de son régiment. Il eut une brève formation de deux semaines. Il signa son premier engagement et prit donc le pseudonyme de « Floh ». Il fut notamment chargé des nouvelles recrues, de les sonder et éventuellement de rapporter tout propos subversif qu'elles eussent pu tenir en sa présence. Grâce à lui furent déjoués une tentative de vol de matériel à la caserne et surtout un passage à l'Ouest.

Götz s'était fait le protecteur d'un jeune Berlinois sujet à la dépression qui, un soir de boisson, s'était ouvert des préparatifs que sa famille et lui faisaient pour passer de l'autre côté du Rideau de fer. D'abord mû par une certaine commisération, il essaya de détourner son jeune camarade de son projet ; mais ce fut pour satisfaire sa conscience ; il se garda d'insister et suivit pas à pas l'avancement de l'affaire. Quand tout fut mûr, il avertit d'un simple coup de téléphone son officier traitant. Le Berlinois et sa famille furent pris dans un compartiment caché d'un camion par le poste de contrôle de la Bornholmer Strasse. Cela valut à Götz les félicitations de ses chefs et son passage au grade d'adjudant à l'armée.

Le rôle qu'il joua dans la fameuse affaire de Bronkow fut déterminant pour la suite de sa carrière. Lors des manœuvres qui se déroulaient régulièrement, il avait l'habitude d'emporter son appareil photo ; c'était depuis longtemps son amulette. Un matin de septembre 1965, alors que son convoi de chars roulait en direction d'un terrain d'exercices sur l'autoroute de Berlin à Dresde, il allait en tête dans une jeep avec un chauffeur et son lieutenant qui somnolait près de lui. C'est alors que la file de chars fut doublée par une Opel Kapitän. Quelque chose l'intrigua dans cette voiture où étaient présents quatre hommes, surtout la plaque d'immatriculation aux couleurs inconnues. D'un reflex sûr, il prit deux photos du véhicule qui filait devant eux. Lorsque, deux jours après, il les développa et les montra au lieutenant, celui-ci poussa les hauts cris et s'exclama qu'il fallait en référer tout de suite au ministère de la Défense. Il s'agissait d'une voiture de la Mission militaire française. Les quatre hommes à bord étaient des espions qui suivaient les mouvements des troupes est-allemandes et s'étaient sans doute embusqués dans les parages du terrain de manœuvre. C'était la seconde fois qu'on les avait repérés sur cette autoroute ; provocation intolérable alors qu'on ne pouvait pas compter sur les Russes pour régler cette question. Il fallait en référer à la Stasi et tendre un piège aux Français pour leur faire passer cette sale habitude.

Götz apprit de son supérieur ce qu'était la Mission militaire française de Potsdam, institution dont Larcher m'a dit que tout ce qui la concerne reste enveloppé de mystère et de brouillard. Sa fondation remonte au lendemain de la guerre. Les Alliés se sont entendus à cette époque pour que chaque puissance ait une représentation dans les autres zones. Par exemple les Soviétiques, Américains et Anglais avaient une représentation en zone française à Baden-Baden. Les trois puissances de l'Ouest, quant à elles, furent présentes à Potsdam. Ce sont précisément les accords Noiret-Malinine, signés en 1947, qui réglèrent le fonctionnement des Missions française et soviétique auxquelles furent réservées liberté de circulation, exterritorialité du siège de la Mission, immunité des personnels et de leur famille, inviolabilité des véhicules. Officiellement, elles avaient pour but d'assurer une liaison directe entre les commandements français et soviétique en Allemagne. Très rapidement, alors que s'installait la guerre froide, elles devinrent des bases du renseignement pour chaque puissance. Les Français étaient installés dans une grosse villa des bords du lac Sacré, villa d'où l'on a une très belle vue sur la rive opposée et le palais de Marbre ; Larcher m'a dit aussi se souvenir avoir vu les véhicules français, Opel Kapitän et Mercedes, avec leur plaque d'immatriculation spéciale, circuler dans les environs de Potsdam ou passer le célèbre pont en fer de Glienicke ; que les Français ne reconnaissaient qu'un interlocuteur en RDA, les Soviétiques, et qu'ils estimaient n'avoir aucun compte à rendre aux autorités est-allemandes, ce qui irritait celles-ci de la manière la plus aiguë. Assez rapidement les rapports entre la Mission française et la

RDA se sont détériorés car les Français espionnaient les manœuvres de l'armée est-allemande.

Götz s'entendit dire par son officier traitant que c'était le moment de prouver ce dont il était capable. La Stasi le délégua auprès des militaires pour préparer « un incident » au retour de la voiture de la Mission, car on savait qu'elle devrait prendre la même voie pour rentrer à Potsdam où était sa base. Dès lors, pour tous les trajets qui suivirent, Götz prit place auprès d'un gradé de l'Armée nationale populaire dans la jeep qui roulait en tête du convoi, attendant que le dernier tank leur signalât que l'Opel allait doubler. Cela se passa le matin du 27 septembre à hauteur de Bronkow. À un moment, le radio du dernier char annonça que l'Opel venait de passer et remontait le long du convoi à toute vitesse. Götz observait par la lunette arrière de son véhicule. Quand il jugea que la voiture était assez avancée, il en fit part au lieutenant et celui-ci donna par radio l'ordre aux trois premiers chars de serrer sur la gauche jusqu'à traverser le terre-plein central et passer sur l'autre voie, au risque même de provoquer une collision avec d'autres véhicules venant en sens inverse. Pour éviter les chars, l'Opel n'eut pas d'autre choix que de freiner brutalement et de s'engager elle aussi sur le terre-plein où elle s'immobilisa. Götz sauta de sa jeep à la suite du lieutenant. Des collègues de la Stasi arrivèrent dans une grosse Wartburg sur la voie inverse. Ils en descendirent armes au poing et se précipitèrent vers l'Opel. Ils forcèrent les quatre militaires français à en descendre les mains en l'air. Götz et un officier fouillèrent le coffre pour en sortir des appareils photo et des cartes.

Un des Français protesta que c'était une atteinte aux accords Noiret-Malinine et que l'affaire aurait des suites. Saisi par un sentiment d'importance et ne se reconnaissant plus, Götz lui répondit que jamais la RDA n'avait signé cet accord. Il lui demanda ses papiers et les transmit à son supérieur. Puis après avoir fait monter deux des Français dans la Wartburg de la Stasi, il prit place dans l'Opel avec son officier traitant qui ordonna au chauffeur de suivre le convoi. Pendant le trajet, tout en écoutant son supérieur le féliciter sur la manière dont il avait mené les choses, il lut les inscriptions sur l'un des passeports diplomatiques des militaires français. Y était porté le nom de Geoffroy Tancremont.

En l'occasion Götz-Floh sortit son Zorki et prit quelques photographies pour commémorer ce moment qui fut si glorieux pour lui que, plus de trente ans plus tard, il éprouva le besoin de les emporter en Russie et de les coller dans le cahier d'Elektrostal. Quelle insondable poésie que ces clichés de ce matin d'automne embrumé sur cette autoroute avec ces silhouettes de militaires allemands casqués, kalachnikov à l'épaule, entourant les malheureux Français ! Quelles apparitions à la fois incongrues et fascinantes que celles de la grosse Wartburg à chromes et des formes monstrueuses que sont les chars IS-2 russes tandis que quelques feuilles mortes sont suspendues en l'air ! On dirait que Götz est l'artiste de toute cette composition dramatique rien que pour répondre à mes angoisses de guerre froide dans une chambre d'une maison à Montgeron, près de Draveil. Mais plus encore pour donner, par toute son activité d'informateur et de rapporteur, matière à mes espérances de collégien quand je rêvais de cette Allemagne secrète où mon père avait disparu sans tenir sa promesse de me protéger.

Parfois, alors que je tiens entre mes doigts un des feuillets du dossier ou une page du cahier d'Elektrostal, quand je les tiens sous le cercle de ma lampe, tard le soir, dans toute cette odeur de papier et d'encre d'économie socialiste, je sens se lever autour de moi les apparences ténues de tous les morts dont des morceaux de vie sont consignés sur le papier. Arius, Jeanette, mon père, Tancremont, et même quelque chose que les vivants ont abandonné à la machine à écrire ou à la plume de Götz qui me les confie ; et Götz est au-dessus de mon épaule, lit ce que j'écris, bienveillant et comme heureux de savoir que quelqu'un perpétue sa folle entreprise.

*

À la suite de cet exploit, Götz entra complètement en grâce auprès de ses supérieurs. Or c'était justement dans le temps qu'on mettait la dernière main à l'École des hautes études juridiques de Golm-Potsdam-Eiche, qui devait former les cadres de la Stasi. Des voix influentes émirent l'idée que Götz y serait bien à sa place. Il y fut inscrit avec la recommandation de deux professeurs qui appartenaient au ministère de la Sécurité. Directement inspiré par les écoles du KGB, cet établissement devait par son excellence dépasser l'efficacité de son modèle. Il le put grâce à l'esprit prussien. Alors que bien des polices secrètes au service des dictatures de l'époque se réclamaient du modèle soviétique, elles finissaient par sombrer dans le dilettantisme ou le laisser-aller. Il faut lire les directives parties des bureaux de Mielke et de ses sbires pour se rendre compte que tout à l'école de Golm était régi par le souci d'agir en expert et dans le secret le plus total ; car peu de citoyens de la RDA étaient au courant de son existence et les étudiants admis étaient triés sur le volet.

Malgré son passé, du moins celui de ses parents, plus que

suspect aux yeux des autorités, Götz avait su donner des gages de son dévouement absolu au socialisme ; son père et sa mère morts quelques années auparavant n'étaient plus un problème, ni ses deux sœurs, l'une mariée avec un sous-officier de l'Armée nationale populaire, l'autre employée au ministère de la Santé. Lorsque Götz fit sa première rentrée à Golm, Mielke vint lui-même saluer ses nouvelles recrues d'un discours comme il aimait les faire. Il répéta qu'un bon communiste était un bon tchékiste et convainquit sans peine toute cette jeunesse qu'elle était l'élite et le bras armé de la nation et du socialisme. Götz reçut son premier uniforme, celui d'aspirant, son premier pistolet, un Makarov 9 mm, et quand le soir de cette rentrée, dans une tenue civile, il s'attabla avec quelques collègues au café Heider, il fit une photo du groupe avec son Zorki ; ce fut la dernière avec cet appareil. Il venait de recevoir sa solde d'admission et avait l'intention de s'acheter un vrai Leica. Rentré dans sa chambre de Golm, il se déshabilla, passa son uniforme, ajusta l'étui de son pistolet, et resta longtemps devant la glace à se contempler et à se prendre en photo ; il avait bien pris sa revanche sur ses persécuteurs d'autrefois.

Götz n'était que ressentiment ; s'il avait dû s'allier un moment avec ses bourreaux, il les avait maintenant dépassés – d'ailleurs il n'en avait plus aucune nouvelle depuis longtemps – et c'était un délice incommensurable. Il a noté cela dans ses cahiers. On ne saura jamais ce que peut faire accomplir la rancœur, au service de quoi se mettent la méthode et les structures les plus élaborées d'un État.

(Pour mon compte, si j'avais éprouvé ce genre de sentiment à l'égard de mes condisciples de l'école ou du lycée, il ne m'avait mené à rien de comparable. Jamais je n'ai voulu me mesurer à d'autres et prendre ma revanche. La seule énergie que je tirais de mes souffrances alimenta de manière phénoménale mon rêve allemand et, quand ma belle-mère arriva, ce fut comme la récompense à ma persévérance dans cette œuvre de songe. Pour autant, force m'est aujourd'hui de constater que Götz, que je n'aurais jamais connu si je n'avais eu Anke comme belle-mère, réalise quelque chose de mon rêve.)

À la suite de l'incident de Bronkow, trois Français furent arrêtés et emprisonnés à la centrale de la Stasi de cette ville ; un seul fut relâché qui revint à Potsdam avec l'Opel. Il était chargé d'un simple message : quarante mille Deutsche Marks de l'Ouest en argent liquide contre la libération de ses camarades. Cet officier était Tancremont. Il en fit part à ses supérieurs de la Mission. L'état-major des troupes stationnées en Allemagne, puis le ministère de la Défense furent avertis.

Tout était délicat dans cette histoire : les quatre Français avaient fait du zèle, été maladroits, et surtout une tension diplomatique pouvait nuire à la signature de contrats industriels entre la France et l'Allemagne de l'Est. À la Mission de Potsdam, on reçut l'assurance que le gouvernement paierait la rançon via une officine créée pour la circonstance par le ministère de la Défense. Ce qui gâta les choses fut que l'on découvrit qu'un des quatre officiers impliqués dans l'affaire était Tancremont. On le confondit avec son frère Benoît, qui était sur une liste noire pour avoir participé à des opérations de l'OAS. Des politiques s'opposèrent au versement d'une rançon pour un individu qui avait comploté contre la sécurité de l'État. Cinq jours après l'affaire de l'autoroute, on eut à Potsdam la certitude qu'avant longtemps la France ne ferait rien pour sortir ses soldats des geôles de la Stasi. Pour la Mission il n'y avait plus qu'une possibilité : faire appel aux familles et à des donateurs.

Partant du principe que c'était à cause des industriels français que la rançon ne pouvait être constituée, Tancremont songea que justement on ferait appel à eux. Quelques années plus tôt, il avait donc rencontré mon père dans les bureaux de Michelet à Paris ; ils s'y étaient revus parfois. Il savait que mon père travaillait pour une entreprise qui précisément avait des intérêts en RDA. Grâce à Michelet, il entra en relation avec le frère de mon père, puis avec celui-ci. Mon père se chargea d'être le collecteur de la rançon. En trois semaines, il réunit la somme en usant de ses relations dans le monde industriel ; des entrepreneurs de N... comme Lousteau apportèrent leur contribution aussi bien que la Carbon Chemical par l'intermédiaire de Gordon Miller-Asquith, toujours disposé à soutenir les combattants de l'Ouest contre le communisme. C'est mon père qui apporta la rançon au présidium de la Stasi de Francfort-sur-l'Oder. Tout était entendu avec le ministère de la Sécurité. Il était parti dans sa 403, dans laquelle, lors de ses retours en France, mon frère et moi avions l'occasion de monter. Dès son entrée en RDA, il fut accompagné par deux Wartburg. La transaction s'effectua sans difficulté. Tancremont et ses hommes lui vouèrent une longue reconnaissance.

20

Ce qui a motivé le rapport que Helmar Götz a consacré à Arius et les cahiers qu'il a rédigés plus tard à Elektrostal est un concours de circonstances remontant à l'année 1968 : le printemps de Prague, l'arrivée d'Anke de Vienne, un séjour de Grant à Berlin pour affaires, enfin la découverte des minutes d'un procès à quoi Arius avait été cité comme témoin. On peut imaginer que si l'un et l'autre événement ne s'étaient pas produits, Arius n'aurait fait l'objet d'aucune surveillance particulière. À cet intellectuel, qui dès son adhésion avait donné des gages de sa fidélité à la ligne du Komintern et qui, en Espagne et en Russie, avait servi sans concession le Parti, à cet artiste qui jouissait de la faveur du Kulturbund – l'organisme d'État chargé de la culture – et qui avait des appuis dans les plus hautes sphères, à ce camarade qui bénéficiait de la faveur du camarade ministre Mielke et avait sa carte au SED, on pouvait faire confiance.

Il n'avait pas bronché lors des fameux événements de 1953, quand, révoltés par les nouvelles normes, les ouvriers des usines de Wedding s'étaient mis en grève et avaient déclenché des émeutes qui, quelques jours après, avaient été écrasées par les chars russes. Il n'avait pas bougé le petit doigt pour défendre d'anciens camarades, écrivains et artistes qui ne s'accommodant plus de l'arbitraire du régime avaient été exclus du SED. Le seul geste répréhensible qu'il avait commis avait été de s'élever contre la destruction des ruines du château de Potsdam en 1959. Ulbricht l'avait convoqué dans son bureau ; « Manfred, avait-il dit, il est nécessaire que ces vieilles pierres rassemblées à la sueur des paysans prussiens disparaissent ! », et il lui avait fait comprendre qu'il fallait faire table rase des vestiges du féodalisme, lui laissant aussi entendre qu'on aurait un jour besoin de ses services pour la construction d'un théâtre quelque part.

Dans son activité d'artiste, Arius avait toujours fait preuve de vues conformes aux plus purs principes socialistes. Si en 1968 les événements de Prague avaient tout de suite mis en effervescence certains milieux intellectuels de RDA, il ne semblait pas avoir été sensible au mouvement. Mais le Comité central du Parti se mit à vivre dans la terreur que la libéralisation de Prague ne débordât sur la RDA et on avait commencé à intensifier la surveillance de tous les intellectuels, ainsi de Wolf Biermann, de sa compagne Eva Maria Hagen et de bien d'autres. Lorsque les consignes de la direction du MfS arrivèrent à Potsdam relativement à ces nouvelles mesures, la section locale se réunit dans ses bureaux de la Hegelstrasse. Fut passée en revue la liste des intellectuels, artistes de l'arrondissement, qu'ils fussent des sympathisants possibles ou non au mouvement de Prague.

On discuta brièvement du cas d'Arius sans lui accorder d'attention et on allait passer au suivant quand le colonel Ingo Luecke – par ailleurs professeur à l'école de la Stasi de Golm –, en examinant de plus près son dossier, fit remarquer que ce personnage hébergeait depuis peu une

Autrichienne, et que celle-ci, tout en ayant obtenu un visa, avait un contact régulier avec Pavel Mišek, un musicien tchèque de la Philharmonie. En cherchant un peu plus, on se rendit compte qu'Arius, tout citoyen de RDA qu'il fût, avait toujours la nationalité autrichienne et qu'il se rendait de temps en temps à Vienne pour ses recherches théâtrales. Cela suffit pour éveiller les soupçons et déclencher une opération de contrôle personnel (*Operative Personenkontrolle*).

Dans le dossier en ma possession, le rapport de Szinda sur les activités d'Arius en Espagne est ainsi suivi du protocole de lancement de la procédure opérative ; son auteur est Luecke et il date de septembre 1968. Il mentionne les personnes qui vont faire l'objet de celle-ci ; Manfred Arius, à qui il donne le nom de code « Igor », sa fille Anke Stadler (il note : pourquoi ne porte-t-elle pas le nom de son père ? Et répond que cela est suspect), sa femme Liselotte Demsky, laquelle est enceinte. Il rapporte également qu'une première visite a été effectuée dans son appartement en l'absence de celui-ci.

Une autre chose vint bientôt encourager les soupçons de Luecke à l'égard d'Arius, un rapport d'interrogatoire datant de 1948 et retrouvé dans les archives du ministère. Il était précédé d'un courrier qui y était agrafé et adressé à la section K5 du SfS, section chargée de la dénazification en zone soviétique ; en l'occurrence une demande du ministère de l'Intérieur, alors encore sous l'autorité plus ou moins directe des Soviétiques. Elle rapportait l'interrogatoire d'un certain Otto Förster-Lex, lequel était soupçonné d'avoir été membre de la SS et d'avoir été actif au camp d'Oranienburg. Selon le courrier, il vivait avec sa famille à Berlin-Treptow et travaillait comme électricien aux studios cinématographiques Althoff-

Atelier de Babelsberg ; or il avait été reconnu par un figurant. Une partie de cet interrogatoire, quatre pages environ, fait référence à Arius parce que c'est sur sa recommandation que Förster-Lex a été embauché au studio. En effet, des réponses de ce dernier, on apprend qu'Arius et lui s'étaient connus une trentaine d'années plus tôt au collège de Lambach en Autriche où le premier avait été l'élève du second. Et que c'est par simple reconnaissance et dans l'ignorance du passé nazi de son ancien professeur qu'Arius avait recommandé Förster-Lex à Walter Janka, alors membre du conseil d'administration de la Defa.

*

Le colonel Ingo Luecke était gros, sanguin, affable et, malgré ce dernier trait, tâchait de se donner des airs de Mielke. Guère plus grand que lui, il remontait souvent son pantalon sur son ventre et émaillait ses propos de « caramba ! », terme qu'il tenait d'un de ses anciens chefs qui avait fait la guerre d'Espagne. « Caramba ! » dit-il donc entre ses dents le jour où il se rendit compte qu'Arius, sur qui, quelques semaines auparavant, il avait attiré l'attention de la Stasi de Potsdam, avait des liens avec son grand patron Mielke. Et il regretta davantage de s'être intéressé à son cas quand il vit que son suspect avait témoigné en faveur d'un ancien nazi, et plus encore quand il découvrit qu'il était proche d'un certain Grant, un Français, et que celui-ci avait joué un rôle de premier plan dans une affaire à quoi avait été mêlée la Mission militaire interalliée française de Potsdam, « qui est, note-t-il dans un rapport, comme une épine dans notre œil ».

De jour en jour, Luecke voyait se compliquer une affaire vouée à l'entraîner dans des problèmes insoupçonnés. En effet, il ne tarda pas qu'il reçut une note de la Centrale, l'informant que la fille d'Arius, une Autrichienne récemment naturalisée allemande de RDA et embauchée au théâtre Maxime Gorki, ne s'était pas présentée à son travail depuis quatre jours. La note arriva alors qu'il rentrait d'un congé agréable dans les Tatras polonaises et qu'il retrouvait son bureau sans enthousiasme. Cette lecture fut son premier travail. Ça devenait grave ; il allait falloir intervenir et cette perspective commença à le mettre de mauvaise humeur. Celle-ci empira lorsqu'il se rendit compte que, durant son absence, un de ses subordonnés avait voulu faire du zèle en envoyant deux gars fouiller l'appartement d'Arius. Il crut défaillir quand il lut dans leur rapport que, en visitant la cave de ce dernier, ils en avaient rapporté du matériel jugé compromettant, des plans de ballons d'aérostation, un vieux revolver russe inutilisable enveloppé dans un chiffon, ce qui leur avait fait dire que quelque chose de louche se préparait chez le suspect Arius. Ils avaient jugé bon de ramener le tout à la Stasi. Luecke se mit en pétard, lança des « caramba ! » et s'exclama que, s'il s'apercevait de la disparition de ces objets, le suspect Arius allait se méfier. Il fit venir le sous-fifre et lui ordonna de tout aller remettre en place. L'autre lui répondit que c'était trop tard ; les objets étaient partis à la centrale de Berlin. Luecke continua de se répandre en imprécations contre ses collaborateurs incapables, avant de se consacrer à l'examen des demandes d'affectations des lauréats de l'école de Golm.

Chaque année, c'était la même corvée : reprendre le curriculum vitae des sortants, leurs dossiers universitaires, leurs thèses et leurs souhaits pour les affecter à une agence de la Stasi. Le problème, c'était qu'ils voulaient tous travailler à la centrale de Berlin. Comme il se désolait de plus en plus, il commença à parcourir la demande d'un certain Helmar Götz, qui bien entendu postulait pour Berlin. Il se souvenait vaguement l'avoir eu comme élève en première année. L'esprit encore distrait par la colère qu'il venait de piquer, son regard glissait sur le curriculum vitae de Götz pour s'arrêter soudain sur le nom de Bronkow. « Caramba ! » s'exclama-t-il en écarquillant les yeux ; ce n'était pas possible ! Il découvrit que c'était ce Götz lui-même qui, alors qu'il était un simple informateur inofficiel au régiment de blindés « Paul Hornick », avait enclenché l'affaire de Bronkow à quoi avaient été mêlés la Mission militaire française et ce Grant. Sans réfléchir davantage, il composa le numéro de la direction de Golm et demanda qu'on lui envoyât le jeune Helmar Götz.

*

En 1966, Anke, alors étudiante dans un institut viennois de secrétariat, avait appris que son père était à Berlin ; elle le sut par Martha, que j'ai connue lors de mes premiers séjours à Vienne. La vieille femme rendait souvent visite à Emmy pour quémander quelques provisions, parfois même de l'argent. Elle n'avait pas vu Arius depuis les années trente, mais savait qu'il venait travailler épisodiquement au théâtre Scala. Je suppose qu'Emmy et Arius ne se revirent pas à cette époque ; autrement Arius aurait sans doute réclamé son manuscrit.

Arrivée à Berlin à l'automne 1967, Anke avait dû se trouver devant une nécessité impérieuse pour qu'elle prît contact avec son père. Elle s'était amourachée d'un Tchèque dépressif, Pavel Mišek, deuxième violon d'un quatuor qui avait profité d'une tournée en Occident pour demander l'asile politique en Autriche ; cette affaire ne plaisait pas du tout à Emmy qui aurait bien voulu qu'elle se mariât avec le fils de son vieil ami Lothar Nowaak. Les deux femmes s'étaient violemment disputées et Anke était partie avec son violoniste à Berlin où celui-ci venait d'être engagé. Le jeune couple habitait un appartement à Moabit. Elle avait trouvé une place dans une fabrique de luminaires de Wedding, un des quartiers du secteur français ; elle était devenue rapidement la secrétaire du patron, un fugitif de l'Est qui avait eu l'heur de filer à l'Ouest avec sa famille juste avant la construction du Mur. C'est par son fils, amateur de théâtre, qu'elle avait appris qu'Arius jouissait d'une bonne réputation de décorateur à Berlin-Est. Un coup de téléphone à une de ses relations de l'Est lui apprit qu'il enseignait à l'institut cinématographique de Potsdam et à l'université Humboldt.

Au début, Pavel et Anke avaient le projet de se marier puis d'avoir des enfants. Mais les choses avaient traîné à cause du statut de réfugié de Pavel. Jusqu'au jour où celui-ci avait commencé à dérailler, prétendant qu'il avait failli être enlevé à la sortie de la Philharmonie dans les rangs de laquelle il avait été engagé. Il avait fait une grave dépression, puis une cure en clinique psychiatrique. Un jour, il disparut complètement, laissant Anke seule à Berlin ; toutes les tentatives pour le retrouver restèrent vaines. Peut-être avait-il effectivement fini par être enlevé.

C'est à Noël 1967 qu'Anke prit la décision de téléphoner à son père. Elle n'avait rien dit de la disparition de Pavel à son patron et, la veille, quand celui-ci lui avait souhaité de bonnes fêtes en famille, elle était rentrée les larmes aux yeux sachant qu'elle serait seule. Le 25 décembre, elle était allée à la messe à la Luisenkirche, puis elle était rentrée chez elle et avait songé à la douceur des Noëls viennois en famille. Elle avait pensé appeler sa mère mais elle était trop fière et ne voulait pas lui avouer que sa fugue avait tourné court. Elle ne sut jamais ce qui d'un coup lui donna l'envie d'entrer en contact avec son père. Le lendemain, de son bureau, elle téléphona à l'université Humboldt ; la communication mit une heure à s'établir. On lui dit de laisser son numéro et qu'Arius la rappellerait. Cela arriva dans l'après-midi.

Je n'imagine pas que, lorsque Anke entendit pour la première fois la voix de son père, elle eût éprouvé une émotion telle qu'elle restât muette ou encore à chercher s'il fallait l'appeler monsieur ou père. Telle que je la connais depuis 1968, elle ne m'a jamais laissé voir quelque trait de sa personnalité qui pût me laisser me représenter une scène mélodramatique. Je l'imagine plutôt ayant complètement oublié la disparition de Pavel, le Noël solitaire, et s'adressant sur un ton enjoué avec son accent viennois à son père pour lui dire que c'était elle, « *die Anke*, ta fille de Vienne ! » et d'ajouter tout un récit à sa manière sur sa fugue pour enfin lui annoncer qu'elle aimerait s'installer près de lui.

Bien sûr, Arius ne lui parla pas de Lilo. Il avait laissé entendre qu'il était seul depuis longtemps. Il fit les démarches afin qu'Anke obtînt plus rapidement les visas nécessaires pour venir lui rendre visite. Il venait l'attendre le dimanche matin à la gare de la Friedrichstrasse d'où elle repartait le soir. Enfin elle demanda sa naturalisation. Tout fut arrangé par la direction du Kulturbund qui lui trouva également un travail de secrétaire au théâtre Maxime Gorki. Au début, elle habita chez Arius qui la présenta à ses amis, ses étudiants qu'il recevait régulièrement – c'est là qu'elle fit la connaissance de Lilo. Puis elle s'installa dans un petit appartement près du théâtre.

Sans doute la jalousie remua-t-elle Lilo quand elle vit de l'affection dans le regard d'Arius pour sa fille.

« Ce poste au théâtre Maxime Gorki, ce n'est pas rien, tu aurais pu m'en parler avant ; tu sais que j'ai du mal à joindre les deux bouts, surtout avec mes parents à qui je dois envoyer de l'argent ! lui dit-elle dans le temps où elle venait d'apprendre qu'elle était enceinte.

— C'est ma fille, pas une maîtresse ; tu n'as aucune raison de t'inquiéter ; de toute façon, il serait préférable que tu attendes notre mariage et la naissance de l'enfant pour t'installer à la maison.

— Tu lui en as parlé ?

— Ne complique pas les choses…

— Tu vois comme tu es, tu as honte !

— Cet enfant, c'est ce que tu pouvais me donner de mieux, si tu savais comme je suis heureux ; à mon âge, c'est comme un matin inattendu. »

Alors il se plaçait derrière Lilo, mettait ses mains sur son ventre et lui déposait un baiser derrière l'oreille. Sans doute Arius était-il sincère quand il parlait ainsi de l'enfant. Il aimait Lilo, peut-être pas comme Jaanika ou Emmy ; il l'aimait parce que dans toute sa beauté elle incarnait ces jeunes filles de l'avenir socialiste comme on en voyait sur les grands placards qu'Ulbricht faisait suspendre dans les manifestations pacifistes. Oui, Lilo, c'était la paix après tout ce chaos horrible des guerres. Elle n'avait jamais été aussi belle, de cette beauté blanche et ensoleillée de Poméranie, pensait Arius.

Lilo, quant à elle, se surprenait à tramer des machines pour qu'Anke décampât ; sa mère surtout lui donnait des conseils. Des vétilles brûlantes alimentaient son ressentiment. Un jour, elle entra dans la chambre où Anke s'était installée provisoirement ; celle-ci y avait laissé ses lingeries occidentales sur un fauteuil. Lilo passa dix minutes à en détailler la finesse ; elle ouvrit l'armoire pour examiner la garde-robe d'Anke. Elle en fut malheureuse. Je pense qu'il y avait le tailleur orange dans lequel je devais découvrir ma future belle-mère un an plus tard. Alors Lilo tenait son ventre et se disait : « Mais moi, j'ai l'enfant. »

Je ne sais pas si Anke se doutait alors de quoi que ce fût. Lilo venait rarement seule ; souvent l'accompagnaient d'autres disciples, des garçons et des filles, parmi eux Silke, qui ne connaissait pas encore Anatoli. Il arriva cependant une ou deux fois qu'Arius se retrouvât avec sa fille et Lilo seulement. Notamment au mois de mai 1968, en plein printemps de Prague, un dimanche après-midi, lors d'une promenade dans le parc de Sanssouci. À un moment, alors qu'ils avançaient dans la longue allée qui mène au Palais neuf, Arius dut rester en arrière pour aller rechercher le ballon qu'un enfant avait envoyé dans un fourré. Quand il le lui eut rendu, il vit devant lui sa fille et celle qui serait sa femme aller paisiblement tout en discutant entre les deux lignes de grands peupliers. Il se rappela un poème de Verlaine. Il commença à se réciter : « Les hauts talons luttaient... » Lilo se retourna vers lui : « Tu parles en français maintenant ?

— Non, c'est un poème de Verlaine que je me récite... c'est mon vieux et cher Fouquet qui me l'avait fait apprendre ici même quand j'étais enfant ! » Il éprouva une mélancolie soudaine ; tout était si beau : ces deux jeunes femmes accordées au paysage ; mélancolie suivie d'un regain d'euphorie. Cette beauté, c'était son pays qui permettait cela. Anke renonçant aux séductions de l'Occident pour s'établir près de lui, Anke lui pardonnant l'abandon et surtout l'enfant que Lilo allait lui donner.

21

Silhouette de Grant à quarante ans et quelques, dans la clarté d'un crépuscule de Leipzig en cet automne 1960. Il est en costume prince de Galles, chemise blanche, cravate étroite ; imperméable mastic long et droit. Grand, athlétique, à l'époque il ne porte pas encore de lunettes ; le crâne rasé sous un feutre ; c'est Anke plus tard qui lui fera changer de coiffure pour quelque chose dans le style giscardien. Il vient de quitter le stand de la Carbon Chemical dans le parc des expositions. Il y a passé la journée en compagnie de Gordon Miller-Asquith et a reçu la visite de Joachim Larcher et d'une délégation yougoslave ; il a un air sur les lèvres, *Es ist nie zu spät*, une scie à la mode en Allemagne. À la sortie du parc des expositions, il prend un taxi pour l'hôtel Astoria. Sa secrétaire, Ingeborg, doit y être arrivée de N…, via Paris et Berlin. Dans le taxi, il allume une gauloise après en avoir offert trois au chauffeur. Il se dit qu'Ingeborg à Leipzig ce pourrait être l'occasion. Les avenues sont vides ; aux carrefours des banderoles vantent les vertus du socialisme, de la paix.

Dans le *Leipziger Volkszeitung* qu'il lit assis sur un tabouret au bar, attendant Ingeborg qui prend une douche dans sa chambre, il tombe sur le nom de Manfred Arius. C'est à propos d'une représentation de *Fidelio* qui doit être donnée entre autres opéras pour la réouverture de la Neue Oper. Manfred est interviewé pour les décors qu'il vient de concevoir. Grant en parle à Larcher ; peut-être que c'est la première fois qu'il lui parle d'Arius et de leur captivité à Landsberg, des décalcomanies sur les peignes, de la bibliothèque, des décombres de Munich et enfin de l'évasion. Larcher est estomaqué. Il connaît la réputation d'Arius.

Il propose à Grant de contacter la direction de l'Opéra pour savoir si Arius y est présent en ce moment. On lui répond affirmativement. Il est d'ailleurs en train de mettre une dernière main aux décors. Sans attendre Ingeborg – c'est tout Grant : les copains d'abord –, il file avec Larcher à l'Opéra sur la Karl-Marx-Platz. À l'entrée, Larcher, très sûr de lui, de son insigne du SED à la boutonnière, demande à voir le camarade Arius. On l'introduit suivi de Grant dans le bureau du secrétaire qui les emmène sur le plateau, dans le fond de scène où Manfred est en train de corriger certains effets du cyclorama. Il a été prévenu que deux hommes du SED voulaient le voir. Et, quand il aperçoit le secrétaire suivi de deux individus en imperméable avec leur feutre, il n'est pas tout à fait tranquille. Alors qu'ils s'avancent vers Arius qui les regarde perplexe, Larcher retient doucement le secrétaire, pour laisser Grant aller seul. Il a retiré son chapeau. Manfred ne le reconnaît pas tout de suite dans ce quadragénaire au crâne rasé, en costume. Grant lui a tout de suite vu que c'était bien son Manfred ; il est en pull à col roulé ; il a blanchi, mais est aussi sec qu'à Landsberg et le regard n'a pas changé, ce regard balte qui se portait vers le ciel quand on parlait de poésie. Manfred le salue d'un « camarade » après quoi Grant le prend par les épaules : « Mani, c'est moi, Grant, de Landsberg ! » Le visage de l'autre est traversé d'un vaste sourire que suit un rire phénoménal qui immobilise tout le monde sur le plateau : « C'est Grant mon ami de France grâce à qui j'ai pu m'évader ! La dernière fois que je l'ai vu, c'était au bout d'un tuyau, pour me dire merde ! » Les deux hommes s'étreignent. Le décor n'est pas celui que je retrouverai dans les archives Arius ; son premier projet n'a pas agréé aux responsables de la culture, il avait repris des esquisses de prison de son grand-père dans le style néogothique ; on l'a jugé trop passéiste ; il a dû faire quelque chose de plus moderne.

Le soir, Arius, Grant, Larcher, Ingeborg, Miller-Asquith et Langelot assistèrent à la première de *Fidelio* à la réouverture de l'Opéra de Leipzig. Ils se trouvaient dans une loge d'honneur avec deux éminences de la culture de RDA. D'après Larcher, Grant fut très sensible au caractère héroïque de la musique. Il s'en ouvrit après la séance ; mais ce qui l'impressionna ce fut le décor. Comme tout mélomane le sait, l'action de ce drame se déroule dans une prison espagnole au XVIIIe siècle. Pour cette production, Arius avait fait une surprenante synthèse des geôles d'Albacete et de la prison de Landsberg. Grant reconnut l'étrange chapelle avec ses box pour la communion. Le metteur en scène y avait placé le fameux chœur des prisonniers.

C'est après la représentation, au bar de l'Astoria, qu'Arius lui parla pour la première fois de la guerre d'Espagne. Il avoua qu'il ne l'avait pas fait à Landsberg parce qu'il ne pouvait être sûr de personne. Pour Grant, ce récit vint à point pour qu'il s'attachât de nouveau à cette figure de père. Dans son adolescence, il avait été saisi par le romantisme des Brigades internationales ; quand il avait lu *L'Espoir* de Malraux, il avait regretté d'être né trop tard pour prendre part à la guerre. Sans doute serait-il entré dans la Résistance à cause de cette lecture ; mais il avait dû partir dans le beaucoup moins glorieux STO. Et faute de hauts faits il s'en était créé des occasions : le trafic de cigarettes, la pince à plomber les wagons, enfin l'évasion de Manfred.

Lors de ces jours de Noël de 1975 à Vienne, Noël qui fut pour moi la seule occasion de voir Arius et Jeanette, nous nous rendîmes mon père et moi à l'Opéra pour une représentation de *Fidelio*. Mon père me parla juste d'une coïncidence étrange et d'une autre représentation de cet opéra à laquelle il avait assisté à Leipzig. Quelle coïncidence ? Je ne savais alors. Maintenant je vois qu'il s'agissait de cette réapparition d'Arius, dans sa vie.

Autre musique de Grant : chachacha, mambo, avec vibraphone obligé, dans un hôtel pour la clientèle occidentale de RDA. Lumière adoucie des appliques et d'une rampe dissimulée au-dessus du bar. Deux jours après leurs retrouvailles, lui et Manfred sont au bar de l'Astoria. Arius, Ingeborg et Larcher sont présents. Il me faut m'arrêter sur le pouvoir de cette musique dite légère. Elle a pour moi autant de poids et de puissance d'évocation que la *Symphonie inachevée*. Il suffit même que j'entende les premières mesures d'un chachacha joué par des cordes, maracas et vibraphone, ou cette chanson de la Knef, pour que, d'un coup, avec la même magie qui fait que la *Symphonie inachevée* me fait voir et sentir les monts nostalgiques de la forêt viennoise, ces musiques considérées comme faciles me transportent dans le monde rêvé et vespéral du salon-bar de l'International Interhotel du temps de Grant, mon père. Et me permettent de toucher au mystère de ma belle-mère, Anke, dont la silhouette divine prit définitivement la place des Annelore, Ingeborg, Helga dans ce décor. Musique qui souvent fut le prélude aux nuits de Grant avec ses secrétaires. J'imagine que pour lui tout était réglé comme du papier à musique et qu'il jouait du corps de la femme comme un virtuose du vibraphone. Seule la musique qui, dans le salon de l'Astoria, au bar du Kranzler, précédait les nuits amoureuses de Grant, me paraît peut-être de toutes ces aventures la chose qui pût être sauvée.

Le café Kranzler, c'est là que Grant, ses deux compagnons et Ingeborg se retrouvèrent en ces jours d'octobre 1960, après la foire de Leipzig. Larcher avait réintégré son bureau de l'Intrac. Arius avait invité Grant et Ingeborg à Potsdam pour les deux jours qui précédaient leur retour en France. C'était quelques mois avant l'édification du Mur et on pouvait encore circuler assez librement entre les deux zones. Pour les Occidentaux, aucun problème ; pas plus pour Larcher jouissant de privilèges dus à sa profession et Arius qui travaillait aussi pour des théâtres du Kurfürstendamm. Arius reçut également Grant dans la maison de l'impasse Am Schönblick ; il lui montra ses tableaux, ses maquettes, quelques photos de la guerre d'Espagne, des projets pour la reconstruction d'un théâtre à Cottbus. C'est au Kranzler qu'ils s'entretinrent le plus. Grant narra ses déboires d'après guerre, sa faillite, son engagement politique. Arius lui raconta les suites de son évasion jusqu'à Vienne, prétendant qu'il y avait vécu caché en attendant l'arrivée des Russes.

Au bout de quelques jours, on aborda les questions politiques. Peu de temps après son retour du STO, Grant avait suivi les développements de l'affaire Kravtchenko ; quelques années plus tard Michelet lui avait fait lire *Le Zéro et l'Infini* de Koestler ; il n'en avait pas fallu plus pour faire du rebelle que Grant avait toujours été un anticommuniste farouche ;

son adhésion au MRP lui avait fait fréquenter des atlantistes convaincus et son travail, Gordon Miller-Asquith, qui, bien qu'il eût été un de ceux qui avaient serré la main des Russes à Torgau, restait convaincu que l'état-major américain avait raison lorsqu'il voulait continuer la guerre jusqu'à Moscou et Pékin. Comment son Mani pouvait-il adhérer à un tel système ?

Manfred n'usait pas de la rhétorique habituelle des communistes qui, pour répondre aux accusateurs occidentaux, leur sortaient les photos des bombardements de Corée ou plus tard du Viêt Nam. Non, il situait la discussion à un plan inhabituel. Voilà ce qu'il disait : « La liberté que tu prônes, celle dont vous les gens de l'Ouest vous faites les champions, n'est que la résultante des pulsions internes et des engouements collectifs ; quant à votre sacro-sainte liberté de circulation des personnes, des idées et des biens, c'est pour détruire les personnes ! »

Grant écoutait, ne comprenant plus rien de ce que Manfred était devenu.

« Pourtant les nazis que tu as combattus, c'était bien la même chose…

— Stipendié par le grand capital allemand et américain !

— Non ! Non ! Pas à moi, Mani ! Les Américains, l'Europe leur doit la liberté !

— Tu l'apprendras un jour, les camps, les rôles, tout est mouvant. Le pire ennemi, un moment ou un autre, on en a besoin pour exister ! Les Alliés ont recruté les savants nazis. La plupart des agents du service du contre-espionnage d'Allemagne fédérale sont des anciens SS, et la France, elle-même, en a enrôlé dans l'armée d'Indochine… »

Ces discussions avaient lieu le soir dans l'atelier de Manfred enfumé par ses *papirossas* et les gauloises de Grant. Dans la pénombre, derrière le portillon du poêle, un paysage de braise éclairait le plancher. Le profil de Manfred se détachait sous la verrière assombrie : « Tu dois me prendre pour un fou…

— Pas du tout, protestait Grant incapable d'ajouter quoi que ce fût.

— Que chacun vive ici en paix, sûr de son travail, de son toit, de son sommeil, de ses heures humaines entre voisins, au théâtre, à la plage les soirs d'été, sur le bord des lacs. Notre niveau de vie que les Allemands de l'Ouest considèrent avec mépris, il y a cent ans leurs aïeux en auraient été heureux. Souviens-toi que nous avons eu de bons moments à Landsberg, et au pied de la conduite forcée. Quand on n'avait rien à soi… Ce que je te dis là, jamais je ne le dirais à un Allemand. Il faut que tu sois, Grant, ce Français que j'ai connu en prison pour que je te le dise. Tes Saint-Just et Robespierre n'ont pas rêvé autre chose pour les hommes, un bonheur spartiate, une vraie liberté. Je ne nie pas que Staline ait fait des ravages, mais ils sont dans l'ordre du général et de l'historique. On ne saura jamais ce que chacun a vécu de cruauté ou de merveille dans cette histoire. Maintenant il me semble que la RDA peut être enfin l'utopie réalisable. L'arrêt du temps… »

C'est un de ces soirs de discussions qui n'en étaient pas vraiment, tant Manfred semblait plutôt dans un monologue onirique, que Grant vit pour la première fois le *Cénotaphe de Newton*. Au début il ne comprit pas ce dont il s'agissait dans ce cadre auquel il avait toujours tourné le dos. C'est lors d'une autre conversation que Manfred lui expliqua. « Voilà bien un trait des Français ; incapables de reconnaître leurs génies qui n'ont plus qu'à trouver leur fortune ailleurs. Il a fallu que ce soit mon maître Strzygowski de Vienne qui nous montre à

Kaufmann et moi l'intérêt majeur des architectes que furent Boullée, Ledoux et Lequeu ! » Selon Larcher, Grant ne prêta guère d'attention au *Cénotaphe*.

Il n'y eut pas d'autres discussions politiques durant les quelques jours que les deux compagnons passèrent ensemble à Berlin à l'occasion de cette rencontre. Manfred se libérait de son travail sur le Kurfürstendamm pour passer les soirées au Kranzler en compagnie de l'équipe de la Carbon Chemical ; parfois il arrivait en compagnie d'une actrice d'une trentaine d'années ; mais il parlait peu de cinéma ou de théâtre. On l'écoutait plutôt narrer avec Grant leurs souvenirs de captivité.

*

Je reviens à cet automne de 1960 qui, s'il fut celui où les deux camarades de Landsberg se retrouvèrent, fut aussi celui où je marchais derrière le vélo de la cheftaine scoute dans ces rues lamentables qui menaient à mon école, et ceci parce que justement mon père était en Allemagne, parce que ma mère ne pouvait plus s'occuper de moi. Depuis trois ans à peu près, sa santé s'étiolait ; elle avait dû abandonner son travail d'institutrice dont les salaires allaient s'évaporer sur les dettes de mon père comme des gouttes d'eau sur la plaque de fonte brûlante de notre cuisinière.

Nous étions mon frère et moi confiés de plus en plus à nos grands-parents paternels ou maternels. Ma mère était souvent en cure dans les Alpes à cause d'un asthme chronique. Lorsqu'elle en revenait c'était pour que mon frère et moi constations qu'elle était plus pâle, plus absente. Dans notre appartement de N…, elle dormait dans la seule chambre tandis que mon frère et moi occupions les divans du salon où par extraordinaire mon père faisait parfois une apparition.

Nous étions trop plongés encore dans le monde de l'enfance pour nous inquiéter de l'état de santé de celle qui nous confiait de plus en plus à d'autres. C'est à la rentrée de 1960 qu'on entendit parler pour la première fois de poliomyélite à son sujet et que nous prîmes, autant que des enfants peuvent le faire, la mesure de la catastrophe qui était en train de se jouer. Cette maladie aujourd'hui pratiquement éradiquée faisait encore des morts à cette époque ; il n'était pas rare de voir dans les rues de notre ville telle personne dont un membre atrophié était le prix qu'avait fait payer cette maladie. Dans ma classe, un malheureux garçon souffrait d'une jambe toute desséchée et gainée de cuir pour avoir contracté ce mal dont on disait qu'il traînait dans les marécages souterrains de N… Nous ne suivîmes pas vraiment le développement de la maladie de ma mère. Les adultes tâchaient de n'en pas parler devant nous. Pourtant, un jour inattendu de décembre 1960, mon père arriva d'Allemagne pour nous emmener à Paris. Durant le trajet, il nous dit qu'il nous fallait être courageux, car il se pouvait que notre mère ne soit plus là avant la fin de l'année. Je ne sais ce que comprit mon frère, mais j'imaginai encore une cure. Pendant le reste du voyage, mon père nous parla de l'Allemagne ; j'étais ravi d'être dans la voiture avec laquelle il y circulait.

Nous vîmes notre mère pour la dernière fois à l'hôpital de Garches. Elle était dans ce terrifiant sarcophage que l'on appelait poumon d'acier. Nous eûmes le droit de l'embrasser sur les joues mais elle ne pouvait plus bouger la tête. Le soir, quand mon père nous déposa chez nos grands-parents, il se tenait derrière nous sur le seuil de leur maison ; je crois bien que les mots qu'il nous dit étaient mouillés de sanglots réprimés. Le lendemain, il repartait pour l'Allemagne.

Trois ans plus tard, il me ramena de la foire de Leipzig une série de timbres russes qui célébraient le vol orbital de la première femme, Valentina Terechkova. On la voyait dans son curieux vaisseau oblong. Mon âme, depuis longtemps aux prises avec ce que le poète appelle le démon de l'analogie, me fit reconnaître dans cette femme enfermée dans un vaisseau d'acier l'image de ma mère enserrée dans son cylindre terrifiant. Ma mère et l'Allemagne.

*

Dans les années qui suivirent ses retrouvailles avec Arius et l'affaire de Bronkow, Grant fut bien sûr l'objet de la surveillance de la Stasi. Lors de ma première rencontre avec Larcher, celui-ci m'avait conseillé de faire une demande de copie des archives le concernant. Un jour que j'étais à Potsdam avec Marianne, le BStU me fit savoir qu'un dossier relatif à mon père était à ma disposition. Un peu plus d'un an après le décès d'Anke, j'ai fini par me rendre à Leipzig prendre connaissance de ce dossier et en obtenir une copie. Les premiers documents remontent à ses premiers séjours en RDA. Ils sont de peu d'intérêt alors que par deux fois sont notés le motif et la couleur de ses cravates. À partir de ses rencontres avec Arius, ils deviennent plus étoffés. Mais c'est avec l'affaire de Bronkow, parce qu'elle l'avait mis en relation avec Tancremont et la Mission militaire de Potsdam, qu'il a fait l'objet d'une surveillance accrue. Son cas est pris en charge par un informateur inofficiel de l'entourage d'Arius.

Depuis qu'il avait renoué avec lui et surtout depuis

Bronkow, Grant rencontrait de temps en temps Tancremont à Berlin. Ce dernier, alors âgé d'une quarantaine d'années, était lieutenant-colonel à la Mission militaire française de Potsdam ; mais il habitait au quartier Foch de Berlin. Lors de ma première venue en cette ville en 2003, j'avais entendu parler de ce lieu par Larcher. Étrange quartier qui se situe dans le nord, non loin de Tegel, et dont, même depuis la réunification et le départ des Français, les noms de rue sont restés français : avenue du Général-de-Gaulle, rue Lamartine, par exemple. Tancremont habitait avec sa femme et ses enfants au 19 de la rue Montesquieu, un immeuble modeste réservé aux militaires. J'y suis allé en quête de quelque chose qui, de l'âme de cette époque où se revirent Grant et celui qu'il avait aidé à Karlsruhe, flottait peut-être encore dans l'air. Je sais par le dossier qu'ils se retrouvèrent un dimanche après-midi de février 1966 chez Tancremont. Ce qu'ils se dirent je l'ignore. Le dossier n'en fait pas état parce qu'il était difficile pour la Stasi de poser des micros dans un quartier militaire français de Berlin-Ouest, mais j'imagine qu'ils parlèrent de la guerre, des années qui suivirent, certainement de politique. En revanche, le dossier indique qu'ils sortirent de l'appartement à 16 h 10, que Grant y était avec Tancremont, sa femme, sa fille aînée et son fils dans la poussette, et qu'ils firent une promenade dans un parc non loin de là, enfin qu'ils longèrent le lac de Steinberg.

Il arrivait aussi que Grant, Langelot et Tancremont et quelques autres militaires se retrouvent au Kranzler dans le centre de Berlin. C'étaient encore des discussions politiques. Langelot était « Algérie française » comme le frère de Tancremont et considérait de Gaulle comme un César et un traître. Tant de paroles passionnées, transformées en actes par certains, tant de paroles proférées rue Montesquieu, au Kranzler, par des êtres de chair, bien vivants alors, mais qui sont tous morts, paroles dont plus rien ne reste que quelques bribes, perdues parmi tant de signes inertes dans le fond d'un dossier dont un jour l'encre pâlira, s'effacera, tant de paroles dont cependant il me semble, comme je me promène quarante ans plus tard dans les lieux où elles furent prononcées, percevoir la musique, les intonations subtiles gravées comme par magie dans ces paysages.

*

Quand Anke et Grant se rencontrèrent pour la première fois, celui-ci était en affaire pour la vente de colorants de la Carbon Chemical avec un combinat de Bitterfeld. L'accompagnait l'impayable Langelot, son bouffon, un imprimeur. Grant avait quarante-cinq ans et portait à l'occasion son costume prince de Galles avec des chemises dites « James Bond », très à la mode alors. Il ne ressemblait pas du tout à James Bond mais, je l'ai déjà dit, d'une manière assez étrange à Markus Wolf, le chef du service de contre-espionnage de la Stasi ; ce n'est que bien plus tard, lorsque Wolf, « l'homme sans visage », commença à se montrer, que dans l'entourage de Grant l'on se rendit compte de la ressemblance et on s'en amusait. De Bitterfeld, il était venu passer le dernier weekend à Berlin.

Grant connaissait Lilo depuis deux ans. Arius la lui avait présentée lors d'un match de boxe dans une salle de Lichtenberg. Y participait Achim Brauske, un champion de l'époque. Grant aimait l'ambiance des matchs de boxe et Arius, l'éclairage vertical du ring et une certaine forme de scénographie qui y prévalait.

C'est par Paul Hasslinger qu'ils purent avoir des places. Grant trouvait Lilo très séduisante et il en parla à Langelot aux toilettes entre deux matchs. « Grand, du petit poulet de grain, il n'y a que cela de vrai ! » avait dit l'autre. Cette expression « petit poulet de grain », je l'ai entendue dans la bouche de mon père. À propos d'Anke. Bien après leur mariage. Je crois que de tels propos, comme d'autres de ce genre à mon adresse, n'étaient guidés que par la crainte de me voir trop faible avec les femmes, ou du moins pas assez intéressé par elles. Qu'est-ce qui dans mon attitude, mon apparence, pouvait susciter cette crainte ? Je ne sais mais ils ne réussirent qu'à compliquer les choses pour moi. Peut-être me suis-je marié pour cette raison, lui montrer que moi aussi je n'étais pas insensible au petit poulet de grain. Mais j'étais trop dévoué à des fées allemandes qui n'étaient que des cygnes fascinants.

*

C'était l'époque où, sous l'impulsion de Pierre Sudreau, de Pierre Messmer et des gaullistes de gauche, la France voulait normaliser ses relations avec la RDA. Les industriels français ne voyaient pas cela d'un mauvais œil pour faire pièce à leurs concurrents allemands de l'Ouest, trop puissants selon eux. Comme de nombreuses entreprises françaises, la SOE fut invitée à soutenir ce rapprochement. La reprise en main de Prague n'avait pas encore eu lieu et même les faibles protestations diplomatiques n'auraient pas empêché les affaires de suivre leur cours. En 1967, les séjours de Grant en RDA se firent de plus en plus fréquents. À Leipzig, à Berlin et Bitterfeld. Langelot et Lousteau l'accompagnaient quelquefois. Les photos que Larcher m'a données remontent à ce temps. Une ou deux fois lui et sa femme furent des soirées à l'Interhotel Unter den Linden à Berlin. Le dossier du BStU d'Arius ne manque pas d'informations sur le sujet. Lousteau avait rencontré Lilo par l'entremise de Grant et en pinçait pour elle ; il avait insisté pour qu'elle et Arius fussent aussi des soirées. La SOE payait la note.

Le 22 février 1968, la veille du départ des Français, Lousteau demanda à Grant de commander un dîner pour huit personnes à l'Interhotel ; il s'agissait de célébrer les adieux. C'est en appelant Arius au théâtre Hans Otto, pour lui faire part de l'invitation, que Grant apprit que la fille de son ami était arrivée quelques jours auparavant. Lousteau ne fit aucune difficulté pour qu'elle fût de la partie.

Maintenant, c'est l'instant glorieux où certains astres aux pouvoirs extraordinaires s'alignent dans la mécanique céleste pour composer une figure décisive et marquer le destin de mortels qui ne s'attendent à rien. Grant est sur le point de repartir pour la France et son bureau de la rue Traversière, pour nous retrouver aussi, avec appréhension peut-être, car quels problèmes lui réservons-nous encore mon frère et moi devenus adolescents ? Anke vient de débarquer chez son père et se remet de la disparition de son violoniste. Il fait déjà nuit quand elle et son père arrivent devant l'Interhotel. Depuis qu'elle est à l'Est, elle est toujours intriguée par la différence de luminosité du ciel ; là-bas à l'Ouest, au-delà de la porte de Brandebourg et du Mur, le ciel nocturne vibre d'une luminescence éternelle. De l'autre côté, le ciel est plus sombre, seulement marqué par les éclairages de la tour de la télévision en construction. Enfin, juste au-dessus d'eux, alignés le long de la toiture, des espèces de plots lumineux qui sur une de leurs faces posent la question : « Où donc aller à Berlin ? » et sur l'autre sa réponse : « Au théâtre ! »

Justement c'est quelque chose de théâtral qui se prépare. Anke suit son père qui demande au portier de prévenir M. Lousteau que ses invités sont là. C'est Grant qui va à leur rencontre. Il ne porte pas son costume prince de Galles, mais un blazer bleu marine. Anke n'est pas en tailleur orange. Mais malgré le froid en jupe et manteau courts. Elle a les cheveux remontés en turban, de grosses boucles d'oreilles ; les yeux maquillés à la manière allemande des années soixante. Dès que Grant la voit, quelque chose se met à grincer dans un rayon de mille millions d'années-lumière autour de la Terre. Puis s'arrête, se bloque. Il se dit qu'il ne va pas tout de même faire ça à Mani, lui prendre sa fille pour l'ajouter à sa liste de conquêtes dans sa campagne d'Allemagne commencée en 1943. Il voudrait bien relancer la machine céleste qui fait tout mouvoir, mais rien à faire ; une Viennoise, en plus ça changerait un peu des grandes filles flegmatiques du Nord. Et il voit bien que le monde ne consentira à se remettre en branle que si la rencontre entre la fille d'Arius et lui est consommée. Quand il confiera cela le soir même à Langelot, celui-ci lui dira qu'il a remarqué comment durant toute la soirée Anke n'a fait que regarder, écouter Grant. « Du petit poulet de grain, ce serait dommage ; d'ailleurs j'imagine bien que s'il y avait quelque chose entre vous deux, la petite n'en piperait pas mot à son père. »

*

Un matin de juin 1968, Langelot acheta des cigarettes dans le hall de la gare où, quarante-sept ans plus tôt, Manfred partit la première fois pour Moscou. Elle ne portait plus le nom de la Silésie, mais s'appelait simplement gare de l'Est, nom qu'elle porte toujours. Son décor avait bien changé qui, entre-temps, avait servi aux combats des spartakistes, puis vingt ans plus tard aux départs et retours des combattants pour le front russe. Du pompeux style wilhelminien, elle était passée à un austère style stalinien. Langelot acheta deux paquets de cigarettes Ramses sans filtre, tandis que Grant attendait un peu plus loin rue de la Commune-de-Paris, au volant de sa voiture. C'était le matin d'une journée dont les acteurs ignoraient qu'elle serait décisive.

Langelot rejoignit Grant dans la voiture. Avant de démarrer, Grant prit une cigarette que l'autre lui alluma ; il pesta contre le tabac allemand et se plaignit d'être à court de gauloises. Puis les deux compagnons prirent la direction de Francfort-sur-l'Oder où ils devaient passer la frontière pour rencontrer des responsables d'un combinat polonais. C'était un lendemain d'orage, où perdurait une humidité chaude. Sur le poste de radio, au travers de pas mal de parasites et de grésillements, les grandes ondes de France Inter rapportaient les derniers développements des événements de France, entre autres la reprise du trafic ferroviaire.

« Il était temps que ce bordel finisse ! dit Langelot, propos auquel Grant ne fit aucun commentaire. Grand, pourquoi tu ne me dis rien ce matin, t'es pas de bon poil ? » reprit le bouffon.

Grant ne répondait toujours rien, le regard braqué vers l'est.

« Je sais, j'ai fait le con ! soupira Langelot.

— Tes frasques sont insupportables ! Non content de cocufier ta pauvre femme, tu trouves le moyen de faire monter une fille dans ta chambre alors qu'ici ce n'est vraiment pas l'habitude…

— Tu me connais ! T'aurais dû me prévenir.

— Tu n'es plus un gamin ! Ce n'est pas parce que tu es à l'étranger et que la devise de ton pays est forte que ça te donne tous les droits sur les pauvres types d'ici ! » ronchonna Grant avant de se taire tout à fait pour maudire intérieurement Langelot qui lui avait gâché sa nuit.

Nuit singulière dont, par la vertu d'un incident grotesque, je le répète, le lendemain devait être décisif. Cet incident fut la rupture nocturne d'un montant du lit de Langelot sous son poids et celui d'une Hongroise que, quelques heures auparavant au bar de l'Interhotel Unter den Linden, il avait séduite, sans parler un seul mot de sa langue, à coups de champagne aux frais de son imprimerie. Ils avaient bien essayé de remettre le lit en ordre mais en vain. Sans lui parler de la fille, il avait appelé Grant qui dormait depuis une heure deux étages en dessous. Sur quoi Grant avait téléphoné à la réception pour qu'on donnât une autre chambre à Langelot qui ne parlait pas l'allemand. Un sous-directeur était lui-même intervenu, se confondant en excuses, et avait indiqué une autre chambre pas trop loin pour le bouffon. Oui, c'était bien le bouffon de Grant, surtout lorsqu'il avait ouvert la porte de sa chambre, apparaissant au sous-directeur, à un chasseur et à Grant seulement vêtu de son pantalon tenu par des bretelles entre quoi saillait un ventre blanc et flasque, tandis que la fille se rhabillait dans la salle de bains. Dès qu'elle s'était montrée à son tour, en peignoir et finissant de remettre ses chaussures à hauts talons, le sous-directeur s'était tourné vers Grant pour lui dire que ce genre de divertissement était réprouvé par la loi et que cela pourrait avoir des suites. Mais Grant connaissait le procédé. Il avait sorti de son portefeuille quelques dollars qui avaient tout arrangé.

Grant n'était pas rancunier à l'égard de son bouffon. Les affaires de Francfort n'avaient pas été mauvaises. Et sur le chemin du retour, dans l'après-midi, les deux amis chantèrent ensemble des chansons de Charles Trenet. Grant était si peu rancunier à l'égard de son Langelot et il s'en voulait tellement de l'avoir houspillé qu'il l'invita à le rejoindre au restaurant où il avait rendez-vous avec Anke, car, depuis qu'ils s'étaient rencontrés, il était de plus en plus épris de la fille de son ancien compagnon de captivité. Et il avait fini par montrer à Anke qu'elle ne lui était pas indifférente. C'est chez Arius, en l'absence de celui-ci, qu'il lui avait proposé de dîner tous les deux dans un restaurant de Potsdam, selon Götz, le Minsk. Elle avait accepté après quelques hésitations peut-être feintes.

Lorsqu'elle arriva au restaurant, Langelot était seul attablé ; elle fit la grimace mais se détendit tout de suite à l'arrivée de Grant une demi-heure après. Il venait de Berlin où il avait dû rencontrer Gordon Miller-Asquith. La suite fut-elle une manœuvre de séduction déjà bien expérimentée par Grant ? Je ne le saurai jamais ; je pense plutôt que ce n'était pas délibéré, que, du moins dans ce cas, lorsque, vers 23 heures, la fatigue de la journée et de la nuit précédente se faisant sentir, il fit signe au garçon de lui amener l'addition alors que Langelot était toujours là et qu'il débitait des hâbleries amoureuses, c'étaient d'autres puissances qui étaient à l'œuvre et qu'elles l'étaient encore plus quand, ayant réglé la note, il se tourna vers Langelot, d'un mouvement du menton lui désigna Anke et lui dit : « Prends la voiture et ramène-la chez elle ; je rentrerai en taxi à l'hôtel ! » C'est ce geste et ce propos de Grant qui ont déclenché le reste. Sur le trottoir où Langelot l'avait déposée, avant de pousser le portail de son immeuble,

Anke se jura qu'elle ferait de l'ex-compagnon de captivité de son père son mari.

Cette histoire, je l'ai sue trente ans plus tard d'Anke elle-même ; je crois qu'elle m'en fit le récit durant ma réclusion des Vosges à mon retour de Vienne, un soir qu'elle était en veine de confidences, comme cela pouvait lui arriver. Mais elle se garda bien de la replacer dans son décor réel qui était Potsdam.

*

Quand Langelot avait déposé Anke sur le trottoir devant son appartement, elle s'était juré que Grant ne s'en tirerait pas à si bon compte. La découverte peu après que Lilo était enceinte des œuvres de son père et l'aveu que celle-ci lui fit qu'ils seraient bien obligés de se marier renforcèrent sa détermination. Ma conduite la servit dans son entreprise : à cette époque, mon père sentait bien que cette vie de voyages, d'aventures passagères selon les caprices de ses affaires ne pouvait plus durer longtemps : je lui posais quelquefois des problèmes et il voyait qu'un jour il faudrait bien songer à s'assagir s'il voulait que moi-même je fusse plus sage.

Je ne sais pas comment les choses se passèrent à Berlin ou Potsdam en ce temps-là, mais je crois pouvoir dire qu'en août 1968, au moment des événements de Prague, tout était arrêté. Anke et Grant se retrouvaient à l'Interhotel Unter den Linden. Quelques dollars suffisaient pour s'assurer du silence du sous-directeur qui, depuis l'affaire Langelot, savait faire payer sa discrétion. La venue de Paul-Marie Lousteau à Berlin accéléra le cours des choses. « Elle a du chien cette petite ! Et puis rien à voir avec les grandes Walkyries que vous avez l'habitude de nous ramener ! » dit-il à Grant juste après les présentations. Quand il fut question de lui trouver un travail à la SOE, Lousteau n'hésita pas un instant : « Oui, l'avenir de l'entreprise, c'est l'Europe, et l'avenir de l'Europe, c'est la France et l'Allemagne. Anke Stadler me paraît celle qu'il faut pour vous seconder dans votre travail ! » Une chose dont le patron de Grant ne s'inquiétait pas cependant, c'était de savoir comment Anke allait pouvoir passer à l'Ouest car elle était désormais ressortissante de la RDA.

Il n'était pas question d'entamer des démarches administratives en vue d'un mariage qui aurait donné de facto la nationalité française à Anke ; elles auraient manqué de discrétion. Le temps pressait car le climat dans la maison de l'impasse Am Schönblick se détériorait. Anke avait fini par deviner que Lilo était enceinte et bientôt celle-ci commença d'arborer son ventre proéminent comme une provocation, faisait du chantage, se plaignant de spasmes à cause des malaises que lui occasionnait chaque jour la moindre contrariété due à Anke. Arius essayait vainement de concilier les deux femmes. Un jour Lilo menaça carrément de rompre avec lui et de repartir chez ses parents. Du côté de Grant, les choses urgeaient également ; il supportait mal de devoir cacher à son vieil ami qu'il avait séduit sa fille. Le salut vint de la Mission militaire française de Potsdam.

Grant n'ignorait pas que ses véhicules pouvaient circuler librement entre l'Est et l'Ouest. En septembre 1968, juste après une semaine de vacances passée avec nous dans les Alpes, il alla rendre visite à Geoffroy Tancremont à la cité Foch à Berlin. Tancremont n'hésita pas un instant ; il savait ce qu'il devait à Grant, son évasion en 1943, la rançon lors de l'affaire de Bronkow et il aimait prendre des risques. Il mit sur pied le passage d'Anke à Berlin-Ouest par le pont de Glienicke. Mais, selon lui, il fallait attendre le mauvais temps et la neige, car dans ces circonstances les gardes frontaliers étaient moins disposés à rester longtemps hors de leurs postes. Le 17 octobre, dans la soirée, Anke quitta son appartement sans laisser aucun message à son père qui était à Leipzig pour deux jours. Elle alla jusqu'à l'entrée du parc de Sanssouci où une voiture de la Mission militaire française la prit ; Tancremont la conduisait. Il l'emmena jusqu'à l'entrée d'un chemin sans nom qui donnait sur le Feldweg, un quartier de jardins ouvriers. C'est là qu'elle monta dans une Trabant cahotante laquelle, une demi-heure plus tard, la déposa devant un pavillon d'une cité grisâtre à l'ouest de Potsdam. Une femme lui indiqua une chambrette où elle allait attendre les premiers jours de neige de 1968.

*

Pour raconter les faits suivants, dont je découvre la sèche relation dans les écrits du capitaine Götz, j'aurais aimé trouver les mots les plus justes, les plus précis, mais aussi une sorte de lyrisme sourd qui conviendrait à ces instants d'une densité phénoménale, d'une force poétique en rapport même avec l'énergie que d'une manière générale mon père mit à rendre sa vie poétique. Peine perdue, c'est comme parler de la musique, écrire sur la musique, la plus belle des proses ne fera rien entendre de la musique elle-même.

Pourtant c'est comme un poème que commence ce petit matin de novembre 1968. Il y a le chant de la glace qui dégèle un peu à la surface du lac Sacré à Potsdam. Et le soleil qui pousse ses premières lueurs à l'est pour illuminer le paysage. Il dépose une fugitive clarté orangée sur le fronton d'une grande villa de la Seestrasse qui longe le lac Sacré, et fait brasiller les feuilles humides récemment chues sur le sol. Puis le ciel se referme, le monde en dessous s'assombrit et prend une couleur grise et humide. Quelques flocons de neige se mettent à flotter dans l'air. Sur le côté de la villa, une Opel Kapitän fait tourner son moteur. Le chauffeur est l'adjudant Fernand Marchet. Il est en train de gratter le givre sur le pare-brise de la voiture. Il est bientôt rejoint par un homme en imperméable, le lieutenant-colonel Geoffroy Tancremont, et une jeune femme en uniforme de l'armée de terre qui s'assoit à la place arrière. Cette jeune femme est Anke.

Une fois ces trois personnages montés dans la voiture, celle-ci part tous phares allumés par la Seestrasse, puis le Mühlenweg jusqu'à la très droite et longue Berliner Strasse, qui comme son nom l'indique mène à Berlin. Peu de véhicules dans les rues : le tramway avec sa lumière blafarde ; quelques cyclistes ; de temps en temps une voiture. La neige tombe de manière plus dense. Dans la voiture, Marchet demande s'il peut fumer, à quoi les deux autres acquiescent. Tancremont s'adresse à Anke : « Encore une fois, si c'est le policier allemand qui exige vos papiers, vous faites comme si vous n'avez rien entendu ; comme s'il n'existait pas. Si c'est un Russe, il sait qu'on n'a pas de comptes à lui rendre ; il nous laissera passer ! » De chaque côté de la Berliner Strasse, d'anciennes villas aux murs rapiécés, crasseux de fumée. Des jardins aux végétaux brunis et navrés par le froid, des arbres avec des lambeaux de feuillages. Au-dessus, le ciel noir et chargé de neige. Tout cela au rythme du chant des essuie-glaces. À un moment, comme la voiture laisse l'impasse Am Schönblick sur la gauche, Anke y jette un regard : au fond, une maison perdue dans la grisaille et les flocons gris. Puis de nouveau l'avenue toute droite. Enfin à un virage, le pont comme une sorte de théâtre à cause des deux colonnades qui en marquent l'entrée, des projecteurs qui l'illuminent et des deux puissants arcs métalliques qui le surplombent. Au milieu de l'un d'eux et au-dessus de chicanes est suspendu un disque d'acier aux couleurs de la RDA. Un drapeau soviétique flotte au niveau du poste de contrôle. La voiture ralentit et s'avance jusqu'à une barrière sur les côtés de laquelle se tiennent des gardes en chapka et armés de kalachnikovs. Comme la barrière ne se lève pas, juste avant de baisser sa glace, Tancremont grogne : « Ils ne vont pas nous emmerder aujourd'hui ! » Un des gardes s'incline vers lui et l'invite à descendre. C'est juste pour lui montrer que de la neige collée sur la plaque d'immatriculation de la voiture la rend illisible. Tancremont sort et, de la pointe de sa chaussure, il découvre sur la plaque les couleurs françaises et le numéro spécial de la Mission militaire interalliée. Le garde fait signe que la voiture peut continuer sa route. La barrière se lève.

Au poste américain, le soldat ne prend même pas la peine de sortir de sa cabine. Anke sourit et se retourne ; par la lunette poudrée de givre, elle regarde le pont blanchi, carcasse verdâtre presque phosphorescente sous le déferlement de la neige bien visible dans le faisceau des projecteurs. Puis la voiture continue par une très longue route bordée de bois enneigés. Enfin des maisons, des bâtiments, c'est Wannsee ; le lac est perdu dans la chute des flocons. À l'approche de la gare, Tancremont dit : « On s'arrêtera juste le temps que vous descendiez ; sait-on jamais, que des collègues nous aperçoivent. Mes amitiés à Grant ! » Anke remercie, puis la voiture s'étant immobilisée elle prend une valise et saute de la voiture. Derrière la fenêtre illuminée de l'auberge attenante à la gare : mon père qui tire sur une gauloise, il adresse un signe de la main à Anke.

Pendant qu'ils se retrouvent dans l'auberge qui sent le café, la cigarette et où résonnent des bruits de percolateur sur fond d'une chanson qui n'est pas de Hildegarde Knef, les flocons de neige continuent de tomber en silence sur Berlin, le Brandebourg, Potsdam, les lacs, les forêts, la Berliner Strasse, le pont de Glienicke. Ils déferlent indifférents au partage de la guerre froide ; insouciants de savoir s'ils vont tomber à l'Ouest ou à l'Est, qui ici ne sont pas ce que l'on croit puisque Berlin-Ouest se trouve à l'est de Potsdam qui fait partie de la RDA. Ils préfèrent s'appliquer à la perfection du paysage, à recouvrir le pont, les postes de garde, gommant les signes qu'y ont gravés les hommes, signes de leur misère, de leur folie que sont les murs, les barbelés, les miradors, les drapeaux ou encore des choses de la vie d'autrefois abandonnées dans le no man's land, modestes comme des cabanes de jardin, appentis, maisonnettes, ou plus fières malgré leur décadence comme, sur le côté du lac juste à la sortie du pont de Glienicke, cette rotonde à colonnes de style néoclassique, ou de l'autre côté, un peu plus loin, ce petit château de style anglais, tous deux construits par Karl Friedrich Schinkel, le maître des Arius, cette rotonde à quoi nos trois automobilistes tout à l'heure n'ont même pas accordé un regard, tant ils étaient absorbés par leurs histoires présentes.

22

Arius admirait comment les rayons du soleil matinal d'octobre pénétraient d'une nuance dorée la brume bleue qui enveloppait la place de l'église Saint-Nicolas, visible de l'autre côté de la Havel. Ça lui rappelait un automne qu'il avait connu dans un parc d'une ville proche de Moscou ; il y avait senti le souffle d'une femme aimée et disparue. À la devanture d'un buraliste de la gare où il était arrivé de Berlin quelques minutes auparavant, il avait vu en gros titres que la RDA venait de décrocher une nouvelle médaille d'or aux Jeux olympiques de Mexico et qu'elle était en passe de dépasser la RFA. Mais ce n'était pas ce qui l'intéressait quand une connaissance qu'il croisa lui adressa un salut suivi d'une remarque sur les victoires socialistes ; intérieurement, il haussa les épaules. Il songeait au piètre spectacle qu'il avait vu à la télévision la veille lors de la retransmission de l'épreuve de 1 500 mètres haies. Rien de l'idéal grec ; l'idéal grec à cette heure, c'était plutôt la façade de l'église Saint-Nicolas. De toute manière, il avait l'esprit occupé par tout autre chose qui était la naissance de Jeanette dans la nuit à l'hôpital de la Charité de Berlin, et la disparition de son autre fille, Anke, quelques jours auparavant. Le choix du prénom avait été fait ; Jean si c'est un garçon, par amitié pour son ami retrouvé, et Jeanette, encore à cause de Jean mais aussi à cause de la Jeanne de France, personnage historique et théâtral qui le fascinait depuis longtemps.

Liselotte n'avait rien objecté à ces choix ; d'ailleurs jusqu'alors elle avait accepté toutes les décisions de Manfred, vivant dans le bonheur d'être amoureuse du grand et secret Manfred Arius, professeur révéré par ses étudiants, et d'avoir été choisie par lui comme assistante, puis d'être devenue sa maîtresse et enfin de sentir en elle s'épanouir le fruit de cet amour. À contrecœur cependant, elle avait accepté que sa grossesse restât momentanément un secret entre Manfred et elle, n'avait rien objecté quand il lui avait demandé de rester quelque peu à l'écart tant que sa fille de Vienne était chez lui. Elle avait tout accepté jusqu'au moment où Anke, qui avait de l'intuition, lui avait demandé sans ambages si elle était la maîtresse de son père et si elle était enceinte de ses œuvres. Lilo avait souri puis pris Anke par le coude pour lui dire la vérité et qu'elle espérait que cela ne changerait rien entre elles.

Cela faisait une heure à peine que Manfred se reposait chez lui et pensait au bonheur de cette naissance qu'on sonna à sa porte. Deux hommes, l'un en imperméable mastic d'une coupe surannée, l'autre en blouson, se tenaient sur le palier. Manfred comprit tout de suite. L'imperméable mastic lui demanda s'il était bien Manfred Arius, professeur de scénographie à l'institut cinématographique de Potsdam-Babelsberg, décorateur de théâtre et artiste peintre, ce que Manfred confirma ; l'autre se présenta : « Götz, du ministère de la Sécurité ! Camarade, nous aimerions vous poser quelques questions… »

Manfred les invita à s'installer dans l'atelier.

« Vous savez la raison de cette visite, camarade Arius ? fit Götz en allumant une cigarette.

— Oui, à cause de ma fille.

— Exact. Vous savez aussi que notre République n'avait fait aucune difficulté pour l'accueillir et en faire une citoyenne de notre pays. D'autre part, en raison des services que vous avez rendus à l'État, nous lui avions offert un poste au théâtre Maxime Gorki. Or depuis quatre jours elle ne s'est pas rendue à son travail et, après enquête, il s'avère qu'elle a quitté illégalement le territoire. Sans doute grâce à des complicités intérieures ; la vôtre certainement. »

Manfred commença : « Camarades, il y a méprise. » Il expliqua comment Anke s'était fâchée avec lui à la suite de la révélation qui lui avait été faite de sa liaison avec Lilo et surtout à la nouvelle qu'elle était enceinte.

« Nous vous comptions parmi les artistes les plus sûrs de notre pays, un exemple pour la jeunesse, reprit l'autre ; vous jouissez, je le sais, de l'amitié du camarade ministre Mielke, et de l'estime du camarade secrétaire général du SED, mais vous savez que cette faveur peut se perdre. Certains de vos amis d'Espagne et d'URSS en ont fait l'expérience. Comment avez-vous pu laisser partir votre fille et comment pouvez-vous prétendre ignorer ses projets ? »

Götz sortit un dossier de sa serviette et commença à le feuilleter : « Vous avez des relations avec des artistes tchèques qui ont demandé asile en Allemagne fédérale notamment. Que pouvez-vous nous en dire ? Votre fille est-elle proche de ce cercle ? Nous n'ignorons pas qu'elle a quitté l'Autriche pour suivre un musicien tchèque récemment engagé à la Philharmonie de Berlin. »

Arius répondit qu'il ne pensait pas que sa fille s'occupât de politique et que son départ d'Autriche était une simple affaire de famille.

« À propos de famille, dit Götz, en prenant une attitude détendue, mes félicitations pour la naissance de votre petite fille Jeanette ! »

Arius se tut et ne put dissimuler qu'il avait été touché. L'autre le remarqua qui rapidement lui tendit son paquet de cigarettes et dit : « Quelle belle espérance : une fillette ! Quelle chance vous avez d'être père… Enfin, de Jeanette. Car votre fille Anke, c'est une autre affaire. Alors, vous allez nous dire comment elle est passée à l'Ouest ! »

Arius refusa la cigarette pour prendre sur son bureau une boîte de *papirossas* qu'il présenta aux deux autres ; ils se servirent avant lui comme heureux de cette aubaine. Il tira une courte bouffée et resta silencieux. L'autre reprit : « Eh bien, moi, je vais vous le dire ; nous sommes très bien informés ; votre fille Anke a quitté la République avec la complicité de votre ami français, celui que vous appelez Grant, avec qui elle a une liaison depuis six mois, et qu'elle a retrouvé à Berlin-Ouest ! » Arius se dit que Grant était un beau salaud. Mais il ne pouvait faire critique à son ami d'avoir une liaison avec une femme de vingt ans plus jeune que lui, il était mal placé. Il était quand même un peu déçu que ce don Juan ait choisi sa fille et qu'il soit parti avec elle. Il dit qu'il n'avait aucune idée de la manière dont cela s'était passé. D'ailleurs ils avaient bien préparé leur coup au point de n'en parler à personne.

Götz devint sympathique et même avenant : « Je me représente votre déception, votre fille, un ami, ces gens de l'Ouest n'ont aucune morale. Enfin vous avez la petite Jeanette pour vous consoler. Vous en ferez une bonne socialiste, une force pour notre pays, n'est-ce pas ? Il ne faudrait pas non plus qu'un jour l'idée lui vienne, à elle aussi, de nous quitter et pour cela elle doit être élevée selon les principes les plus purs de notre démocratie. Il est évident que si vous ne vous sentiez pas à la hauteur de cette tâche, le pays lui-même pourrait s'en charger. Nous avons des institutions tout à fait efficaces pour l'éducation des enfants. De bons couples socialistes n'ont pas la chance d'avoir des enfants… Nous pourrions en trouver un à qui la confier… »

Arius avait compris bien avant que Götz lui eût dit tout cela. « Qu'attendez-vous de moi ? fit-il.

— Vous fréquentez nombre d'intellectuels, d'artistes, dont certains payés par la CIA, ne songent, depuis l'affaire de Prague, qu'à répandre l'idéologie fasciste et réactionnaire dans notre République. Prouvez-nous que vous êtes celui sur lequel Jeanette peut compter. Travaillez pour nous ! Informez-nous de tout ce qui vous paraît intéressant dans votre cercle d'amis, dans vos relations et notamment à l'institut cinématographique de Potsdam, et à Vienne où il vous arrive d'aller ! Je serai votre officier traitant. Nous ne nous rencontrerons pas souvent et, tous les quinze jours au moins, vous m'enverrez un rapport sur les personnes dont je vais vous remettre la liste ! » Götz tendit à Manfred un formulaire. Quand il l'eut entre les mains, l'autre reprit : « Nous arriverons bien à savoir comment votre fille Anke et ce Français ont pu passer à l'Ouest ; ils ont dû bénéficier de complicités chez nous. On vous en fera part. » Puis il lui tendit la main et ajouta : « Tous mes vœux à la maman ! Je sais qu'elle se porte bien. »

Quand Arius se retrouva seul, il éprouva un étrange soulagement. Il laissa s'éteindre sa *papirossa* à demi consumée, s'habilla et alla s'installer sur un banc de la place de l'Unité ; il se dit qu'enfin c'était à son tour. Il se demanda comment il s'était fait que lui, qui, depuis les années vingt, avait vu bien de ses proches camarades communistes d'un coup tomber en disgrâce – parfois parce qu'il avait été un des artisans de leur chute –, oui, il se demandait comment il se faisait qu'il n'ait pas été plus tôt inquiété, du moins soumis à quelque chantage. Il s'en tirait à bon compte. Il avait soixante-huit ans ; et aurait pu bien des fois se retrouver sur une liste de proscrits, disparaître carrément de la surface du monde comme des camarades d'autres démocraties populaires ou être relégué comme son vieil ami journaliste, Rudolf Herrnstadt, au fin fond d'une province enfumée d'usines ; non il était toujours là. Maintenant, il en avait assez vu et il en savait assez de tout ce système pour donner le change à la Stasi, et, sans compromettre personne, fournir assez de foin à ce Götz tombé de la dernière pluie. Mais aucun risque, pour ne pas nuire à Jeanette.

Quand même, il téléphona deux heures après au domicile de Mielke ; il tomba sur Gertrud, sa femme, et lui apprit la naissance. Mielke était toute l'après-midi au stade d'Alt-Hohenschönhausen, à l'entraînement du Dynamo FC dont il était président.

Manfred fila à Berlin par le S-Bahn et se présenta à l'entrée du stade. De sa loge le gardien l'observa de manière soupçonneuse et condescendante, surtout quand il demanda à voir le camarade Mielke. Mais à la réponse qu'il dut obtenir au téléphone, l'homme fut plein de prévenance pour le faire entrer. Quand Manfred arriva aux abords du terrain de football, on était en fin de partie. Comme il en avait parfois l'usage, Mielke avait tombé la veste, s'était mêlé aux joueurs et, en pantalon de ville et bras de chemise, échangeait quelques balles et finissait par marquer un but sous les applaudissements des joueurs. Il était encore essoufflé et transpirait légèrement quand il rejoignit Manfred à la petite tribune.

« Mes félicitations pour ta fille ! lui dit-il.

— Laquelle ? La petite ou celle qui intéresse un certain Götz ?

— Allons, calme-toi. Je n'ai pas suivi cette affaire… Je n'ai pas le temps de tout contrôler ; j'ai bien du souci avec les Pragois. Quelqu'un a voulu faire du zèle. Je ne sais même pas d'où sort ce Götz. Mais avoue quand même que tu t'es mis dans un drôle de pétrin… De toute façon, il serait temps que tu te décides à passer clairement de notre côté. Et plutôt que de te contenter d'être un simple inofficiel, tu pourrais avoir un bureau à la Centrale ; tu aurais en charge tout ce qui ressort de la culture ; c'est ton domaine. Tu bénéficierais d'un tas d'avantages pour Lilo et la petite. Tu sais comme notre théâtre, notre cinéma sont devenus les chevaux de Troie de l'Ouest. Ils sont en train de pourrir la jeunesse. Regarde un peu ce qui s'est passé à Prague. Les camarades de là-bas n'ont pas prêté attention aux déviations et sans nous, tout basculait dans le fascisme. Il ne faudrait pas qu'on se soit battus pour rien. Je vais te redire que je sais ce que je te dois, que je ne suis pas un ingrat mais je sais aussi que mes sentiments personnels, amitié, reconnaissance doivent passer après l'intérêt du Parti et du socialisme. »

Mielke s'essuyait le front et le cou avec une serviette-éponge. Il dégageait une odeur de roux que Manfred connaissait bien depuis l'Espagne. Il ne pouvait pas s'empêcher de le trouver sympathique.

Mielke se leva : « Il faut que je te laisse. Je vais voir ce que je peux faire avec ce type mais réfléchis à ma proposition ! Rappelle-moi bientôt ! »

Manfred resta assis, laissa son regard errer sur le gazon déserté par les joueurs ; une odeur d'herbe foulée lui arriva. C'était une belle après-midi d'octobre ; il n'avait plus qu'une envie : courir à la Charité voir Jeanette, la prendre dans ses bras.

Il passa devant le Deutsches Theater, il tomba sur Frank Beyer qui en sortait. Ils échangèrent quelques mots. Beyer lui parla de son travail à la direction du Staatstheater de Dresde qu'il avait prise un an plus tôt et qu'il ferait peut-être appel à lui pour la saison suivante. Il avait l'intention de monter *Sainte Jeanne des abattoirs*. Il ajouta que, depuis son film, il était frappé d'interdiction de tourner. Ils prirent congé. Manfred se dit que c'étaient des gens comme lui que Götz lui demandait d'espionner. Quelle idée d'avoir choisi ce prénom de Jeanette !

*

Le 1er janvier 1968 parut la directive 1/68 par laquelle Erich Mielke concrétisait la collaboration des indicateurs inofficiels (IM) avec les fonctionnaires de la Stasi pour la sécurité de la République démocratique allemande ; ces collaborateurs inofficiels devant s'investir de manière plus précise dans la lutte immédiate contre les menées subversives de l'ennemi. En conclusion de cette directive, Mielke se réclamait de Lénine et déclarait une fois de plus : « Tout bon communiste est un bon tchékiste. » La publication de cette directive ne veut pas dire que jusqu'alors la Stasi ne recourait pas aux services de mouchards patentés ; ils existaient depuis le début de la RDA ; mais jusqu'à cette décision de Mielke, on ne les utilisait que de manière épisodique et aléatoire. À partir de 1968, et les événements de Prague furent un stimulant efficace au recrutement des IM, la Stasi, reprenant le zèle des sergents recruteurs des rois de Prusse, commença systématiquement à grossir les bataillons de ces informateurs sans distinction de rang, d'âge, de sexe. Ainsi vit-on des parents espionner pour son compte leurs enfants, des voisins leurs voisins, des élèves leurs condisciples, d'autres dénoncer leur conjoint, leurs frères et sœurs, des collègues de travail, des amis de classe, leur amant. Cette activité devait présenter bien des attraits pour que, dans les années qui précédèrent la chute du Mur, on comptât quelque deux cent mille IM.

*

Le nom d'Arius n'était pas inconnu à Helmar Götz. À cause de la photo. Car depuis l'achat du Leica, il se piquait de faire de la photographie artistique ; il avait acheté des ouvrages sur la question. Dans l'*Encyclopédie de la photographie d'art*, il était tombé sur le nom de la dynastie Enslen-Arius à laquelle était consacré tout un article, article où Manfred était juste mentionné comme un descendant de la famille.

En Manfred Arius, Helmar Götz découvrit tout ce qu'il rêvait pour lui-même ; déjà un physique : grand, racé, puis tous les ingrédients de la considération. Issu d'une famille d'artistes prussiens, communiste de la première heure, combattant avec les rouges en Asie centrale, interbrigadiste de la guerre d'Espagne, officier de l'Armée rouge en 1945, décorateur de théâtre ayant travaillé pour Piscator et Reinhardt, professeur à l'institut cinématographique de Potsdam, marié à une femme plus jeune que lui de quarante ans.

La première fois que, armé de son Leica et d'un téléobjectif, il fit le guet devant l'immeuble d'Arius, il le vit sortir au bras de Lilo. Il fit une vingtaine de photographies. Ce n'est qu'en les développant qu'il découvrit la splendeur de la jeune femme. Lilo avait vingt-quatre ans et lui apparut comme un fruit désirable ; Götz, le paria, au physique ingrat, la victime d'autrefois, mais désormais sur la voie du pouvoir, tomba amoureux de Lilo et commença à méditer des plans inouïs pour se rapprocher d'elle.

*

Lorsque Luecke confia le cas Arius à Götz, celui-ci ne comprit pas comment un homme de près de soixante-dix ans pouvait plaire à une femme de vingt-quatre ans, belle comme l'était Liselotte. Il en parla à son supérieur, qui lui dit qu'il avait beaucoup de choses à apprendre sur la vie et les femmes. Il lui expliqua que le prestige d'Arius valait bien les attraits physiques d'un jeune homme ! Il ajouta que plus d'une devait d'ailleurs rêver de devenir Mme Arius. Sur un ton cynique, il se prit à dire que, quand Arius serait mort, sa veuve serait encore bien jeune, séduisante et d'autant plus qu'elle s'appellerait Arius ; elle aurait pour elle les collections d'œuvres d'art et bien d'autres choses intéressantes.

« Oui, dit Götz penché sur un dossier ouvert ; mais de là à partager son lit !

— Il n'est pas si mal conservé, le vieux ; regardez cette photo prise à Thiessow, il y a un an ! »

Götz dut se rendre aux raisons de l'autre. Manfred était loin de faire son âge ; un corps svelte et encore athlétique, aux muscles longs et un peu trop saillants peut-être. N'étaient ses cheveux très blancs, on aurait pu lui donner quinze ans de moins.

C'est donc peu avant cette conversation, qui eut lieu à la Stasi de Potsdam, que la procédure opérative concernant Manfred et lancée par Luecke avait été reprise par Götz. Le chef lui avait fait une déclaration solennelle sur la confiance qu'il avait en lui ; il lui avait exposé toutes les pièces du dossier, et recommandé de ne pas le décevoir comme ce crétin de stagiaire qui avait exécuté une perquisition en dépit du bon sens et du règlement. Götz étudia tout, rapports, photos, puis il se fit amener ce qu'il était possible de rassembler sur Lilo.

Elle venait de Poméranie et grâce à l'influence d'un parent, qui était chef d'arrondissement du SED de Greifswald, elle avait pu s'inscrire à l'université Humboldt de Berlin, puis à l'institut cinématographique de Potsdam-Babelsberg. Elle avait d'ailleurs toutes les capacités pour cela. Parfaitement notée à la FDJ, elle y avait été chef de groupe et responsable d'arrondissement. À l'université, elle s'était déjà inscrite en histoire de l'art tout en prenant des responsabilités politiques. C'est comme élue étudiante au conseil de l'institut cinématographique qu'elle avait fait la connaissance d'Arius qui en assumait la direction de la section scénographie. Elle avait été frappée par sa prestance et ses cheveux blancs. En quelques mots une collègue lui avait dressé le portrait de celui qui réalisait aussi des décors de théâtre pour Tragelehn, Besson, autant que pour la Defa ou les studios de télévision d'Adlershof. Elle s'inscrivit à son cours. Arius ne la remarqua pas tout de suite. À cette époque, il entretenait une relation platonique avec Xenia Zylberfarb, une Juive russe dont l'état de santé le préoccupait considérablement et qui devait mourir un an plus tard.

« Platonique ? Qu'est-ce que ça veut dire, camarade colonel ? fit Götz à Luecke, en découvrant ce terme dans un des premiers rapports qu'on lui fit sur Arius.

— Ça veut dire qu'ils n'ont pas de relations sexuelles !

— Mais qui peut nous en assurer ?

— Notre police est bien faite ; si c'est dit ainsi, c'est que c'est vrai. »

Götz restait perplexe à cette idée qu'on pût fréquenter de près une femme sans avoir de relations avec elle.

Luecke ajouta : « C'est des histoires d'artistes ! »

Cette idée de platonisme plut à Götz et il s'imagina que le vieux était impuissant ; il se fit à l'idée qu'il en était de même avec Lilo. Oui, des histoires d'artistes. Mais lui n'était pas un artiste, il désirait une femme ; pas de manière confuse : pour avoir une famille, des enfants bien socialistes et s'afficher avec ce signe de respectabilité comme ses supérieurs. Mais aussi pour étreindre un corps, se faire plaisir.

Cette dernière tendance prenait chez Götz un tour singulier. Il se rendait régulièrement à la section de la presse étrangère de la Stasi. C'était un des seuls endroits de RDA où l'on pouvait accéder à tout ce qui paraissait dans le monde capitaliste. Il avait commencé par la femme nue que *Bild* affichait dans ses pages intérieures, puis était passé à des revues de nudisme pour aboutir à des choses pornographiques. Il fit des rêves dégoûtants qui l'inquiétèrent. Ses visites à la section de la presse étrangère cessèrent d'un coup. Il s'enfonça dans la mélancolie, ce que remarqua Luecke. « Allons, camarade lieutenant ! Qu'est-ce qui vous arrive ? Ce qu'il vous faut, c'est un peu de distraction. Je vais vous arranger ça ! » Il lui proposa de venir déjeuner chez lui un dimanche. Götz accepta, craignant de le vexer s'il refusait et que sa carrière en fût compromise. En cette occasion, il fit connaissance de Regina, la cadette des filles, qui devait devenir sa femme.

Mais à l'époque, Götz s'était complètement entiché de Lilo. Il se mit à rêver d'un amour platonique avec elle. Les choses se compliquèrent quand il découvrit des photos d'Anke. Il se mit à rêver d'elle. Il n'était pas loin de vouloir la retrouver à l'Ouest. Il imagina un mariage, se vit être le gendre d'Arius, se trouvant ainsi rattaché à la fameuse dynastie.

Comme Götz a vu Anke sur les photos de la Stasi faites en 1968, c'est ainsi que je l'ai découverte. On peut dire que nous l'avons découverte en même temps. Götz, alors qu'elle avait été photographiée par les agents du ministère à son arrivée à Berlin, moi quand, quelques mois plus tard, elle apparut vêtue d'un tailleur orange, dans une rue de N… où mon père me la présenta.

*

Dans la semaine qui suivit sa rencontre avec Mielke, Arius alla chercher Lilo et Jeanette à leur sortie de la maternité de la Charité. La première nuit fut difficile ; Lilo avait du mal à donner le sein à la petite et celle-ci pleura longtemps. Arius ne dormit qu'au matin et il se réveilla en retard pour un rendez-vous qu'il avait au théâtre Hans Otto de Potsdam. Alors qu'il marchait en direction du théâtre, il fut accosté par une Lada. Le passager baissa la glace ; c'était Götz ; il salua Arius et lui demanda si sa femme et Jeanette se portaient bien depuis leur retour à la maison. Cette fois-ci, Arius encaissa mal le coup. Il eut une suée et vacilla.

Götz lui fit signe de prendre place à l'arrière de la voiture. Il remarqua le teint livide d'Arius, sortit de la boîte à gants une fiole de schnaps, la lui tendit. Mais Arius refusa, respirant difficilement et en proie à un tremblement. « Allons, camarade Arius ! lui dit Götz, vous n'allez pas fausser compagnie à votre famille au moment où elle a le plus besoin de vous ! Et nous aussi d'ailleurs. Vous avez réfléchi ? » Arius acquiesça d'un mouvement de tête. Götz donna l'ordre au chauffeur de repartir : « Vous alliez bien au théâtre Hans Otto ? » dit-il. La question ébranla davantage Arius. Il était pris au piège depuis plus longtemps qu'il ne le pensait. Rien de sa vie, de celle de sa famille n'échapperait plus au MfS. « Écoutez, lui dit l'autre, vos camarades du Parti ne peuvent rien pour vous. Non seulement ils ne peuvent rien, mais ils ne veulent même pas. Au Kulturbund, on trouve même qu'il y a longtemps que vous bénéficiez de faveurs du régime qui ne sont pas payées de retour et on attend un peu plus d'engagement de votre part. Je n'insiste pas à cause de votre état mais rappelez-moi avant trois jours. J'aurai préparé le protocole, vous n'aurez plus qu'à signer. N'en parlez à personne, même pas à votre femme. Je dois vous dire aussi qu'en haut lieu on a le projet d'une série de manifestations spectaculaires. À cause de vos ancêtres, on a pensé que vous pourriez en être le maître d'œuvre... » La voiture était arrivée devant le théâtre. Arius descendit, les jambes molles. Avant de repartir, Götz lui dit : « Vous avez le temps de vous choisir un nom de code ! »

La première chose qu'Arius fit en rentrant du théâtre fut de se rendre dans la chambre de Jeanette. Elle dormait dans son berceau. Elle ne ressemblait à personne, ni à lui ni à sa mère, mais il avait déjà vu ce visage de bébé quelque part. Il resta longtemps dans la contemplation de la petite, de la délicatesse de son visage dans lequel il vit une sorte de paysage paradisiaque. Et soudain, il se précipita à sa bibliothèque, en sortit un carton à dessins : d'entre des feuilles de papier de soie, il tira une esquisse de la main de Schinkel qui lui venait de son grand-père ; c'était exactement la figure de Jeanette, le portrait de Marie, la fille aînée de l'artiste, à dix jours ; il voulut montrer ça à Lilo, mais elle était à se soigner les crevasses qu'elle avait aux mamelons ; elle jeta un vague coup d'œil au dessin et continua ses soins sans manifester d'intérêt à la découverte de Manfred. Il revint dans la chambre et songea alors à la proposition de Götz. Il fallait protéger la petite.

Dans la soirée, Arius alla au café Heider et téléphona à un numéro que lui avait laissé Götz ; celui-ci fut d'abord très froid, puis comme agacé ; peu à peu il se fit cordial. Il lui dit que le protocole était prêt mais qu'il n'avait pas le temps de passer avant deux jours. Ils cherchèrent une proche date de rendez-vous. Götz lui dit qu'il devrait s'arranger pour que Lilo ne fût pas là. Justement elle avait rendez-vous chez le médecin pour une visite postnatale. On s'arrêta donc au mardi 19 novembre 15 heures.

Götz et son chauffeur se présentèrent à l'heure. Manfred les fit asseoir dans l'atelier. Sans préambule, Götz demanda à Manfred s'ils étaient bien seuls. Comme celui-ci lui dit que seule Jeanette était là, il demanda à la voir. À contrecœur Manfred l'emmena dans la chambre de la petite ; Götz s'approcha du berceau et resta un moment penché au-dessus plus que de convenance, et l'expression de tendresse qu'il avait, pour surprendre Manfred, l'inquiéta aussi. « Déjà le portrait de sa mère ! dit l'officier, mes félicitations, camarade ! Pas de problèmes de santé ?

— Non, fit Manfred, seule sa mère… », mais il s'arrêta, songeant au ridicule des mamelons.

Mais l'autre insista : « Rien de grave j'espère ; dites-moi, il ne faudrait pas…

— Elle souffre de crevasses aux mamelons ! » avoua Manfred, embarrassé. Il fallut qu'il donnât plus de détails.

« C'est fâcheux, mais j'imagine qu'elle est bien soignée. La République dispose d'un niveau de soins pour les enfants et les mères parmi les plus élevés du monde, fit Götz, sentencieux. Quand on songe à la mortalité infantile dans les pays capitalistes… »

Manfred signa le protocole sur le bureau dans l'atelier. Il en lut les différents paragraphes sans vouloir rien comprendre. Il attacha juste assez d'attention au feuillet où il devait porter son nom de code ; il avoua qu'il n'y avait pas réfléchi. Avec une grimace Götz dit à Arius que sans nom de code celui-ci ne pouvait signer ; puis il joua l'accès de colère froide comme on lui avait appris à l'école de Golm, et lui reprocha de l'avoir fait venir pour rien. Il se leva, avisant les tableaux et gravures accrochés aux murs, et s'arrêta devant l'un d'eux.

« Qu'est-ce que c'est que ça ? fit-il en se tournant vers Arius et en désignant d'un coup de menton une gravure.

— *Le Cénotaphe de Newton*…

— C'est vraiment impressionnant… Et ça a existé ?

— Non, c'est juste un projet, un rêve…

— Eh bien, Newton, ça vous ferait un beau nom de code ! Écrivez Newton et signez de votre nom. »

Avant de s'en aller, Götz lui remit un recueil dactylographié des procédures à suivre pour son activité d'informateur inofficiel.

Était également indiquée l'adresse d'une « maison conspirative » située pas très loin de chez lui, dans la Leiblstrasse, chez un nommé Edgard. Il devait à deux reprises sonner quatre fois pour se signaler ; c'est de là qu'il devrait téléphoner à Götz, là également qu'ils se rencontreraient.

À travers les voilages de la fenêtre du couloir, Manfred vit ses deux visiteurs monter dans leur voiture. Mais elle n'avait pas fait deux mètres qu'elle s'arrêta. Götz en descendit. La Lada repartit, le laissant seul sur le trottoir ; il regarda autour de lui et d'un pas rapide fila sur le côté de la maison. Manfred se précipita dans la chambre de Jeanette dont la fenêtre donnait sur cet endroit. Il vit Götz, les manches relevées, fouillant dans les poubelles. Il se dit qu'avec un animal pareil il n'avait pas d'autre choix que de signer.

*

Peu de temps après que Götz lui eut fait signer son engagement en qualité de collaborateur inofficiel, Manfred fut mis à l'épreuve. De par sa formation à l'école Lénine de Moscou, il s'attendait à ce genre de piège tendu par la Stasi pour éprouver la qualité de ses informateurs. Cela se passa au café Heider à Potsdam. Ouvert depuis quelques années seulement, le café n'était pas encore le rendez-vous des artistes et des intellectuels qu'il devint par la suite. Manfred avait l'habitude d'y retrouver des camarades de la Defa. On y discutait théâtre ou jouait aux échecs. Une fin d'après-midi qu'il y était à lire le journal en attendant un vieux collègue qui tardait, il surprit une conversation tenue par un couple assis derrière lui ; l'homme et la femme, qu'il n'avait jamais remarqués auparavant, critiquaient l'intervention de la RDA à Prague et étaient en train de se dire qu'il était temps qu'ils décampent ; l'homme donna des détails sur la préparation d'une fuite à l'Ouest pour le surlendemain ; tout était prévu : le passeur, le lieu, le matériel. Après avoir éprouvé un malaise, Manfred supposa que c'était un piège tendu par Götz.

Il fut en proie à un doute qui l'occupa toute la soirée. À table, il fut irritable et, après avoir dîné, il se mit en colère à cause de Jeanette qui faisait des difficultés pour boire au sein de sa mère. Finalement, il se retira dans son atelier pour réfléchir encore. Il hésita un instant, se dit qu'il préférait se disqualifier aux yeux de la Stasi plutôt que de prendre le risque de dénoncer. Mais c'est en voyant Jeanette endormie dans son berceau, désarmante, si fragile et paisible, qu'il se souvint des menaces de Götz. Il rédigea son rapport, invoqua quelque chose d'urgent à aller chercher au théâtre, attrapa son imperméable et descendit dans la rue.

Dehors, c'était une nuit d'automne qui sentait les feuillages pourrissants et l'humidité montée des lacs et de la Havel proches. À intervalles réguliers, les réverbères posaient leurs cônes de lumière froide et brumeuse le long de la rue dont le goudron crevé par endroits laissait voir des pavés luisants. Manfred entendait résonner ses pas. En s'engageant dans la Leiblstrasse encore plus sombre, il faillit rebrousser chemin mais il continua jusqu'à la maison, sonna comme prévu. Edgard en savates et robe de chambre l'emmena au téléphone. Arius tomba sur le sous-fifre et lui fit son rapport. À peine avait-il quitté la maison qu'il se sentit misérable. Les jours qui suivirent, il guetta dans les journaux locaux, nationaux, à la radio la nouvelle éventuelle d'une arrestation lors d'une tentative de passage d'un couple à l'Ouest. Rien. Il vit que Götz avait voulu l'éprouver. Mais il avait pris le pli de ses sorties le soir, de sonner chez Edgard, de décrocher le téléphone, de dire : « Ici Newton ! » et de faire son rapport.

*

Rapport Floh. Procédure opérative Newton. 25 octobre 1968.

Le 24 octobre 1968. Nous sommes entrés, l'agent Hermann Bischof, le technicien Heinz Gruber et moi-même, au domicile de Newton à 9 h 40. Celui-ci était alors au théâtre Hans Otto. Sa femme était au salon de coiffure. Bischof a photographié trois fois sous des angles différents les quatre pièces de l'appartement ainsi que l'intérieur des placards et armoires. Le technicien Gruber a sur mes ordres fixé trois micros ; l'un derrière une prise de courant de l'atelier derrière un guéridon, l'autre dans une applique électrique de la chambre du couple, le dernier derrière un tableau électrique de la cuisine.

Dans les papiers disposés sur le bureau d'Arius : divers documents, un manuscrit dactylographié sur lequel selon toute apparence il travaille en ce moment, des reproductions de dessins architecturaux. Le manuscrit d'une pièce de théâtre de Heiner Müller intitulée La Construction *; du courrier en français (voir photo) posté de Leipzig et signé Grant.*

Dans la chambre du couple : table de nuit de gauche, La Forêt *d'Ostrovski en russe. Dans l'armoire des effets venant de l'Ouest : des collants en nylon ainsi qu'une combinaison de marque Palmers-Wien. Un chemisier made in France, les autres vêtements sont de fabrication de RDA ou importés d'URSS.*

Dans la chambre de l'enfant : un berceau en rotin, et un lit avec une table de nuit et un livre : Comment élever mon enfant, *du Dr Gerst. Il appert de cela que, depuis la naissance de l'enfant, le couple fait chambre à part et que la mère dort avec l'enfant. Dans le berceau de l'enfant : un lapin Kneiff de Vienne.*

L'examen des poubelles laisse supposer que Liselotte Arius ne souffre plus de crevasses.

Nous sommes repartis à 11 h 12.

Dans l'après-midi premières écoutes difficiles à cause de l'enfant qui n'a guère cessé de pleurer.

Conclusion : le lapin, les effets en provenance de l'Ouest, les lettres en français signées Grant justifient pleinement la procédure opérative qui, à la suite de la disparition d'Anke Stadler, a été lancée à l'égard du couple Arius.

Floh

*

Rapport Floh. Procédure opérative Newton. 26 octobre 1968.

Il s'avère que nous devrons retourner dans l'appartement du couple Arius. Le micro posé dans la chambre à coucher ne sert à rien puisque le couple fait chambre séparée ; manifestement il se dit plus de choses dans celle de l'enfant. Dans la cuisine, Arius dit que la tireuse de lait fait trop de bruit et que cela le dérange pour son travail.

Sa femme dit qu'il se plaignait déjà quand la petite pleurait parce qu'elle n'arrivait pas à téter. Il faut être patient ; en tout cas, maintenant elle ne devrait plus se réveiller la nuit car elle n'aura plus faim comme avant. Elle dit aussi que c'est le départ d'Anke qui le rend nerveux comme ça et ajoute que ça n'a pas été une bonne chose qu'elle arrive à Berlin pour décamper huit mois après et les mettre tous les deux dans les difficultés. Elle dit que c'est elle qui aurait dû avoir cette place au théâtre Maxime Gorki et qu'elle était plus compétente qu'Anke.

Il dit que de toute façon il vaut mieux qu'elle reste à la maison pour s'occuper de l'enfant.

Elle demande s'il croit vraiment que Grant est pour quelque chose dans la disparition d'Anke.

Il dit qu'il ne croit pas parce que Grant ne pourrait pas lui faire un coup comme cela.

Elle dit qu'elle a un sens pour ces choses-là et qu'elle a remarqué que les deux s'adressaient parfois des signes entendus. Elle ajoute que de toute façon depuis la disparition d'Anke on n'a plus de nouvelles de Grant et que c'est curieux.

Il dit qu'il faut qu'il travaille et la conversation s'arrête là.

Conclusion : l'enfant est nourrie avec une tireuse de lait ; le couple ne s'entend pas si bien que cela. Ils ignorent comment Anke a disparu et ne sont donc pour rien dans sa disparition.

Décisions : se renseigner sur les tireuses de lait. Mener une enquête sur les activités de Grant.

Floh

*

Rapport n° 23 de Newton transmis à Floh. 19 mars 1969.

Hier soir réception à l'institut cinématographique de Potsdam-Babelsberg en l'honneur de la délégation bulgare. Je me suis trouvé de 17 h 42 à 18 h 05 avec la cinéaste Binka Jeliaskova. En voyant passer Bernhard Klaus Tragelehn à quelques pas de nous, elle est revenue sur le scandale de sa pièce La Déplacée. *Elle a dit que c'était une honte pour le socialisme qu'on l'ait exclu du SED et de l'Union des écrivains à cause de ça. Elle a continué à s'apitoyer sur son sort disant que ça avait dû être un calvaire pour lui que de se retrouver à travailler dans une carrière de tourbe en*

Lusace. Elle a comparé Ulbricht à Staline. Elle m'a dit qu'elle rêvait d'avoir un rendez-vous avec Biermann ; elle rêvait de faire un film avec lui.

En quittant la salle, entendu deux employés de service critiquer le gouvernement à propos de la mauvaise qualité des serpillières. Chercherai à les identifier.

Newton

Lorsqu'il eut terminé ce rapport, Arius le déchira. Depuis quelques mois, il ne pouvait plus se regarder dans un miroir, ni même voir son ombre voûtée. Lui qui, sans hésitation, avait trahi et porté des témoignages – parfois faux – en Russie, en Espagne et à Paris, était travaillé par des remords incessants depuis qu'il fournissait régulièrement à Götz des rapports semblables à celui-là. C'est qu'il sentait que les temps n'étaient plus les mêmes. Autrefois, il était investi de la mystique du Parti, mystique dont l'étincelle lui avait été transmise par Jaanika. Autrefois, il y avait quelque chose d'épique dans les procès, dans les enlèvements – dont il pensait avec sincérité qu'ils servaient l'humanité. Mais c'était fini. Ulbricht, qui certainement avait risqué sa vie dans la résistance au nazisme, Mielke, qui avait couru des risques indubitables en Espagne au service du Parti, et bien d'autres de cette trempe étaient devenus ce qu'il y avait de pire ; des petits-bourgeois. Et lui-même, Arius, ex-capitaine de l'Armée rouge, n'était plus qu'un minable cafard de la Stasi.

Ce jour-là, où pour la première fois il avait déchiré son rapport, il suffit que Jeanette arrivât près de lui, courant sur ses petites jambes, les bras en l'air et gazouillant, pour qu'il réécrivît son travail et de manière inchangée.

23

Retour à Erich Mielke. Lorsque après le Tournant la presse interrogea Günter Schabowski, ancien membre du Politburo du Comité central du SED, sur le chef de la Stasi, les termes qui vinrent à sa bouche furent : brutal, pédant et sentimental. C'est sans doute à cette dernière qualité de Mielke, qu'il connaissait depuis l'affaire de la Bülowplatz, qu'Arius dut d'échapper aux tracasseries de la Stasi jusqu'en 1968. Je dois m'arrêter sur ce personnage qui durant trente ans fut sans doute le plus important de la RDA. Je dis bien le plus important, même s'il fut plutôt dans l'ombre du premier secrétaire Honecker.

Homme de l'ombre, pas tout à fait ; il aimait à poser avec les joueurs de son équipe chérie du Dynamo FC, usant d'ailleurs de son pouvoir pour faire pression sur les arbitres en sorte qu'elle gagnât tous les matchs, et il aimait aussi se faire filmer au retour de chasse beuglant des chants mélancoliques en l'honneur des gibiers couchés à ses pieds, mais discret tout de même, Mielke survécut sans problème au petit coup d'État perpétré par Honecker pour liquider Ulbricht. Il en profita même ; jamais le jaloux Honecker n'entreprit par la suite quoi que ce fût pour l'évincer.

Brutal, Mielke, certainement. Il le porte sur lui. C'est un petit rouquin, costaud, au visage un peu porcin. On sent tout de suite qu'il ne fait pas bon lui marcher sur les pieds ; sans doute colérique aussi. Le dramaturge Heiner Müller raconte comment, lors des fêtes du jubilé de la RDA, sa femme assista près d'un café de la Stalineallee à une bagarre entre des jeunes et une équipe d'adultes éméchés. Un petit râblé, en bras de chemise, ne le cédait en rien en brutalité. C'était Mielke. D'avoir été le témoin de cette scène coûta trois ans d'exil à la femme de Müller.

Tout le monde tremblait devant Mielke. J'en ai déjà parlé ; bien avant la bagarre du jubilé, il n'avait pas hésité à tuer à coups de revolver deux policiers sur la Bülowplatz ; c'était l'été 1931, il s'en était tiré entre autres grâce à Manfred. Durant la guerre d'Espagne, il avait été un instructeur communiste zélé à Albacete. Mais des brumes occultent certains épisodes de cette période ; comme Arius, Mielke a sans doute travaillé aux ordres du mystérieux Antonov-Ovseïenko, chargé par Staline de liquider les trotskistes et anarchistes d'Espagne.

Pédant, ce mot n'a pas tout à fait le même sens en allemand qu'en français. Il signifie plutôt vétilleux et qui veut toujours avoir raison. Cela va avec la brutalité mais peut prendre un tour sympathique, ainsi Mielke savait montrer qu'il appréciait pleinement les réalisations des ingénieurs et c'est émouvant de le voir, casque de chantier sur la tête, donner son avis à ces hommes lorsqu'ils lui expliquent le fonctionnement d'une excavatrice à tourbe en Lusace.

Sentimental, certainement. Plus qu'à l'affaire de la Bülowplatz, c'est à sa nostalgie de l'Espagne que Manfred dut d'être dans les bonnes grâces de Mielke. Sentimental quand il aimait les romances et n'hésitait pas à se saisir du micro pour en chanter, ni à en jouer sur un orgue de Barbarie, coiffé d'un haut-de-forme devant les officiers de la Stasi réunis pour une fête. Sentimental quand il écoutait de la musique classique, Schubert que Manfred lui fit découvrir à Albacete, mais également Wagner, Beethoven que jusqu'à la fin il écoutait chez lui sur un électrophone Telefunken de l'Ouest, parce qu'à l'Est on n'était pas capable d'en fabriquer de tel. Oui, le malheur de Mielke c'était l'Ouest, toujours en quête de quelque mauvais coup, fomenteur de complots, et la musique de l'Ouest pouvait d'ailleurs servir son entreprise de démolition du socialisme. C'est sur un ton encore sentimental qu'il fait le 2 janvier 1983 une déclaration devant le plénum du SED sur les punks. Il faut l'entendre, paternel, bonhomme, attendrissant avec son accent berlinois, louer la « bonne jeunesse », celle qui sait choisir entre les divertissements, les danses encadrées par le Parti et la voie de la décadence qu'est la musique punk. Sentimental enfin lorsque, le régime s'effondrant, à la tribune, il bafouille, la main sur le cœur devant les représentants de la Chambre qui lui demandent des comptes : « J'aime tous les gens, oui, je vous aime tous ! » alors que ce ne sont que des bordées de rires de toutes parts.

On pourrait faire de Mielke le descendant d'un Fouché, d'un Metternich, plus proches de lui, d'un Dzerjinski, d'un Goering, mais il faut reconnaître que ceux-là font figure d'amateurs ou de débutants au regard de l'homme de l'énorme complexe de la Normannenstrasse, qui aura sacrifié toute sa vie à l'édification d'une machine de surveillance et d'espionnage presque parfaite, et contribué plus qu'aucun autre à la rédaction des millions de pages et d'enregistrements qui resteront comme l'âme d'un pays.

Mais écoutons son discours de 1983 : « La jeunesse de la RDA peut jouir d'une situation politique stable et une majorité de la jeunesse de notre nation se reconnaît en acte et parole dans la politique du Parti… » Cette allocution marque le début d'une campagne contre les punks. Mielke est sûr de lui. À cette époque, le problème du transit entre les deux Allemagnes est résolu grâce aux mesures de contrôle les plus rigoureuses. La machine de surveillance est rodée ; deux jours avant son discours, dans son vaste bureau aux lambris clairs et aux lignes sévères, des techniciens lui ont présenté des micros dernier cri d'une miniaturisation parfaite. Le matin même, il a lu un rapport sur un projet de Mur qui, grâce aux derniers progrès de l'électronique, permettra sans un coup de feu, sans une goutte de sang une fermeture totale à l'Ouest. Il fait également plancher ses savants sur un système de brouillage des ondes occidentales, et cela urge. Car, il est bien placé pour le savoir, les citoyens de la RDA s'arrangent des antennes qui permettent de capter la ZDF et l'ARD, émetteurs de l'Allemagne de l'Ouest. Les jeunes surtout écoutent les programmes décadents de l'Ouest, une véritable entreprise de subversion, entreprise dont le fer de lance est la musique punk.

Les punks en RDA ne sont pas venus par génération spontanée. Comment les premiers cas se sont déclarés, il ne sait pas trop ; on pourrait penser que le germe est arrivé d'un pays frère où l'on n'est pas aussi rigoureux qu'en RDA. Mais c'est surtout les émetteurs de l'Ouest que tout le monde ici, même les enfants des officiers de la Stasi, écoute en cachette. En tout cas, il faut bien se rendre à l'évidence qu'il y a des punks en RDA, et qu'ils ont tendance à proliférer malgré les cordons sanitaires que les organisations de jeunesse tentent de dresser contre cette contagion. Aussi Mielke préconise-t-il une fermeté absolue vis-à-vis de cette jeunesse dévoyée par la musique punk. Il sait que le foyer de l'infection est un quartier de Berlin, Plänterwald, par ironie du sort voisin de Karlshorst, le quartier des services secrets soviétiques qui ont l'air de s'en foutre complètement. Des jeunes, coiffés comme des Iroquois, se retrouvent non loin de la station de métro Plänterwald ; ils en recrutent d'autres, ensuite ils filent dans des friches industrielles, des arrière-cours, des appentis, des caves abandonnées ; ils se font des tatouages maladroits, boivent, profèrent des insultes épouvantables à l'endroit des autorités, du socialisme et se fracturent volontairement les doigts pour échapper au travail. Le pire, c'est la musique ; c'est bien la peine que la RDA compte un enseignement musical de qualité pour que sa jeunesse en arrive là.

*

En 1974, la découverte que Lilo avait une liaison avec Hasslinger eut pour premier effet que Götz commença à se désintéresser d'Arius ; il ne fut plus si attentif aux observations et aux écoutes de l'appartement d'Am Schönblick. Il n'allait pas tarder à le mettre en veille et à se passer de ses services. Le second effet fut qu'il commença à s'enfoncer à nouveau dans la dépression. Par des filatures, il avait pu rapidement trouver le lieu où les amants se retrouvaient, la loge d'un gardien de stade à Caputh. Il y avait fait installer des micros. Et bien qu'il souffrît l'enfer à écouter ce qui se passait dans la loge, il espérait qu'il pourrait tirer profit de la situation.

Si Lilo avait trompé Arius avec Hasslinger, elle pouvait bien un jour le tromper avec lui, Götz ; telles étaient ses opinions simplistes sur les femmes. C'est quand il vit Lilo et son amant partir pour Marzahn et qu'ils se remarièrent qu'il mesura son erreur. Comment justifier une procédure opérative concernant Lilo ou Hasslinger, lequel était dans les bonnes grâces du Sportbund et avait des appuis au Comité central du SED ?

Un froid et sombre matin de février où il était démoralisé, Luecke remarqua sa mine piteuse et son manque d'entrain. « Vous êtes surmené, camarade Götz ! Vous devriez prendre un peu de repos et surtout ne pas vivre seul comme vous le faites… On ne vous voit plus à la maison ; ma femme et mes filles se demandent bien quelle mouche vous a piqué ! Venez chez nous dimanche prochain ; vous y verrez du beau monde. Le camarade général Günter Böller et sa femme seront des nôtres ! » Au nom de Böller, un proche collaborateur de Mielke, l'indéracinable ambition de Götz se sentit flattée. Il s'empressa d'accepter l'invitation. Elle fut à la hauteur de ses espérances.

À table, il commença par être silencieux et mystérieux ; puis il se permit quelques réflexions spirituelles qui firent rire l'assemblée et l'étonnèrent lui-même. C'est après le déjeuner que les choses prirent le cours souhaité par Götz. Les trois hommes, Luecke, Böller et lui-même, se retirèrent dans le salon et fumèrent des havanes tout en sirotant une liqueur à paillettes d'or. Götz se sentit bien. Il neigeait dehors ; les femmes faisaient la vaisselle ; il se dit qu'il devait faire bon vivre dans une telle atmosphère familiale. Alors Böller commença à s'intéresser à lui. Il lui demanda dans quel service de la Stasi il travaillait. Götz joua les modestes en disant qu'il était toujours lieutenant à la Stasi de Potsdam. Mais Luecke protesta : « Günter ! il faut absolument qu'il te raconte comment, grâce à lui, on a pincé des Français de la

Mission militaire à Bronkow ! » Götz ne se fit pas prier et narra l'histoire dans tous les détails. Les dames s'étaient rapprochées et écoutaient le récit cent fois repassé de Götz. « *Respekt !* » lui fit simplement Böller en haussant son verre de liqueur vers lui.

C'est peu de temps après qu'il commença à faire sa cour à Regina, la cadette des filles Luecke. Ils se retrouvaient dans un *Jugendclub* placé sous l'autorité des FDJ ; on y dansait en se tortillant, mais moins qu'à l'Ouest, sur de la musique de style occidental cependant. Regina fut plus entreprenante que Götz ; un soir, elle le serra un peu fort, il sentit sa poitrine et se sentit amoureux. Comme il raccompagnait Regina jusqu'à la maison, ils virent qu'elle était déserte. Les parents étaient invités chez des voisins ; la sœur était sortie avec son fiancé. Ils s'embrassèrent dans le couloir. Regina protesta vaguement lorsque Götz l'entraîna jusqu'à sa chambre. Il la renversa sur son lit alors qu'elle gémissait : « Non, non, c'est trop tôt… On verra plus tard ! » Mais elle ne résista que mollement. Après, ils eurent juste le temps de se rhabiller et de filer au salon, d'allumer la télévision quand les parents rentrèrent. Luecke se réjouit de voir Götz ; il était un peu éméché ; il fit des allusions grivoises qui mirent son subordonné dans l'embarras mais firent rire les femmes. Un an après, Helmar Götz et Regina Luecke étaient mariés. Götz oublia complètement Lilo et Arius, et se décida à devenir un officier et un mari exemplaire.

Iphijeanette

(1)

24

Salle de conférences de la centrale de la Stasi, juillet 1984. Mielke s'est fait apporter une cassette de musique punk saisie sur une jeune fille de l'Ouest en visite à Berlin. Il est entouré des bonzes de la Stasi, Böller, Mittig, Neiber, Grossmann, Schwanitz, et d'une dizaine de sous-fifres. Ils ont écouté le début de la cassette puis se sont fait projeter la pochette par un épiscope sur un écran. Scène singulière que celle qui rassemble le vieux Mielke, ces quinquagénaires dans leur uniforme beige bardé de médailles observant la photo des trois punks qui se font appeler « Harrar ». « *Eine Damenkapelle ?* » ironise Mielke avec sa gouaille berlinoise, ce qui fait prendre les autres d'un rire obséquieux ; il est vrai qu'avec leur maquillage et leurs traits juvéniles, les chanteurs font un peu efféminés. Les trois se sont fait photographier dans une arrière-cour contre un mur en brique avec une grosse porte en bois ouvragée. Le lieutenant qui a en charge le dossier et manie l'épiscope, un nommé Schäffer, a précisé : « On a localisé l'endroit ; c'est derrière l'église de Galilée. Les trois habitent dans un vieil immeuble de la Choriner Strasse. Il est probable que l'enregistrement a été réalisé dans l'église. La duplication a été faite à l'Ouest par un studio alternatif de Kreuzberg. Les textes sont d'un des trois, sauf la première chanson qui a connu un succès à l'Ouest et dans laquelle on se moque du socialisme ! »

Mielke, qui est mélomane, veut entendre davantage. « Passez-nous l'air des ballons, il paraît que le texte est une insulte aux principes du socialisme et fait des généraux de l'armée populaire des paranoïaques !

— C'est inaudible, camarade ministre ! Mais si vous y tenez ! » fait Schäffer. La musique commence et plonge Mielke dans une rêverie abyssale. Il n'écoute pas les paroles mais c'est la mélodie, le tempo qui le bercent, évoquent des réminiscences confuses en son âme. « C'est curieux, dit-il après, très curieux ! Et pas si inaudible que ça !

— Mais les paroles, les paroles, c'est une insulte inadmissible ! fait Schäffer.

— Oui, inadmissible... », répète Mielke sans y croire.

*

Au moment où Jeanette se démenait en chantant dans des squares à l'herbe rare et poussiéreuse ou à l'église de Galilée, Götz avait trente-huit ans. Il ne travaillait plus à Potsdam mais désormais à la centrale de la Stasi de la Normannenstrasse à Berlin où il avait rejoint Luecke. Il avait le grade de capitaine et avait en charge de centraliser les informations récoltées par les officiers traitant dans le domaine de la culture. Il était marié depuis huit ans avec Regina, la fille de Luecke, et avait deux filles, Sonja et Christina. Il se teignait toujours les cheveux et depuis longtemps les avait blonds ; il s'était laissé pousser des débuts de favoris et portait de grosses lunettes à monture carrée d'écaille. Quand il n'était pas en uniforme du ministère, il se vêtait d'un costume à veste de velours cintrée sur quoi il passait un imperméable trench-coat en gabardine beige ; puis il se coiffait d'un feutre à bords courts. Il était bien noté par ses supérieurs, envisageait l'avenir avec optimisme. Son passage au grade de major était une question d'années. De la Russie, où il avait fait deux stages au KGB, il avait ramené une bonne connaissance de la langue et quelques relations. Il était invité au stand de tir du KGB de Potsdam, il s'y était fait des amis, notamment Oleg Vladimirovitch Krasko. Leurs familles se recevaient quelquefois et sa fille aînée, Sonja, fit plusieurs séjours à Moscou dans la famille de Krasko. Götz était reçu chez un de ses beaux-frères, lieutenant de la NVA, chez ses supérieurs, qu'il invitait à l'occasion. Il lui arriva même d'accompagner deux fois Luecke aux chasses de Mielke et Honecker en Saxe. Enfin, il envisageait de quitter l'appartement de Treptow, que la famille occupait depuis six ans, et de s'installer dans le quartier de Weissensee, sur le bord du lac de même nom, quartier où habitaient déjà ses beaux-parents et où se retrouvaient les éminences de l'appareil d'État. Il avait lâché depuis longtemps le cas Arius ; la solitude de celui-ci faisait qu'il n'était de plus guère d'intérêt ; les dernières informations qu'il avait fournies remontaient à dix ans et témoignaient d'une sorte d'affaissement moral.

Donc tout aurait pu continuer ainsi pour Götz s'il ne s'était trouvé parmi les officiers qui assistaient les bonzes de la Stasi, ce beau matin de septembre 1984 où ils écoutaient la cassette du groupe Harrar, et si, d'un coup, sur l'image de la jaquette de l'enregistrement projetée par l'épiscope, il n'avait été frappé par le visage étonnant du chanteur à l'œil gauche cerné de rimmel, qui ressemblait peut-être au personnage de Cesare dans *Le Cabinet du docteur Caligari*, mais certainement plus à un être qu'il avait connu et qu'il n'arrivait pas à identifier.

Juste après la projection, Mielke avait tenu une petite conférence comme il aimait les faire, un discours mi-bonhomme, mi-pète-sec, que les présents avaient applaudi, discours où il dénonçait les tentatives d'infiltration de l'Ouest par le biais de la musique punk et encourageait ses hommes à combattre avec la plus extrême rigueur ces groupes décadents qui polluaient la jeunesse de la République démocratique.

Après la conférence, dans son bureau de la Centrale, ayant rajusté sa cravate et son uniforme, Götz était resté à rêvasser ; puis il avait téléphoné à une des secrétaires de Mielke pour lui demander de lui faire passer une copie de la cassette et de sa jaquette. Ce qui fut fait dans l'heure. Tout en écoutant l'enregistrement, il détailla à la loupe le personnage du chanteur. Il finit lui-même par chantonner : « *99 Luftballons* », passant une heure, peut-être plus, à chercher qui pouvait être ce personnage qui lui semblait à la fois si familier et si lointain : il songea à un camarade d'autrefois, des pionniers de Magdebourg, à un conscrit de Dresde, mais ça n'était pas possible à cause de son apparence juvénile. Il passa mentalement en revue tous les informateurs qu'il avait fait travailler : rien à voir. Il acheva la journée à classer diverses informations et à rédiger un rapport sans toutefois perdre de sa mémoire ce visage dont l'étrangeté l'avait ému.

Le soir, chez lui, alors que Götz était à table avec sa famille, sa femme lui dit : « Tu es bizarre aujourd'hui, on dirait que tu es un autre ! » Les filles se dissipaient un peu, et lui qui tonnait à la première incartade des petites au dîner laissait faire en riant. Regina ajouta : « Si je ne te connaissais, je dirais que tu as rencontré une ancienne amie d'adolescence… » Il rougit et se mit à morigéner les filles. Alors il raconta simplement ce qui s'était passé au bureau, l'histoire de ce garçon qui ressemblait au Cesare d'un film qu'ils avaient vu ensemble ! Sa femme se moqua de lui : « Freud raconte qu'en son temps un homme en vue de la ville de Vienne, bon mari, bon père de famille, vira d'un coup à l'homosexualité en passant la main sur un éphèbe de bronze qui servait de pied à sa lampe de bureau ! Fais attention Helmi ! »

Il se leva en claquant sa serviette sur la table et fila dans le salon pour regarder la télévision. C'était l'heure de la chronique de von Schnitzler, qui chaque soir sermonnait les populations de RDA ; et Götz, qui ne tolérait pas qu'une seule onde de la télévision de la ZDF ne s'introduisît chez lui, se brancha justement sur un programme de l'Ouest. Des variétés et du disco ! Les filles arrivèrent en chantant l'air et en scandant : « Papa regarde aussi la ZDF ! » Il éteignit le poste et attrapa le journal sur la table du salon. À la page des sports, son attention fut attirée par une photographie de championnats de gymnastique à Varna ; un court moment et ce fut pour lui, qui jusqu'alors n'avait jamais eu accès au divin, le doigt d'un dieu venu d'un coup se glisser dans le fond de son cœur : il reconnut ou crut reconnaître Hasslinger dans les tribunes d'honneur. C'est ce qu'il rapporterait vingt ans plus tard dans les cahiers d'Elektrostal, songeant que cela s'était peut-être fait inconsciemment alors que s'étaient associées en son esprit l'apparition du personnage de Harrar et la vision des championnats de sport. Instantanément, il songea à Lilo qu'il avait perdue de vue depuis plusieurs années. Elle avait peut-être changé depuis l'époque où il était amoureux d'elle, où il était allé récupérer les cotons, depuis le temps qu'il passait des journées froides et brumeuses pour la photographier de sa Lada, depuis qu'il l'avait espionnée trompant Arius. Alors il pensa à celui-ci et dans le même temps au jeune garçon de Harrar. Il bondit de son fauteuil, traversa la salle à manger où Regina était à lever le couvert, prit son imperméable et ses clefs de voiture, et disparut sans donner d'explication.

Quand Götz baissa la glace de la Lada au poste d'entrée de la centrale de la Stasi, le garde le salua et lui dit simplement qu'on n'avait pas l'habitude de le voir à cette heure. Après s'être garé, il fila jusqu'aux archives. Au passage, il fit signe aux vigiles, à un de ses collègues qui, un dossier sous le bras, rentrait chez lui, à un autre qui allait prendre son service aux écoutes téléphoniques. Aux archives, le gardien s'étonna de sa visite mais le laissa circuler entre les travées infinies. Götz en connaissait bien le système de classement. Il trouva sans peine le dossier Arius, mille deux cents pages dont pour les neuf dixièmes il était l'auteur, sinon l'instigateur. Il s'en chargea et, assis à son bureau, le feuilleta rapidement. Il avait encore bien en tête la composition de l'ensemble ; ce qu'il cherchait devait se trouver dans ce volume correspondant aux opérations de renseignement du début des années soixante-dix. Dans le mille ! Une photo, c'était bien celle à laquelle il pensait : Arius à Lambach dans le rôle de la Pucelle d'Orléans, du moins sa copie réalisée lors d'une de ses visites clandestines à l'appartement d'Arius : la date 12 février 1971 était tamponnée au dos. Il n'eut même pas à comparer avec la photo de la cassette. Il resta d'abord en proie à une exaltation contenue. Elle fit place à une confusion d'idées où se mêlaient des bouts de tirades idéologiques de Mielke, des images anciennes de l'appartement d'Arius, des architectures, des propos téléphoniques, des images de Lilo sur le perron de la maison d'Am Schönblick prises de jour, ou alors sous la lumière crue d'un réverbère d'en face, ou elle encore dans une allée de Sanssouci poussant un landau. Alors il se dit que ce chanteur ne pouvait être que leur fils et, dans le dix-millième de seconde suivant, il se souvint qu'il n'avait jamais eu de fils, mais deux filles, une qu'il n'avait jamais vue qu'en photo et qui devait bien avoir maintenant une quarantaine d'années et une autre qui à cette époque venait de naître, comment s'appelait-elle déjà ? Il fit voler deux, trois, quatre pages du dossier et tomba sur le prénom de Jeanette. Il se dit pour lui-même trois fois « Jeanette Arius » comme une formule magique.

Regina était couchée, en train de lire, quand Götz rentra chez lui. Elle avait sur la tête une charlotte et des bigoudis spéciaux, une nouveauté pour que les permanentes durent plus longtemps ; il lui trouva un air de cosmonaute soviétique. « Des soucis de travail ? » dit-elle conciliante et sans le ton ironique du dîner. Il posa un baiser sur l'élastique de sa charlotte ; il fit un peu de toilette, enfila son pyjama et se coucha, restant les yeux ouverts tandis que Regina continuait de lire. Il ne dormit pas de la nuit, remué par tout le merveilleux chaos de pensées et d'images qui s'était mis en branle au bureau. Le lendemain matin, il se rendit incontinent chez son supérieur et beau-père. Luecke fut tout à fait séduit par son argumentation : ces histoires de punks n'avaient que trop duré ; le camarade Mielke avait une fois de plus raison ; mais il n'était pas suivi par Schäffer qui était chargé de l'affaire. Il y avait trop d'amateurisme et de négligence dans la manière dont les choses étaient menées et il demandait qu'on lui confiât le cas de ce groupe. Avant trois mois, le quartier de Plänterwald serait nettoyé de cette racaille et ce serait le début de la normalisation. Luecke rit et fila chez Schäffer qui fut trop heureux de se débarrasser de ce dossier. Luecke obtint de plus haut qu'on donnât carte blanche à Götz pour mener l'opération à laquelle il faudrait un nom de code.

Dès que l'opération Harrar lui fut confiée, Götz se fit assister d'une jeune recrue tout droit sortie de l'école de Golm, Alexander Kowel, un garçon qu'il aurait plus tard aimé avoir pour gendre : l'avenir de la RDA, selon lui. Il se fit apporter également les dossiers les plus récents sur le mouvement punk, tant à l'Ouest qu'à l'Est. Il y apprit mille choses, entre lesquelles qu'à Londres, les punks portaient des insignes nazis, qu'ils s'infibulaient les oreilles, jetaient les cadavres dans les égouts. Il découvrit avec horreur que la grande prêtresse du mouvement était Nina Hagen, fille d'Eva Maria Hagen, actrice qu'il connaissait bien pour l'avoir vue jouer dans maints films de la Defa. Il consulta également les collègues qui surveillaient le mouvement à Berlin-Est depuis son apparition. Il dressa une carte de l'implantation de ces éléments subversifs sur un plan qu'il épingla au mur de son bureau, puis se procura la liste des informateurs inofficiels infiltrés, rares dans le mouvement punk lui-même, plus nombreux chez les habitués de l'église de Galilée, notamment deux femmes dont les noms de code étaient Sarah et Lola.

Lui qui revenait de bonne heure à la maison et menait une vie tranquille de fonctionnaire planqué de la Stasi commença à rentrer plus tard, à afficher des airs importants et mystérieux ; il était pris aussi de distractions inhabituelles, et un dimanche matin, en nettoyant son pistolet de service sur la table de la salle à manger, il remit le chargeur par inadvertance et appuya machinalement sur la détente ; le coup partit et la balle, après être passée sous un tapis et avoir ricoché contre le pied métallique d'un pot de fleurs, alla se ficher dans le socle d'un lampadaire, ce qui provoqua un court-circuit dans la maison ; Regina, qui était alors en train de se sécher les cheveux dans la salle de bains, arriva à moitié nue, le sèche-cheveux dans la main, et s'écria sur un ton épouvanté : « Ça fait dix fois que je te dis qu'il faut que tu me répares la prise de cet engin ; j'ai dû faire exploser l'installation ! » Puis elle vit Helmar dans la fumée, son pistolet à la main, l'air ahuri.

« Ça ne va plus du tout, dit-elle, toi, tu me caches vraiment quelque chose !

— Ne t'inquiète pas, répondit-il ; c'est tout à fait favorable pour nous. Les bonzes ont enfin reconnu mes mérites. On m'a confié une mission de la plus haute importance. Je passerai bientôt major, et à nous la villa de Weissensee ! Tu comprends que mes supérieurs exigent de moi le silence absolu. Il y va de la sécurité de l'État et de l'avenir du socialisme ! » Regina n'en demanda pas plus. Et elle prit la chose pareillement lorsque, certaines nuits, Götz rentrait au petit matin, ou quelquefois pas du tout. Il s'était fait mettre un lit de camp dans son bureau, ce qui faisait dire à ses collègues qu'il voulait faire du zèle et courait après l'avancement. En fait, tout l'univers de Götz, toute la lourde et lente nébuleuse de ses pensées vagues, d'objectifs indéfinissables dont les quelques points de gravitation étaient le ressentiment d'autrefois, la satisfaction de servir le socialisme, une ou deux ambitions assez ternes, tout cela s'était d'un coup mis en branle pour ne tourner plus qu'autour d'un seul astre phénoménal : Jeanette Arius. Même quand il n'était plus au travail, alors que, par exemple, il jouissait d'une après-midi en famille dans la villa de ses beaux-parents Luecke, que toute la famille goûtait les plaisirs d'un dimanche de mai et qu'il rêvassait dans un hamac tendu entre deux bouleaux, le regard accroché à leurs frondaisons fines se balançant dans ce ciel léger du

Brandebourg, Jeanette continuait d'occuper ses pensées et ses songes.

C'étaient les visions les plus folles, les associations les plus fantaisistes. À lui, le paria de l'Histoire, le destin offrait Jeanette comme un moyen de trouver une place parmi les élus ; il ne savait trop comment il allait s'y prendre mais il se la représentait livrée à lui. Il la séduirait, lui révélerait la beauté du socialisme, se débarrasserait de Regina, se marierait avec elle, la prendrait et alors il féconderait ce corps qui était la résultante de l'histoire de la Prusse, celle des Arius, les architectes fabuleux de l'entourage de Schinkel, les photographes qui avaient connu Daguerre (il l'avait lu dans une encyclopédie), enfin la fille de celui qui avait combattu avec les rouges en Asie centrale, en Espagne, avait collaboré avec les plus illustres hommes de théâtre. Oui, il déposerait son essence au milieu de cette histoire et il éprouvait une allégresse intérieure à s'imaginer les enfants que Jeanette lui donnerait, à se les représenter courant vers lui portant, sur leur visage, mêlés aux siens les traits des Arius et ceux de Lilo qu'il avait tant désirée autrefois. Alors ces dimanches de mai, ou d'autres dimanches, il n'avait qu'une hâte : retourner au bureau, et mettre au point ses plans.

Très rapidement il entreprit à l'endroit du groupe Harrar une *procédure opérative pour le traitement d'individualités négatives et hostiles* – j'essaie de rendre là le jargon en usage à l'école de Golm et dans les bureaux de la Stasi. Ce terme d'« opératif » revient plus qu'il ne devrait dans les rapports de même que celui de « conspiratif » ; c'est la vieille fibre frédéricienne entachée de culture française qui continue d'agir dans la parole des agents du MfS. Sans tarder, Götz, assisté de Kowel, se posta avec sa Lada et des appareils photographiques aux alentours de l'immeuble de la Choriner Strasse pour répondre à une des exigences de la mission. Il disposait d'un des meilleurs modèles Praktica à visée reflex. Pour lui ce furent, avec ceux qui précédèrent sa mort, les seuls moments miraculeux de sa vie, et de ce personnage, qui, sous des dehors de cette vieille fausse distinction à l'allemande, était comme bien d'autres fonctionnaires de la Stasi un sale type, un flic de la pire espèce, un fouille-merde, Jeanette fit à son insu un poète romantique.

La vie débridée du Harrar n'échappait pas à des régularités. Götz sut rapidement quelles étaient les heures où Jeanette sortait, allait à l'église de Galilée, retrouvait d'autres bandes punks à Plänterwald ou ailleurs. Ainsi, vers le milieu de la matinée, Jeanette avait coutume de sortir du Harrar pour aller aux bains-douches de l'Oderberger Strasse, dans l'arrondissement de Prenzlauer Berg. Pour aucune distinction de la RDA, Götz n'aurait voulu manquer son apparition matinale. C'était à la fin d'octobre 1984. Il faisait déjà froid. Il garait la Lada dans une rue près de la piscine, juste entre une camionnette et une cabine de travaux en tôle qui la masquait en partie, et attendait que Jeanette se montrât arrivant de l'est à la pointe du trottoir. Elle allait apparaître dans une espèce de poudroiement lumineux, rose et doré, que faisait le soleil montant dans les vapeurs et les premiers givres, resplendissant en même temps qu'il faisait fulgurer entre les pavés les rails d'une ancienne ligne de tramway oubliés là. Il attendait le cœur battant et songeait que peut-être elle ne viendrait pas pour une raison ou une autre ; et, dans le fond de son âme, il cherchait quelque chose, une formule magique, une invocation inconnue à un dieu, ou une force supérieure que ses convictions lui interdisaient, pour qu'elle surgît comme prévu. Et tout ce minable quartier d'immeubles vétustes qui sentait souvent la suie devenait le décor adorable où le miracle allait se produire.

Soudain elle apparaissait, toujours vêtue de la même façon, jean délavé, tunique noire et râpée à boutons dorés au col officier, une écharpe rouge et bleu autour du cou et surtout, sous le béret rouge, sous quoi passaient des mèches des cheveux éclatés, ce visage qui n'en était plus un, les pommettes d'Arius, les yeux de Lilo mais dans les jeux du soleil matinal sur ses traits et dans l'allure quelque chose de subsidiaire pourtant essentiel qui faisait qu'elle était Jeanette toute faite pour lui, Götz. Alors il pointait son Praktica de service, ajustait les deux lunules dépolies de l'oculaire sur Jeanette marchant avec son sac de toilette, et il appuyait sur le déclencheur comme sur un minuscule levier qui faisait basculer le monde et, tournant d'un coup sec l'enrouleur, il emportait Jeanette dans le noir de son cœur. Mais ce pouvait être aussi de la même façon dans le jardin public de Plänterwald ou à Galilée ; souvent alors elle était en compagnie d'autres punks dont ses deux gardiens, Marat et Kai, qu'il se prit à envier, à jalouser jusqu'à mettre au point quelque stratagème pour se débarrasser d'eux.

Bien sûr, il y eut une visite du Harrar en l'absence de ses occupants. Il ne fut pas difficile à Götz et Kowel, assistés de deux techniciens, d'y accéder ; l'endroit était ouvert à tous les vents. Götz photographia les lieux dans leurs détails ; on dissimula deux micros sur la charpente des combles, faisant courir un fil jusqu'à une vieille gaine technique ; le système fut opérationnel dans les trois jours qui suivirent, justifiant pour Götz des veilles d'écoutes dans son bureau. Il lui arrivait d'y repartir après le dîner. Regina le taquinait avec une hypothétique maîtresse et lui demandait quelle était la couleur de ses yeux. Il haussait les épaules ; deux fois elle avait appelé au bureau, une des petites étant malade, et c'était tard dans la nuit, l'autre fois parce qu'elle ne trouvait plus un trousseau de clefs ; il était bien là au bout de la ligne. Mais elle se consolait avec l'idée que l'affaire aurait une fin et qu'on profiterait bien de la villa à Weissensee et, surtout, c'était Helmar qui le lui avait dit, l'avenir des filles était assuré, elles pourraient après leur scolarité espérer une place dans les meilleures universités. Regina se voyait bien aussi aux réceptions de la Stasi ; elles avaient leur chic.

Parallèlement à ses investigations, Götz se mit à lire Rimbaud dans une traduction de 1962 et sa biographie, celle de Françoise d'Eaubonne traduite un peu plus tard en allemand ; il nota qu'il avait participé à la Commune de Paris, mais se révulsa à son homosexualité. Surtout il fut désespéré de ne rien comprendre à ses poèmes. Mais il y avait que Jeanette vociférait des vers du *Bateau ivre* ou chantait *Aube* dans la soupente du Harrar et il écoutait cela, le casque collé aux oreilles en proie à des émois toujours neufs.

La flamme d'amour s'alimente elle-même ; la nébuleuse qu'était la conscience de Götz et qui, depuis la découverte de Jeanette, était entrée dans son champ gravitationnel pour en être complètement ordonnée, finit par en ressentir une attraction de plus en plus forte, et le besoin d'aller s'y perdre. Au bout d'un mois et demi d'espionnage, quatre cent trois photographies et cent quatre-vingt-cinq heures d'enregistrements, Götz se résolut à approcher Jeanette. Il était toujours habité des chimères de mariage avec une descendante de la dynastie Arius. Il se mêla à l'assistance de l'église de Galilée. Il s'était affublé d'une parka, d'un blue-jean et d'un bonnet de laine. Il fut le témoin d'une intervention de Jeanette en concert avec le Harrar. Il en ressortit complètement bouleversé. Elle, qui avait l'habitude de passer micro en main entre les rangs de fidèles, pour les interpeller comme elle l'avait fait pour Marianne, s'était à un moment immobilisée juste devant lui ; elle était dressée, plaçant une moitié du visage de Rimbaud à hauteur de son regard. Et alors qu'elle le fixait de ses yeux enfantins et pourtant barbares, il avait craint d'être découvert ; il devait avoir pris une expression piteuse car elle lui posa la main sur l'épaule pour lui dire : « Ne sois pas aussi triste, Papy, tu auras ta part d'éternité ! »

Après la messe, dans sa voiture, il s'était emporté, furieux d'avoir eu peur d'être démasqué, et d'être amoureux d'une pareille fille. Une semaine suivit où il se fit porter pâle pour surmenage. Kowel était chargé de le remplacer avec la consigne de ne pas le déranger. Regina fut aux petits soins pour lui. Son beau-père lui téléphona pour le rassurer et fit observer qu'il s'était trop usé à toute cette histoire qui, selon lui, n'en valait pas le coup.

*

Sans doute les thermidoriens, relayés par leurs successeurs qui n'ont jamais cessé d'être au gouvernement de la République française, sont-ils les auteurs de la réputation sulfureuse de Marat. Depuis Thiers et Michelet, les historiens français ont essayé de donner une image de ce personnage pittoresque, sans que leur lecteur puisse finalement s'en faire une idée vraiment positive. Dans les pays communistes, il en a été autrement. De même que Robespierre et Saint-Just, il est allé rejoindre la communion des saints communistes. En Union soviétique, son nom est devenu un prénom ; ainsi de l'acteur

Marat Bacharov. Marat était aussi le prénom du guitariste du groupe Harrar.

C'était le fils d'un adjudant russe qui servait à Wünsdorf, la plus importante garnison soviétique en RDA, et d'une Angolaise qu'il avait connue lors d'un séjour dans un camp militaire à Luanda à la fin des années soixante. Elle était morte en couches et il avait ramené Marat en Russie pour le confier à ses parents dans la banlieue de Moscou. Il l'avait baptisé ainsi simplement parce que c'était le prénom de son colonel. Ses parents devenant vieux, il avait dû le prendre près de lui à Wünsdorf dans un minuscule appartement qu'il habitait seul. Marat avait alors quatorze ans ; l'arrivée en RDA l'avait déçu ; il s'était fourré dans la tête que, plus proche de l'Ouest, la vie y serait plus agréable. Surtout il n'avait jamais pu se lier avec les enfants des collègues de son père qui pour la plupart parlaient allemand. Peut-être aussi que sa couleur de peau ne facilitait pas les choses. Une guitare offerte par ses grands-parents de Russie et dont il jouait habilement sans avoir appris ne lui concilia pas l'amitié des autres.

Bientôt il se mit à sécher les cours de l'école primaire ; il fut placé en école professionnelle d'entreprise pour y apprendre l'électrotechnique ; au bout d'un an, il se remit à déserter ; son père le rossait. Il avait seize ans quand il fit sa première fugue ; il passa deux jours et deux nuits dans le parc de Friedrichshain, avant que la police le ramassât et le ramenât à son père qui l'assomma. Au bout d'un mois, il résolut de passer à l'Ouest. Sans plan vraiment prémédité. Lors de sa fugue, il avait repéré un endroit du mur du côté de Pankow, en face du secteur français. Il avait longuement observé la configuration du lieu, les gardes, le mirador et il s'était dit qu'avec de la chance il pourrait se faufiler jusqu'au pied du mur et de là…

Mais il se perdit dans les rues, ne retrouva pas l'endroit. Il erra dans plusieurs quartiers pour atterrir à la station de métro Plänterwald aux alentours de laquelle il passa plusieurs nuits. Comme Jeanette plus tard, c'est là qu'il fut infecté par le virus punk. Avec sa chevelure crépue abondante et son teint bistre, il dut attirer l'attention d'un groupe de punks qui l'adopta vite. Il se mit à les suivre et fit partie de cette petite bande pitoyable et fière qui errait dans le quartier de Plänterwald et plus au nord, dans des espèces de landes où rouillaient des carcasses d'industries jamais relevées de la dernière guerre. Il dormait dans un ancien transformateur et ses vêtements avaient pris une odeur d'électricité. Jamais il n'eut de nouvelles de son père rappelé pour des raisons inconnues en URSS.

Son allure exotique et son odeur électrique – elle émanait d'une salopette qu'il ne quittait pas – portèrent Jeanette vers lui quand elle le vit pour la première fois à Plänterwald ; même si l'Angola n'a rien à voir avec le Harrar, elle s'imaginait Rimbaud un peu comme ce métis dégingandé qui traînait une guitare sur son dos. Il avait un réel don musical, celui de pouvoir restituer tout de suite de manière assez élaborée tout air entendu pour la première fois.

Quelques jours après leur rencontre, alors qu'elle commençait à graviter autour de la bande, Jeanette lui demanda s'il connaissait la chanson de Nena *99 Luftballons*. Il répondit négativement ; elle la lui fredonna. En un tournemain, il fut capable d'en faire quelque chose à la guitare. Le groupe adopta Jeanette comme chanteuse. Ils étaient alors quatre : Jeanette, Marat Kalinnikov, le guitariste, Kai Ostermann, qui jouait de l'orgue électrique et de la batterie ; un autre devait disparaître rapidement, jaloux de l'ascendant que Jeanette avait pris sur le groupe. C'est elle qui décida de changer le nom du groupe en Harrar, de former une espèce de communauté chaste, et d'aller à la messe du pasteur Cyrus.

*

La chanson de Nena *99 Luftballons* commence par quelques mesures lentes (noire à 73) chantées sur fond de synthétiseur Moog ; après une rupture produite à la batterie, le rythme est beaucoup plus rapide avec une noire à 96. Cela était insupportable à Jeanette. Son sens musical lui faisait dire que cette chanson était un gâchis et qu'avec les idées du début on aurait dû faire une chanson magnifique. Elle s'était mise au travail avec Kai et Marat pour composer une version à sa convenance. C'était comme pour réparer quelque chose de brisé dans sa vie ; elle savait que tout avait basculé ce soir de Charleville à la dixième mesure qui était venue ruiner la lente ascension des ballons dans le ciel, quand elle avait été saisie par la sauvagerie du rythme et qu'elle avait déraillé pour se réveiller dans le matin lustral et terrible du poème de Rimbaud. Sa version des *99 Luftballons* ne connaissait pas cette rupture fatale. Tout se poursuivait sur le tempo du début, avec une pulsation lente et solennelle qui venait d'ailleurs d'une musique qu'elle avait entendue souvent chez son père. Sur la cassette qu'elle enregistra en juin 1984 figuraient quatre titres : *99 Luftballons*, *Anastasie-metastasi*, *Le Bateau ivre* et *La Femme en conserve*, chanson prophétique écrite et composée d'après le récit d'une de ses compagnes punks qui avait fait avant elle l'humiliante expérience de la fouille au présidium de la police. Elle lui avait raconté comment une fonctionnaire de la police lui avait fait passer un chiffon dans l'entrejambe et l'avait mis dans un bocal en lui disant que c'était pour que les chiens retrouvent sa trace. Hormis le premier titre, c'étaient des vociférations, des accords dissonants.

J'ai pu juger moi-même de cette différence à partir d'une copie de la cassette que m'a fait écouter Marianne. Comme celle-ci me l'a rapporté, l'enregistrement avait été fait au moyen d'un magnétophone à quatre pistes qu'avait prêté une équipe de journalistes d'ARD, une des chaînes radiophoniques de l'Ouest, venue faire un reportage sur la réouverture d'un musée de Berlin-Est. L'un des journalistes, en relation avec un studio alternatif de Kreuzberg, avait été envoyé par celui-ci pour rencontrer Harrar ; tout avait été préparé avec un intermédiaire de l'Ouest, étudiant en théologie, qui se rendait régulièrement à l'église de Galilée. L'unique séance d'enregistrement avait eu lieu dans la crypte de l'église. Bien sûr les cassettes furent fabriquées à l'Ouest. C'est *La Femme en conserve* qui retint surtout l'attention des spécialistes. La chanson passa même une fois sur une radio alternative munichoise. Un sociologue de Marbourg se pencha sur le texte et voulut y voir l'expression d'une revendication féministe de l'Est. Il n'avait rien compris. « Moi-même, ajoutait Marianne, je suis tombée dans le panneau ; il a fallu que Jeanette m'explique que c'était simplement l'affaire du bocal, qu'une fille sortie de prison lui avait racontée. La pauvre ne se doutait pas qu'elle aussi y passerait. Parfois cette histoire de chiens sur la piste de son sexe, ça l'angoissait au point qu'elle disait : "Tu sais quand j'ai mes règles, il faut que j'aille brûler les tampons, à cause des chiens ! Dire que je dois me promener avec ça entre les jambes !" » Marianne ne savait que répondre pour la rassurer. Elle l'aimait encore mais il n'y avait plus rien de physique entre elles. Parce que Jeanette rêvait d'un très pur amour, elle ne supportait pas les gestes habituels de l'amour simple. « Tu te rends compte, lui avait-elle glissé à l'oreille un jour qu'elles étaient nues dans le lit des parents Mogwitz ; tu te rends compte ; ce qu'on est en train de faire là, dix mille individus de par le monde sont en train de faire la même chose ; puis songe aux milliards qui ont déjà accompli ces gestes avant nous ! Tout est usé ! Il faudrait quelque chose d'unique pour l'amour, pour notre amour… » Voilà ce qui mit fin aux relations physiques entre les deux amantes.

La musique composée par Harrar pour *99 Luftballons* fut le fruit d'une longue recherche. À raison même du drame qui pour Jeanette se jouait dans cet air. Elle voulait donner un caractère d'éternité aux premières mesures de la chanson et elle n'y arrivait pas, à cause de Kai surtout qui voulait faire état de sa virtuosité dans un vif solo de synthétiseur. Il avait beau vouloir se plier aux exigences de Jeanette, le naturel reprenait le dessus. Cela arriva lors de deux concerts, à l'église de Galilée et dans les bois de Plänterwald, ou encore lors de répétitions ; dès que Kai succombait à la tentation, avec des tempi « merdiques », comme disait Jeanette, celle-ci arrêtait de chanter, lui jetait des regards furibonds et alors il laissait tomber son instrument pour aller faire le singe en face de Marat à la guitare.

Un jour, lors d'une séance dans les combles de la Choriner Strasse, Jeanette piqua une colère puis s'effondra en larmes. Les deux autres eurent une expression perplexe et désolée. Elle leur sortit qu'ils ne pigeaient rien. « Toi Marat qui pues l'électricité et le tabac, retourne donc chez les macaques et toi Kai, avec ta face de boutonneux, va te faire foutre ! » Ils essayèrent de comprendre mais n'arrivaient à rien de satisfaisant. C'est alors qu'elle revint de chez son père, avec un disque. « J'ai trouvé l'éternité, dit-elle en le posant sur leur pick-up ! Écoutez bien… C'est du Schubert mais on va en faire quelque chose ! » Ils écoutèrent et comme Marat non seulement était un singe mais qu'il tenait du mainate ou du serin, il enregistra tout de suite. À peine le disque fut-il fini qu'il sortit de sa guitare quelque chose d'assez proche de l'air entendu au regard du tempo et de l'impression. Jeanette l'embrassa : « Mon poète absolu ; c'est ça ! »

*

Peut-être que tout de la vie de Helmar Götz serait rentré dans l'ordre si Regina ne lui avait pas demandé d'emmener les petites à la piscine le dimanche matin qui, après son arrêt de maladie, précéda son retour à la centrale de la Normannenstrasse. Elles avaient l'habitude d'aller avec les voisins aux bains de Lichtenberg, où elles rejoignaient leur petit club, mais ce dimanche ils étaient malades. Regina suggéra à Helmar qu'il en profite pour prendre un peu d'exercice ; dans son état cela ne pouvait pas lui faire de mal.

Quand il se présenta avec les deux petites à la porte de la piscine de Lichtenberg, ce fut pour y lire qu'elle était fermée à cause de travaux pendant un mois ; cela ne l'étonna pas, depuis quelques années, les piscines de Berlin-Est étaient sujettes à des fissures, décollements de carreaux et verrières, pannes de chaudières. Le groupe de nageurs auquel les filles appartenaient s'était donné rendez-vous aux bains de Prenzlauer Berg. Götz, qui ne croyait en rien ni personne, vit un signe dans ce panneau affiché à l'entrée de la piscine de Lichtenberg, et il pria de nouveau cette espèce de principe mystérieux qu'il avait déjà invoqué lors de ses séances dans la Lada pour que Jeanette fût à Prenzlauer Berg. Cette fois-ci aucune crainte qu'elle démasquât le flic qu'il était, comme lorsqu'il s'était retrouvé dans la situation inconfortable de l'église ; la présence des deux fillettes le ferait passer pour un bon et banal père.

Il ne la vit pas tout de suite tant il était ému. Il ne connaissait pas cette piscine ; ce n'était pas son quartier. Mystérieusement les bains construits dans le style néo-Renaissance s'offrirent comme le décor parfait à cette deuxième rencontre avec Jeanette. Débouchant sur la galerie supérieure qui menait aux cabines des hommes, il découvrit le plafond au-dessus du bassin comme un plafond d'église avec ses travées et ses arcs croisés sous quoi résonnait la rumeur des nageurs. Après être passé sous la douche, il retrouva les petites au pédiluve ; elles rejoignirent leur groupe, placé sous la conduite d'un professeur de natation. Götz resta un moment sur le bord du bassin à observer les nageurs. Avec tristesse, car il s'était finalement dit que Jeanette ne serait pas là. Mais d'un coup, ce fut elle en maillot une pièce d'un vert décoloré, un bonnet de bain sur la tête ; sur le bord opposé, près d'une échelle, elle discutait les bras croisés avec un des maîtres nageurs de la piscine. Alors Götz eut un élan de félicité qui monta du fond du cœur ; rien n'était perdu. Il plongea prestement pour rejoindre en quelques brassées l'autre bord où il resta accroché. Elle se tenait en contre-haut de lui, à quelques mètres.

Et il ne pouvait détacher son regard de ce qui apparaissait de sa chair, chair dont la blancheur était relevée par l'ambiance bleue du bassin et parcourue de moires lumineuses qu'y faisaient les reflets des rayons du jour sur l'eau en mouvement, de sa silhouette légèrement efflanquée dont la poitrine cependant semblait solide et les cuisses aux muscles légèrement saillants. Et cette beauté faite pour lui, car nul aux alentours ne semblait s'intéresser à Jeanette, même pas le maître nageur qui lui parlait sans la regarder, occupé par le mouvement du bassin, cette beauté le désolait et surtout, surtout, tendu sous le drap du maillot de bain au-dessus des cuisses, le ventre où lui paraissait sommeiller prometteuse la fibre Arius. Il serait resté ainsi si les petites, qui avaient terminé leur entraînement, n'étaient venues barboter autour de lui. Agacé par leurs cris, il se fâcha, ce qui fit que pour la seconde fois Jeanette porta son regard sur lui. Il s'éloigna avec les filles. Quand ils rentrèrent à la maison, Götz était d'une humeur épouvantable. Cela dura toute la journée. Ce ne fut qu'au lit le soir qu'il retrouva son calme. Il fit l'amour à Regina, puis, comme il ne pouvait s'endormir, resta avec l'imagination fixée sur la figure de Jeanette en baigneuse. Il avait à peine dormi quand, le lendemain matin, il prit le chemin de son bureau, presque euphorique. Il fit un détour par Prenzlauer Berg, espérant croiser Jeanette, mais elle ne vint pas.

*

Quelques années avant de tomber amoureux de Jeanette, et de consacrer toute son activité aux punks de Berlin-Est, Götz avait été officier traitant de collaborateurs inofficiels ; parmi ceux-ci un jeune professeur de mathématiques de lycée, nom de code « Edgard » ; celui-ci, qui était en délicatesse avec sa direction pour des raisons personnelles, ne devait qu'à son statut d'informateur d'être maintenu dans son poste. Célibataire, il habitait avec ses parents âgés la moitié d'une maison qui avait eu un certain cachet jusqu'à la guerre ; ceux-ci n'avaient cure des activités souterraines de leur fils. L'autre moitié était restée inoccupée à cause de travaux trop importants à faire. Cette bâtisse, au crépi jaunasse du côté habité et carrément lépreux de l'autre, se situait sur la Leiblstrasse, pas très loin du lac Sacré. Assez retirée au fond d'un jardin, elle offrait, pour sa partie inoccupée, toutes les qualités nécessaires à une maison conspirative. Edgard en avait les clefs, de même que Götz qui y avait fait faire quelques aménagements par son administration et, de temps en temps, y recevait ses informateurs ; c'est là qu'Arius se rendit régulièrement de 1968 à 1973.

Quand, à l'initiative de Luecke, qui avait pris des fonctions importantes à la centrale de la Normannenstrasse, Götz y fut muté, il se dit qu'il avait perdu trop de temps à Potsdam et que des affaires correspondant plus à ses ambitions l'attendaient à Berlin. Arius se trouva mis en veille, Edgard aussi, et la maison conspirative n'eut plus de visiteurs. Pourtant Götz y réapparut en 1985. Edgard était toujours célibataire, sa mère était morte et son père vivait quasi grabataire dans une chambre à l'étage. Il s'agissait pour Götz non plus d'y reprendre ses activités d'autrefois mais d'installer un quartier général onirique dans ce lieu qu'il savait à l'abri de toutes les investigations possibles car il se méfiait de son beau-père. À vrai dire rien du comportement de celui-ci ne justifiait ses craintes, mais il se sentait vaguement coupable à l'égard de Luecke et de l'administration qu'il trompait sur toute la ligne, et vis-à-vis de sa femme et de ses filles. Une nuit, il avait fait un cauchemar, rêvant que Luecke, vêtu en hoplite grec, casqué, bouclier et javelot à la main, avait fait irruption dans son bureau de la Stasi, suivi de Regina en larmes tenant à la main des photos de Jeanette à la piscine. Il décida de transférer la plus grande partie de son matériel opératif dans la maison d'Edgard, ne laissant à son bureau que ce qu'il supposait n'éveiller aucun soupçon. C'est que depuis qu'il filait Jeanette, depuis qu'il la photographiait, l'enregistrait, il avait accumulé mille choses qui avaient plus ou moins de rapport avec elle. Des photographies, bien sûr, des enregistrements de la vie du Harrar dans la Choriner Strasse, la cassette des quatre chansons, des dossiers, mais aussi des choses qui n'avaient plus rien à voir avec l'ordre normal d'une procédure opérative : une mèche de ses cheveux peroxydés qu'elle se faisait régulièrement tondre par Marat, une épingle à nourrice qu'elle se passait de temps en temps dans une oreille, une chaussette, sa brosse à dents volée à la piscine. Enfin toute une littérature concernant les Arius et notamment Manfred.

Une fois par semaine au moins, le soir, Götz prenait le chemin de Potsdam. Selon le code établi, il sonnait au portillon d'Edgard, qui avait la consigne de se faire le plus absent possible. Le cœur battant, il traversait le jardin, ouvrait la porte de la maison, montait par un escalier poussiéreux et couvert d'écailles de peinture jusqu'aux combles qu'il entretenait dans un état de propreté parfaite. C'est là qu'il édifiait avec soin et religieusement un temple à Jeanette. Ou c'était plutôt une sorte de machine théâtrale qu'il appelait le « théâtre Orfanik ». L'idée, si c'en était une, car tout cela s'était cristallisé sans idée mais sous l'effet d'une compulsion mystérieuse, venait d'une lecture d'adolescence, celle du *Château des Carpathes* de Jules Verne, où, comme il a déjà été dit, un savant nommé Orfanik a conçu pour le comte Rodolphe de Gortz un système de projecteurs, de miroirs et d'enregistrements sur rouleaux amplifiés par des haut-parleurs, système qui permet de faire revivre une cantatrice défunte et aimée.

Götz passait deux ou trois heures là-dedans, à rêver de la possession de Jeanette, à échafauder des plans pour la séduire, se débarrasser de sa femme, ou alors il lisait les rapports de

Szinda, de Luecke, les siens sur Arius, l'*avtobiografia* de celui-ci, qu'il déclamait à haute voix. Parfois aussi, il passait un blue-jean et, s'étant emparé d'un manche à balai en guise de micro, se mettait à chanter *99 Luftballons* devant un miroir, en imitant Jeanette. Puis, quand il s'était consacré à tous ces rites, il rentrait chez lui, en se disant que ça ne pouvait plus durer, qu'il allait devenir marteau et qu'il allait falloir dire et faire quelque chose de décisif, quelque chose dont il devait être sûr. Mais quand il se retrouvait dans le couloir d'entrée, qu'il voyait la photo de ses beaux-parents posée sur une console, qu'il savait les filles dans leur chambre et qu'il se retrouvait dans le lit auprès de Regina, sentant son souffle contre son visage, il s'enfonçait dans des sentiments d'une contradiction épouvantable et le lendemain matin, reprenant le chemin du bureau ou de la Choriner Strasse désertée, il se demandait comment il allait faire ce jour pour tromper son amour croissant. Et il partait en chasse dans les archives de la Centrale, ou en tout autre lieu qui eût pu lui livrer une trace nouvelle de Jeanette et venir, d'une manière ou d'une autre, ajouter quelque chose à son temple de Potsdam.

25

Rapport Floh. Affaire Harrar. 22 mai 1985. Écoutes 18 h 25-18 h 40. Présents : Marat Kalinnikov, Kai Ostermann, puis Jeanette à 18 h 36.

Kalinnikov dit que Jeanette devrait retourner chez son père, que cette vie n'est pas faite pour elle.

Ostermann dit que, s'ils continuent comme ça, ils n'auront bientôt plus rien à manger ; son beau-frère qui travaille à la cantine du lycée de Lichtenberg ne veut plus rien lui donner ; il a peur de se faire prendre.

Kalinnikov dit qu'il faudrait se débrouiller pour passer de l'autre côté. Ce serait la solution à tout et le succès tout de suite ; c'est un Wessi *qui lui a dit. Il connaît un coin près de la Bornholmer Strasse, des jardins ouvriers, où il y a des possibilités.*

Ostermann dit que lui connaît un endroit près de Sacrow. Il faudrait préparer ça. Mais que tant que Jeanette aura dans le crâne qu'elle est enceinte, elle ne voudra jamais courir le risque. Bruits de pas dans l'escalier ; voix de Jeanette qui demande aux autres de venir l'aider à porter tout ça.

Jeanette dit qu'elle n'en peut plus ; c'est trop lourd.

Ostermann dit qu'avec l'argent qu'on va en tirer on va pou-

voir tenir mais comment le vendre sans attirer l'attention de la police.

Kalinnikov dit Qu'est-ce que c'est ?

Jeanette doit ouvrir un sac ou une valise et dit qu'elle a fait le ménage chez son père.

Floh

Quand Götz rédige ce rapport cela fait deux ans qu'il consacre tout son temps au Harrar. Il sent de plus en plus qu'un de ces quatre il va falloir faire quelque chose pour avoir Jeanette à sa merci. Car de suivre la fille d'Arius comme s'il était son ombre, d'avoir réussi même à l'approcher à la piscine ne lui suffisent plus.

La piscine de Lichtenberg étant toujours en travaux, Götz accompagnait régulièrement ses filles à celle de Prenzlauer Berg le dimanche matin. Et il avait réussi à se lier avec Jeanette qui y était la plupart du temps (inutile d'insister sur les accès de dépression dans lesquels ses rares absences le plongeaient). Grâce à sa fille cadette, qui un jour avait perdu son bonnet de bain. Le bonnet avait commencé à couler ; la petite avait pleuré disant qu'elle allait être malade si elle avait de l'eau dans les oreilles. Jeanette, qui, comme d'habitude, se tenait sur le bord à discuter avec le maître nageur, s'était doucement glissée dans l'eau et en deux ou trois brasses avait ramené le bonnet à la petite. Götz, qui était assis sur le bord opposé, arriva tout de suite à la nage et la remercia. Ils étaient remontés sur le bord. Ils se parlèrent.

Götz n'avait jamais été aussi près de Jeanette ; celle qu'il n'avait vue que de loin, lors de ses surveillances, et du bord du bassin, ou de plus près, par l'artifice de jumelles ou du téléobjectif ou en rêve, voici qu'elle était assise à quelques dizaines de centimètres de lui en maillot de bain ; il voyait les gouttelettes d'eau semées sur ses épaules, ses bras, ses cuisses et chaque gouttelette qui reflétait le grand espace de la piscine comme une anamorphose était aussi une loupe, bien plus puissante que les optiques de ses téléobjectifs, pour lui découvrir les propriétés merveilleuses de la chair qu'avait produite la rencontre de Lilo, qu'il avait aimée autrefois, et d'Arius qui descendait du panthéon prussien. Une chair pâle, nacrée d'un bleu très faible mais témoignant du sang, et il y avait aussi pour attiser son désir – mais était-ce autre chose que ce terrible amour qui frappe les mortels, où il veut, quand il veut et comme il veut ? – les reflets du soleil dans l'eau, qui venaient se prendre dans le fin et presque blanc léger duvet qui la recouvrait à certains endroits. Il était tellement heureux d'être à côté d'elle, si émerveillé par ce miracle que, sous son maillot de bain, il ne se passait rien et il y vit une sorte de grâce car il aurait eu honte. Lorsqu'ils se quittèrent, ils se dirent à la prochaine fois, et Götz rentra chez lui de très bonne humeur.

Mais son démon était insatiable. Götz eut l'idée de proposer à Jeanette de prendre un verre dans un café proche de la piscine. L'obstacle majeur à ce projet était les filles. C'est alors que Regina eut la curieuse idée d'être enceinte, de faire une fausse couche qui inquiéta ses parents au point qu'ils se firent de plus en plus présents, envahissants.

À la Centrale, Luecke se pointait au bureau pour demander à Götz des nouvelles de sa fille et discuter de vagues projets familiaux et d'une éventuelle promotion pour son gendre. Souvent, il l'interrogeait sur l'avancement de la procédure opérative concernant les punks ; Götz inventait des complots inextricables dont il ne tarderait pas de venir à bout. Contrairement à ce que l'on pourrait penser, il ne rejetait pas sa famille et ses beaux-parents. Lui qui n'avait jamais éprouvé de passion, la rencontre de Jeanette et sa vision quasi régulière à la piscine le rendaient enthousiaste, aimable avec tout le monde. Et toujours le tenaillait ce projet de l'inviter au café. Jeanette de son côté ne le trouvait pas antipathique ; elle retrouvait en lui qui s'occupait des petites quelque chose de son père quand il l'emmenait faire du sport.

*

Les filles furent encore l'occasion pour Götz de saisir une autre parcelle de Jeanette. Alors qu'un dimanche matin il était allé à la piscine avec elles mais que Jeanette n'y était pas, ce qui l'avait mis de mauvaise humeur, il avait dû, comme de nombreux dimanches, aller déjeuner à Weissensee chez ses beaux-parents. Il faisait mauvais, et on n'avait pas pu sortir. Götz était resté avec son beau-père et Oleg Krasko ; ils avaient bu du cognac hongrois et fumé des cigares dans la salle à manger tandis que les femmes faisaient la vaisselle et que les filles regardaient la télévision. C'est Sonja qui appela son père pour lui dire qu'elle venait de voir Jeanette de la piscine. Götz fut comme électrisé par ce qu'elle dit et par la crainte que Regina eût entendu. Il rejoignit les filles devant la télévision ; elles regardaient un film, un conte moyenâgeux comme la télévision de RDA en diffusait beaucoup à cette époque. Il haussa les épaules, s'en voulut d'avoir cru aux propos de la petite mais celle-ci insista : « Si, si, attends, on va la revoir, c'est une des princesses ! » Il s'agissait d'une version du conte de Grimm *Les Souliers usés au bal,* filmée par la Defa, l'histoire de ces douze princesses qui se relèvent la nuit malgré l'interdiction de leur père pour aller danser dans une contrée lointaine avec douze princes transformés en loups, en sorte que chaque matin leurs escarpins sont complètement usés. Oui, la fillette avait raison, une des princesses, c'était bien Jeanette mais avec des cheveux longs et un visage plus enfantin.

« Qui c'est cette Jeanette ? lui demanda Regina de la cuisine en retirant ses gants de caoutchouc.

— Une fille qui s'occupe de temps en temps des petites à la piscine. Elles ont cru la voir à la télévision », fit-il d'un air vague.

Jusqu'alors il ne m'a été donné de voir Jeanette que comme un être pétrifié. Même si je l'ai rencontrée une fois à Vienne en 1975, ne me reste de cet événement qu'une sorte de photographie mentale, la petite fille en train de pleurer, avec sa joue baignée de larmes et sa poupée Barbie. Après, tant de photos, celle de la plaque funéraire, celles aperçues chez Arius, chez sa mère, et bien sûr celles faites par Götz ou Kowel, n'ont pas réussi à me donner l'idée d'un mouvement vital. Mais quand j'ai vu Jeanette de profil tout comme les autres princesses dans un lointain de studio, j'ai vu sa vie.

Marianne avait entendu parler de ce tournage ; elle en avait récupéré une copie que j'ai pu regarder. Un jour, Jeanette – elle devait avoir treize ans – avait accompagné son père aux studios où il travaillait aux décors d'un film de Konrad Wolf. Dans un des bureaux de la direction, un metteur en scène (était-ce Rainer Simon ou Walter Beck, qui à cette époque assuraient une bonne partie de la production des contes filmés, genre fort apprécié au pays du socialisme triomphant ? Le générique du film ayant été coupé sur la copie, il n'est pas possible de le savoir) avait proposé à Jeanette de jouer le rôle d'une des princesses. Elle en fut tout excitée. Lilo accepta : les contes filmés, c'était un bon tremplin pour une carrière d'actrice. Après sa mort, Marianne a pu avoir accès à la copie vidéo de ce film tourné dans les studios de Babelsberg. Elle me l'a passée un soir sur la télévision de ses parents.

En fait, il s'agissait d'un film en noir et blanc mais à la définition passable. « C'est là, m'a dit Marianne quelques instants après le début, regarde c'est elle ! » Et elle me montrait Jeanette avec ses sœurs au pied du trône de leur père. Comme nous étions pressés, elle sauta des passages pour ne laisser que ceux où Jeanette était visible. Il y en eut un plus long que les autres, c'est lorsque les princesses sont sorties du royaume de leur père pour s'aventurer dans celui des princes-loups. Avant que ceux-ci ne sortent de la forêt, il se passe un moment où les douze princesses en chemise de nuit se tiennent de profil dans une sorte de cortège immobile. Mais le vent fait ondoyer leur chemise, leurs cheveux, comme si elles avançaient contre lui. Jeanette n'est pas en tête mais elle est bien visible en premier plan. Son profil est solennel. Le vent artificiel plaque sa chemise de nuit sur son corps sans relief, elle regarde droit devant elle comme une somnambule. Les princes-loups arrivent ; le bal commence, mais aucune des princesses ne regarde son cavalier. Pour la mise en scène on leur a fait des yeux peints sur les paupières.

*

Les conversations sur le bord de la piscine devinrent plus intimes. Elles portaient sur les occupations de chacun ; Jeanette parlait surtout de la musique ; Götz, qui se faisait passer pour un employé des postes, lui posait des questions et à son retour écrivait son rapport. Quand Marianne, Kai et

Marat étaient présents, c'était moins intéressant, mais il avait l'espoir du dimanche suivant où Jeanette serait seule. Maintenant, il fallait se décider pour lui proposer d'aller au café. Il appâta Jeanette avec un disque des Sex Pistols qu'il avait dégoté à la Stasi et qu'il prétendit avoir reçu de sa famille de l'Ouest. Il n'avait pas trop de goût pour cette musique décadente (l'officier reparaissait là) et lui donnerait bien volontiers le disque. Et comme elle semblait impatiente, il lui dit que, si elle était libre avant dimanche, il lui apporterait. On pourrait se donner rendez-vous dans un café.

Ainsi furent décidées les choses pour le 6 mai 1986, 18 heures au café-restaurant Fengler dans le voisinage de la Schönhauser Allee.

Götz quitta la Centrale assez tôt, repassa chez lui, se changea, se parfuma et, ayant glissé le disque dans un sac en plastique, prit le tram jusqu'à la station de métro Eberswalder Strasse. Au sortir de celle-ci, dans la lumière vive de l'après-midi de mai, avec les marronniers en fleur sur l'avenue, et çà et là, entre des immeubles quelques massifs de lilas épanouis, il se sentit pris d'une fébrilité inconnue. Il était en avance d'un quart d'heure. Le café avait la réputation d'être un lieu d'avant-garde où circulaient des idées contestataires et, quand il y entra, Götz ne se sentit pas à l'aise. Malgré tout, il s'installa près d'une fenêtre qui donnait sur la rue et commanda une bière. Jeanette ne vint pas. Il repartit deux heures après en proie à une sombre tristesse mêlée d'angoisse. Avant de reprendre le métro, il fit un détour par la Choriner Strasse, s'approcha de l'immeuble. Il vit deux voitures de police garées devant son portail. Il resta pétrifié sur le trottoir, se disant que, ce n'était pas possible, que non seulement son rêve d'une conversation au café avec Jeanette était parti en fumée, mais que quelque chose de grave qui lui échappait était arrivé, une catastrophe, et il pensa que ça allait en être fini des beaux dimanches matin à la piscine. Il se mêla à quelques badauds, près d'un platane, pour suivre les événements et il ne tarda pas qu'il vit sortir six policiers tenant Jeanette, Kai et Marat menottés pour les embarquer dans leurs voitures.

Götz fila à la centrale de la Stasi. Il téléphona au présidium de la police de la Keibelstrasse pour savoir ce qui s'était passé, retrouvant d'ailleurs une morgue et une assurance qui l'avaient quitté depuis peu. « Qu'est-ce que c'est que ce foutoir ? demanda-t-il au flic de service ; depuis quand la police se mêle-t-elle des affaires de la Stasi ? Passez-moi votre chef ! » Le chef n'était pas là ; on lui passa un sous-lieutenant qui lui raconta que, dans la nuit, on avait surpris Jeanette, Kai et Marat en train d'écrire des cochonneries contre le régime sur un mur de Köpenick. Ils avaient été vus par un voisin insomniaque qui avait prévenu la police. Ils avaient bien tenté de se sauver mais on avait pu les pincer et découvrir leur repaire. Götz lui dit qu'il était sur eux depuis plus d'un an et que leur arrestation risquait de ruiner toute sa procédure qui visait à une opération de bien plus ample envergure. L'autre lui dit qu'il n'y pouvait rien et qu'il fallait voir avec son chef. Il raccrocha.

Götz se représentait ce qui attendait Jeanette. La garde à vue ; puis les ordres et les formalités humiliantes. Il s'en fit une image très nette qui de la soirée ne cessa de le tourmenter. Il téléphona à Regina qu'il rentrerait tard.

*

À la suite de son arrestation, Jeanette fut placée en garde à vue au présidium de la police, à Keibelstrasse. Elle savait ce qui l'attendait ; on lui avait raconté ce qui se produisait dans ces cas-là ; cela lui avait inspiré une chanson. Deux policiers la firent entrer dans une salle traversée par une grille. Une gardienne vint l'ouvrir, la fit passer devant elle. La femme lui dit d'approcher d'une table et de se déshabiller. Jeanette commença à retirer son blouson, son sweater et son jean. Mais la femme insista, impérative : « Déshabillez-vous complètement ! » Jeanette hésita, supposant des hommes au fond de la salle. D'une voix étranglée, elle demanda s'il était possible qu'ils s'éloignent, mais la gardienne répondit : « Vous n'avez rien à demander ; c'est le règlement ! » La gorge serrée, Jeanette se débarrassa de son soutien-gorge et de son slip qu'elle posa sur ses autres vêtements. La gardienne s'approcha, inspecta ses oreilles, ses cheveux, ses narines, sa bouche, ses aisselles, son entrejambe, ses doigts de pied. Puis elle passa un gant en caoutchouc à sa main droite et dit : « Baissez-vous ! » Jeanette n'obéissait pas. La femme répéta l'ordre d'une voix colérique. Jeanette s'exécuta. Ici, je n'ose reprendre les termes du rapport tant ils sont crus et me navrent. La fonctionnaire examina l'intimité de Jeanette, qui dit doucement entre deux sanglots : « Attention à mon enfant ! » L'autre soupira simplement et continua son travail le regard tourné vers le plafond.

Jeanette vit ses larmes éclater sur le carrelage. Se reflétaient dans leur légère convexité les grandes fenêtres ouvertes au ciel de mai. « Vous pouvez vous redresser ! » dit la femme. Comme Jeanette allait se rhabiller, la gardienne dit : « Ce n'est pas fini ! » et lui mit un chiffon dans la main droite. « Passez-vous ça entre les jambes ! C'est pour les chiens, si vous vous échappez on vous retrouvera à votre odeur ! » Quand Jeanette eut fini, la femme lui tendit un bocal où déposer le chiffon. Elle le referma et colla sur le couvercle une étiquette. « Vous pouvez vous habiller ! » ajouta-t-elle en lui tendant un survêtement d'un bleu triste. Deux policiers revinrent la chercher et la conduisirent à une cellule sans fenêtre où, dans un ronronnement variable, tremblait la lumière d'un tube au néon. Elle avait mal comme au matin de Charleville ; elle s'assit sur le lit, porta sa main sur son ventre. Ferma les yeux. Elle n'entendait que le chant monocorde de l'éclairage. Après, elle a vérifié elle n'avait pas de sang à cause de son enfant. Et le judas s'est ouvert et un œil anonyme, asexué, l'a fixée un instant. Elle a baissé la tête.

*

À la suite de son séjour au présidium de la police, Keibelstrasse, Jeanette comparut devant le tribunal, le 13 mai 1986, et fut condamnée à trois mois de prison pour dégradation de biens appartenant à l'État et propagande antisocialiste. Elle devait purger sa peine à Hoheneck, en Saxe, mais, la veille de son départ, elle fut transférée sur ordre de la Stasi à la prison de Hohenschönhausen. La main de Götz avait agi. Dans les jours suivant l'arrestation du Harrar, il s'était enfoncé dans une dépression lamentable. Tellement épris de Jeanette, de son image à la piscine, des gouttelettes d'eau sur la peau de ses bras, de ses cuisses, il souffrait le martyre en voyant approcher le dimanche matin qui était pour lui l'occasion de la retrouver. Il fallait que l'affaire revînt à la Stasi ; alors il pourrait infléchir le sort. Il s'était démené comme un désespéré pour que les choses aillent dans ce sens. Il était allé voir Böller lui-même et lui avait déclaré que la police de Berlin avait ruiné toute son entreprise ; qu'alors il était sur le point – ce n'était qu'une question de trois mois – d'identifier tout le réseau punk de Berlin-Est, ce qui allait permettre sa liquidation ; il avait ajouté que le zèle de la police ne s'était appliqué qu'au menu fretin des punks et que les autres allaient se tenir désormais sur leurs gardes, émigrer dans d'autres quartiers et que le problème ne serait pas du tout résolu. Il voulait procéder lui-même à l'interrogatoire de Jeanette. Böller, qui se souvenait très bien de l'après-midi passée chez Luecke, décrocha son téléphone pour appeler le présidium de la police. En quelques minutes l'affaire fut réglée et, le soir même, Jeanette était transférée dans l'empire de Götz.

Il se paya le luxe d'aller la voir dans sa cellule. Deux gardiennes l'accompagnèrent. L'une d'elles fit glisser le judas de la porte, regarda puis fit signe à Götz qu'il pouvait jeter un coup d'œil. Jeanette se tenait debout sous la lumière glacée du néon, s'offrant de dos et, comme elle tournait la tête vers la porte, il eut bêtement peur qu'elle le reconnût. Il recula et dit que c'était bien. Le lendemain, il confia son interrogatoire à Kowel qu'il avait chapitré convenablement. Kowel connaissait son métier et son chef ; il fut froid au début puis sympathique, cherchant à excuser le délit de Jeanette et à établir la confiance entre elle et lui. Götz écoutait dans la pièce à côté. Jeanette ne disait pas grand-chose. En fait, c'était toujours le même refrain, des bribes de Rimbaud et la naissance proche de Frédéric. Parfois, Kowel disparaissait brièvement pour aller voir son patron, disant avec une mine dépitée qu'on n'en tirerait rien. Mais contrairement à ce qu'il craignait, Götz ne manifestait aucun agacement et il restait paisible. Au bout de deux séances de trois heures, Götz finit par déclarer que la petite était piquée et qu'on ne gagnerait rien à la garder. Il téléphona au médecin de la prison, lui fit signer un certificat selon quoi Jeanette était une déséquilibrée mais ne présentait aucun danger pour l'État. Puis, il fit viser un ordre d'élargissement par deux de ses collègues. Enfin, il téléphona tout de suite à Böller pour lui annoncer que l'enquête allait pouvoir reprendre puisqu'il avait fait libérer Jeanette. Böller conclut que tout était ainsi pout le mieux. C'était le vendredi en fin de matinée et Götz se dit qu'il était tout juste temps, car après il aurait fallu attendre le lundi et il n'avait qu'une envie, qu'un désir, revoir Jeanette à la piscine le dimanche.

Mais après la joie de savoir Jeanette libérée, il fut en proie aux affres les plus noires, songeant d'un coup qu'après une telle affaire elle aurait d'autres soucis que d'aller à la piscine et cela d'autant que ses deux complices, eux, n'avaient pas été libérés. Il resta une heure à tourner dans son bureau et à fumer au point que Kowel se mit à piquer des quintes de toux en lui disant qu'il allait s'abîmer la santé. Luecke arriva pour le trouver dans cet état.

« Caramba ! Böller vient de m'annoncer que tu as fait relâcher la fille de Plänterwald. Qu'est-ce que ça veut dire ? »

Götz lui tint le discours qu'il avait tenu à Böller mais il ajouta que la libération de la fille ne servirait de rien car ses complices étaient toujours sous les verrous et il repartit dans une diatribe sur la stupidité des flics de la Keibelstrasse. Luecke lui prit une cigarette, l'alluma, ce qui provoqua la fuite de Kowel, et dit : « Tu as tort de te mettre dans des états pareils ; tu prends le boulot trop à cœur !

— J'étais sur le point de coffrer toute cette clique ; si tu savais ce qu'ils préparent. Un concert à tout casser auquel doivent participer des clandestins de l'Ouest. J'ai pu établir qu'il y aura même des agents américains infiltrés pour se renseigner sur l'implantation des SS-20 ; j'ai des preuves, si tu as le temps… », dit Götz, étonné par l'énormité de son mensonge.

Luecke prit sa tête de Mielke, remonta sa ceinture sur son ventre. « Je n'en reviens pas, dit-il, c'est plus grave que je le pensais. Mais pourquoi n'en as-tu pas parlé à Böller ?

— Si j'avais pu le voir seul, mais je n'ai confiance en personne ; j'ai trop peur qu'on m'enlève l'enquête et que tout finisse dans les mains du KGB !

— Ouais, ce n'est pas l'ambition qui te manque ; après un coup pareil, tu seras promu major. Allons voir Böller ! »

Quand Götz et son beau-père ressortirent du bureau de Böller, celui-ci avait donné les ordres pour qu'on relâchât Kai et Marat. Ce qui fut fait une heure après au motif qu'ils n'avaient été que des témoins lors de la nuit du forfait.

Rentré chez lui, Götz s'affala sur le canapé du salon, juste devant le poste de télévision. Il se servit une bière. Dehors, c'était un orage de mai qui finissait ; il avait ouvert la porte-fenêtre sur le balcon et le jardin d'où venaient des chants de merle et des odeurs de sureaux mouillés. Il était dans un état d'euphorie jamais éprouvé ; il venait de renaître au monde et songeait aux gouttelettes merveilleuses sur la blancheur de la peau de Jeanette. Regina et les filles arrivèrent peu de temps après.

26

Marianne vit Jeanette peu de jours après son élargissement de la prison de la Keibelstrasse. Elle sonna à la porte de la famille Mogwitz alors que tout le monde était à table pour le dîner. Jamais on ne l'avait vue ainsi ; de l'espèce de mandragore traversée de foudres qu'elle connaissait, il ne restait plus qu'un être désemparé et abattu, une chiffe ; elle avait de nouveau une tache d'impétigo. Elle ne refusa pas de se mettre à table mais, comme elle ne touchait à rien de ce qu'on lui servait, Marianne l'emmena dans sa chambre, se doutant qu'un malheur était arrivé. Dès qu'elles furent seules, Jeanette lui dit qu'il fallait faire quelque chose sans quoi elle allait perdre son enfant. Elle avait des contractions de plus en plus violentes. Elle devait trouver un médecin. Elle se mit à pleurer. Entre des sanglots, elle raconta son arrestation et le traitement que la policière lui avait infligé. Marianne ne parvint pas à la rassurer ; alors elle lui proposa de passer la nuit chez elle. Elles dormirent peu. Parfois parcourue d'une secousse nerveuse, Jeanette se tenait blottie contre Marianne. Le matin, celle-ci ne put dissuader Jeanette de se rendre à la consultation de la Charité où elle l'accompagna. Dans le tramway, elle se demandait comment tout cela allait finir. Au service gynécologique de l'hôpital, elles tombèrent sur un interne. Son incurie fit un miracle. Après examen, il dit d'un air magistral qu'il n'y avait aucune crainte à avoir ; tout était à sa place. Il recommanda seulement du repos, du calme et prescrivit un antispasmodique. Marianne n'en revenait pas et elle crut que Jeanette était enceinte de Kai ou de Marat. Cela faisait près de sept mois qu'elle ne l'avait pas vue et elle ne savait plus rien de ses relations. Dans le tramway, Jeanette lui dit que, maintenant, la vie d'artiste, la musique, c'était fini. Qu'elle allait faire des études pour avoir un métier et élever son enfant comme il le fallait.

*

Un mois après la libération de Jeanette du présidium de la police, Götz l'avait revue à la piscine : juste une fois. Elle n'était plus la même ; elle n'avait plus que quelques mèches peroxydées et la couleur châtain de ses cheveux reprenait le dessus. Il supposa que ce qu'elle avait subi durant les trois jours d'incarcération provisoire l'avait secouée.

À la piscine de Prenzlauer Berg, Jeanette n'était plus l'être inconcevable qui se tenait dans l'illumination changeante des reflets de l'eau. Elle était allée aux douches, avait fait un tour du bassin, mais elle avait souri quand elle avait aperçu Götz avec ses filles. Elle paraissait contente de les retrouver. « Que vous est-il arrivé ? fit Götz. On était inquiets !

— J'ai été malade mais ça y est, c'est passé !

— J'ai toujours le disque et un autre de Nina Hagen si cela vous intéresse encore…

— Ah oui, les disques, cela ne m'intéresse plus beaucoup, mais ça peut faire plaisir à des gens que je connais… »

Le rendez-vous tant attendu fut fixé à quelques jours de là, toujours au café Fengler.

En s'y rendant, avec ses deux disques sous le bras, Götz songeait aux événements de l'autre fois, à l'arrestation du Harrar qui avait suivi son attente dans le café. Et il craignait que quelque chose, peut-être la maladie, empêchât encore Jeanette d'être au rendez-vous.

Mais elle y était ; au fond, assise face à l'entrée, à une table contre une des fenêtres qui donnaient sur la rue. Elle fit un petit signe à Götz. Il lui serra la main avec cérémonie et un petit mouvement de la nuque. Ils ne s'étaient jamais présentés ; « Götz ! » dit-il simplement. Mais elle se tut. Puis il s'assit et, tout de suite, sortit les disques. Elle n'y prêta guère attention et les posa de côté. « Attention, fit Götz tout bas ; c'est de la marchandise illicite ! » et il les recouvrit de leur emballage. Ils commandèrent des cafés.

Elle se trouvait devant lui, un peu déconfite en comparaison de celle qu'il avait connue avant son arrestation mais, avec toute la procédure, il y avait de quoi. Il l'aimait encore plus, parce qu'elle était plus fragile, encore plus diaphane. Elle portait un petit chemisier sans manches et à peine décolleté qui permettait de voir, quand elle faisait quelque mouvement, à l'ouverture des aisselles, le haut de son flanc au-dessus du soutien-gorge. La trame Arius, songeait Götz, et son œil essayait toujours de percer le secret de cette carnation pâle et légèrement veinée.

Il lui demanda si elle était complètement remise de sa maladie.

« Pas tout à fait, fit-elle en regardant de tous côtés et d'une voix presque éteinte de petite fille prise en faute ; il faut que je vous dise et j'espère que vous me conserverez votre amitié. J'ai failli faire une fausse couche, j'ai dû aller à l'hôpital où on a pu sauver mon enfant... »

Götz prit un air compassé et affectueux. « Ma pauvre petite ! À votre âge ; c'est dur. Il faut prendre un soin extrême de votre personne. Avez-vous consulté de bons médecins ?

— Oui, à l'hôpital de la Charité... »

Götz fut tenté de dire qu'il avait le bras long et qu'il pourrait lui trouver un ponte, mais il ne perdait pas de vue qu'il était un simple employé des postes. « Comment imaginez-vous que je n'aurais pas d'amitié pour vous à cause de cela ? Il faut vivre au-dessus de ces principes bourgeois. Et le père, s'occupe-t-il de vous ?

— Il habite loin, en France, et fait des voyages à travers le monde. C'est un poète, et il ne faut pas trop demander à un poète. Vous savez il suffit parfois d'une seule nuit.

— Et la naissance est prévue pour quand ?

— À la Charité, ils m'ont dit que c'était très spécial : une grossesse à problèmes. Pensez, les neuf mois ont été dépassés. Il y a eu quelques cas comme cela, mais plus qu'on ne le pense !

— Alors qui s'occupe de vous ?

— J'ai des amis, vous avez dû les voir une fois ou deux à la piscine...

— Et vos parents ?

— Mon père est un vieillard perdu dans ce monde et je ne veux pas lui faire de peine ; il a des principes. Quant à ma mère, elle m'a chassée quand elle a appris que j'étais enceinte. Il n'y a eu que mes amis Marat et Kai pour m'aider et me protéger mais ils ont eu des ennuis avec la police ; j'ai l'impression qu'ils ne vont pas tarder de quitter Berlin.

— Alors comment vivez-vous ? Vous avez un travail ?

— Je suis chanteuse mais je ne peux pas dire que cela suffise à me nourrir.

— Écoutez ! dit Götz, votre situation est tout à fait dramatique. Je ne sais pas si vous vous rendez bien compte du danger que vous courez et de celui que vous faites courir à votre bébé. Vous ne pouvez compter sur personne. Avez-vous au moins de quoi vous loger ?

— Oui, un appartement abandonné dans un immeuble de la Choriner Strasse ; c'est un taudis. »

Götz se fit paternel : « Mademoiselle, mademoiselle comment déjà ?

— Arius !

— Mademoiselle Arius – et de prononcer ce nom devant elle fut pour Götz un délice car d'un coup se matérialisait plus nettement sa relation avec Jeanette et les Arius – ma femme et moi nous allons nous occuper de vous. J'ai un ami bien placé dans le service des postes : il pourrait vous trouver un travail pas fatigant physiquement. Quant au logement, je crois que ma femme pourrait s'en occuper… »

Le visage de Jeanette s'illumina. Elle prit un air de petite fille humble, eut un regard un peu malicieux. Et dit : « Ce serait merveilleux, un travail, puis le congé de maternité à attendre dans mon petit appartement. Qui sait si d'ailleurs, au travail, je ne pourrais pas me trouver un mari qui s'occuperait de Frédéric…

— Frédéric ?

— Oui, c'est le prénom que nous avons choisi son père et moi. En fait le prénom d'un des grands-pères.

— Ma femme sera ravie de s'occuper de vous et les filles de vous voir. Vous allez avoir une famille, Jeanette, vous permettez que je vous appelle Jeanette ? »

Ils se serrèrent la main.

« Helmar !

— Jeanette ! »

Lorsque, après l'avoir embrassé, Jeanette prit congé de lui au coin de la Schönhauser Allee, Götz eut envie de clamer son bonheur à la face du monde, sa famille, ses collègues. Et sur le chemin de la Centrale où il allait faire son rapport, il eut la vision d'un futur inespéré. Trouver à Jeanette un logement où il pourrait venir la voir, puis le début d'une liaison, enfin faire l'amour avec elle, puis divorcer de Regina. Il imaginait la tête de ses collègues, même de son beau-père : Götz marié avec une fille de vingt ans plus jeune que lui, une belle fille, et la fille du maître Arius.

*

Götz ne tarda pas de trouver à Jeanette un travail de petite manutention à un centre de tri de la poste où, plus que dans d'autres entreprises d'État, la Stasi avait placé ses pions, puisqu'on y pratiquait assez couramment la perlustration du courrier. Des machines avaient même été inventées pour cela. Le prétexte à son intervention en faveur de Jeanette était un montage qui devait servir à son plan d'éradication des punks. Conformément à la promesse faite, on l'affecta à un centre de Schönefeld ; après une rapide formation, elle travailla à des rangements de dossiers, tâches qui n'exigeaient pas d'efforts physiques.

Quant au logement, ce fut un meublé de vingt-cinq mètres carrés que lui fournit un de ses anciens informateurs au premier étage d'un petit immeuble vieillot et gris à Karlshorst. Bien entendu, avant même que Jeanette s'y installât, cet ancien appartement conspiratif fut truffé de punaises par Götz et son acolyte Kowel. Une femme de la Stasi qui se fit passer pour la femme de Götz en donna les clefs à Jeanette. Celui-ci jugea plus prudent de se maintenir en retrait, se contentant de voir Jeanette de temps en temps au café Fengler et dans tous les cas à la piscine. Elle pouvait le joindre téléphoniquement chez un voisin ; il prétendait ne pas avoir le téléphone. Le voisin était simplement l'IM Edgard, qui pouvait l'appeler chez lui.

Un soir, Jeanette invita Götz. Marianne était là ; elle l'avait déjà vu une fois à la piscine. Ce moment passa de manière agréable mais, quand Götz fut parti, Marianne vit une vieille enveloppe qui traînait sur une table et d'y écrire : « Méfie-toi ! Ce type ne m'inspire pas confiance ; ce n'est pas possible que tu aies pu trouver du travail et un logement aussi vite alors que bien d'autres attendent des années pour en avoir ! » Jeanette lui répondit tout haut : « Il est timide et c'est un bon garçon ; c'est tellement rare ici ! » Marianne la regarda atterrée.

Kai et Marat vinrent rendre visite à Jeanette dans son appartement. Il y eut des discussions. Ils voulaient continuer avec Harrar et se lamentaient qu'elle les laissât tomber. « Tu t'imagines Rimbaud à nos âges ; c'était autre chose que ton petit confort. Tu trahis le Génie !... », lui dit l'un des deux, mais c'était pour la forme car ils étaient échaudés par leur arrestation. Ils virent bien qu'elle était perdue pour eux et ils espacèrent leurs visites pour prendre le large. Tout est noté dans le rapport.

Quand Jeanette partait pour son travail, Götz était déjà en bas de l'immeuble, dans la Lada, à attendre son départ. Alors, le cœur battant, il s'introduisait dans son appartement. Il commençait par s'asseoir dans un fauteuil et partait d'un profond soupir en étendant ses grands membres. Il laissait flotter son regard autour de lui, et jouissait du temps et de l'air. Puis il allait dans le cabinet de toilette. Il n'y avait pas de douche ; juste un lavabo écaillé et surmonté d'une glace et la cuvette des WC. Il inspectait alors les gants de toilette et d'un coup plongeait son visage dans ceux-ci. C'était une sorte d'extase visionnaire. Quelque chose de Jeanette qui s'était, selon lui, déposé dans les fibres des gants, quelque chose, en réalité le parfum de sa savonnette, faisait bondir son cœur, jusqu'à un ciel inimaginable. C'était comme un tremplin ; ça l'envoyait très haut dans un nuage d'où il voyait la transparence historique de sa bien-aimée. Sa généalogie fabuleuse avec des paysages trouvés dans tout ce qu'il avait pu accumuler sur elle et ses ancêtres, Lilo qu'il avait aimée, les Arius de Prusse, son décor, impérial et communiste. Après avoir épuisé les gants, il allait ouvrir l'armoire de Jeanette pour y voir son linge ; pas grand-chose à vrai dire en comparaison de ce que sa femme essayait d'accumuler dans sa garde-robe. Mais cette simplicité le touchait. Enfin, après être resté une heure, parfois un peu plus, il partait en prenant soin de ne laisser aucune trace de son passage. Exercice à quoi il était rompu.

Tout lui semblait aller selon son plan. Maintenant, il fallait se rapprocher davantage de Jeanette. Deux mois avaient passé depuis qu'elle était à Karlshorst, deux mois durant lesquels – on était en juillet 1986 – Götz allait presque quotidiennement procéder à ses rites dans son appartement, réfléchissant toutefois à la manière dont il pourrait la voir plus souvent, lorsque Kowel lui transmit une note d'un informateur de la poste. Jeanette était de plus en plus sollicitée par un homme, son chef de service ; un soir ils étaient même allés au restaurant ensemble. Cette nouvelle tétanisa Götz. Fébrilement, il appela l'informateur : « Qui est ce type ? Ayez-le à l'œil ! il faut absolument l'éliminer !

— C'est son chef de service. Un nommé Klotz. Je me suis déjà renseigné sur lui. Trente-trois ans. Très bien noté par l'administration. En passe d'être nommé au ministère comme conseiller. Membre du SED. Un de ses grands-oncles est un ancien du Comité Freies Deutschland ! » C'était comme si, éventrant la cloison, venait de faire irruption dans son bureau un char T-80 en face de quoi il se retrouvait avec son pistolet de service. Il resta muet ; de la sueur suintait de sa main autour du combiné.

Götz fut alors saisi d'une fièvre continue. Il passa le plus clair de son temps dans l'appartement de Jeanette. Occuper la place le rassurait. Il se convainquit qu'il était encore temps d'agir. Un soir, il l'attendit à la sortie de son travail. Il venait de chez son coiffeur et sentait la brillantine. Il lui proposa de la raccompagner chez elle. Elle accepta et l'invita à monter pour voir les arrangements qu'elle avait apportés dans son logis. Il restait très raide en faisant semblant de découvrir les rideaux, un petit meuble de salle de bains, un tapis, une table de salon, une lampe dont Jeanette semblait très fière. Ils prirent un apéritif.

« Et votre grossesse ? Comment se passe-t-elle ? lui demanda alors Götz.

— Bien. Je pense que je n'aurai pas de mal à arriver jusqu'au congé de maternité…

— Vous avez fait les déclarations nécessaires pour les examens médicaux et votre congé ?

— Oui, c'est une collègue qui m'a aidée.

— Jeanette ! Vous m'avez dit qu'il allait falloir un père à cet enfant ? Ce serait bien que vous songiez à vous marier.

Ne serait-ce que pour assurer votre situation et la sienne dans notre société. Écoutez, ajouta-t-il d'une voix tremblante. J'ai bien réfléchi, je crois que je pourrais être ce père et je crois, je crois que je vous aime et que nous pourrions faire de grandes choses ensemble ; je vous ai vue dans *Les Souliers usés au bal*… »

Jeanette resta paralysée dans son fauteuil. Elle jeta un regard effrayé sur Götz puis ne cessa de fixer un endroit du tapis.

« Il y a longtemps qu'il ne se passe plus rien entre ma femme et moi, ajouta-t-il.

— Helmar ! Vous vous rendez compte de ce que vous me dites ! Vous n'allez pas tout gâcher. Vous étiez un peu comme un oncle pour moi. C'est de la folie. Vous ne m'aimez pas. Vous aimez votre femme et vos filles…

— Je vous le répète, il y a longtemps qu'il ne se passe plus rien entre ma femme et moi ; quant aux filles elles sont assez grandes pour comprendre. Il faut qu'elles apprennent à sortir de ces préjugés bourgeois…

— Mais les filles, elles ne vont rien comprendre ! dit Jeanette, puis elle se tut.

— Jeanette, votre enfant, je l'aime déjà comme le mien. D'ailleurs tout ce que j'ai fait, je l'ai fait aussi pour lui. »

Jeanette resta un long moment silencieuse, ne cessant de faire non d'un mouvement de la tête. Alors Götz se leva de son fauteuil et s'avança vers elle, le bras tendu comme pour l'envelopper. Mais dans son geste mal assuré, il renversa la lampe posée sur la table de salon. Jeanette se leva prise de panique : « Non, Helmar, non ! Laissez-moi. Partez ! Je vous en prie. D'ailleurs je dois vous dire que j'en aime un autre… »

Götz remit d'aplomb la lampe sur la table. Il avait les larmes aux yeux. Avant de partir, il marmonna : « Toutes les mêmes avec leurs petites têtes ! » Il cessa ses visites à l'appartement de Jeanette, ne se rendit pas à la piscine le dimanche suivant, craignant de l'y retrouver ou qu'elle n'y fût pas.

Sans doute aurait-il sombré dans une grave dépression et son amour serait-il mort comme cela, même au bout de quelques années, si sa femme n'était à ce moment tombée sur des photos de Jeanette en maillot de bain qu'il avait mal dissimulées dans des cartes routières sous un siège de sa Lada. Elle s'écroula en larmes dans les bras de sa mère. Luecke s'exclama : « L'ordure ! Il te trompe et gruge l'État ! On va régler ça ! » Il le fit surveiller par des agents à lui mais comme Götz, sous le coup du chagrin, n'allait plus chez Jeanette ni à la maison conspirative, ce fut peine perdue. Enfin Luecke se décida à lui tirer les vers du nez ; il le fit monter dans son bureau. Lorsque Götz entra, les photos étaient étalées devant Böller qui avait pris la place de Luecke.

Götz feignit de ne rien comprendre et joua la colère. Cette histoire était stupide. Qu'est-ce qu'une jalousie injustifiée de sa femme venait faire dans les bureaux de la Stasi ? Il était bien mal récompensé de son zèle, des sacrifices qu'il avait faits. On avait des problèmes autrement graves ! Luecke lui dit que la procédure opérative traînait et qu'on n'avait jamais vu un suspect être logé aux frais de la Stasi.

« Camarades ! dit-il solennellement ! Vous n'allez pas faire capoter la procédure au moment où tout va basculer en notre faveur ?

— Tu nous as déjà dit cela lors de l'affaire de Köpenick, qui nous a valu des protestations du présidium ! fit Luecke.

— Vous ignorez tout des ramifications que les punks ont

ici ! Jusqu'à la poste d'État. Tout cela sent le complot capitaliste. Une série de sabotages se prépare orchestrée par la CIA et le Neues Forum ; la suspecte Arius est sur le point de me livrer des noms. Laissez-moi faire, bon Dieu !

— Alors quel est votre plan ? dit Böller plutôt bienveillant.

— J'ai commencé une procédure de décomposition dont Jeanette Arius est l'objet. »

*

C'est en 1976 que parut la circulaire de la Stasi définissant la procédure opérative de décomposition. Avec cette circulaire, on renonçait à porter atteinte à l'intégrité physique des personnes comme c'était le cas jusqu'alors. C'en était fini des enlèvements, liquidations mystérieuses, tortures, expéditions aux mines d'uranium de la Wismut ou pire au camp de Vorkouta, qui avaient été en faveur depuis la fin de la guerre et avaient alimenté une certaine cinématographie de la guerre froide. La RDA, en quête d'une reconnaissance internationale, ne pouvait plus se permettre de tels procédés condamnés par les démocraties occidentales et les organisations de protection des droits de l'homme. Il fallait en user plus proprement et plus discrètement. Mais de manière pas moins efficace. Si l'on ne pouvait plus agir sur les corps, on pouvait s'en prendre aux âmes, ce qui finirait bien par avoir une répercussion sur les corps. Et dans ce domaine, ce n'était pas l'imagination qui manquait aux fonctionnaires de la Stasi.

Peu de temps après la publication de la circulaire, Götz dut aller suivre une formation à l'école de Golm pour prendre connaissance de toutes ses applications possibles. C'était l'époque où, sous le poids des soucis que lui donnait la situation de Jeanette, Arius avait pris ses distances vis-à-vis des milieux artistiques et avait fait valoir ses droits à la retraite. Voyant qu'il n'était plus de beaucoup d'utilité, Götz l'avait mis en veille, l'oubliant peu à peu. À Golm, Götz retrouva quelques anciens condisciples de ses débuts. Ses vieux professeurs furent enchantés de le revoir et, au bout de quelques semaines, on lui demanda si lui-même ne voudrait pas de temps en temps donner des cours, ce qu'il accepta avec fierté et qui fut cause de satisfaction dans sa belle-famille.

Götz s'enthousiasma tout de suite pour la procédure opérative de décomposition. Non seulement son esprit enclin à une démarche méthodique mais aussi son imagination pour des situations concrètes y trouvèrent de quoi se satisfaire. Lors d'un séminaire pratique, le professeur imagina un cas pour lequel Götz mit au point une procédure qui retint l'attention de ses supérieurs. Il s'agissait d'un pasteur officiant dans une petite paroisse rurale de Poméranie ; il prêchait pour le désarmement, davantage de libertés et avait des contacts avec l'Ouest ; il était membre d'un club de natation et pratiquait le nudisme au FKK local. Götz élabora une procédure méthodique et progressive, commençant par une surveillance usant des derniers progrès technologiques, puis continuant par des actions de harcèlement augmentant d'intensité – arrachage régulier de la porte de la boîte aux lettres, ouverture du courrier, mort-aux-rats dans le vin de messe, lettres anonymes, coupures d'électricité, filatures inquiétantes, enfin s'achevant par la publication dans la presse locale de photographies compromettantes où l'on voyait le pasteur nu dans les dunes avec une femme également nue qui n'était pas la sienne (mais un agent de la Stasi). Lorsqu'il eut terminé son exposé, toute l'assistance applaudit.

De l'époque à laquelle il lâcha Arius, jusqu'à son activité contre les punks de Plänterwald, il eut l'occasion de faire preuve de son talent, dans diverses procédures opératives menées pour neutraliser, éliminer ou liquider des intellectuels qui donnaient du fil à retordre aux autorités. Il ne négligeait cependant pas les cas plus anodins, des particuliers qui, soudain ne supportant plus l'arbitraire du régime et leur vie morne, se décidaient à écrire une lettre pleine de récriminations au secrétaire du SED local. Il se rendait alors à leur domicile avec un acolyte et commençait à s'attaquer à leur conduite d'eau ou renversait leur poubelle sur leur palier, sabotait leur véhicule quand ils en avaient un. Il était rare qu'il n'atteignît pas ce qu'il cherchait ; au bout d'un an, rarement plus, ses victimes s'effondraient, sombraient dans la dépression, ingurgitaient des barbituriques avant de faire une tentative de suicide qui les envoyait en asile psychiatrique, ou alors, ne voyant pas d'autres issues que de fuir à l'Ouest, elles s'abouchaient avec un passeur fiable ou pas, ce qui de toute manière les menait directement dans les mains de la Stasi ; après quoi elles étaient condamnées à au moins cinq ans de prison pour tentative de fuite de la République.

Dans le cas de Jeanette, il voulait mener les choses à la perfection. D'abord parce qu'il avait son beau-père sur le dos et qu'il fallait lui donner des gages. Ensuite parce qu'il avait entrevu un moment une espèce d'abîme effrayant au bord duquel il avait vacillé. Il allait tout perdre d'un coup, son uniforme, ses galons, sa famille, la chance d'avoir une maison sur le Weissensee, à cause d'une fille qui l'avait humilié en refusant son amour, une descendante de ces bourgeois décadents prussiens, et qui de plus était folle et en aimait un autre. Tout ce qu'il avait enduré depuis son adolescence tourmentée, pour se hisser à la situation inespérée à laquelle il était parvenu, aurait été vain. Au ressentiment, qui depuis le début avait été le moteur de son ascension, vinrent s'ajouter la peur de tout perdre et sa détestation de Jeanette qui ne l'avait pas aimé et semblait préférer un autre que lui, au demeurant plus favorisé par le destin. Mais derrière ces sentiments peu honorables, il y avait tout de même un espoir, même si Götz le réprimait, celui que, poussée à la dernière extrémité, Jeanette se tournât vers lui.

La première pièce concernant la procédure date de septembre 1986. Elle précise l'identité de Jeanette, les griefs qui lui sont reprochés : dépassement de son autorisation de séjour en France, comportement antisocialiste, insulte à l'autorité de l'État – affaire des graffitis, détention d'ouvrages prohibés, propagande antisocialiste dans ses chansons, fréquentation de l'église de Galilée. Elle note également qu'elle a récemment adopté une conduite plus conforme à la société de la République mais que justement ce changement est inquiétant dans la mesure où l'on peut y voir une volonté d'échapper à l'attention de l'autorité pour exercer des activités subversives. Le protocole rédigé entièrement par Götz donne à la procédure le nom de « Kobold », les kobolds étant dans la mythologie germanique des petits génies s'appliquant à mettre le désordre dans les logements.

Götz n'avait donc plus qu'un but : se dédouaner à l'égard de la Stasi et de son beau-père. Il devait fournir des preuves de sa bonne volonté et il n'eut de cesse que la procédure de décomposition dont Jeanette devait être l'objet fût planifiée et entamée. Cette procédure devait être active sur trois fronts :

la vie professionnelle de Jeanette – lui faire perdre son travail, c'était une victoire décisive ; sa vie sociale – et Götz visait surtout la relation que Jeanette entretenait avec son collègue de travail –, enfin son intimité.

Pour ce qui concernait la poste, celle-ci, comme toutes les administrations, comptait parmi ses employés un certain nombre de mouchards ou agents introduits de la Stasi auxquels Götz pouvait se fier. Ils étaient rompus à ce genre d'exercices qui consistait à saboter le travail d'un collègue, pour lui faire perdre la confiance de ses supérieurs, l'humilier et l'isoler des autres. Un matin Jeanette ne trouva pas un dossier qui lui avait été confié par le sous-receveur. Pourtant elle était sûre de l'avoir rangé la veille dans une armoire fermée à clef. Elle en fut quitte pour une semonce de son chef. Lorsque l'incident se renouvela avec deux dossiers, quinze jours plus tard, elle eut droit à un blâme officiel. On retrouva les dossiers en fines lanières dans une corbeille ; ils étaient passés par le destructeur de documents. Comment ? Personne ne le savait et on en était à chercher des explications quand Jeanette arriva en retard à son travail. En effet, Götz attaquait sur le front du domicile. Il creva les pneus de son vélo, boucha la cuvette des WC et répandit des cafards dans son appartement. À la suite du blâme et des retards, elle fut mutée au service d'entretien de la poste ; elle devait arriver plus tôt pour nettoyer les toilettes avec un détergent qui lui causa des allergies. Ne pouvant plus compter sur son vélo, elle se levait plus tôt pour prendre le tramway. Mais elle encaissait les coups, pour l'amour de Frédéric. Son soupirant, qui n'était pas tombé de la dernière pluie, soupçonna qu'elle était l'objet d'une procédure de la Stasi, mais il n'en dit rien, se bornant à la rassurer. Au bout d'un mois, il vit que c'était une fille à problèmes et la laissa tomber. Une humiliation mit fin à la carrière de Jeanette à la poste ; on trouva dans son vestiaire un magazine de mode un peu déshabillée de l'Ouest. « Après plusieurs négligences dans son travail, et plusieurs avertissements dont elle n'a pas tenu compte, la camarade Jeanette Arius s'est rendue coupable d'introduction de documents en provenance de l'Ouest dans les services postaux. Pour sabotage, atteinte à la morale socialiste et détention de documents prohibés, elle a été congédiée. » Ainsi s'achève le procès-verbal qui justifie son congé.

Au soir de son renvoi, elle téléphona à Edgard lui demandant que Götz la rappelât. Celui-ci fut prévenu dans la minute qui suivit, mais il ne se manifesta que le surlendemain pour laisser à Jeanette le temps de se désespérer. Avant de prendre contact avec elle, il dit à son beau-père que la procédure était en bonne voie, Jeanette ayant été renvoyée de la poste. « Je sais, dit l'autre sur un ton sec, j'ai lu ton rapport ! Fais pas le con ! Il faut que dans un mois cette affaire-là soit réglée ! »

Ce fut la dernière fois que Götz alla chez Jeanette. Dans l'entrée, il vit le vélo aux pneus crevés, la boîte à lettres dont Kowel avait arraché la porte. Pourtant dans l'escalier, l'odeur mélangée d'humidité, de vieux ragoût et de suie lui rappela irrésistiblement les bons moments quand il venait passer des heures dans l'appartement de Jeanette en son absence. Il ne l'avait pas vue depuis des mois, traitant toujours à distance dans la crainte d'être tenté. Quel effet allait-elle lui faire ? Il sonna, entendit ses pas.

Jeanette venait de se laver les cheveux et était en peignoir quand elle ouvrit à Götz. Elle avait maigri et sa pâleur s'était accentuée, faisant ressortir des points de rousseur que jamais il ne lui avait vus. Elle lui dit juste bonjour mais elle éclata en sanglots en se pressant contre lui. « Je vais mourir, dit-elle, et Frédéric aussi. Fais quelque chose pour nous ! » Götz n'eut que le réflexe de lui caresser les cheveux et de lui murmurer : « Allons, allons, calme-toi ! » Son regard se perdait entre le col du peignoir et le bas de la nuque où ondoyaient deux fines vertèbres. Bien sûr qu'il songea à la piscine.

« J'ai réfléchi, dit-elle en reniflant dans son mouchoir ; et, après s'être assise en face de lui, elle ajouta : J'ai fait assez de folies et, quand on attend un bébé, il faut être raisonnable. Ta proposition l'est… Tu pourrais être un bon père pour Frédéric. Mais il faudrait qu'on parte d'ici, car il y a des gens qui m'en veulent ! » Götz sentit monter en lui une espèce de bonté inconnue ; il ne s'attendait pas à ce que finalement la petite se rendît ; il eut sincèrement envie de la protéger, d'arranger les choses. Il s'assit dans un fauteuil et se mit à parler avec une autorité paternelle. « Écoute, j'ai quelques relations dans la police. On va mener une enquête sur toute cette histoire à la poste et ici, dans la maison ! Je vais te retrouver du travail… ! » Ses propos semblèrent apaiser Jeanette. Alors elle se leva et dit : « Tu connais la pièce de Schnitzler *Mademoiselle Else* ?

— Non ! fit l'autre intrigué, parce que Schnitzler n'était pour lui que le journaliste qui chaque soir à la télévision ne cessait de critiquer l'Ouest et de faire l'apologie du socialisme.

— Ça se passe dans un hôtel du Tyrol au siècle passé. Else est toute jeune, elle y est avec ses parents quand ils apprennent qu'ils sont ruinés. Le seul qui peut les sauver de cette ruine est un homme mûr de leurs relations qui la convoite et qui est justement dans l'hôtel, tu imagines la suite… » Elle se tut un instant et reprit : « Eh bien regarde, ce n'est pas pour mes parents, mais pour Frédéric ! » Elle se leva, ouvrit son peignoir et le laissa tomber à ses pieds.

En vain Götz essaya plus tard de se rappeler quelque chose de la nudité de Jeanette. Rien ! Et lui, qui avait usé tant de papier photographique à conserver bien des poses de la fille d'Arius, devenait enragé à l'idée qu'il n'ait rien pu retenir de Jeanette nue. Mais surtout il voyait qu'il était maudit. Il était si près du but, et il avait oublié les admonestations de son beau-père ; justement celui-ci fit irruption comme dans son rêve. Pas habillé en hoplite grec, il est vrai, même pas en uniforme. Ça avait cogné à la porte au moment même où Jeanette avait laissé tomber son peignoir. Elle s'était baissée pour le ramasser et filer s'enfermer dans le cabinet de toilette. Götz s'était levé de son fauteuil sans comprendre ce qui se passait et, comme ça cognait plus fort à la porte, il avait ouvert pour voir la face cramoisie, congestionnée de son beau-père. « Décidément, t'es plus con que je ne le pensais ! Tu dois bien savoir que l'appartement est sur écoute, puisque c'est toi qui as fait poser les punaises ! Ce que l'amour rend con alors ! » Götz tenta de se justifier avec les mêmes arguments qu'autrefois, qu'il était sur le point de démanteler tout le réseau mais Luecke ne semblait pas l'écouter, qui sur le palier lui dit : « Maintenant c'est fini, oui, c'est fini. On va t'envoyer à Greifswald pour six mois. Le temps qu'on s'occupe de la fille ! » Götz était effondré.

Le vieux le poussa dans la Lada. En route pour la Centrale, Götz eut à essuyer la plus terrible colère de son beau-père. Celui-ci faillit avoir une crise d'apoplexie ; il était devenu violet et respirait mal. Il fallut desserrer son nœud de cravate. Il était calmé quand ils se retrouvèrent dans son bureau. Il se fit apporter le dossier consacré à Jeanette, passa toute l'après-midi en présence de son gendre à y chercher quelque chose qui pourrait leur nuire. Après avoir constaté qu'il y avait quelques risques, il se décida à aller voir Böller pour lui raconter toute l'histoire. Ce dernier fit à Götz un long sermon sur la patrie socialiste, sur sa générosité envers des gens comme lui ; il avait trahi, pour une amourette, lui qui devait tout, sa situation, son ascension dans la hiérarchie du ministère, le bien-être de sa famille, à la République démocratique. Böller évoqua d'abord une cure psychiatrique pour soigner le camarade Götz qui, selon lui, devait être sous le coup d'une dépression ; puis il lui dit : « En raison de mon amitié pour ton beau-père, nous allons te donner une dernière chance. Comme tu es le seul à bien connaître le dossier, tu vas reprendre l'enquête, neutraliser le groupuscule, mais tu seras sous les ordres de Luecke et les miens ; ton beau-père ne te quittera pas d'une semelle. Je compte sur vous ! Maintenant, plus de temps à perdre, coffrez-moi toute la bande ! » Quand, dans la soirée, Luecke et huit autres agents se présentèrent à l'appartement de Jeanette, elle n'y était plus.

*

Enfermée dans le cabinet de toilette et tremblante, Jeanette avait entendu la brève conversation entre Götz et Luecke ; au début elle n'avait rien compris, mais d'un coup les justifications de Götz lui dévoilèrent la duplicité du personnage. Elle resta enfermée toute la matinée, craignant que la police fût aux aguets. Puis elle sortit, trouva la porte ouverte sur le palier, la referma et s'effondra sur son lit.

Maintenant, il fallait quitter les lieux avant que les hommes ne reviennent. Elle rassembla ce qu'elle put dans une valise et un sac à dos, et réussit à passer par une petite fenêtre de la salle de bains ; elle atterrit sur le toit d'un appentis et sauta dans une courette voisine d'où elle put filer sans avoir pu se rendre compte de la présence de policiers. Elle partit pour Marzahn chez sa mère. La police n'arriva que dans la soirée à son appartement. Luecke était embêté par cette histoire ; il avait tergiversé, craignant que, lors de l'interrogatoire de Jeanette, celle-ci racontât le flirt de son gendre et que lui-même pût en connaître des désagréments. C'est la raison pour laquelle il ne l'avait pas fait coffrer tout de suite. Elle ne pourrait aller bien loin. Il avait fait part de ses craintes à Böller qui l'avait rassuré. La fille aurait beau parler, on expédierait son procès de sorte qu'elle fût envoyée en prison sans avoir pu dire quoi que ce fût sur Götz.

Dans le S-Bahn pour Marzahn, Jeanette se ravisa en pensant à Paul Hasslinger qui voudrait la faire avorter, ou peut-être même la dénoncer ; elle descendit à Ostkreuz. Elle pensait trouver du secours auprès de Marianne comme elle l'avait fait quelque temps auparavant. Mais lorsqu'elle se présenta chez elle, il n'y avait personne. Par un voisin qu'elle connaissait, elle apprit que la famille était partie pour la semaine en Hongrie. Elle prit la direction de Potsdam, espérant trouver un abri chez son père. Dans un bus, elle tomba sur un ancien punk de Plänterwald. Il était tondu et amaigri. Il sortait de six mois de maison de correction, autrement dit l'enfer. Maintenant, il travaillait dans un asile psychiatrique où ses chefs ne le traitaient guère mieux que ses geôliers en prison. S'il avait des nouvelles de Marat et Kai ? Quelqu'un de la bande avait vu le premier dans les alentours de l'église de Galilée. Jeanette se dit qu'elle pourrait trouver du secours auprès du pasteur Cyrus. Elle descendit du bus et en reprit un autre qui allait en direction de Berlin.

Il pleuvait et la nuit tombait quand elle arriva à l'église de Galilée ; une pauvre loupiote éclairait la cour arrière. Cela faisait six mois qu'elle n'y était pas allée. L'église était ouverte ; c'était la fin d'une réunion. Elle entra et se glissa dans la pénombre du côté de la sacristie. Ce n'était pas le pasteur Cyrus qui était là mais un étudiant en théologie que Jeanette ne connaissait pas. Quand il se trouva seul, s'apprêtant à fermer, elle sortit de l'ombre et s'approcha pour lui demander si le pasteur était là, à quoi l'autre répondit, avec une moue, qu'il était en déplacement. Elle eut peur que l'étudiant fût de la police et repartit. Sans savoir comment, elle se retrouva à marcher sur les bords de la Spree. Elle était trempée, avait envie de vomir et mal au dos à cause de son barda. Si tout cela n'allait pas finir par un accouchement prématuré ? Alors elle eut peur et se rendit aux urgences de la Charité où elle se présenta peu avant minuit. Elle tomba sur une interne pas aimable qui le fut encore moins quand, ayant consulté le dossier qui avait été fait un an auparavant, elle apprit de Jeanette qu'elle n'était toujours pas accouchée. « En voilà une histoire de fou ! » dit-elle et elle alla trouver le collègue qui avait constaté la grossesse. Jeanette avait disparu quand l'autre revint. La pluie ayant cessé, elle se roula dans une couverture qu'elle avait emportée et dormit quelques heures aux abords du parc de Boxhagen. Quand elle se réveilla, elle reprit le bus pour Potsdam. Elle arriva chez son père en fin de matinée. Arius venait d'être hospitalisé à cause d'une complication pulmonaire.

Une femme de ménage le lui dit alors qu'elle poussait la porte. Elle retrouva sa chambre et s'endormit en se disant qu'elle pourrait peut-être passer quelques jours chez son père jusqu'au retour des Mogwitz. Le lendemain matin, comme elle ouvrait sa fenêtre qui donnait sur la rue, elle aperçut Marat planté sur le bord du trottoir, juste en face. C'était l'autre, celui qu'elle avait croisé la veille, qui lui avait dit qu'elle se rendait à Potsdam. Marat avait passé la nuit dehors, malgré le froid et la pluie. Elle le fit monter. Ils tombèrent dans les bras l'un de l'autre. Elle lui raconta comment depuis le début elle avait été jouée par ce salaud de la Stasi. Il fallait partir. Ils en revinrent à leur vieux projet de passer à l'Ouest. Recourir aux services d'un passeur n'était pas possible : ils n'avaient pas d'argent. Ils évoquèrent d'autres solutions.

C'est peut-être là que j'ai joué mon rôle dans la catastrophe. Ils étaient dans la chambre de Jeanette, assis sur son lit. Ils avaient trouvé de vieilles *papirossas* d'Arius et fumaient. De temps en temps, Marat se levait, allait jouer quelques notes sur le piano désaccordé, ou s'amuser avec les personnages d'un petit théâtre, ou encore feuilleter un des livres d'enfant. « C'est bien ? » demanda-t-il en montrant *Le Ballon de Hatschi Bratschi*. Jeanette lui dit qu'on lui avait offert le livre à Vienne quand elle était petite. Oui, c'était bien, les voyages en ballon, c'est toujours bien. Son père et un grand-oncle en avaient fait autrefois ; il y en avait encore un dans un hangar. Mais ça n'avait pas marché.

*

Ils ne furent pas les premiers à avoir l'idée. Avant eux, en 1979, les familles Strezlziks et Wetzel avaient fabriqué un ballon avec des pièces de tissu pour imperméable patiemment assemblées et un brûleur à propane. Une première fois, le ballon avait décollé en pleine nuit de la forêt de Thuringe ; l'humidité dont les nuages avaient imprégné la toile le fit descendre avant qu'il pût franchir la frontière. Par chance, rien de cette tentative manquée ne fut remarqué par la police. Trois mois plus tard, un vent du nord et une hygrométrie favorables permirent de renouveler l'expérience une autre nuit ; cette fois-ci ce fut un succès.

Peu de temps avant la chute du Mur, Wienfried Freudenberg et sa femme voulurent tenter leur chance en partant d'un terrain vague près de la gare de Berlin-Blankenburg. Alors qu'il était encore amarré à faire le plein de gaz, leur ballon fut repéré par un passant qui alerta la police. À l'approche de celle-ci, et voyant que la quantité de gaz accumulée ne permettrait pas l'ascension de deux personnes, la femme de Freudenberg le supplia de partir seul. Ce qu'il fit. Il put franchir le Mur et survola plusieurs heures Berlin-Ouest avant de se tuer en tombant du ballon dans le jardin d'une villa de Zellendorf, et ceci à la suite d'une fausse manœuvre. Sa femme, qui avait perdu ses papiers d'identité sur le lieu du décollage, fut arrêtée par la Stasi au petit matin. Freudenberg est la dernière victime du Mur. Entre le ballon de 1979 et celui de 1989, la Stasi a répertorié celui de Schlaatz en 1986 qui devait conduire à l'arrestation de Jeanette. À la différence des deux autres cas où elle s'était laissé surprendre par les fugitifs, la Stasi était tout à fait au courant des préparatifs à la suite d'une dénonciation d'un informateur inofficiel, dénonciation qui permit à Götz et son beau-père de retrouver la trace de Jeanette et d'ourdir une machination.

*

Jeanette et Marat avaient déjà songé à s'évader de la RDA de la manière la plus simple ; c'était aussi la plus risquée. Marat prétendait avoir repéré depuis longtemps un endroit où on pouvait approcher le Mur sans trop de peine, à l'ouest d'Erfurt, à Ifta exactement. Avec du matériel, qu'on se procurerait dans le lycée professionnel où le beau-frère de Kai était cuisinier, il fabriquerait une échelle et des crampons qui permettraient d'escalader les clôtures dont on aurait auparavant neutralisé les contacts électriques. Mais rapidement, bien des obstacles se présentèrent à son projet. Est-ce que le beau-frère marcherait ? Comment se rendre à la frontière avec tout ce matériel ? Et depuis qu'il avait aperçu le Mur dans ce lieu, la configuration en avait changé et les systèmes d'alarmes devaient s'être perfectionnés ; on avait entendu parler de ces sinistres pistolets automatiques qui se déclenchaient sous l'impulsion d'un détecteur. Toutes ces réflexions naissaient alors qu'il était allongé sur le lit de Jeanette. Celle-ci écoutait, mussée contre lui, son dernier recours, et tenait contre son sein un vieil ours en peluche de son enfance. Est-ce, comme je l'ai déjà dit, le livre de Ginzkey, est-ce une photographie de Manfred enfant en compagnie de Nelson, devant un de ses aérostats ? De ces deux choses, laquelle leur donna l'idée de s'enfuir en ballon ? Ou, peut-être, la photo et le livre se combinèrent-ils à leur esprit comme un signe, un présage insistant pour leur faire choisir la voie des airs. Jeanette dit à Marat qu'elle se rappelait, enfant, avoir vu des ballons aérostats en accompagnant son père dans un hangar proche de Babelsberg mais elle ne se souvenait plus du lieu précis. Existaient-ils encore ? Seul son père pourrait lui répondre, mais il n'accepterait jamais de la renseigner ; il était devenu si méfiant et si imprévisible, et soupçonnait Jeanette de toutes les excentricités depuis qu'elle fréquentait les punks. Ils continuèrent d'échafauder un plan pour s'enfuir par les airs.

Arius rentra chez lui en ambulance au bout de trois jours. Ils eurent le temps de prendre le large quand ils entendirent la voiture se garer dans l'impasse. Ils filèrent chez Marianne ;

par chance, elle était rentrée sans ses parents ; ils passèrent deux jours chez elle puis elle les cacha dans une cabane de jardin appartenant à sa grand-mère du côté de Köpenick. Bien entendu, celle-ci n'était pas au courant. Mais la situation devenait intenable. Les parents de Marianne pourraient venir d'un moment à l'autre à la cabane. On était à la fin du mois de novembre ; il commençait à faire très froid et on ne pouvait se chauffer que la nuit parce qu'on craignait que le jour la fumée du poêle à charbon fût visible. Marat décida d'aller voir Arius ; mais le plan nécessitait quelqu'un au profil banal, ce qui n'était pas son cas. On fit appel à Kai, retrouvé dans les parages de l'église de Galilée.

Il se rendit chez Arius. Auparavant, il était passé chez Marianne. Il s'était apprêté et avait mis un costume du père Mogwitz qui lui allait à peu près. Il sonna à la porte d'Arius en fin de matinée. Celui-ci venait d'avoir la visite d'une infirmière. Kai se présenta sous le nom de Markus Strasser. Il dit qu'il était étudiant en histoire des techniques à l'université de Potsdam et que son sujet de thèse l'avait amené à s'intéresser à l'aérostation. Un de ses professeurs lui avait parlé de la famille Enslen, des Arius et de Nelson surtout. Peut-être aurait-il la bonté de lui donner des informations, de lui montrer des documents. Arius l'observa avec méfiance mais le fit entrer. C'était le début de sa période de délire de persécution, celle de l'obsession des plombages, délire qui ne devait s'achever qu'avec sa mort. Il pensa à une visite de la Stasi. Il fit entrer Kai, se fit réservé et commença à lui poser quelques questions précises sur l'objet de ses recherches. Il constata que son visiteur n'avait qu'une idée imprécise de l'aérostation.

« Vous avez bien travaillé à la reconstitution de *La Chasse céleste* d'Enslen ? Pourriez-vous m'en dire quelques mots ? » demanda Kai.

Arius fut interloqué mais se ressaisit : « C'était une idée du ministère de la Culture. C'était bien parti. On a reconstitué tous les ballons de *La Chasse céleste* selon les modèles de l'époque : Diane et son char tiré par des cerfs et aussi le ballon de mon oncle Nelson, le *Cénotaphe*, parce que c'était plus spectaculaire encore. Mais après le projet a été abandonné pour des raisons que j'ignore.

— Les ballons existent toujours ?

— Je ne sais pas. Quelqu'un des studios de Babelsberg avait dit que ça pourrait toujours servir. Ils ont dû les garder.

— Et vous avez une idée de l'endroit où ils sont ? J'aimerais bien les voir…

— S'ils existent encore, il n'y a rien d'intéressant. Puis il faudrait l'autorisation. Le mieux ça serait que je vous montre les croquis d'Enslen et les photos qui ont été faites lors des essais. » Arius se leva, passa dans le couloir d'où il revint chargé d'un carton à dessins qu'il ouvrit devant Kai.

Il lui montra les croquis puis les photos. Sur l'une d'entre elles on voyait Jeanette et son père à Schlaatz ; elle avait onze ans et faisait une grimace à cause du soleil. Arius resta à fixer cette photo. Il se tut, oublia complètement la présence de Kai et sentit le chagrin. Jeanette et ces foutus ballons et ce maudit *Cénotaphe*. Sa petite ; on la lui avait prise. Sa mère et Hasslinger, et après les ballons.

« Maintenant il faut partir, déclara-t-il à Kai. Je n'ai plus rien à vous dire ! »

Kai entrevit avec panique qu'il allait rentrer bredouille et que la dernière chance allait échapper, il fallait inventer. Alors il dit : « Monsieur Arius, je ne suis pas étudiant et je ne suis pas là pour ma thèse, je suis prêt à vous acheter les ballons. On n'en peut plus. La police nous cherche, ma femme et les enfants ; il faut qu'on parte... »

Arius se leva, terrorisé, puis s'écria : « Alors vous êtes bien un de ces salopards de la Stasi ! Vous venez voir si je suis un inofficiel sur qui on peut compter et si je suis capable de dénoncer. Eh bien, allez dire à Götz et Edgard qu'Arius les emmerde ! Ils ne peuvent plus rien contre ma petite ; elle est partie ! » Il poussa Kai jusque sur le palier lui disant de foutre le camp.

Le malheureux descendait la première marche, tout tremblant, quand Arius réapparut avec le carton. Il le jeta dans le vide entre les deux volées de l'escalier. Kai récupéra le tout en bas, sur des poussettes rangées là. C'est deux heures après que, en feuilletant le tout, il tomba sur une lettre du Kulturbund datant de 1979 ; elle informait Arius que *La Chasse céleste* avait été remisée dans un dépôt des décors des studios de Babelsberg, un dépôt situé Horstweg 31 à Schlaatz.

Après le départ mouvementé de Kai, Arius s'accroupit lentement, le dos contre la porte refermée, et sanglota à cause de la photo de Jeanette, à cause de ces fumiers. Puis son chagrin fit place à l'angoisse. Il avait eu tort de chasser l'agent. La Stasi pouvait toujours nuire à la petite. Il se dit qu'il valait mieux agir comme autrefois quand on avait voulu le mettre à l'épreuve avec cette histoire du couple au café Heider qui voulait passer à l'Ouest. L'essentiel était qu'un rapport fût fait pour calmer Götz et lui montrer que, malgré son emportement, il restait soumis. Il devait encore avoir des formulaires de rapport. En tremblant, il en sortit une liasse d'un fond de placard. Il se mit au travail comme quinze ans plus tôt ; il détailla la visite de Kai et présenta des excuses pour avoir renvoyé l'agent de manière aussi grossière. Dès qu'il eut fini, il fila chez Edgard. Celui-ci fut éberlué de le voir et ne comprit rien. Il lui dit qu'il n'avait plus de relations avec Götz depuis des années. Mais quand Arius repartit, il fonça au téléphone et appela la Stasi de Potsdam. C'est le lendemain qu'il transmit le rapport d'Arius.

D'abord, il fallait identifier cet inofficiel dont on avait oublié le nom. On retrouva ses rapports précédents, ceux de Götz, et on comprit mieux cette histoire de ballon. Le dossier fut envoyé à la centrale de Berlin, adressé à Götz exactement ; mais Luecke mit tout de suite la main dessus. Cela faisait quinze jours qu'il était sur les dents à la recherche de Jeanette et de la bande : Götz aussi mais pour une autre raison ; ses rêves continuaient, il devait retrouver Jeanette et, après, il aurait bien le moyen d'arranger quelque chose pour elle et pour lui. Luecke et lui avaient bien songé à faire surveiller l'appartement de sa mère et l'église de Galilée, jamais il ne leur était venu à l'idée que Jeanette retournerait chez son père parce que Götz pensait que depuis le temps il était mort ; pour eux il y avait de fortes probabilités que ce fût un des deux comparses de Jeanette qui avait rendu visite à Arius et que celui-ci l'ait pris pour un agent de la Stasi.

Arius rentrait de l'hôpital à la suite d'un autre malaise dont il avait été pris la veille quand Götz et Luecke se présentèrent chez lui pour l'interroger sur son visiteur. Cela faisait dix ans qu'il n'avait pas eu de contacts avec le vieux et près de dix-huit ans qu'il n'était pas entré dans son appartement. Il se rappela les visites au moment de la naissance de Jeanette. Alors il ne se doutait pas que le bébé qui pleurait dans le berceau deviendrait la jeune fille qui l'entraînerait dans cette histoire. Il fut consterné par son destin. J'écris cela, au souvenir que, moi aussi, je ne me doutais pas dans le couloir de l'appartement de Vienne que la petite fille que j'avais fait pleurer m'emmènerait si loin.

Arius ne reconnut pas Götz. Il prétendit que jusqu'alors il n'avait eu affaire qu'à Edgard. Il déclara que tout ce qu'il avait à dire, il l'avait écrit dans son rapport et qu'on ne pourrait rien lui reprocher, qu'il avait donné la preuve qu'on pouvait encore compter sur lui. Par ailleurs, il ne comprenait pas qu'on vînt le mettre à l'épreuve comme autrefois. Ça s'était arrêté là. Les deux policiers virent qu'ils ne pourraient pas tirer davantage d'un vieillard qui délirait. Ils firent leur rapport. Mais, même si Arius avait inventé toute cette histoire, on ne pouvait courir le risque. Tous les procédés utilisés par les transfuges dépassaient l'imagination et un passage à l'Ouest en ballon, il y en avait déjà eu un.

Ils déclenchèrent une procédure de surveillance, firent poser des punaises dans l'appartement ; Götz, serré de près par son beau-père, se remit à l'écoute. Ils allèrent également à Schlaatz ; Luecke et deux autres agents se rendirent au hangar ; il offrait un aspect de désaffectation ; il le fit ouvrir et nota que les ballons étaient toujours là, repliés sur des étagères ; en revanche, il n'y avait pas de bouteilles de gaz. Deux agents se postèrent dans les combles. Luecke fit son rapport devant Böller et Mielke qui de cette affaire, comme de bien d'autres dans ce genre, avait fait une affaire personnelle. Pendant que Götz était consigné dans son bureau, Luecke était chez ses chefs.

« S'il n'y a pas de gaz, on est sûr qu'ils ne pourront pas s'enfuir, dit-il, bonasse.

— Du gaz, on va leur en fournir, et on va leur faciliter la tâche, fit Mielke d'un air sombre ; il faut faire des exemples ; on va leur mettre de l'hydrogène et pas de l'hélium ! Il n'y aura pas d'arrestation. On va attendre qu'ils pointent leur nez au hangar de Schlaatz ; ensuite on va les laisser gonfler leurs ballons. Vous ne tirerez que quand ils seront assez haut avec des fusées éclairantes ; ça va faire un beau feu d'artifice qu'on verra de l'Ouest ! Luecke, c'est toi qui donneras l'ordre. Ça fera passer l'envie aux autres de recommencer ! » Luecke acquiesça, se disant que Jeanette liquidée ne pourrait plus rien dire sur Götz.

Quatre cylindres d'hydrogène venaient d'être juste déposés dans le hangar quand Jeanette, Marat et Kai décidèrent d'y aller. C'était une fin d'après-midi blafarde. Kai n'avait pas pu se procurer les outils au lycée professionnel où travaillait son beau-frère ; il n'avait qu'une pince universelle chipée à l'église de Galilée. Ils sautèrent par-dessus un mur à l'arrière des entrepôts de la Defa. Jeanette reconnut le hangar d'où elle avait vu sortir les ballons autrefois. Marat s'aperçut que la grande porte coulissante n'était tenue qu'avec un fil de fer tordu. Il ne s'en étonna pas plus que les autres et le coupa avec sa pince. Puis il fit glisser la porte sur son rail.

À la lumière d'une lampe de poche, ils passèrent la soirée à faire l'inventaire du matériel entreposé. Ils ouvrirent les coffres aisément pour vérifier que les ballons y étaient bien. Marat trouva les cylindres placés auparavant par la Stasi ; il fit jouer les robinets et constata qu'ils étaient pleins. Il fit l'inventaire des conduites, soupapes, et joints, put raccorder l'ensemble à l'appendice d'un des ballons et dit que ça devrait aller. Quand ils repartirent, ils furent filés par une voiture de la Stasi ; elle les suivit jusqu'à leur refuge et se posta pour la nuit non loin de là.

Pour Marat, il était évident qu'on ne pouvait se payer le luxe d'un essai, même dans le hangar, pour s'assurer de l'état des ballons. Il ne savait pas si la quantité de gaz disponible suffirait à un essai et au vol proprement dit. Quant à choisir une date, cela ne pouvait pratiquement que se faire du jour au lendemain, en tenant compte des conditions météorologiques. L'important était de se tenir prêts en se rendant assez tôt le matin à l'entrepôt, de tout préparer à l'intérieur du hangar et de sortir les ballons – on n'était pas sûrs qu'un seul suffît – dès qu'il ferait nuit et de procéder au gonflage en espérant que tout marcherait. En attendant, Kai potassait les archives d'Arius. Elles étaient variées. Y figurait un inventaire des ballons de *La Chasse* entreposés à Schlaatz. Les archives contenaient également des relations de différentes ascensions, celles d'Enslen, de Nelson et du marchand de bougies Claudius de Berlin. Il en tira quelques enseignements, notamment sur le froid. Des aéronautes avaient failli mourir gelés ; il fallait prévoir plusieurs couches de vêtements. Bien sûr, le plus important, c'était le vent. On devrait compter sur le vent d'ouest, qui rapidement porterait le ballon de Potsdam sur Berlin-Ouest qui n'était éloigné que de cinq kilomètres ; en un quart d'heure on pouvait y être. Des risques, il y en avait : qu'on n'arrive pas à faire descendre le ballon à temps, qu'il survole l'Ouest et qu'on soit déportés plus loin à l'est. Aussi les lacs qui ne manquaient pas. Certains étaient gelés mais la couche de glace ne supporterait pas le poids d'un homme. Un matin, Marianne arriva affolée pour leur dire qu'ils ne pourraient pas rester encore longtemps dans la cabane ; son père avait manifesté l'intention d'aller y mettre de l'ordre, un travail de plusieurs jours, et il ne tarderait pas de le faire. Cette nouvelle accéléra les choses. À force de ne parler que des ballons, de lire les archives d'Arius, ce qui paraissait une fantaisie devint peu à peu quelque chose de l'ordre du possible.

Le mardi 2 décembre vers midi, Jeanette, Marat et Kai s'équipèrent et prirent le S-Bahn pour Potsdam ; à la gare, ils montèrent dans un tramway qui les déposa non loin de Schlaatz. Il faisait beau et froid, une poussière de neige s'était déposée durant la nuit sur le paysage. Quelques nuages se traînaient dans le ciel en direction de l'est. Les trois jeunes gens firent le parcours habituel ; ils passèrent par l'arrière de l'entrepôt, défirent le fil de fer de la porte et s'installèrent dans un coin du hangar à l'abri des courants d'air, ce qui ne les empêcha pas de sentir bientôt l'effet du froid. Ils se passèrent une bouteille d'alcool, firent des mouvements. Ils sortirent les ballons des coffres et, ayant reconnu à sa taille la réplique du *Cénotaphe*, la déplièrent sur le sol. Ils furent rendus à la réalité de leur entreprise. Jeanette se mit à trembler, se disant que son enfant ne supporterait pas ça et que de toute manière ça n'allait pas marcher. Les deux autres semblaient eux aussi découragés ; ils accomplissaient des gestes lourds comme dans un rêve qui ne veut pas avancer. Il faisait encore jour quand ils décidèrent de gonfler le *Cénotaphe*. Marat réussit à serrer les différents joints de la conduite de gaz à la soupape d'appendice et, quand il ouvrit le détendeur du premier cylindre, il y eut un moment de panique. Peu à peu cependant, le ballon commença à prendre du volume. Kai dit qu'il fallait arrêter et attendre, tard dans la nuit pour éviter d'attirer l'attention des passants, même rares dans ce secteur. On tirerait le ballon, la nacelle et le système d'amarrage en dehors du hangar avec les cylindres.

À 22 heures, alors que toutes les conditions paraissaient remplies, le ballon à demi gonflé et les cylindres furent transportés en dehors du hangar. Les amarres furent fixées à des poteaux et des poutrelles métalliques proches ; on y voyait à peu près grâce à des réverbères de la rue voisine et une lampe de poche que tenait Jeanette. Marat rouvrit le détendeur de la bouteille de gaz. L'inespéré se produisait devant ses yeux. Le ballon se gonflait tel qu'on l'avait vu dans les documents. Et sous la nuit, éclairé par de lointains réverbères, il avait encore une apparence plus fantastique. C'est ce que Götz aurait pu penser si, comme Luecke caché dans un minibus de la Stasi garé juste derrière une haie, sur le côté du hangar, il avait observé la scène aux jumelles. Mais Götz, qui, lorsque son beau-père lui avait exposé son plan, continuait de rêver – car il n'y avait rien à faire, il était toujours rêveur et plus que jamais –, Götz, qui avait imaginé que soudain, au moment où, sur l'ordre de Luecke, lui et la dizaine de policiers postés aux alentours interviendraient pour appréhender les fugitifs, juste avant leur envol, il sortirait son pistolet, le placerait sur la tempe de son beau-père, le forcerait à monter avec lui et Jeanette dans la nacelle dont il ferait détacher les amarres et… Götz était consigné chez lui avec deux flics devant sa maison.

Le ballon avait décollé du sol, maintenu toutefois par les amarres. La nacelle y fut accrochée. Jeanette et Kai y prirent place, mais quand Marat grimpa dedans ce fut pour constater qu'ils étaient trop lourds ; le ballon descendit. Il fallait encore attendre qu'il fût complètement gonflé. Ce qui n'arriva pas ; il devait y avoir une fuite quelque part. Alors il se fit une discussion. Les deux gars voulaient que Jeanette partît seule et tout de suite. Bien sûr, elle refusa. Le temps passait et on constata que le *Cénotaphe* s'affaissait légèrement ; oui, c'était une fuite. Plus de temps à perdre. Alors Marat s'éloigna en courant ; il cria : « Partez sans moi, je m'en tirerai bien ! » Et il disparut dans la nuit ; il tomba nez à nez avec deux agents de la Stasi qui s'étaient postés derrière le hangar. Il fit demi-tour et repartit en criant : « La Stasi ; ils sont là ! » Jeanette et Kai se hissèrent dans la nacelle ; les amarres furent détachées prestement par Marat : le ballon ne décolla que d'un mètre, redescendit, hésitant ; la nacelle raclait le sol. Jeanette et Kai en sautèrent en même temps, pensant que l'autre resterait. Aussitôt le *Cénotaphe* s'éleva d'un bond de dix, vingt, trente mètres. Deux minibus arrivèrent pleins phares et sirènes hurlantes, fonçant sur les trois fugitifs ; des policiers couraient vers eux hurlant des sommations et des menaces. Luecke fit partir une fusée éclairante. Deux autres suivirent qui touchèrent le ballon. Il se transforma en une boule de feu d'où pleuvaient des morceaux d'enveloppe enflammés. Le paysage entier en fut illuminé. Luecke hurlait, éructait : « Foutez-les-moi en l'air ces fumiers ! Tirez ! Tirez ! » Kai, Marat et Jeanette se tenaient tétanisés sur place, regardant l'espèce de nuée ardente qui s'amenuisait au-dessus d'eux et filait vers le nord-est.

*

Jeanette mordit au poignet un des agents de la Stasi avant qu'elle fût maîtrisée par un autre qui lui retourna une gifle et la maintint en lui tordant le bras. Pendant ce temps, le *Cénotaphe* en flammes filait poussé par le vent vers le nord, mais perdant déjà de l'altitude. Elle ne sut rien de la suite car elle fut amenée brutalement dans le fourgon cellulaire. Elle y retrouva Kai et Marat qui saignait du nez après un passage à tabac en règle. Luecke était dans une rage noire ; tout avait raté et il allait se faire sonner les cloches par Böller et qui sait même par Mielke. On allait le virer, ou au moins l'envoyer dans une succursale perdue de Poméranie ! Tout ça à cause des conneries de son gendre. Mais il garderait tout pour lui, ne soufflerait rien de l'affaire à sa famille pour préserver la quiétude de ses petites-filles qu'il adorait.

Jeanette, Marat et Kai furent emmenés à la prison de Schönhausen. C'est sur le quai d'arrivée qu'ils furent séparés. Ils ne se revirent jamais. Jeanette dut se soumettre au même examen humiliant qu'elle avait subi quelques mois plus tôt au présidium de la Keibelstrasse ; de nouveau elle passa le survêtement d'un bleu sinistre. Au petit matin, on vint la chercher pour un interrogatoire qui dura deux heures. On lui demanda, entre autres choses, si elle avait des complices, tant à l'Est qu'à l'Ouest. Puis on lui fit signer différentes pièces. Elle resta quinze jours à la centrale de Schönhausen puis comparut devant un tribunal qui, en vertu de l'article 213 du Code pénal de la RDA, la condamna à cinq ans de prison pour tentative de fuite de la République. Arius, Marianne et les Hasslinger durent attendre quelques mois avant d'apprendre l'arrestation de Jeanette. Luecke avait donné des consignes afin que le procès eût lieu en toute discrétion ; il craignait toujours que des révélations sur le comportement romantique de son gendre n'éclaboussent sa famille. Un avocat fut commis d'office ; il n'obtint aucune indulgence pour sa cliente qui était une récidiviste. Quand Jeanette quitta la salle d'audience menottée sans avoir soufflé mot des aventures étranges de Götz, Luecke poussa un soupir de soulagement.

Marianne n'était pas au courant du projet de fuite de Jeanette. La dernière fois qu'elle la vit, c'était dans les derniers jours de novembre, quand elle était allée à la cabane de jardin pour lui demander de décamper avec ses deux compagnons. Peu de temps après, elle s'était rendue à Dresde pour sa formation théologique, et elle dut y retourner après les vacances de Noël. Les Hasslinger avaient si peu vu Jeanette depuis deux ans qu'ils ne s'étonnèrent pas de sa disparition mais ils tombèrent des nues quand, un matin d'avril, Lilo fut convoquée à la Stasi pour apprendre que sa fille était à la prison de Hoheneck ; ils n'eurent aucun détail sur les circonstances de l'affaire et n'en demandèrent d'ailleurs pas, craignant pour leur sécurité. Paul tremblait qu'une telle histoire ne nuise à son avancement.

Au mois de février 1987, Marianne commença à s'inquiéter de ne plus voir Jeanette ; elle avait bien demandé à ses parents si elle était passée durant son absence mais leur réponse négative ne l'avait pas pour autant inquiétée car elle savait son amie coutumière de disparitions. À son retour de Dresde, elle finit par trouver cela étrange ; elle se rendit chez les Hasslinger ; Lilo la fit entrer, l'emmena jusqu'au poste de radio. Elle l'alluma et monta le son. Elle dit à Marianne : « Jeanette est à Hoheneck. Maintenant il vaut mieux que vous partiez ! » Ce fut tout. Elle lui tourna le dos et Marianne partit qui, dans la glace de l'ascenseur, se vit comme une étrangère. Elle alla trouver un pasteur du Neues Forum pour lui raconter son malheur et celui de Jeanette. Il lui conseilla d'aller trouver un avocat. Ce qu'elle fit. Deux jours après, elle eut la visite de deux agents de la Stasi qui lui conseillèrent de rester tranquille et de ne pas répondre aux lettres de Jeanette si elle voulait pouvoir continuer ses études.

C'est Luecke qui se chargea d'informer Götz de l'arrestation de Jeanette et de ses comparses. Il ne lui dit rien de son échec puisque son gendre ignorait les consignes de Mielke. Tout s'était passé rapidement ; les trois avaient été coffrés au moment où ils allaient monter dans la nacelle du ballon. Les deux gars envoyés à Bautzen, la fille à Hoheneck. « Maintenant tu vas pouvoir repartir sur des bases saines ! » avait-il ajouté. Götz ne sut pas non plus que son beau-père, craignant une catastrophe, était allé à Sacrow, où les débris enflammés du *Cénotaphe* étaient retombés. On en avait trouvé dans le chenil de la Stasi et on avait cru à une attaque de l'Ouest ; il s'était fait engueuler par le directeur du chenil et avait eu droit à une autre engueulade de la part de ses chefs pour avoir manqué l'opération. Chaque fois, il en était sorti avec la conscience d'avoir enduré ça pour le bien de sa fille et de ses petites-filles. Götz mit quelques mois pour repartir sur des « bases saines ». En août, les Luecke et les Götz prirent la direction du lac Balaton où ils campèrent.

Seconde suite brandebourgeoise

27

J'eus l'occasion de revoir les caissons à kok-saghyz de la villa des Werjowkin l'été 2004 ; ils revenaient juste de Russie lorsqu'ils nous invitèrent, les Larcher, Marianne et moi, la journée du dimanche. Je logeais alors dans un studio non loin de chez les Larcher ; sans doute aurais-je pu profiter du fait que ma liaison avec Marianne était désormais quasi officielle pour m'installer près d'elle à son domicile, son mari étant parti en mission pour la Tanzanie ; mais cela ne me semblait pas concevable. Ce furent les Larcher qui m'emmenèrent dans leur voiture. La veille avait été un jour spécial, Marianne avait appris comment j'avais fait passer le manuscrit d'Arius comme un travail de ma plume. Peut-être que, la sachant sur le point de divorcer, je sentais que mes aveux seraient moins risqués. Je lui avais écrit une lettre pour raconter l'affaire. La lettre partie, je regrettai mon geste, me disant que j'allais tout perdre. Je lui téléphonai pour lui demander de ne pas ouvrir mon courrier et de le détruire. Je compliquai si bien les choses que je lui fis oralement le détail des circonstances dans lesquelles Emmy m'avait donné le manuscrit d'Arius. Marianne resta silencieuse ; elle finit par me dire : « Tu es trop faible avec les femmes ! » et raccrocha. J'étais dépité et surtout angoissé, sachant que nous devions nous retrouver le lendemain chez les Werjowkin. Serait-elle présente ? Et si elle n'y était pas, quelle figure ferais-je ? J'entrevis que tout le monde allait être mis au courant de mon forfait et que j'allais être banni du paradis. Mes craintes n'étaient pas fondées. Marianne arriva avec Valentyna. Elle ne changea rien à son comportement habituel avec moi.

À table, la conversation s'orienta sur Valentyna qui s'affligeait de voir ne pas avancer ses démarches de prolongation de son visa. Marianne était très inquiète à ce sujet. Il fut aussi question du palais de la République, édifice construit par Honecker dans les années soixante-dix à la place de l'ancien château des Hohenzollern dont il avait fait dynamiter des ruines qu'on aurait pu restaurer. Pour Marianne, il ne faisait pas de doute que devait disparaître ce bâtiment moderne qu'à cause de toutes ses lampes les Berlinois surnommaient le « magasin de luminaires de Honecker ». « Je me demande ce qu'en aurait pensé Arius, dit Silke. Il avait fait partie de ceux qui avaient protesté contre le dynamitage du château de Potsdam.

— Quand on a construit le palais de la République en 1976, il était en dehors de la course…, fit Marianne. Il avait d'autres chats à fouetter. Je crois que c'est l'époque où il se faisait du souci pour Jeanette. » Marianne fixait Lilo qui, d'un coup, remarqua qu'elle avait le soleil dans l'œil et demanda qu'on voulût bien descendre la banne.

Lors du café j'eus la mauvaise idée de me mêler de la conversation en faisant part de mon travail sur le dossier du BStU, imaginant que tout le monde était au courant de ce qu'il m'avait été confié pour la rédaction de la monographie sur Arius. Marianne me donna un discret mais violent coup de coude dans le flanc. Larcher invoqua le Ciel d'un regard navré ; mais c'est sa femme qui rattrapa ma gaffe en détournant carrément le fil de la conversation. « Joachim, dit-elle, c'est l'heure de ta sieste, va donc t'allonger là-bas sur la chaise longue à l'ombre du grand saule ; et s'adressant à moi : Et vous, cher ami, n'avez-vous pas l'habitude de faire la sieste ? » J'acquiesçai, demandai l'autorisation de me retirer, ce que Silke m'accorda en me conseillant d'aller m'allonger sur le sofa dans la bibliothèque. Avant de m'en aller, je voulus prendre la main de Marianne d'un geste affectueux, mais elle me la refusa.

Ce n'était pas rien que de m'allonger sur le sofa dans la bibliothèque ; la lumière d'août de Berlin passée par les fenêtres et éclairant par le dessous les caissons fut celle de Badgastein quarante ans plus tôt. Ma belle Viennoise, qu'était-elle devenue ? Avant de m'endormir, je me pris à compter les rangs de caissons pour faire des opérations mystérieuses. En me tournant un peu sur le côté, je voyais l'étrange *Sacrifice d'Iphigénie*, et les femmes nues.

Le tableau avait été complètement nettoyé. Et les couleurs n'en apparaissaient que plus bizarres. La fascination pourtant ne tenait pas vraiment à la nudité quasi photographique des femmes, à leur éclat auroral. M'apparut dans sa vérité ce que la première fois j'avais pris entre les jambes de Marianne pour un soleil plombé et lointain au ras de l'horizon de la mer Baltique ; la forme sphérique lunaire cerclée à sa base d'un rang de peupliers, c'était le *Cénotaphe de Newton*, mais pas tout à fait comme je l'avais découvert sur les gravures, lors du déménagement de l'appartement d'Arius. La base était la même, les peupliers, la porte semi-circulaire et la terrasse inférieure ; en revanche, la plus grande partie de la sphère, à l'exception d'un mince cercle concentrique laissé en blanc, était couverte de chamarrures étranges. C'est en rêvassant de cette vision que je m'assoupis. La voix de Lilo venant de la terrasse à côté de la bibliothèque me réveilla bientôt.

« Qu'est-ce que c'est que cette histoire ! rugissait-elle face à Marianne et en se cramponnant à Hasslinger. Comment se fait-il que tu ne m'as pas mise au courant de l'existence de ce dossier ! Il y a là-dedans des choses qui me concernent de la manière la plus intime et voici qu'elles sont dans les mains d'un étranger. Quelle idée as-tu eue d'aller chercher à Vienne le beau-fils de cette panthère d'Anke dont la fuite nous a flanqués, Arius et moi, dans un sacré pétrin ? D'ailleurs si tu veux savoir, c'est à cause de cette affaire que notre ménage a capoté ! » On avait bien sûr oublié que j'étais dans la bibliothèque.

Marianne tentait de la calmer, répondant que le dossier faisait partie des effets d'Arius qui revenaient à son héritier viennois dont j'étais le représentant officiel.

Mais Lilo continuait. « C'est inouï ! Et personne ne nous a rien dit. Toi, Marianne, ça ne m'étonne pas que tu m'aies caché ça, et bien sûr Joachim était au courant… !

— Il a pensé que ça serait intéressant pour le livre sur Arius.

— Ça ne va pas se passer comme ça, fit-elle et, attrapant Hasslinger par le bras : On rentre ! »

J'attendis qu'ils soient partis pour rejoindre Marianne sur la terrasse ; j'avais fait du beau travail ! Mais Silke, arrivée sur les entrefaites, vint à mon secours : « C'est finalement bien qu'elle le sache, de toute façon elle ne l'a pas volé… Après ce qu'elle a fait à Manfred ! Elle est quand même culottée de mettre son infidélité sur le dos de votre belle-mère ! » À quoi elle ajouta : « Elle se calmera ; ça doit la vexer de savoir qu'un

Français se retrouve avec des rapports qui, pour certains, doivent la concerner, notamment la période où elle a fait cocu ce pauvre Manfred. Vous pouvez être sûrs que la Stasi était au courant ! » Nous retournâmes nous asseoir dans la bibliothèque pour continuer la conversation ; mais j'étais plus intéressé par le tableau du *Sacrifice* que par les propos des femmes, plus par l'image du *Cénotaphe* que par le reste de la composition. Il me semblait que j'avais déjà vu cela quelque part ; pas vraiment le cénotaphe d'ailleurs mais davantage la couronne de chamarrures qui occupait ses bords. Il me revint que je m'étais intéressé à ce genre de motif, dans le temps qui avait suivi ma traduction du manuscrit d'Arius, alors que je songeais à rédiger une thèse qui m'aurait permis d'approfondir les sujets qu'il abordait. Il s'agissait d'une anamorphose. Je savais par l'ouvrage d'Arius que celui-ci s'était intéressé à ce système optique, notamment à propos d'une coupole de Pozzo dont j'ai déjà parlé. Je me levai pour aller y regarder de plus près. Silke remarqua mon intérêt prolongé pour le tableau.

« On se demande bien ce que c'est ! Avant le nettoyage du tableau on pensait que c'était un repentir qui n'avait pas été achevé mais on voit bien que c'est autre chose ! dit-elle.

— C'est une anamorphose. C'est un vieux procédé, une sorte de cryptage qui est aussi un jeu d'optique. Il suffirait de poser dans le milieu du cénotaphe, là, dans le cercle vide du centre, un petit cylindre miroitant pour que l'on puisse voir nettement dans l'image renvoyée une scène, un paysage ou un portrait. Le problème, c'est qu'il faut le cylindre de la bonne taille. Sans doute est-il resté chez Arius. Il faudrait voir avec Raul Larcher ; il se peut qu'il l'ait trouvé et emporté avec tout ce qu'il a glané dans son appartement lorsque nous y étions ! » Mes hôtes paraissaient très admiratifs de mon expertise ; Marianne vint susurrer après dans mon oreille que ça encore c'était tiré du manuscrit d'Arius, mais que je pouvais être tranquille, elle garderait le secret. Excitée, Silke fila téléphoner à Raul. Elle revint dépitée. Il ne répondait pas et Joachim venait de lui apprendre qu'il était pour quelques jours à une foire aux livres à Leipzig.

Quand je repartis avec Marianne, je lui dis que mon mémoire de 1975 avait certainement dû disparaître des archives de l'université de Reims et que, de toute façon, j'étais prêt à céder le manuscrit d'Arius à l'association. Il m'a semblé qu'alors elle ne m'entendait pas.

*

Il arrivait que Marianne m'interrogeât sur les raisons de mon séjour à Vienne et sur ma vie en cette ville.

« C'était pour rompre avec la misère morale de mon enfance, à la mort de ma mère, et échapper aux cauchemars, lui ai-je répondu. Et peut-être à ce rêve de l'Allemagne de mon père qui ne voulait pas se réaliser. De toute façon l'arrivée d'Anke m'a sauvé. C'est quelques mois après son mariage avec mon père que je suis parti chez sa mère ; à Vienne on m'a reçu à bras grands ouverts. Le soir même de mon arrivée : l'Opéra ; presque chaque soir un concert ou le théâtre. C'est de là qu'est venu mon intérêt pour le théâtre, car à Vienne j'ai eu l'impression de vivre dans un théâtre de carton. Pour finir est venu le manuscrit d'Arius. Quand je suis arrivé fin mai 1974, Emmy m'a tout de suite emmené à la librairie. C'est là que j'ai vu Blondine pour la première fois. Elle descendait du ciel baroque. Elle allait quitter ce commerce pour un autre qui allait l'employer à plein temps. Et j'ai cru jusqu'au Noël dernier que c'était grâce à Emmy que j'avais eu ce travail. En fait, c'était le hasard qui avait fait que Blondine travaillât dans la librairie où Arius m'avait trouvé cette place de coursier. Je me souviens qu'après nous étions allés à l'université pour mon inscription au cours du professeur Kindermann. Plus tard Emmy m'a conseillé de passer mon permis de conduire, ajoutant que ce serait bien pour Blondine. »

Blondine ! Avec un ton malicieux, Marianne aimait maintenant à me poser des questions plus ou moins indiscrètes sur mon histoire avec elle. Voici quels en furent les débuts. Il se fit qu'Emmy partit en cure quelques jours après que j'eus pris mon travail ; je fus seul dans son appartement pendant tout l'été. Le matin, j'étais à la librairie, l'après-midi dans les parcs ou au café Landtmann avec Blondine, car elle apprenait le français et c'était l'occasion de cours de conversation. C'est vers le 15 août que nous passâmes notre première nuit ensemble, sur le lit d'une personne dans ma chambre chez Emmy. C'est elle qui attira mon attention sur la coupole de Pozzo, celle dont il est question dans le manuscrit d'Arius, une coupole ornée de caissons, en trompe-l'œil, qui, dès que l'on s'avance vers le chœur, donne l'impression de s'étirer, de se déformer pour ne plus apparaître que comme une anamorphose incompréhensible, ceci parce qu'elle est peinte sur un plafond plat. C'était à l'église de l'université où je l'accompagnais à la messe le samedi soir. Naquit un rite auquel nous procédions après et que j'avais appelé *Ave verum* ; elle s'y prêtait sans réticences. Il consistait pour moi, après la messe où elle avait communié, à la déshabiller dans sa chambre et à poser mon oreille juste sous sa poitrine et à lui faire chanter *Ave verum* de Mozart ; j'écoutais ému comme cela résonnait dans sa cage thoracique alors que le *vrai corps* se dissolvait dans sa chair adorée. Après, je fus très amoureux et commençai à élaborer des projets de vie viennoise avec Blondine. Mon mémoire n'avançait pas et je ne voulais pas passer mon permis de conduire. Bizarrement, c'est ce refus qui provoqua notre rupture à Badgastein. Blondine en avait trouvé un autre qui, lui, l'avait. Démoralisé, j'errai un moment entre quelques villes d'Allemagne et Paris ; puis je m'enfermai dans la maison des Vosges près de mon père et d'Anke ; ce fut elle qui dactylographia mon mémoire, c'est-à-dire ma traduction du manuscrit de son père, sans savoir qu'il en était l'auteur.

En fait, peu à peu mes souvenirs de Vienne se mêlaient à mes préoccupations autour du manuscrit volé. Je fus abasourdi lorsque j'y découvris comment cette église de l'université, où j'accompagnais parfois Blondine, et à laquelle était lié le rite *Ave verum*, avait fait l'objet d'une mention importante par Arius. Inutile de dire aussi qu'après cette découverte m'apparut que ce n'était pas pour rien que Blondine m'avait quitté sous le plafond des caissons réalisés par le père d'Arius ; c'était pour me punir d'avoir perpétré cette profanation à quoi je m'adonnais sur le vrai corps de mon amie à peine sortie de l'empire des caissons de Pozzo !

Je ne voulus plus que retourner en Autriche. Mais je n'en avais pas la force. Plutôt que de prendre une décision, je m'abandonnai à mon rêve. Le monde d'Arius me ramenait à mon pays désiré. Je traduisais son manuscrit. Il y était entre autres question d'architectures théâtrales en Europe centrale. J'errais dans la maison, dans la bibliothèque, faite en grande partie d'ouvrages qu'Emmy avait donnés à Anke, venant sans doute d'Arius lui-même. Mon rêve devenait impérieux. Peu à peu je m'enfonçais dans un mutisme de marbre.

En mai 1975, je pris le train à destination de Reims pour aller soutenir devant mes maîtres mon mémoire de maîtrise. Il se produisit alors un miracle.

Je n'avais pas quitté la maison des Vosges depuis des mois. De me trouver soudain dans une ville animée me permit de mesurer combien j'avais perdu le contact avec les réalités humaines. Tout m'effrayait de la ville et, quand je me présentai dans la salle où siégeait le jury qui devait m'interroger, j'étais complètement déconfit, craignant d'un coup que l'on se rendît compte qu'un étudiant de maîtrise était incapable de rédiger un tel travail. En fait, je ne comparus que devant un seul de mes maîtres, les autres s'étant excusés pour je ne sais quelle raison. Mon émotion fut telle que je ne me souviens même pas des quelques mots qu'alors il prononça au sujet de mon mémoire. Le téléphone sonna sur son bureau. Il décrocha, et tout le temps qu'il aurait dû consacrer à ma personne passa dans la conversation téléphonique. Ayant raccroché, il me déclara simplement : « Solide travail ! » Je sortis vacillant. Quelques mois plus tard le hasard fit qu'un cousin me proposa un poste d'enseignant d'allemand dans un établissement privé de Saint-Dizier dont son père était directeur. J'acceptai et pris des leçons de conduite. Juste après que j'eus obtenu mon permis, il suffit d'un mariage dans ma famille pour que d'un coup ma destinée prît une inflexion inattendue et apparemment définitive ; je rencontrai au dîner de noces celle qui allait devenir mon épouse ; elle ressemblait à Blondine tout en n'ayant aucune goutte de sang germanique. Lorsque je fis part à mon père et à Anke de ma décision de rester à N..., je ne leur parlai nullement de la jeune fille mais simplement de l'opportunité de ce poste. Anke ne me dit rien de sa peine de me voir abandonner l'Autriche mais je sais qu'elle était profonde. C'est deux mois plus tard que je vis Arius chez Emmy.

*

Bien que du temps fût passé depuis que je lui avais avoué mon plagiat, Marianne n'en revenait toujours pas de cette histoire de mémoire. Un jour, alors que nous étions attablés à la terrasse du café Heider, elle me fit encore le reproche d'avoir attendu si longtemps pour lui révéler la vérité : « Dommage que Jeanette n'en ait pas eu connaissance ; le seul livre écrit par son père… ! » Je me revis en ce 26 décembre dans le couloir chez Emmy, au moment où Anke venait de me dire que c'étaient son père et sa demi-sœur qui venaient de nous quitter. Je me souvenais de la curieuse impression éprouvée alors et de mes remords. Je le dis à Marianne. « Ça ne t'a pas empêché de continuer de profiter de ton vol, fit-elle observer ; sans doute n'aurais-tu pas pu exercer comme enseignant et faire cet article grassement payé sans le manuscrit d'Arius ! » Elle se tut à l'arrivée de Valentyna. Celle-ci manifesta une vraie joie à me voir et m'embrassa affectueusement. Elle pensait que j'étais reparti en France depuis le déjeuner chez les Werjowkin. Nous restâmes ensemble une dizaine de minutes puis Marianne me fit comprendre que ma présence était superflue. Je réglai l'addition et filai dans mon studio. J'étais déjà au lit quand le téléphone sonna ; c'était Marianne :

« Je t'ai trouvé un moyen de te racheter…

— Je n'ai pas l'intention de faire quoi que ce soit pour me racheter ; cette histoire est vieille. De l'autre siècle, et même de l'autre millénaire. D'ailleurs je n'ai lésé personne.

— À un moment, Arius a recherché son manuscrit et il en

avait parlé à un éditeur qui était près de le publier ; il était allé à Vienne le réclamer à Emmy. Bien sûr, elle ne l'avait plus ; tu étais reparti en France avec. N'oublie pas que c'est à Arius que tu devais ton travail à la librairie…

— Je n'en savais rien alors. Pour moi, c'est Emmy qui avait tout manigancé…

— Alors tu ne veux pas me faire plaisir…

— C'est autre chose… Qu'est-ce qui te ferait plaisir ?

— Eh bien voilà, c'est Valentyna ; tu sais qu'elle a des ennuis avec l'administration. Son permis de séjour expire bientôt ; il va lui falloir retourner en Ukraine. Elle est terrorisée à l'idée de retomber entre les mains de ces souteneurs qui l'ont vendue. La seule solution serait qu'elle se marie avec un Allemand, Raul Larcher par exemple. Malheureusement, chez nous l'administration est méfiante ; il y a une enquête très minutieuse. Je crois qu'en France les choses sont beaucoup plus faciles. Est-ce que tu accepterais de te marier avec elle ? C'est vraiment une occasion de faire une bonne action. »

*

J'ai téléphoné à mon avocat de N…, celui qui avait réglé mon divorce, un ancien condisciple du lycée. Il m'a conseillé de prendre tout de suite rendez-vous à l'ambassade de France pour que Valentyna obtînt un visa de court séjour, après quoi elle et moi pourrions effectuer les démarches à N…

Valentyna porte le prénom de la cosmonaute qui, dans mon adolescence, me faisait penser à ma mère au Ciel dans son cylindre d'acier. Elle est née en 1984 à Lviv, qui avant s'est appelé Lemberg, puis Lwow.

Pour moi, Lemberg est attaché à la personne d'Emmy qui y

fit ses études avant de partir définitivement pour Vienne à la déclaration de guerre en 1914. Lemberg, je le sais depuis peu, c'est la ville où, dans les années trente, Manfred fait les décors pour des opérettes ; enfin c'est la ville où Xenia Zylberfarb est devenue une étoile. Je me berce de cette idée de mariage blanc qui d'un coup me rapprocherait de Manfred et d'Emmy. Ce serait comme un accomplissement que moi, petit oiseau champenois, je puisse aller me percher sur une branche de l'arbre généalogique de cette histoire. L'amour n'est pas l'amour. Il est fait d'un faisceau d'affects mal définis. Manfred qui s'éprend d'Emmy, parce qu'elle est née à Lemberg qui lui rappelle Xenia et sa culpabilité d'avoir été lâche dans les bois de Rassdorf, Manfred qui se penche sur le corps décharné de Xenia à l'aéroport de Tempelhof et fait le vœu de prendre soin d'elle tant qu'il vivra, suis-je si différent de lui, moi qui m'éprends de Marianne entre autres parce qu'elle est sur le tableau d'Arius, moi qui commence à avoir un sentiment pour Valentyna parce qu'elle est née à Lemberg dont le nom sonnait parfois dans les propos que s'échangeaient les personnes dans l'entourage d'Emmy, du temps que j'étais chez elle ou dans la villa de Badgastein ?

*

Valentyna a baissé les yeux en me remerciant encore une fois. C'est sur la terrasse chez les Werjowkin. Des ombres de feuillages, ce doit être un frêne, zèbrent son visage de petite poupée de l'Est. Je lui dis que c'est à moi de la remercier, elle qui me donne l'occasion de faire une bonne action ; ce qui ne me coûte rien d'ailleurs. Marianne rayonne à côté de moi. Les Werjowkin s'affairent autour du champagne. Les Larcher se tiennent émus par la main. Il n'y a que les Hasslinger qui n'ont pas l'air de partager notre bonheur.

« Vous voyez comment les choses se combinent, dit Anatoli ; il a fallu toute cette histoire d'Arius pour qu'une Ukrainienne devienne une Française ! Après, rien ne fera obstacle à ce qu'elle travaille en Allemagne. Venez ! ajoute-t-il à mon adresse et me faisant signe de le suivre ; avant votre retour en France, je voudrais vous montrer quelque chose et, moi aussi, vous remercier. » Et de m'entraîner avec Marianne et Valentyna dans la bibliothèque. Les caissons, comme c'est toujours drôle de me retrouver sous les caissons, ces caissons qui virent tout de ma déconfiture avec Blondine. Marianne, le doigt dirigé vers le haut, me fait comprendre qu'elle a deviné mes pensées. Anatoli a étendu une dizaine d'aquarelles d'Arius sur une table. « Choisissez celle qui vous plaira ! » Le choix est vite fait, c'est une étude, un nu qui m'est devenu familier. Marianne dans *Le Sacrifice d'Iphigénie*. Juste Marianne, pas de décor. Je le prends, le tends à Anatoli qui ne dit rien et qui sort de derrière son dos un petit cylindre chromé. « Surprise ! » fait-il malicieusement et, avant que j'aie pu le remercier, il me pousse vers le tableau. Délicatement, il pose la base du cylindre dans le cercle vide du cénotaphe et m'invite à prendre sa place. « C'est Raul, il a pu nous restituer le cylindre. Regardez ! » Dans le cylindre se révèle très fine, peinte en camaïeu, une petite scène qui sans ambiguïté représente le sacrifice d'Iphigénie. Sur le bûcher, nue et à genoux, sa colonne vertébrale d'adolescente un peu saillante, Jeanette, Arius en guerrier grec et un troisième personnage, la tête recouverte d'un voile, le prêtre de Diane comme on peut le voir sur nombre de peintures classiques ayant le même sujet, mais avec des lunettes à monture carrée tout à fait anachroniques. Sur un croissant de lune au-dessus, Diane au front paré d'une étoile rouge. « J'ai fait des photos pour vous ! dit Anatoli. Je vous laisse le soin de réfléchir à ce qu'Arius a voulu représenter de terrible. Il s'est, je crois, toujours senti coupable du malheur de Jeanette. À la fin c'était une obsession. Il travaillait encore un peu au tableau juste avant sa mort. »

C'est après le déjeuner, durant ma sieste rituelle dans la bibliothèque, que j'ai fait ce rêve où Anatoli me révélait la petite scène du sacrifice d'Iphigénie. C'était singulier car jamais je ne rêve durant ces sortes de sieste. À mon réveil, j'ai jeté un coup d'œil sur le tableau et sur la prétendue anamorphose qui n'en était peut-être pas une. Tout paraissait plus embrouillé que d'habitude. Quand Lilo est venue me trouver, je procédais au compte des caissons.

« Excusez-moi, mais nous n'allons pas tarder de rentrer et je crois que nous n'aurons pas l'occasion de nous revoir avant votre départ. J'en ai longtemps discuté avec Paul. On ne peut pas laisser faire ça. Vous nous êtes sympathique, très sympathique même. Et votre mariage avec Valentyna, c'est une catastrophe certaine. Jusqu'à maintenant, votre affaire avec Marianne, ça ne nous regardait pas mais il faut que je vous dise. Elle n'est pas aussi nette que ça. Paul et moi, on a tout lieu de penser qu'il y a quelque chose entre elle et la petite. Ce sont des lesbiennes… du moins Marianne qui a entraîné la petite là-dedans, comme elle a entraîné Jeanette il y a longtemps. Je n'ai rien contre ce genre de relation mais je peux vous dire que ça a été fatal pour Jeanette et, si les choses ont mal tourné pour elle, c'est la faute de Marianne. »

J'ai répondu que Marianne elle-même m'avait parlé de la relation qu'elle avait eue avec Jeanette et que cela ne me gênait pas du tout ; c'était pour moi des errements de jeunesse sans gravité…

Lilo a paru un moment désemparée, puis elle a repris : « Quand je dis que c'est à cause de Marianne que les choses ont mal tourné, ce n'est pas à cause de cet amour, enfin si, mais pas parce qu'elles étaient lesbiennes. Vous devez savoir que Jeanette a fait de la prison avant le Tournant ; elle a voulu fuir le pays et elle a été dénoncée. On s'est toujours demandé par qui mais il n'y avait que Marianne qui était dans la confidence… alors il y a de fortes présomptions. On n'a jamais rien pu prouver. Même si Jeanette n'y croyait pas du tout. Paul a pu obtenir des informations, il y est question d'une certaine informatrice du cercle de l'église de Galilée, or Marianne y était souvent ; c'est d'ailleurs là qu'elles se sont connues… »

Marianne arrivait. Lilo a dû s'arrêter et sans un mot elle est repartie avec Paul. « Elle te parlait de moi ? » a dit Marianne. J'ai répondu qu'elle essayait de me détourner de ce mariage.

« De quoi se mêle-t-elle ! » a-t-elle soupiré.

28

Comme Marianne gardait la maison de ses parents en leur absence, je laissais le studio de Berlin pour passer quelques jours près d'elle. Juste avant, Valentyna nous avait appris que finalement elle avait pu obtenir un nouveau permis de travail parce qu'on manquait de personnel dans les maisons de retraite ; ça lui donnait le temps pour les démarches pour son mariage blanc avec Raul. J'en éprouvais de la déception. Un dimanche en fin d'après-midi, j'étais seul dans la maison des Mogwitz à me morfondre quand Lilo m'a appelé au téléphone pour me dire qu'elle voulait me voir encore une fois avant que je ne reparte en France et que, si j'étais libre, elle m'attendait chez elle pour prendre un verre. Je n'hésitai pas une seconde et filai prendre le tramway, alors que la journée tirait à sa fin ; je rêvais d'être victime d'une séquestration qui me tiendrait éternellement dans un quartier de Potsdam, cette ville aimée.

Lilo était seule quand je me présentai chez elle ; en la circonstance, Paul était comme d'habitude chez ses parents à Berlin à suivre à la télévision les résultats sportifs de la journée. Je n'étais jamais retourné chez les Hasslinger depuis mon premier séjour. Cela m'a ramené à ces moments que j'aurais bien aimé revivre, car c'était en ce temps que Marianne et

Potsdam s'étaient révélés à moi dans leur émouvante nouveauté.

Lilo était en robe légère, blanche, qui allait bien avec sa blondeur, et pieds nus, réalisant par là un modèle de femme allemande estivale tel que j'en ai connu bien avant. Elle m'a servi de ce mousseux dévastateur produit dans le Brandebourg. La fenêtre du salon était ouverte sur une cour intérieure où résonnaient des cris d'enfants et des échos de ballon rebondissant.

« Vous êtes toujours décidé à ce mariage ? » m'a dit Lilo après quelques banalités d'usage. Je lui ai répondu que je venais d'apprendre qu'il n'en était plus question et lui en ai dit la raison. Elle était soulagée, s'était fait du souci pour moi à cause de cette histoire qui aurait pu tourner à mes dépens, mais elle s'en faisait encore à cause de ma liaison avec Marianne, une intrigante qui avait exercé une influence néfaste sur Jeanette. Bien sûr, je pouvais penser que ça ne la regardait pas, mais il y avait le dossier du BStU entre mes mains et elle se doutait bien que des éléments de son passé y étaient notés, dont j'avais plus ou moins volontairement mis Marianne au courant. Elle n'était plus tranquille. Contrairement à beaucoup de ses concitoyens, elle n'avait jamais fait de demande au BStU la concernant, car elle ne voyait pas d'intérêt à remuer ces choses mortes ; mais, depuis qu'elle savait que j'avais lu le dossier d'Arius, elle en avait fait une pour en avoir une copie. Seulement, les choses traînaient et elle était curieuse d'apprendre avant mon départ ce que Marianne et moi savions sur elle.

Je l'ai rassurée sur ma discrétion ; quant à Marianne, sur bien des points de la vie d'Arius et de sa famille, elle en savait plus que le dossier. Lilo a tellement insisté que j'ai dû lui dire que le rapport faisait état de sa liaison avec Paul dans la loge du gardien du stade à Caputt. D'abord de manière évasive, ensuite, devant son impatience, plus précisément.

« Qu'est-ce que ça vous a fait de lire des choses pareilles ?

— Ça m'a révolté ; pas le fait que vous ayez une liaison avec Paul dans cet endroit mais que l'on ait pu ainsi espionner des gens et en faire cette littérature.

— Voilà, c'est notre misère, qu'il va falloir traîner jusqu'à la fin…, a soupiré Lilo. Et sur Jeanette est-ce qu'il y a des choses ? »

J'aurais dû être davantage sur mes gardes, m'en tirer avec un mensonge ou une réponse vague, mais depuis longtemps, à force de passer du dossier d'Arius à celui de sa fille, les deux ne faisaient plus qu'un seul pour moi. J'ai répondu qu'il y avait notamment les rapports très détaillés sur son activité de chanteuse punk et sur son séjour à Hoheneck. Un instant après, j'ai eu conscience de ma maladresse ; j'ai ajouté que j'étais loin d'avoir tout lu, que j'avais pris cela dans le désordre et que bien des choses m'échappaient encore.

Lilo m'arrêta net :

« Comment se fait-il que de tels détails apparaissent dans le dossier d'Arius ? Quand Arius a été l'objet de la surveillance de la Stasi, Jeanette était encore petite. Et je ne pense pas que le zèle des agents de la Stasi les ait amenés à s'intéresser d'aussi près à la vie des enfants de leur victime. »

J'ai dû avouer qu'avec le dossier d'Arius se trouvait celui de Jeanette. Alors Lilo a couvert son visage de ses mains et j'ai cru un moment qu'elle pleurait. J'étais désemparé et je ne savais comment lui expliquer pourquoi je ne lui en avais pas parlé et pourquoi je n'avais pas restitué la photocopie du dossier au BStU comme j'aurais dû le faire.

Elle me répétait : « Pourquoi ne m'avez-vous rien dit ? Pourquoi ? » Quand elle a relevé son visage de ses mains et, d'un geste, tiré ses cheveux en arrière, j'ai vu Jeanette, son visage, tel qu'il s'était constitué peu à peu dans mon âme à coups de photos, les quelques photos de Götz présentes dans le dossier, celles que j'avais vues ailleurs dans son entourage, chez Marianne, à coups de rapports, et mes rêveries sur ce rapport, et ce visage effaçait définitivement ce que j'avais pu parfois trouver d'Arius, c'est-à-dire d'Anke en elle. Jeanette comme une étrangère, complètement étrangère à l'Autriche et à l'histoire qui me rattachait à ce pays.

« Excusez, dit Lilo ; je ne sais quel portrait Marianne et le dossier vous ont fait de moi. Certainement pas à mon avantage. Pas fidèle à son vieux mari, mauvaise mère et j'imagine qu'Anke et votre père ont dû me décrire comme une arriviste… »

Je lui dis que jamais Anke et mon père ne m'avaient parlé de Berlin et d'Arius. Je continuais de guetter les apparitions de Jeanette sur son visage, mais elles ne revinrent plus. D'un coup, elle me fit penser à ma belle-mère.

« Vous savez, continua-t-elle, être la jeune épouse d'un grand artiste n'est pas facile. À l'université, on ne m'a pas fait de cadeau. Arius ne m'avait jamais dit qu'il avait une fille en Autriche. Mais nous nous aimions vraiment. L'arrivée d'Anke à Berlin a tout chamboulé ; je l'aimais bien, mais me doutais qu'elle n'allait pas être charmée d'apprendre que j'étais enceinte de son père ; c'est pour cela qu'au début je me suis tue et j'ai même renoncé à voir Manfred aussi souvent. Finalement, avant que ça ne fût visible, j'ai dû avouer, dans je ne sais plus quelles circonstances, mais je crois qu'elles étaient liées à votre père, du moins à la rencontre de votre père et d'Anke. Votre père, je voudrais bien le revoir ; il était très gentil avec moi ; il m'a même offert des bas nylon. Larcher a raison ; qu'est-ce que vous lui ressemblez ! »

J'ai dit que mon père était mort dix ans plus tôt.

« Et Anke, s'est-elle remariée ?

— Non, elle a vécu seule dans sa grande maison des Vosges ou à Vienne où nous nous retrouvions de temps en temps.

— Oui, les beautés des années soixante, que sont-elles devenues ? Quand nous nous sommes connues, j'avais vingt et un ans et votre belle-mère était un peu plus âgée que moi… » Elle continua sur cette époque et sur des points dont j'avais eu connaissance par le dossier. J'en étais toujours à essayer de surprendre ces éclairs de Jeanette qui illuminaient son visage quand elle parlait, mais en vain. Lilo avait donc quelques années de plus que moi, d'après mes calculs cinquante-huit ans. C'était sans doute sa pratique du sport qui l'avait conservée ainsi. L'expression de mon père, de son bouffon Langelot plutôt, me revint à l'esprit : « petit poulet de grain ». Lilo, tandis qu'elle parlait, se penchait parfois en arrière, levant les bras repliés pour prendre ses cheveux et les tirer vers sa nuque, exposant ainsi son torse sous sa robe blanche.

Tout captivé que j'étais par son apparence, je ne faisais plus guère attention à ses propos quand, dans ceux-ci, le mot « cénotaphe » vint me tirer de ma contemplation. Elle était en train de parler de ce qu'elle considérait comme la folie de Manfred et de sa famille ; les Arius s'étaient imaginé que toute leur destinée tournait autour de ce monument irréalisable, aussi irréalisable que ce palais en Russie. « Il y a même une petite cousine de Manfred, la fille de Verena, qui vit aux États-Unis où elle a créé une fondation pour rassembler les fonds nécessaires à sa construction en Mongolie… Cette timbrée m'a contactée il y a quelques années pour me demander si j'avais des documents de Manfred sur le sujet. Elle tombait mal, c'était dans les derniers mois de Jeanette ; je l'ai envoyée au diable. D'après le rapport, vous devez bien savoir ce que c'est que le cénotaphe ; eh bien, ça faisait partie des dadas apparemment innocents de Manfred, comme ses petits théâtres. Je savais que c'était une connerie. Je savais que Manfred n'avait voulu notre enfant que parce qu'il sentait qu'il était vieux et qu'un jour il n'y aurait personne pour reprendre le flambeau. Sa fille en Autriche, c'était trop tard, mais avec Jeanette, qu'il élèverait dans son rêve de décors, il pensait que cela pourrait continuer. Au début j'ai accepté. Mais après j'ai vu qu'il allait en faire une enfant isolée des autres ; pensez qu'elle n'avait même pas le droit de regarder *Le Petit Marchand de sable* à la télévision ! Ça ne me souriait pas du tout. Alors il y a eu le sport. Et le seul moyen de faire échapper la petite à l'emprise de son père, c'était que nous fichions le camp toutes les deux. Voilà pourquoi je suis partie avec Paul. Au début, j'ai cru que c'était gagné, Manfred lui-même avait accepté mon départ – il avait dans le domaine des couples des notions très libres ; cela venait de sa jeunesse à Moscou et de sa fréquentation de Ruth Fischer qui était une adepte de l'amour libre – et il nous suivait aux compétitions sportives. De temps en temps, Jeanette allait chez lui. C'est au début de son adolescence que ça a commencé à chahuter. Elle ne s'entendait plus avec Paul, qui pourtant la considérait comme sa fille. Puis il y a eu l'invitation à Charleville. Vous savez ce qui s'est passé à Charleville ? Elle a eu des mauvaises fréquentations, fumé de la drogue et fait une fugue. Quand elle est rentrée, elle a eu ses premiers ennuis avec la police…

— Je sais cela, mais il me semble qu'à Charleville les choses ont été plus graves…

— L'histoire du viol ? C'est par la suite que Jeanette a fait cette affabulation ; au moment où elle y était, il y avait eu des enlèvements de filles dans les environs ; un détraqué qui les fourrait dans sa camionnette et les violait. Elle a raconté cette histoire pour éviter des remontrances de notre part et surtout tenter de faire passer aux yeux des autorités le fait qu'elle avait dépassé la date de son autorisation de sortie. On l'a fait examiner par un médecin après son retour ; elle était intacte. Si vous ne me croyez pas, vous pourrez toujours demander à la famille Dacenois ; aucune plainte n'a été déposée à la gendarmerie de Charleville. C'est dans le train de retour que Jeanette a eu cette idée. Il a fallu que Paul se démène auprès de ses relations. Par la suite, elle a fini par croire à son mensonge. Mais ça c'est le côté Arius, un peu mythomane. Dans le genre, Manfred prétendait avoir, quand il était jeune, retrouvé les traces de son père en Russie. Pourtant avec tout son passé, il n'avait pas besoin de cela… »

Je ne sais plus comment nous sommes allés sur le balcon à l'opposé de la fenêtre ouverte sur la cour. Il donnait au nord, sur une zone de jardins et plus loin sur la ville dont j'apercevais bien les toits et les douces hauteurs, notamment le Pfingstberg . « C'est pour que ce paysage me fasse un signe d'adieu », me suis-je dit. En portant mon regard vers l'est, il s'arrêta sur un sèche-linge où était suspendu celui de Paul : chaussettes, caleçons et marcels côtelés ; celui de Lilo : des sous-vêtements fins et blancs, combinaisons, petites culottes, soutiens-gorge qui finissaient de sécher caressés par la brise. Ma pensée revint à ce qu'elle m'avait dit des bas que lui avait offerts mon père mais surtout à sa réflexion sur les beautés des années soixante.

Lilo a remarqué que j'étais plus intéressé par ça que par le paysage ; elle a dû lire dans mes pensées pour me dire : « Oui, votre père m'a offert des bas et votre belle-mère, au tout début que nous nous sommes connues, une combinaison qu'elle avait rapportée de Vienne, de la marque Palmers, ce qu'il y avait de mieux, je crois. Vous ne pouvez pas savoir ce qu'une femme de l'Est aurait été capable de faire pour avoir ça. D'ailleurs Jeanette s'en était fait elle aussi refiler une par sa correspondante de Charleville. Le gouvernement n'a pas su y faire ; les femmes des membres du Comité central, je ne sais pas ce qu'elles portaient sous leurs robes, mais la RDA aurait eu l'idée de produire des dessous féminins et de les vendre chez nous à bas prix que le régime communiste serait encore là ! » Avec un sourire malicieux et comme agacée de mon silence rêveur, elle ajouta : « Votre belle-mère a dû vous impressionner quand vous l'avez vue pour la première fois ! » Je ne sais pas ce qui m'a pris de lui dire que c'était une déesse, comme elle.

« Il n'y a qu'un Français pour faire des compliments pareils. Ce n'est pas Paul, qui ne s'intéresse plus qu'aux voitures de course et au foot, qui me dirait la même chose. » Puis après une hésitation : « Ça vous intéresserait de la voir ? »

Sans attendre ma réponse, elle m'a emmené dans sa chambre et a ouvert une armoire dont elle a sorti des cartons. En quelques minutes, elle a retrouvé la combinaison Palmers, à l'étiquette verte et la couronne dorée, le tout défraîchi. Elle l'a agitée devant moi en riant. « Voilà ce que portait votre belle-mère il y a trente-cinq ans ! Et moi aussi. Mais ne me demandez pas de la mettre, il y a longtemps que je ne rentre plus là-dedans ! Oui, vous avez raison, on était des déesses, mais moi je n'en ai pas assez profité ; il y a eu Jeanette qui m'a occupée, alors qu'Anke, elle, n'a pas été empoisonnée comme moi. Elle a eu la chance de tomber sur votre père et vous, et en plus elle vivait à l'Ouest. »

Je restais planté devant elle et je crois que, malgré moi, j'aurais accepté ce qu'elle me tendait en me disant avec un sourire presque moqueur : « Prenez-la donc, c'est pour vous ! » si, sur la commode à côté de l'armoire ouverte, il n'y avait eu deux photos de Jeanette comme pour conjurer le charme étrange de ce qui se passait autour de cette combinaison dans la chambre du couple Hasslinger et qui faisait apparaître des fantômes de personnages anéantis par le temps.

Sur la première, c'était Jeanette quelques mois avant son départ pour Charleville ; elle était en maillot de gymnaste et se faisait remettre une coupe par un bonze en costume. Sur la seconde, Jeanette exactement comme je l'avais vue, en survêtement, à Noël 1975. Alors j'ai dit que, plutôt que la combinaison, je préférais une photo de Jeanette comme celle-là. Elle m'a répondu qu'elle ne me comprenait pas et que, de toute manière, elle n'en avait pas d'autre et que le négatif était perdu. Enfin j'avais été copieusement servi avec le dossier de Götz. Je regardais les pieds de Lilo sur le carrelage. Elle tenait toujours la combinaison Palmers dans sa main.

« C'est moi ! » a lancé une voix masculine dans le couloir en même temps qu'une porte se refermait. C'était Paul. Lilo a semblé prise de panique et c'est vrai qu'il aurait pu surprendre une scène bizarre dans la chambre : Lilo et moi, avec ces dessous féminins sur le lit. Elle m'a entraîné dans le salon en disant à Paul qu'il y avait de la visite. Il a paru joyeux de me voir et m'a proposé de rester boire une bière mais j'ai prétexté que j'avais mes valises à boucler.

J'ai pris la direction de la maison des Mogwitz ; j'ai fait une station au bord du lac Sacré à attendre une rencontre alors que la nuit tombait, mais personne n'est venu. Quand je me suis retrouvé devant la porte de Marianne, il était tard et mon ardeur s'était refroidie : me restaient en mémoire les deux photos de Jeanette sur la commode dans la chambre à coucher des Hasslinger. Elle m'a demandé ce qui m'arrivait car j'avais l'air égaré. Je lui ai raconté que je venais de chez Lilo mais le récit que je lui ai fait de ce qui s'y était passé était si incohérent – Valentyna, les soupçons, le prétendu viol à Charleville, le cénotaphe, la combinaison, les photos de Jeanette – qu'elle a cru que j'avais bu. « C'est une allumeuse ! Elle a toujours été comme ça ! a-t-elle dit. Et toi, tu n'étais pas forcé d'accepter son invitation, surtout après les horreurs qu'elle a débitées sur mon compte. Comment peut-on imaginer que c'est moi qui ai dénoncé Jeanette ? De toute manière, elle a toujours cherché à se disculper. Oui, le viol, je ne suis pas si sûre que ç'ait été une invention ; en tout cas, on peut dire que la pauvre était bien déboussolée avec ses parents qui l'avaient élevée sous cloche mais n'importe comment !

— Alors pourquoi personne n'a entamé une procédure pour savoir qui avait dénoncé Jeanette ?

— J'ai voulu faire une démarche après sa mort mais j'étais seule et, n'ayant aucun lien de parenté avec elle, je n'avais aucun droit à le faire. J'ai voulu y inciter Lilo mais, par une espèce de fidélité idiote au régime de la RDA, elle n'a rien voulu entendre ; je me suis disputée avec Paul à cause de ça. C'est là qu'il m'a dit que mon zèle pouvait cacher que c'était moi. Arius, quant à lui, avait complètement perdu le sens de la réalité. J'ai revu Kai à l'enterrement, c'est lui qui a fait mettre la plaque du Harrar ; il n'avait aucune idée de qui avait pu les dénoncer. Cela faisait des années qu'il n'avait plus de nouvelles de Jeanette, ni de Marat d'ailleurs. Maintenant il reste le dossier et ce serait bien que tu t'y remettes plutôt que d'aller perdre ton temps dans la chambre à coucher d'une presque sexagénaire ! »

*

Ma visite chez les Hasslinger n'aurait pas altéré mes relations avec Marianne si je m'étais contenté de lui rapporter mon émoi dans la chambre, devant les lingeries. Mais j'avais eu la mauvaise idée de lui raconter que la mère de Jeanette la soupçonnait d'avoir été celle qui l'avait dénoncée à la Stasi. En effet, à cette époque nous étions tous dans l'ignorance du fait que c'était Arius qui, à son insu, avait trahi les fugitifs. Le rapport n'en faisait pas état, des pages avaient été supprimées par le vieil homme qui, en les découvrant, dut sombrer dans un abîme de désespoir ou s'enfoncer encore plus profondément dans la démence. C'est quelques mois plus tard, grâce aux confessions de Götz dans les cahiers d'Elektrostal, que la méprise nous fut révélée.

Jusqu'alors, Marianne semblait trouver en moi un amant qui lui faisait oublier les vieux problèmes allemands, un émissaire d'une France ou d'une Autriche rêvées, loin des fantômes et du cauchemar de la RDA ; dès que je lui fis part des allégations de Lilo, elle ne me vit plus revêtu de ces vertus. Elle sentit le besoin d'être lavée de tout soupçon et voulut commencer une procédure, sinon une enquête pour savoir qui avait dénoncé Jeanette. Elle se mit à étudier le dossier en quête d'un indice. Je lui fis lire les pages du rapport concernant l'arrestation de Jeanette, des passages du rapport concernant mon père. Elle s'étonna des relations d'Arius et de mon père. Bien que je lui en aie déjà parlé, elle ne s'imaginait pas qu'ils se soient retrouvés si facilement après vingt ans ; surtout elle s'étonnait que tant de détails aient été accumulés à leur sujet. Malgré son changement d'humeur, elle ne put se retenir de rire en lisant que mon père avait chanté le chachacha dans le salon de l'Interhotel. « J'aurais bien aimé le connaître, me dit-elle, en tout cas, tu ne lui ressembles guère ! » J'allais lui dire que je trouvais cela ridicule quand mon esprit fut soudain retenu par la pensée que cette histoire de chachacha, je la tenais de Larcher et non du dossier. Je lui fis part de cette coïncidence. Depuis que j'étais plongé dans les rapports, leur empire avait été tel que je ne faisais plus toujours la différence entre ce que j'y découvrais et ce que j'apprenais par les récits de mes connaissances berlinoises. Je dis à Marianne que Larcher m'avait raconté la même histoire et en utilisant des termes semblables. Elle eut comme une expression d'illumination : « Larcher, après tout, pourquoi n'aurait-il pas travaillé pour la Stasi. Je ne sais pas grand-chose de lui, sinon qu'il a beaucoup vécu à l'étranger.

« Je ne le vois pas travailler pour la Stasi ; il m'a dit qu'il avait été fonctionnaire de l'Intrac.

— Il ne s'en est pas vanté devant moi. Chacun sait ici que l'Intrac cachait une officine secrète de la Stasi, la Koko, dont la mission était de traiter avec des entreprises de l'Ouest capitaliste. Par exemple, d'obtenir des crédits auprès du gouvernement bavarois. C'était un État dans l'État… Eh bien, tu peux être sûr que Larcher, tout amical qu'il fût, a été l'informateur chargé de surveiller ton père…

— Ça n'empêche pas que je le trouve sympathique ; sa manière de me confondre avec mon père. »

Je dus me rendre aux raisons de Marianne. Je ne lui cachai pas mon dépit. Je me mis à lui en vouloir d'avoir détruit mes illusions à l'égard de Larcher, qui m'offrait une si belle image de mon père et qui faisait de moi son fils parfait. Avec aigreur, je lui dis qu'en tout cas cela ne nous avançait guère pour ce qui concernait le cas de Jeanette.

« On ne sait jamais…, fit-elle. Il y a son fils, Raul, qui a eu des relations avec elle, à Charleville, et sans doute après. Si le fils Larcher ressemble autant à son père que toi au tien… Un de ces jours, je vais aller les trouver et leur dire ce que je pense de tout ça… Peut-être que j'arriverai à quelque chose. »

*

Mon sentiment pour Marianne s'était peu à peu refroidi à la suite de ma visite chez Lilo. Je lui en avais voulu de m'avoir ouvert les yeux sur les Larcher chez qui j'avais décidé de ne plus retourner. Depuis quelque temps elle semblait regretter de s'être si vite séparée de son mari. Ce n'était pas qu'elle le vît beaucoup puisqu'il était reparti en Tanzanie. Mais je crois qu'elle me reprochait secrètement de ne pas vouloir la suivre dans ses démarches pour éliminer les soupçons que Lilo avait sur elle et pour confondre le vrai coupable, Larcher ou Raul, son fils, car elle s'était convaincue que ce dernier n'était pas pour rien dans l'arrestation de Jeanette. Seulement il fallait des preuves ; elle contacta un avocat spécialisé dans ce genre d'affaires. Et, comme cela n'allait pas assez vite, elle se rendit chez Larcher et, tout de go, lui fit part de ses soupçons. Les choses se passèrent mal ; il eut un malaise cardiaque deux jours plus tard. Il s'en remit mais, sur les conseils de son fils, il déposa une plainte contre Marianne. Où était la douce idylle de ma première arrivée à Berlin ?

Mais moi-même je me sentais moins requis par cette image de femme allemande que j'avais aimée en elle et, comme elle, j'étais de plus en plus captivé par cette chimère de Jeanette qui s'était condensée par la grâce des caractères de la machine à écrire de Götz, par les photos qu'il avait faites et celles que j'avais vues chez Lilo. Singulièrement, c'est plus chez moi, à N…, qu'à Berlin que j'étais captivé par ce personnage spectral et son paysage. Si bien sûr ni Jeanette ni Arius n'étaient jamais venus à N…, il n'en était pas moins évident que les ondes de leur existence s'étaient propagées jusqu'à ces lieux. Du moins m'avaient-elles, depuis que je les avais découvertes, permis de découvrir ma ville sous un autre aspect. Ainsi allais-je souvent me promener du côté de la SOE, qui n'était plus qu'une friche industrielle, considérer la grille rouillée, la cour, où prospérait une végétation sauvage, et le carreau brisé et poussiéreux du bureau de mon père, me disant que c'était là qu'un jour avait été rangée dans le coffre de la 403 la valise contenant la rançon des quatre officiers de la Mission militaire de Potsdam, que c'était là que la fille aînée d'Arius avait travaillé. Il m'arrivait aussi de passer devant les locaux de l'imprimerie de Langelot en songeant que ces lieux, depuis devenus successivement laboratoire photographique, agence immobilière, enfin pizzeria, avaient été le théâtre du départ de mon père et de son bouffon pour leurs équipées en RDA. Et toujours dans les espèces de représentations théâtrales que je me faisais à partir du décor de ces lieux, il y avait un lointain, un fond de perspective où se tenait Jeanette de Potsdam, celle dont me parlait Marianne, surtout celle dont Helmar Götz et Arius étaient les constructeurs.

29

La seule fois que je rencontrai Arius à Vienne fut aussi la dernière qu'il y résida. Depuis son retour de Moscou en Allemagne dans les fourgons de l'Armée rouge jusqu'à cette époque, Arius se rendit une quinzaine de fois dans la capitale autrichienne. D'abord en qualité de décorateur invité au théâtre Scala, la scène viennoise soutenue financièrement par le Parti communiste autrichien, scène qui fonctionna jusqu'en 1956 ; après cette date il travailla dans quelques autres théâtres. Son activité au service de Götz ne fit pas cesser ses voyages à Vienne ; au contraire. Sa connaissance de la ville, de ses milieux artistiques était d'un intérêt certain pour le ministère de la Sécurité, qui s'arrangea pour le faire inviter à des congrès et lui faire confier quelques menus travaux dans des théâtres d'avant-garde viennois. En 1972, l'ouverture de l'ambassade de RDA à la place de l'ancien consulat dans le quartier de Hietzing fut pour la Stasi l'occasion d'y installer une antenne avec laquelle Arius eut quelques contacts. Il logeait dans un petit hôtel non loin de là et il se rendait régulièrement à l'ambassade pour faire ses rapports téléphoniques à Götz. C'est l'époque à laquelle Frau Holty, la patronne de la librairie Kosmos, et son mari l'avaient croisé dans le quartier.

Je ne sais pas s'il était descendu dans cet hôtel lorsque je le vis avec Jeanette, à la fin du mois de décembre 1975, chez Emmy, mais je crois qu'à cette époque il ne travaillait plus pour la Stasi. Quant à Emmy, elle ignorait cette dernière activité autant qu'elle avait ignoré son service au GRU avant et pendant la guerre.

Ils s'étaient retrouvés après qu'Anke eut décampé de Potsdam. Arius ne pouvait se résoudre à cette issue. Deux ans après la disparation de sa fille, profitant d'un séjour de quelques jours à Vienne, il avait pris contact avec Emmy, supposant qu'elle avait de ses nouvelles. Anke était depuis quelques mois en France quand, sur le conseil de mon père, elle avait joint sa mère pour lui annoncer qu'elle ne tarderait pas de se marier avec lui. Ils étaient allés ensemble à Vienne et Emmy leur avait accordé sa bénédiction les larmes aux yeux. Quand elle avait su que son futur gendre avait été le compagnon de prison de son mari, elle s'était écriée : « *Na servus !* » avant de vider d'un coup un verre de cognac ; secrètement, elle pensait que Manfred pourrait revenir un jour auprès d'elle.

Mon frère et moi avions fait connaissance d'Emmy depuis deux ans lorsqu'elle revit Arius pour la première fois depuis la guerre. Elle lui avait donné rendez-vous dans un café de la Währinger Strasse, espérant convoquer les génies du lieu qui avaient favorisé leur rencontre en cette rue quarante ans plus tôt lorsque le palais de Justice brûlait. Au cours de leur conversation, elle parla de mon père, de moi qu'Anke songeait à envoyer à Vienne. Par la suite, elle essaya de réconcilier Arius avec Anke ; il en voulait à celle-ci de s'être enfuie ainsi. C'est alors qu'Emmy apprit qu'il était remarié, père d'une petite fille ; elle fut déçue ; pour autant elle ne renonça pas à le revoir. En janvier 1973, elle lui fit part de mon intention de venir travailler à Vienne ; il avait des relations dans le monde de la culture ; peut-être pourrait-il me trouver quelque chose qui aurait un rapport avec les livres. Il lui arrivait de se rendre à la librairie Kosmos pour s'y fournir en livres français. Depuis ses débuts au théâtre Scala et la partition de la ville en quatre zones, et dans le cadre de rencontres interalliées du Ier arrondissement placé sous contrôle commun des quatre puissances, il connaissait certains anciens militaires français du renseignement qui officiaient dans le sous-sol lambrissé de la librairie. Arius n'était pas non plus un inconnu pour ma future patronne ; c'était un client depuis 1947 – il lui demandait des ouvrages sur le théâtre, de la poésie française, des études sur Rimbaud ou Laforgue – et elle l'avait souvent vu avec un de ses chefs français au café Diglas situé quelques dizaines de mètres plus loin. À Vienne, ses relations avaient été précieuses pour la Stasi ; dans son dossier, Götz fait état d'une cinquantaine de rapports rédigés par Arius entre 1969 et 1974, rapports concernant des artistes allemands de l'Est, hongrois, tchèques, dissidents, transfuges ou invités qui évoluaient dans le milieu théâtral viennois. Lorsque Arius demanda à Frau Holty si par hasard elle n'était pas au courant de quelque institution culturelle viennoise qui pourrait accueillir un jeune Français, elle répondit que justement une vendeuse venait de déposer un préavis et qu'on ne s'était pas encore inquiété de la remplacer. La jeune vendeuse était Blondine.

*

Au contraire de Götz, qui avant de découvrir Jeanette l'aimait à travers sa généalogie fabuleuse et l'aima parce qu'elle était la fille d'Arius et de Lilo, je n'ai, je pense, aimé vraiment

Blondine qu'après la lamentable histoire de Badgastein, quand elle fut plus qu'elle-même et condensa dans mon souvenir tout mon amour de Vienne et ce que j'allais par la suite découvrir de cette ville, tant il est vrai que lorsque je la rencontrai pour la première fois – elle se tenait en haut de l'escalier de bois de la librairie et moi en bas remontant du sous-sol où un colonel français en retraite m'avait fait signer mon contrat de travail – ma connaissance de la ville et de l'Autriche se résumait à la valse viennoise et à *L'Auberge du Cheval-Blanc*.

Ce n'est que lorsque je fus rentré en France, claquemuré dans l'immense maison construite en lisière de forêt par mon père et ma belle-mère, ce n'est qu'en écoutant des récits de jeunesse de celle-ci, qu'en me consacrant à la traduction du manuscrit d'Arius, dans ses livres atterris là, romans, livres d'histoire, dans ceux qu'Emmy m'envoyait, que se construisit l'arrière-plan théâtral de Blondine. Et cet arrière-plan théâtral, je le vois bien maintenant, quarante ans plus tard, était dominé par des cintres où agissait le démiurge qu'était Arius. Arius, décorateur incomparable qui avait malgré lui offert sa fille à mon père, m'avait trouvé ce travail à Vienne et légué malgré lui son étude où il était question du *Cénotaphe*. Arius décorateur de théâtre dont la dernière œuvre aura été ce décor de Blondine, Vienne plutôt matinale, saillant de l'Ouest enclavé dans l'Est, pétrifié entre les deux blocs de la guerre froide, avec ses palais baroques aux façades pas encore ravalées, ses tours de DCA dans l'Augarten et le parc Esterházy, ses tramways ferraillant dans des rues, le monument à l'Armée rouge et sa faction près du Belvédère, la librairie Kosmos elle-même avec son modernisme suranné de bois et de marbre, quelque église d'un baroque trompeur où Blondine allait communier.

Puis il y eut cette inoubliable rencontre dans le couloir, chez Emmy, et la triste affaire du disque de Jeanette. Ce qui s'était passé avant, je le sais enfin, je le sais grâce à Götz, à son rapport insensé et aux cahiers d'Elektrostal encore plus insensés. Emmy avait enfin réussi à convaincre Anke et mon père de revoir Arius qui, vaguement inquiet de l'avenir de Jeanette – son divorce était tout récent –, s'était mis en tête que celle-ci pourrait compter sur sa grande sœur si un jour il n'était plus là. La rencontre fut décidée deux semaines auparavant alors que Manfred s'apprêtait à partir pour Vienne où il était invité à un colloque sur le décor baroque dans le cadre de l'Institut d'histoire du théâtre. Il emmena Jeanette avec lui car Lilo et Hasslinger étaient allés passer Noël dans la famille de celui-ci, famille qui ne supportait pas trop la petite ; c'était aussi une occasion pour elle de découvrir les fêtes de Noël, plus attractives à Vienne qu'à Berlin-Est.

Quelques heures avant la rencontre, la Kandlgasse était déjà en émoi. Emmy avait préparé des pâtisseries et s'était mise sur son trente et un. Anke nous avait envoyés, mon frère et moi, à une exposition à l'autre bout de Vienne. Seul mon père était détendu. Lorsque le timbre de la sonnette se fit entendre, Emmy jeta son tablier dans un coin de la cuisine et courut à la porte. Il y eut des effusions. En accrochant son chapeau et son loden à la patère dans le couloir, Manfred demanda si mon père et Anke étaient bien là. « On vous attend dans le salon ! » répondit Emmy. Mon père et Anke s'y tenaient en effet, debout. Manfred y entra avec une expression un peu ironique. Jeanette se cachait derrière lui. Anke alla vers elle, s'accroupit et lui dit : « Bonjour Jeanette ! N'aie pas peur ! Tiens, regarde ce que le Petit Jésus t'a apporté ! » et elle l'emmena dans la pièce voisine au pied du sapin où elle lui montra deux paquets pour elle. Pendant ce temps, Manfred discutait avec mon père comme s'ils s'étaient vus la veille. C'est là que mon père lui raconta dans le détail comment Anke et lui avaient franchi la frontière. « Tu as toujours été un champion pour les évasions ! » lui dit Manfred. Emmy tournait autour d'eux avec le thé et des gâteaux. Au pied du sapin, Anke expliquait la crèche à Jeanette : la Sainte Famille à quoi elle ne connaissait rien parce que chez les Hasslinger on considérait tout cela comme des reliquats du monde bourgeois. Alors il y eut cette photo qu'Emmy fit de Jeanette à côté d'Anke près du sapin. Jeanette avec sa poupée Barbie dans la main gauche et dans l'autre son disque *Rondes et chansons de France*. Puis Anke voulut lui faire entendre son disque ; elle enleva le mien du plateau et le posa sur le tapis juste à côté ; enfin elle rejoignit son père et le mien, toujours occupés à discuter. Il faisait nuit quand Arius dit qu'il fallait qu'il reparte. On promit de se revoir, ce qui n'arriva jamais.

Au moment où Arius allait partir, mon frère et moi, rentrés depuis peu à l'appartement, sortîmes de la chambre au sapin de Noël, moi avec mon disque rayé à la main. Comme je l'ai déjà dit, je ne songeais alors qu'à celle qui m'attendait en France. Et à mon disque rayé. Je sais à ce jour que ce que j'aurais dû faire alors aurait été de m'abaisser, de me mettre à genoux devant Jeanette, d'avouer que j'avais volé quelque chose à son père et donc à elle. Et de la révérer comme Götz, après bien des turpitudes, finit par le vouloir plus tard, parce qu'elle était Jeanette Arius, arrière-arrière-petite-fille de Konstantin Arius, née un matin brumeux et ensoleillé de fin d'octobre comme il s'en fait dans le Brandebourg, parce qu'elle seule portait à la fois dans le fond des milliards de cellules qui composaient sa chair la trace des drames de l'Histoire, mais aussi parce que c'est sur sa tête que les dieux avaient tendu leur main et qu'elle avait ce que sa sœur n'aurait jamais, malgré le charme qu'elle put avoir un certain temps à mes yeux : cette parenté charnelle avec le pays mystérieux de mon enfance, et une folie, venue d'on ne sait où, mais certainement pas de Vienne, plutôt du ciel utopique tendu au-dessus de l'Est infini pour y engendrer des désastres poignants. Car c'est là que, dans sa propre folie, Götz avait raison, et il aura fallu que je lise son rapport et ses cahiers pour que je le sache, Jeanette était la résultante idéale, exceptionnelle de tous ces désastres.

Iphijeanette

(2)

30

Prison, *Kerker*, *carcere*, ce thème de la prison revient souvent dans la thématique décorative du théâtre baroque ; thématique à laquelle, dans son essai, Arius consacrait une analyse étrange, d'un côté proche des canons du marxisme, de l'autre en accord avec une sorte de psychologie des archétypes, quelque chose que de nos jours on appellerait l'analyse anthropologique de l'imaginaire. Aujourd'hui que sa personnalité m'est plus intime, j'en arrive à me demander si lui-même parfois était tenté de croire que son existence avait été régie par cette thématique baroque – selon le dessein d'un *deus ex machina*.

Prison, *Kerker*, *carcere*, comme son père, Jeanette n'échappa pas à ce motif. J'en ai déjà fait part : en mai 1986 pour insulte et dégradation de biens de l'État, elle fit un séjour de quarante-huit heures au présidium de la police, Keibelstrasse, et ne dut d'échapper à un procès et à une condamnation qu'à l'incommensurable amour que lui portait Helmar Götz, alors capitaine de la Stasi. Mais ce séjour n'est rien en comparaison des deux ans et demi qu'elle passa à l'affreuse maison pénitentiaire de Hoheneck où elle entra le 15 décembre 1986 dans le milieu d'une après-midi au ciel pur et au soleil bas, rien en comparaison des six mois qu'elle passa dans une clinique psychiatrique de Pirna, cela encore à cause de l'incommensurable amour de Helmar Götz.

Transférée de la prison de Hohenschönhausen quelques jours après son procès, elle arriva à Hoheneck en minibus avec deux autres femmes. La prison est située à deux cents kilomètres au sud-est de Berlin, en Saxe exactement. Telle que la découvrit Jeanette du minibus où elle était attachée par des menottes à une barre de fer, la prison de Hoheneck se présentait de loin, avec ses hauts murs de brique, son clocheton et son pignon néogothique, comme une sorte d'église-forteresse des Teutoniques ainsi qu'il en existe dans ce qui fut la Prusse-Orientale. Jeanette savait-elle que cette prison devait une bonne part de son architecture à son ancêtre Theodor ? Quand plus tard Arius apprit dans quel endroit sa fille avait atterri, il s'enfonça un peu plus dans une dépression magique qui lui fit entrevoir qu'une fois encore tout de son histoire répondait à une mystérieuse nécessité. Il pensa aussi qu'il avait bien fait de disparaître de Vienne et de se séparer de sa fille Anke quarante ans plus tôt ; celle-là au moins aurait échappé à la malédiction qui le poursuivait.

Pour se souvenir d'avoir peut-être vu un jour dans les archives de son père le plan en élévation de la prison de Hoheneck confondu avec les décors de *La Pucelle d'Orléans*, Jeanette était trop absorbée par l'étendue de son malheur et ce ciel nu d'hiver sur quoi se détachait la massive forteresse.

Le minibus s'arrêta devant le portail de la prison, de style médiéval, mais dont les antiques portes avaient été remplacées par un lourd volet d'acier riveté qui se basculait verticalement. Après que le chauffeur eut présenté tous les documents nécessaires, le minibus s'engagea sur une rampe le long d'une muraille intérieure et finit par arriver à une cour rectangulaire où se tenaient des policiers, armes sous le bras. Sur ce court trajet, Jeanette eut le temps d'apercevoir le décor : les murs de brique lépreux et lichéneux, couronnés de tortils barbelés, les projecteurs, les grilles, les miradors ; les fossés où aboyaient des chiens aux regards tordus.

À leur descente, elle et ses compagnes furent amenées à un bureau où se tenaient trois femmes fonctionnaires. Les ordres se succédèrent : « Le regard au sol ! », « visage face au mur ! » selon l'endroit de la prison où elles se trouvaient. Puis les bruits de grilles, de portes de fer qui se ferment. Comme les deux autres, Jeanette eut à confirmer son identité ; on lui signifia son matricule, 742, et le motif de sa condamnation, qu'elle n'écouta même pas tant depuis des jours on n'avait fait que de le lui répéter. Enfin on la conduisit à une glaciale salle couverte de tôle ondulée et éclairée par des lampes à abat-jour de fer-blanc. Des femmes s'y tenaient derrière une sorte de comptoir. D'une voix grinçante comme de la ferraille, l'une d'elles lança : « Déshabillez-vous complètement, *dalli* ! » Jeanette s'exécuta. Une autre vint examiner sa chevelure, ses aisselles et sa toison en quête de possibles poux, puis la saupoudra d'insecticide. Jeanette rangea ses vêtements dans un sac qui alla en rejoindre d'autres en haut d'une penderie et elle prit ceux qu'on lui tendit avec sa literie et des effets de toilette ; on lui remit aussi des godillots qui allaient résonner au pas avec bien d'autres dans les couloirs et les escaliers, une veste et un pantalon d'une couleur de cendre sombre, une chemise grise et surtout un foulard court qu'elle devait porter noué autour de la tête dès qu'elle n'était pas en cellule.

Plus que sur les sentiments qui alors peuvent affecter Jeanette dans ce lieu terrible de Hoheneck, prison pour femmes, je voudrais m'arrêter sur la composition à laquelle elle s'adonne sans le savoir dans cette salle sinistre au moment où elle se tient nue sous les yeux de la gardienne, une grosse femme galonnée, à la face bouffie et aux sourcils épais et charbonneux. Jeanette offre sa nudité, celle que je lui ai vue en rêve sur le mystérieux tableau de son père, et, par de hautes impostes munies de barreaux, entrent les derniers rayons de ce jour d'hiver ; et son corps un peu malingre où ressortent parfois ses flancs striés de mauve à cause des lueurs du jour, ce corps est comme offert à l'amour du Ciel qui vient le prendre par ces lumières allemandes, tombées des abat-jour de tôle ; et dans la nuée poudroyante d'insecticide qui flotte un moment autour d'elle, la voici comme une apparition. C'est donc quelques jours avant Noël de 1986 ; onze ans auparavant, elle était à Vienne, et moi aussi, pour que quelque chose de ma destinée s'ajustât à la sienne.

Dans une pièce voisine, une femme médecin lui pose la question. « Pas enceinte ? Pas de retard dans les règles ? » À quoi Jeanette répond que si, cela fait trois ans qu'elle est enceinte des œuvres de Jean-Nicolas-Arthur Rimbaud, un Français qu'elle a connu à Charleville. L'autre dit tout simplement avec un sourire mauvais : « Qu'est-ce que ces jeunes ne vont pas chercher ! »

Même si les prisons de RDA dépendaient du ministère de la Justice, il n'en était pas une qui ne fût soumise à la surveillance de la Stasi, et Hoheneck n'échappait pas à cette loi. De certaines cellules, les prisonnières pouvaient voir deux fenêtres qui parfois restaient illuminées très tard le soir, elles correspondaient aux deux bureaux contigus des fonctionnaires de la Stasi en poste à la prison ; c'est en me fondant sur le rapport d'informatrices inofficielles, car la population carcérale de RDA n'échappait pas à cette mode, autant qu'à ceux des surveillantes, que j'écris ces lignes. Götz n'a rien à voir là-dedans ; à l'époque où Jeanette est à Hoheneck, il travaille sous la surveillance terrorisante de son beau-père à la centrale de la Stasi de Berlin.

*

Après quelques heures passées dans sa cellule, elle se retrouva dans un dortoir de trente. De trois lits superposés, la chef de chambrée lui attribua celui du haut. Celui du dessous était occupé par une petite grosse au nez en pied de marmite, ayant la cinquantaine. Avec un accent saxon, elle lui demanda si elle était une « politique ». Jeanette lui répondit d'un « oui » étranglé. L'autre lui dit de prendre ses précautions pour la nuit car elle avait le sommeil léger et n'avait pas envie d'être dérangée par du remue-ménage au-dessus d'elle.

Jeanette ne répondit rien mais elle tremblait. Quand elle se rendit aux toilettes, elle vit qu'elles consistaient en deux cuvettes installées près des lavabos et ainsi exposées à la vue de toutes ; elle fut incapable tant elle était contractée parce que deux autres détenues la regardaient. Malgré sa fatigue, elle dormit à peine, tourmentée par une envie qui la prit après s'être couchée et la lumière qui restait constamment allumée. Elle ne fit qu'attendre qu'on sonnât le réveil. Quelles furent autrement ses pensées durant la nuit ? Elles tournaient autour de quelques questions. Qui les avait dénoncés ? Comment avait-on pu savoir qu'ils voulaient passer à l'Ouest et de cette façon ? Pourtant Kai et Marat lui avaient assuré qu'ils n'en avaient parlé à personne. Et c'était sûr qu'ils n'en avaient parlé à personne ; depuis longtemps, ils connaissaient toutes les mesures à prendre pour échapper aux dénonciations et à la surveillance de la police. Et le moyen qu'ils avaient choisi ne pouvait pas éveiller les soupçons. Comme elle l'avait fait depuis son arrestation, elle passait mentalement en revue toutes ses rencontres, essayant de se rappeler ce qu'elle avait bien pu dire qui eût pu les trahir ; tout lui apparaissait dans des visions électriques et brûlantes. Elle réussit à s'endormir peu de temps avant 4 heures du matin, heure à laquelle les détenues étaient réveillées.

La première journée ne fut qu'une suite de malheurs. Elle dut attendre son tour pour prendre sa place sur le siège. Puis elle fit une toilette sommaire au lavabo. Pris dans un réfectoire immense au mobilier spartiate et imprégné de relents de sauce froide, le petit déjeuner était infect ; tout était gris : le pain rassis, le café insipide, le sucre bizarre. À 5 heures, l'appel ; dix minutes plus tard, elle fut affectée dans un atelier proche de la prison. On y cousait de la literie. Une ancienne lui montra comment se servir de la machine à coudre. Il y eut des menaces d'une espèce de contremaîtresse parce que Jeanette cousait de travers et pas assez vite. Au repas, elle renversa sa gamelle de haricots sur son pantalon. À la pause, elle dut aller aux toilettes pour le nettoyer ; elle vit rôder autour d'elle une des deux détenues qui la veille l'avaient observée. Elle termina la journée de travail à 12 h 30 ; elle déjeuna d'une terne pitance et put changer son pantalon dans sa cellule, où elle resta assise sur son lit de fer. Le soir, elle eut un avertissement pour ne pas avoir effectué le travail convenablement.

Si, en reprenant son projet historicisant de décor de théâtre pour Hoheneck, Theodor Arius avait montré sa préférence pour le néogothique et s'il n'avait pas conféré à cet édifice le pittoresque des prisons de Piranèse, dont Jeanette avait pu voir les gravures chez son père, prisons fantastiques par leurs perspectives infinies, leur prolifération architectonique et leur appareil théâtral fait de chaînes, de rouages, de potences, évoquant mille tourments spectaculaires, on peut dire que la fantaisie carcérale du baroque et classique de Piranèse avait été transposée par l'administration pénitentiaire dans l'horreur morale et le cauchemar, car, bien qu'on l'appelât le château et malgré un extérieur pittoresque, Hoheneck, c'était la rationalité froide et moderne ; éclairages aux néons, carrelages blancs, béton et fer.

Et tout droit sortie de ce décor, ce fut une vieille femme aux cheveux jaunâtres tirés en chignon qui, un soir, juste au moment du coucher, salua ainsi Jeanette : « *Heil Hitler !* » et se présenta comme la « grande-duchesse d'Auschwitz ».

Jeanette lui dit son prénom. « Jeanette comment ? » fit la vieille. Alors, prise au dépourvu, Jeanette répondit : « Rimb ! Jeanette Rimb ! »

La femme était accompagnée par deux gardiennes ; elle tenait un petit sac en jute à la main et venait prendre possession du lit du bas, sous celui de la Saxonne. Son sourire édenté était plutôt un rictus. Un corps sec et jaune autour duquel flottait la tenue de prisonnière, d'une propreté douteuse. « C'est pas à toi que je parle, dit-elle s'adressant à la Saxonne au-dessus, c'est à la petite ! Bienvenue, mon ange !

— Tu vas pas encore nous emmerder avec tes histoires ! » grogna l'autre. La vieille femme fit le geste de rajuster son soutien-gorge à son épaule, rangea son sac sous son lit et s'allongea. Avant de repartir les gardiennes lui lancèrent : « Maintenant tiens-toi à carreau ! Et ne va pas faire les mêmes ennuis que dans l'aile sud, sinon on te remet à l'isolement ! » La vieille continuait malgré les protestations des autres. Elle voulait savoir l'âge de Jeanette et quand les autres, lassées, lui dirent qu'elle avait dix-huit ans, la femme continua son monologue. « Dix-huit ans ! J'en avais dix de plus, mon cœur, quand j'ai fait mon premier bal à Vienne, au Bristol ; je ne me doutais pas que ça m'amènerait ici ! »

C'est ainsi que Jeanette vit pour la première fois Therese Dürring, arrêtée avec d'autres femmes auxiliaires de la SS à Breslau par les Russes en 1945 et condamnée à la prison à perpétuité pour avoir laissé mourir de faim des enfants juifs au camp d'Auschwitz. Depuis ce moment, elle avait passé son temps dans les prisons de RDA ; et cela faisait cinq ans qu'elle était à Hoheneck sans autre espoir d'en jamais sortir que morte. Des cas comme Therese Dürring, Hoheneck en présentait quelques-uns mais le gros des prisonnières était constitué de filles incarcérées pour marché noir, de meurtrières relevant du droit commun, et notamment coupables d'infanticides. Les politiques étaient plus rares. Jeanette se trouva dans la même chambrée que Brigitte Krasinski, un professeur d'histoire de Leipzig qui avait tenté de passer à l'Ouest avec son mari et son fils serrés dans la cache d'un camion. Elle avait écopé de trois ans de prison et n'avait plus aucune nouvelle de sa famille. Therese Dürring, Brigitte Krasinski furent les premières relations que noua Jeanette ; s'y ajouta Bärbel Hudow, une Poméranienne infanticide de vingt ans, au physique de jument, et Frauke Scholz, une ancienne conductrice de camion qui, un jour de désespoir, avait tenté de forcer la frontière avec son véhicule. Tout cela, comme les événements qui suivent, est strictement noté dans le dossier de Jeanette ; c'est au bureau de la Stasi de la prison que l'on doit ces informations, plus précisément à une collaboratrice inofficielle dont le pseudonyme est Andrea et dont on peut se demander si elle ne fut pas, pour être aussi bien renseignée, une des quatre compagnes de Jeanette.

Les premières paroles qu'échangèrent Brigitte Krasinski et Jeanette eurent simplement pour objet les raisons de leur incarcération ; c'est ce qui les rapprocha. Pourtant si Jeanette avoua qu'elle aussi avait tenté de passer à l'Ouest, elle ne dit pas de quelle manière, éludant la question. Brigitte comprit sans doute que Jeanette craignait d'être en face d'une moucharde et ne voulait trahir personne. De toute manière cela n'avait aucune importance. Jeanette et Bärbel se lièrent à la suite d'un incident qui eut lieu aux toilettes le soir du troisième jour après son arrivée. Alors que Jeanette était assise sur la cuvette, les deux femmes qui l'avaient déjà tourmentée s'emparèrent des feuilles de journal qui servaient de papier hygiénique. L'imposante Bärbel leur fit cesser ce manège.

Ce qui souda le petit groupe fut l'exercice d'une pratique qui, bien qu'interdite, était assez répandue dans les prisons pour femmes de RDA : la cartomancie. Des consignes strictes condamnaient l'usage des jeux de cartes, non à cause du jeu mais simplement parce que les recluses les utilisaient pour la divination, que la divination était catégoriquement incompatible avec le matérialisme dialectique et que le camp capitaliste pouvait faire un usage de cette forme d'aliénation pernicieuse. Une annexe à cette circulaire spécialement rédigée pour Hoheneck ajoutait que les administrations pénitentiaires devaient être vigilantes à l'égard de ces pratiques qui, à l'examen de certains précédents, avaient aussi amené leurs adeptes à interpréter leurs rêves, ou encore à attendre l'apparition d'une dame blanche qui avait hanté l'ancien château, ce qui avait conduit à des délires mystiques, absolument intolérables dans une démocratie populaire.

Tel était le droit, mais dans les faits les directeurs de prison avaient d'autres soucis que l'interdiction des jeux de cartes, et, s'il arrivait que des gardiennes en confisquent et punissent celles qui en détenaient, c'était par simple délectation ou par représailles. Les informatrices de la Stasi, quant à elles, faisaient leur travail en rapportant de manière circonstanciée les séances de divination dont elles avaient été les témoins, les conversations qui s'y tenaient ainsi que les rêves que, dans ce cadre, certaine recluse avait racontés, et leurs supérieurs classaient soigneusement leurs rapports ; on considérait peut-être qu'il y aurait toujours moyen de tirer quelque information utile des conciliabules qui avaient lieu autour des cartes.

Ainsi, dans cet univers de rationalité cruelle et glacée qu'était Hoheneck, l'âme humaine trouvait encore le moyen de ne pas s'éteindre complètement, et le rêve éveillé autour des cartes était un de ses derniers refuges. La question la plus souvent posée aux cartes concernait le bus dont on savait qu'un jour, sans prévenir, il emmènerait une telle à l'Ouest. La veille, l'administration prévenait telle captive que c'était à son tour et qu'elle devait se tenir prête pour le lendemain matin. Chacun la regardait comme touchée d'une grâce incroyable. Le jour suivant, elle faisait ses adieux et s'en allait ; les grilles et portes blindées s'ouvraient devant elle et on savait que, dans la cour, l'attendait une voiture qui allait l'amener jusqu'au lieu où se trouvait le bus, véhicule merveilleux qui permettrait le transfert convoité et pour lequel l'Ouest avait payé près de cent mille Deutsche Marks. Pour les anniversaires ou Noël, on rêvait de lui, on faisait même des petites confiseries clandestines en forme de bus. Et régulièrement l'oracle des rêves ou des tarots le concernait.

Therese Dürring, alias « grande-duchesse », tirait les cartes. Elle possédait un jeu de tarots, dits « de Marseille », qui était abîmé. Il était usé par l'Histoire au point que les cartes étaient passées de la forme rectangulaire à une autre proche de l'ovale. Selon elle, une carte manquait qu'elle avait perdue dans une des prisons où elle avait atterri depuis son arrestation. Elle avait trouvé ce jeu dans un dépôt d'Auschwitz, précisément dans des stocks d'effets laissés par des Juifs, stocks dont un moment elle avait eu la responsabilité ; c'était juste avant que les Russes n'arrivent et qu'elle ne s'enfuît à Breslau. Il se trouvait dans une valise ayant appartenu à un Juif français qui sans doute était mort car à ses dires la date du dépôt remontait à 1943. Elle avait réussi à le dissimuler à toutes les fouilles ; à Hoheneck, les autorités la considéraient comme folle et fermaient les yeux sur ce jeu de tarots incomplet.

La première séance de divination à laquelle participa Jeanette eut lieu dans la chambrée un jeudi soir, un mois après son arrivée à la prison. Étaient présentes à côté d'elle Therese, Brigitte, Bärbel et Frauke. La lumière qu'on laissait durant la nuit permettait à Therese, couchée comme ses autres compagnes à côté et au-dessus d'elle, de distinguer sans peine les cartes. Au moment de la promenade du soir, en passant par la place d'appel, les femmes avaient vu que les deux fenêtres du bureau de la Stasi étaient illuminées. « C'est bon signe, avait dit Brigitte, ça veut dire qu'ils sont en train de préparer la liste de celles qui ont été achetées par l'Ouest et qui partiront après-demain. On espère toujours ! » C'est ce qui avait incité Therese Dürring à tirer les cartes pour savoir si une de ses compagnes serait du convoi.

Avant de les disposer, Therese les battit, les porta à sa bouche, à son cœur et prononça ces mots : « Que Dieu m'assiste dans cette convocation des quatre archanges ! » Elle se tut trois minutes, les yeux clos. Une fille ronflait déjà dans son lit un peu plus loin, une autre jura, mais Therese restait imperturbable ; enfin elle prononça : « C'est bien ! C'est bien ! Jeunes esprits vous êtes les bienvenus ! » Elle fit couper Brigitte et disposa les cartes sur son lit selon la méthode divinatoire du tirage en croix. Puis elle commença à découvrir les lames. Avec lenteur et gravité. C'était la première fois que Jeanette voyait un tel jeu de cartes. Therese resta un moment silencieuse. Des profondeurs de la prison résonnaient des bruits de portes, de grilles. Au centre de la croix, énigmatique, souriait le Fou.

Therese prononça l'oracle en montrant le Fou et précisément le chien qui le mordait au mollet ; au même moment on entendit un chien aboyer dans une cour lointaine : « Non, ce n'est pas pour demain ! Quelque chose manque dans l'air et il y a le chien qui retient. » Puis, ayant ramassé les cartes, elle les plaça en éventail, faces cachées, et elle se tourna vers Jeanette : « Tu peux en tirer une ! » Mais Jeanette eut peur ; elle hésita ; d'un coup de coude, Bärbel l'encouragea : « T'as rien à craindre, ça marche jamais ; elle m'a prédit trois fois que je sortirais et tu vois je suis encore là ! »

Quelle carte tira Jeanette ? Le rapport de l'informatrice ne le dit pas ; mais il fait part des espèces de dévotions à la lune et aux étoiles auxquelles elle a commencé à s'adonner plus tard au printemps, dans les toilettes. La nuit on peut y être seule, et surtout il y a deux fenêtres qui donnent sur le ciel et les tours de la prison. On peut même les ouvrir. C'est si haut perché que c'est le seul endroit où le regard n'est pas arrêté par des murailles. Elle l'a raconté aux autres ; un soir, elle s'est rendue aux toilettes et, sans allumer l'éclairage, a ouvert une fenêtre. Une bouffée d'air printanier insoupçonnée l'a enveloppée ; c'était la pleine lune au-dessus de la prison et le toit d'ardoise d'un bâtiment ruisselait de sa lumière. Alors Jeanette a entendu un glissement derrière elle et, dans la pâleur lunaire, elle a cru voir la dame blanche ; c'était Therese. La vieille était accroupie, penchée sur quelque chose qui lui occupait les mains et qui jetait quelques reflets.

« C'est beau, hein ? Mais il faut être jeune comme toi pour jouir pleinement de cette nuit. Moi, ça ne me fait plus vibrer comme autrefois. » Elle continuait de s'affairer. « Jeanette Rimb, un jour toi aussi, le bus viendra te chercher et tu partiras pour l'Ouest. Tu trouveras un gentil garçon et tu auras des enfants. Je le sais, les cartes me l'ont dit.

— Je suis déjà mariée, avec un Français, et j'attends un enfant.

— Voilà, c'est ça, tu partiras pour la France et tu pourras élever ton petit... »

Jeanette allait repartir quand elle vit que Therese astiquait des chaussures, de vieux escarpins ; son étonnement dut se voir pour que l'autre lui expliquât : « Je les ai fabriqués à la prison d'Erfurt. Mais c'était destiné aussi à partir pour l'Ouest comme la literie qu'on fabrique ici. On ne leur coûte rien à ceux de l'Ouest et ils peuvent se glisser pour pas cher dans des draps comme il faut, ou se chausser grâce à nos misères. C'est à cause d'escarpins comme ça que je suis ici. Mais c'est beaucoup plus ancien qu'Erfurt. C'était à Vienne, au bal. On m'a volé mes belles chaussures. Le résultat, ç'a été que j'ai perdu mon amoureux. Il a dansé avec une autre. Ça me poursuit. Tu ne peux pas savoir. À Auschwitz, j'en ai trié des godasses, et à la prison d'Erfurt, quand on m'a flanquée à la fabrication des chaussures, je me suis dit que c'était fait exprès. Comme était faite exprès la carte de tarot que j'ai perdue ; c'était mon amoureux... Oui, ça me poursuit ! »

Jeanette a commencé à se dire que la prison n'était pas plus hermétique à l'âme de Rimbaud que son corps ne l'avait été dans la forêt des Ardennes. Elle s'est mise à penser que ses souliers de princesse usés au bal, ses escarpins de Charleville, ses escarpins aux semelles de vent, c'était Therese qui les avait fabriqués à Erfurt. Elle s'est précipitée vers elle pour lui baiser les mains qui sentaient le cirage et la térébenthine.

31

Je parlais avec assurance de mon travail, d'un poste du directeur des études que mon établissement voulait me confier, des travaux dans notre maison, de notre nouvelle voiture, des vacances prochaines que nous allions passer chez un couple d'amis dans les Cévennes. Une tante charmante me disait que mon nouveau costume d'été et mon nœud papillon m'allaient à merveille. Ma femme s'approchait de moi pour qu'on nous prît en photo, là dans le jardin, à l'ombre du cèdre du Liban. Les dames s'extasiaient sur notre couple. « Allons, avancez-vous un peu plus dans la lumière ! Ne bougez plus ! Non, restez encore là, les parents et le grand-père avec vous pour la suivante ! » De temps en temps, les feuillages du tilleul masquaient la lumière du soleil à ceux qui posaient, le soleil de 15 heures peut-être, le soleil de ce dimanche 12 juillet 1987, où ma femme et moi fêtions notre dixième anniversaire de mariage, où les hommes de la famille étaient maintenant devant la télévision à regarder l'étape Brive-Bordeaux du Tour de France, parti de Berlin cette année-là.

Ce même soleil de 15 heures le 12 juillet 1987 fait pénétrer dans les couloirs bleus et déserts de la prison de Hoheneck un rayon de la lumière, comme dans l'eau d'un océan pour aller s'éteindre au fond des abysses. Bruits de godillots ferrés sur le carrelage des galeries, des clefs contre les rambardes métalliques et, à intervalles réguliers, grincement du judas qui s'ouvre et se referme ; sinon silence dans le château en proie à la canicule qui frappe le pays depuis dix jours. Jeanette écrit une nouvelle chanson. Elle l'écrit sur des talons de bordereaux et avec un petit crayon volé à l'atelier. Elle est obligée d'en user ainsi car on l'a privée de papier et du stylo réservé à la correspondance depuis qu'on a vu qu'elle l'utilisait pour écrire des poèmes de révolte.

Jeanette maintenant sait interpréter les moindres bruits de la prison, le moindre frôlement de l'air, des murs. Elle sait quand la surveillante approche pour tirer le judas d'un coup sec ; alors juste avant, elle cache son matériel dans son pantalon. Bruit de fer du judas, au fond du cratère, l'œil inhumain, anonyme et froid ; elle fait semblant de dormir. Fermeture ; elle peut reprendre son poème, son pauvre poème où elle raconte que, quand elle était montée au Pfingstberg, à travers les broussailles et les ruines, le ciel était bleu comme aujourd'hui. Ce n'était pas Arthur ce Marat, et, s'il n'avait pas l'œil gaulois, il avait l'œil russo-angolais et il posait sa tête sur ses genoux pour qu'elle lui récitât des poèmes d'Arthur. Il posait aussi son oreille sur son ventre pour écouter l'enfant qui, depuis trois ans qu'il avait été conçu du Saint-Esprit des Ardennes, attendait de venir au monde. Marat, lui, était le seul avec elle à croire à cet enfant, et il avait promis une fois qu'il serait là de l'aimer et de le protéger comme s'il en était le père, et même qu'il avait composé une chanson sur l'enfant de Rimbaud et de sa mère. Ou alors c'était Jeanette qui posait sa tête sur les cuisses de Marat et elle regardait à travers les branches des vieux hêtres tordus le haut de la tour du Pfingstberg se découper sur l'azur ; pour un peu on serait en Grèce ou à Rome.

Voilà ce que relit Jeanette, un poème en forme de lettre à Marat dont elle n'a plus aucune nouvelle depuis un an et demi. Pas plus que du reste de la famille d'ailleurs, sa mère et son beau-père qui ont eu honte d'elle, son père perdu dans ses rêves de Crimée ou de Pendjikent, qui la plupart du temps ne se souvient plus qu'elle est en prison. Pas plus que de Marianne qui l'a bien lâchée, puisqu'elle n'a pas répondu aux lettres que l'administration l'autorise à envoyer.

En est-il un qui pense à elle à cette heure où j'ai rejoint les autres devant la télévision ? Rétrospective du Tour depuis son départ de Berlin ; à un moment le peloton longe le Mur. Quelques secondes, la caméra donne un aperçu du ciel de l'Est, au-dessus de la clôture que les autorités de la RDA ont vérifiée pour l'occasion. Alors je ne sais pas ce qui me prend ; sans rien dire je monte dans ce qui fut la chambre de jeune fille de ma femme ; on m'y a installé un petit bureau avec des livres, il y a quelques années, attention délicate de mes beaux-parents pour que je puisse m'éclipser quand les réunions de famille deviennent trop longues. Dans la chambre, le silence des choses. Mais le sentiment de la perfection de cette journée qui est comme l'accomplissement de tout ce que j'ai renié d'un côté et souhaité avidement de l'autre, une vie rangée, sérieuse, heureuse, enfin ce bout de ciel bleu de l'Est, entré à mon insu comme un biseau de glace dans mon flanc ; c'est Jeanette ; elle a mouillé de sa salive le crayon trop sec comme une fléchette dans un curare merveilleux et, comme elle écrit, elle décoche un vers dans le ciel bleu au-dessus de Hoheneck, le vers monte très haut, décrit une parabole qui franchit le Rideau de fer, la frontière française et retombe quelque part en France, en Champagne, à N… ; cette flèche s'est à mon insu plantée dans mon flanc. Maintenant cela prendra peut-être des années, mais un jour il embrasera mon âme d'une fièvre incurable.

*

Veille de Noël 1987, dans la grande maison que mon père et Anke ont fait construire dans les Vosges quelques années auparavant, maison édifiée par un cabinet d'architecture austro-helvète selon les directives d'Anke. Elle fait penser à la fois à celles où l'on allait en villégiature dans le Tyrol et, avec ses immenses baies vitrées, elle ressemble quelque peu au Berghof de Berchtesgaden. Dans la haute et grande salle commune à mezzanine a été dressé et décoré un sapin haut de quatre mètres. Pour l'instant il est caché par des lés de papier qui descendent de la mezzanine jusqu'au sol. C'est le rite.

Mon père, mon frère, sa femme, leurs trois enfants encore tout jeunes, moi-même et ma femme, tous tirés à quatre épingles, moi avec mon éternelle veste de chasse autrichienne, attendons qu'Anke fasse tomber les lés pour nous découvrir le sapin illuminé. Et quand cela arrive, nous chantons *Stille Nacht* puis il me revient de lire l'Évangile de Luc. Après, c'est la distribution des cadeaux, ceux des enfants déjà qui s'émerveillent de leurs jouets électroniques en plastique. Puis celle des adultes. Pour moi ce sont surtout des livres. Comme mon père et Anke sont allés à Vienne la semaine d'avant, j'ai toujours droit à de la littérature autrichienne.

Avant même le dîner, je me plonge dans un roman fin de siècle. Par la baie vitrée, le paysage enneigé sous la lune. De l'autre côté de la vallée les lumières scintillantes d'un village. Mais je dois aller chercher le champagne que, toujours rituellement, on a laissé dans la neige dehors sur la terrasse.

D'un coup le silence et les odeurs mêlées de neige et de forêt. La lune très haute éclaire le monde.

Simultanéités poignantes. À la même heure Arius est chez lui ; assis sur le lit de Jeanette. Sur le plateau de son tourne-disque il a mis le disque qu'Anke a offert à sa sœur, il y a douze ans à Vienne. Il écoute un Noël français qui le plonge dans une rêverie infinie en même temps que son regard se pose par une porte ouverte sur un cadre accroché au fond de son atelier juste éclairé par la lumière lunaire passant à travers la verrière. Tout au fond c'est *Le Cénotaphe de Newton*, la gravure de Boullée, espèce de planète monstrueuse et énigmatique. Il a comme des sanglots secs qui lui secouent le corps.

Même lumière lunaire sur Hoheneck. Dans un coin du local des gardiennes un sapin malingre et auquel on a accroché des *Lametten* scintillant pauvrement au néon. Mais pour les détenues rien ; il n'y a aucune cérémonie, c'est un soir comme un autre dans ce lieu. Juste demain, il y aura une messe pour les volontaires, célébrée dans une chapelle, par un pasteur dont, paraît-il, on voit passer les bottes sous la soutane. Dans le dortoir de Jeanette, les filles ont sorti le jeu de tarots. Depuis qu'elles ont l'habitude de se réunir pour se raconter leurs rêves et tirer les cartes, elles se sont donné pour noms ceux des lames majeures avec une figure féminine, la Papesse, l'Impératrice, etc. Elles ont conservé les noms français car les intitulés du jeu sont dans cette langue. Jeanette, c'est la Lune, elle a choisi cette figure à cause de la baigneuse nue qui se trouve sous la lune et en souvenir de Charleville.

Ce soir-là, elles veulent oublier que, dans le monde, on fête la venue du Sauveur. Qu'à Stollberg même, à cinq cents mètres de la prison, on chante Noël, que le pasteur dit des paroles d'espérance vieilles de presque deux mille ans. Que l'on va s'aimer, s'embrasser. Depuis quelques mois, Jeanette n'écrit plus rien. Elle s'est fait prendre par la Congolaise, une surveillante monstrueuse, sans doute une dénonciation ; elle a été punie ; quinze jours de cachot. Ses poèmes ont été confisqués, transmis à la direction, qui les a fait suivre au bureau de la Stasi. On lui a pris son matériel.

Elle a fait des calculs en tenant compte de la date où ses règles ont cessé : il n'y avait pas de doute, ça serait pour décembre et dans son délire ce serait le 25 décembre. La grande-duchesse en a parlé aux autres lames majeures ; elles ont commencé par être agacées mais toute l'atmosphère supranaturelle accumulée sous le toit de Hoheneck a fini par avoir raison de leur scepticisme. Si rien ne sortait du ventre de Jeanette, un événement se produirait dans la nuit de Noël qui bouleverserait la prison, et elles se sont prises au jeu. Peu à peu, elles ont manifesté plus de soins pour Jeanette. Elles prenaient sur leur maigre repas pour qu'elle eût de quoi nourrir l'enfant dans son sein. Elles ont fini par en parler tout le temps et c'était comme une évasion. Elles se sont dit qu'elles finiraient bien par sortir de là et qu'alors elles vivraient ensemble, toutes les cinq à s'occuper du petit, et Jeanette affirmait que, le monde des hommes étant cruel, elles ne seraient pas assez de cinq femmes pour tenir l'enfant de Jean-Nicolas-Arthur Rimbaud hors de cette cruauté ; il y eut de nouveau des rêves du Harrar.

Cette veille de Noël, alors que je procède avec ma femme et Anke à la décoration du sapin, Jeanette, qui est à Hoheneck depuis un an, commence à sentir les douleurs ; à l'atelier elle a senti les premières contractions. Elle est allée plusieurs fois aux toilettes malgré les admonestations de la Congolaise, qui a fini par la secouer, la traiter de simulatrice et la menacer du cachot. Au dortoir, après qu'elles se sont couchées, les filles ont fermé les yeux pour dormir.

Des faits qui ont suivi, il existe deux versions enregistrées figurant dans le dossier de Jeanette. Celle de l'administration pénitentiaire fondée sur le témoignage des gardiennes et celle de la Stasi issue des témoignages d'une détenue informatrice. Selon les premières, vers 1 heure du matin, alors que tout était calme dans le dortoir, une bagarre s'est déclenchée entre six filles parmi lesquelles Jeanette, une de ses fidèles et deux droits communs. Les gardiennes et un policier sont intervenus pour les séparer et les conduire en cellules.

La version de l'informatrice de la Stasi précise les causes de l'affaire. Peu avant 1 heure Jeanette s'est mise à pousser des gémissements ; des droits communs l'ont insultée et ont hurlé qu'elles en avaient assez, qu'elle les empêchait de dormir. Les gémissements ont continué plus intenses. Jeanette a dit qu'il était temps et qu'elle venait de perdre les eaux. Deux droits communs se sont levées et approchées du lit de Jeanette pour la menacer si elle ne cessait pas. Therese Dürring est alors intervenue ; couchée dans le lit du bas, elle a attrapé le mollet dénudé d'une des droits communs qui s'agitait au-dessus d'elle et l'a tiré violemment au point que l'autre est tombée. Il s'est ensuivi un début de bagarre qui a nécessité l'intervention des gardiennes et de la police de la prison. Les filles impliquées dans l'incident ont été envoyées en cellules. Cependant, comme on remettait de l'ordre dans les lits qui avaient été bouleversés, une fille a découvert dans celui de Jeanette une étoile de carton recouverte de poudre scintillante. La gardienne en chef l'a prise disant tout haut qu'elle avait été volée sur le sapin du local. Et que c'était grave si les détenues pouvaient pénétrer dans le local. Pour le reste, le rapport concorde avec celui des gardiennes.

Après avoir mentionné les faits relevés par l'informatrice, le rapport de la Stasi fait mention des événements suivants. Sur le chemin de la cellule, Jeanette a réussi à échapper à la gardienne qui la maîtrisait. Elle est retournée au dortoir en criant qu'on lui rendît son enfant ; ses cris n'ont fait qu'augmenter quand elle a vu la Congolaise avec l'étoile entre les mains. Lorsque le policier et une gardienne l'ont rattrapée, elle s'est mise à hurler d'une voix rauque et en se débattant : « Rendez-moi mon enfant ! Rendez-moi Frédéric, c'est mon petit ! » Il a fallu l'emmener à l'infirmerie où on lui a passé la camisole et fait une piqûre de Lepinal 100. On est le 25 décembre 1987 ; Jeanette dort d'un sommeil noir et comateux. À la même heure, je suis dans une chambre de la grande maison des Vosges. Ma femme dort à côté de moi. C'est dans cette chambre que mon père mourra six ans plus tard d'une maladie mystérieuse, qui, vers la fin, sous l'emprise d'un délire passager, lui fera me dire tout bas à l'oreille des propos en allemand que je ne comprendrai que vingt ans plus tard en lisant le rapport Arius.

*

À la suite de l'incident de la nuit de Noël, les divinatrices furent séparées. Jeanette fut envoyée un mois dans un asile psychiatrique où, garrottée sur son lit, elle fut placée sous perfusion d'un cocktail de drogues. Quand on jugea qu'elle était calmée, on la renvoya à Hoheneck. Elle avait perdu six kilos. Elle se retrouva dans une autre chambrée où on la laissa tranquille. Le rapport dit qu'elle ne parla plus de sa grossesse.

C'est, lors de la sortie du soir dans la cour de la prison, trois jours après son retour, qu'elle apprit que Therese était partie à l'infirmerie ; une détenue, que Jeanette avait déjà croisée en prenant son équipe à l'atelier, la retint dans un coin de la cour et lui demanda si elle était bien le matricule 742 ; à quoi Jeanette, méfiante, ne répondit pas. Mais l'autre lui dit qu'elle venait de la part de la grande-duchesse. Jeanette lui demanda pourquoi Therese n'était pas à la promenade.

« Elle a préparé son coup. Elle a cassé une fourchette et avalé les morceaux. Avant, elle m'a donné quelque chose pour toi, un jeu de cartes. Je l'ai caché derrière le boîtier électrique à l'entrée de l'atelier. »

Jeanette était trop sous l'effet des drogues pour réagir à la nouvelle du malheur de Therese. Le lendemain, en allant au travail, elle ne trouva rien derrière le boîtier. Quelqu'un d'autre avait eu vent de l'affaire et s'était emparé du jeu. Elle fut triste, pensant que la vieille lui avait confié les cartes en attendant qu'elle revînt mais, quelques jours après, le bruit circula dans les chambrées qu'on avait vu un cercueil sortir de l'infirmerie. Jeanette ne pleura pas ; elle n'avait plus assez d'âme pour cela. Elle tint encore ainsi jusqu'à juin 1989 où elle cessa de manger et l'administration pénitentiaire décida de la renvoyer définitivement à la clinique psychiatrique de Pirna. On l'y remit sous perfusion ; le médecin-chef attribua son dérangement psychique à un dérèglement thyroïdien causé par une petite tumeur ; c'était l'occasion d'expérimenter un nouveau traitement à base de rayons et de médicaments qui commencèrent de la consumer. Elle passa entre les mains d'autres médecins très attentifs à son cas ; eux aussi firent des rapports. Dans l'un d'eux apparaît un protocole où il est question de thérapies mises au point par un laboratoire de RFA.

32

En novembre 1992, Jeanette est à Hallstatt. Marianne a laissé ses deux enfants à la garde de son mari pour l'accompagner. La frénésie autrichienne de Jeanette n'a pas de cesse. Pour l'occasion, elle a passé un pantalon et une veste de chasse en daim vert. Malgré sa santé qui péclote, elle ne veut que circuler dans le pays de son père ; elle veut aller sur la tombe de ses ancêtres Pötzner.

Lorsque les deux femmes arrivent à Hallstatt en milieu de matinée, le lac encaissé dans les montagnes est sombre et brumeux avec des reflets d'argenture amortie. Elles marchent dans les ruelles presque désertes de la bourgade accrochée au bord du lac. Elles n'ont aucune peine à trouver le cimetière. Pendant trois quarts d'heure elles passent en revue les tombes sans y lire le nom de Pötzner. Peut-être alors l'ossuaire. Parmi les crânes alignés avec soin, il en est un, tout de suite, dont quelque chose comme une apparition lui parle ; sur le front il porte en belles lettres gothiques entrelacées de brins d'if à baies rouges la mention « Alois Pötzner, dit Spiritus, 1811-1860 » ; c'est l'arrière-grand-père d'Arius.

*

Le mois de juin suivant, vers 11 heures du matin, Jeanette et Marianne se tenaient au pied du 20 de la Porzellangasse. C'est Marianne qui m'a révélé ce fait. Pour m'être moi-même trouvé à Vienne dans ce temps-là, je me souviens qu'il faisait un temps ensoleillé, de la même nature que celui de ces matins d'été que j'avais connus en ces lieux vingt ans plus tôt. J'étais à Vienne pour une semaine, invité à un colloque sur la traduction du livre autrichien pour enfants. J'avais profité d'un moment de liberté pour aller faire un tour sur les hauteurs au nord de la ville. Pour me rendre à ma destination, j'avais dû certainement prendre le tramway qui passe par la Porzellangasse. Autant qu'il m'en souvienne, c'était un soir. Je n'ai donc pas pu croiser les deux Berlinoises. Mais je me les représente très bien dans cette atmosphère lumineuse et bleutée que peut déverser un matin dans l'étroit et haut défilé que fait cette rue. Oui, je les vois bien en tenue estivale, tee-shirt et blue-jean, devant l'immeuble où Anna Maria et Manfred avaient vécu. Jeanette avait appris quelques mois plus tôt de son père qu'il avait un passé autrichien.

Et je suis heureux de m'imaginer Jeanette et Marianne au pied de l'immeuble. Car c'est comme un rayon de pureté venu de cette Prusse sauvage dans ce IXe arrondissement, dans cette Porzellangasse, dans ce lieu que j'avais connu moi-même alors qu'Emmy m'avait emmené dans la soupente de Martha.

Jeanette était encore convalescente. Ses premiers moments de liberté, elle les avait passés dans une clinique de Berlin-Ouest ; puis elle avait rendu visite à son père qui ne l'avait pas reconnue ou n'avait pas voulu la reconnaître. Alors elle s'était rendue à Vienne pour retrouver quelque chose de lui, de plus vivant que cet homme effondré. Marianne l'avait accompagnée ; au début ç'avait été une folie. Elles avaient pris une chambre dans un hôtel de la Favoritenstrasse et avaient visité Vienne, surtout celle de Sissi. Jeanette s'était acheté un *Dirndl* et deux vestes de chasse tyroliennes chez Plankl. L'avant-dernier soir cependant, alors qu'elles étaient allées s'amuser au Prater, les choses avaient mal tourné. Les deux filles marchaient le long des attractions et Jeanette avait été saisie d'un accès d'angoisse alors qu'un manège quelque part passait la chanson de Nena. La soirée s'était terminée aux urgences de l'hôpital général où un médecin attentif avait fait une piqûre de valium à Jeanette qui n'avait fait que se débattre en le traitant de salaud de la Stasi. Tard dans la nuit, les deux amies étaient rentrées à leur hôtel et, le lendemain, elles y étaient restées toute la journée. Jeanette recroquevillée et prostrée dans son lit, enfermée dans ses pensées, indéchiffrables pour Marianne qui de temps en temps allait sur le balcon de la chambre perdre son regard dans la circulation de la rue.

Lorsque Marianne me raconta ces faits, nous nous étions retrouvés au Lutetia lors d'un week-end qu'elle était venue passer à Paris et je me souviens qu'elle prit soin de me dire qu'à cette époque il n'y avait plus que de l'amitié entre elle et Jeanette. Je crois que ce qu'elle me raconta alors me mit moins mal à l'aise que lorsque, sous l'empire de la vodka, au moment du déménagement de l'appartement d'Arius, elle me parla pour la première fois de ses relations avec Jeanette.

Jeanette lui disait des choses terribles et crues comme : « Par quelle malédiction se fait-il que la nature ait placé l'organe à quoi est consacré le sentiment le plus sublime qu'est l'amour si près du trou du cul ? On aurait pu rêver quelque chose près de l'oreille ou que l'accouplement se fît par des ondes, et la fécondation par l'émission d'un parfum et pas cette chose étrangère qu'une femme est obligée de garder au fond d'elle ! » J'avouai à Marianne que jamais je n'avais pensé à cela ; pour elle, il s'agissait de l'expression d'un tourment mystique. Jeanette lui en sortait d'autres aussi folles. Ce qui la désespérait aussi dans l'amour, c'était la virtuosité innée, programmée, qui nous fait agir ; c'était la chambre inchangée, le lit intemporel avec ses draps, ses couvertures bousculées, qui n'appelaient que la monotonie d'un acte dont les gestes, même prétendus donner du piment à la relation, n'étaient que des procédés vieux comme le monde ; quant aux recherches et fantaisies érotiques, c'était une imbécillité pire encore. Dans sa chanson intitulée *La Femme en conserve*, elle disait qu'elle n'avait jamais connu de plus grand embrasement amoureux que dans un simple premier baiser sur sa joue au moment même où les astres, les éléments de la nature, du paysage, de la lumière, autour d'elle, se fixaient brièvement dans une configuration inédite et qui ne se renouvellerait jamais. Ces pensées, elle les avait également reprises dans d'autres chansons que, sur de curieuses harmoniques de guitare électrique, elle éructait ou susurrait à voix timide à des concerts improvisés sur des places des quartiers nord-est de Berlin. Elles ont toutes été notées par les agents de la Stasi qui la suivaient partout. Sur les ordres de Götz.

*

Quoi d'étonnant à ce que Jeanette se défiât de ce qui se passait dans son crâne ? Depuis qu'elle avait découvert la vacuité de celui de Spiritus, son ancêtre Pötzner, dans l'ossuaire de Hallstatt, elle ne supportait plus le bouillonnement du sien. Sur la terrasse de la clinique Sankt Florian, Jeanette était affaissée dans un fauteuil en rotin, des écouteurs autour de son cou, elle ne jouissait pas de la vue magnifique avec l'ombre des montagnes qui s'allongeait sur le lac ; elle avait les yeux fermés sur sa pensée qui la dégoûtait. Et elle le disait à Marianne qui lui tenait la main tandis que Lilo faisait les cent pas derrière elles en tirant sur sa cigarette. C'était toujours le même refrain d'une voix à la fois blanche et faite de rage contenue. Elle ne voulait plus penser et pourtant la machine diabolique de son crâne continuait de fabriquer des idées, des images, des souvenirs, des conclusions. Et cela la dégoûtait comme une digestion, comme l'idée d'une digestion. Le paysage avait beau tout faire pour être enchanteur, avec ses montagnes plus romantiques que nature, la plénitude des couleurs d'été, Jeanette ne voulait plus ouvrir les yeux et elle disait à Marianne que, depuis qu'elle avait vu le crâne de son ancêtre Pötzner, la félicité pour elle, c'était cela, le crâne minéral comme une montagne et débarrassé du viscère du cerveau avec tout son chaos d'idées, d'images, d'obsessions et même de Rimbaud. Mais elle était en rage car, rien que cela, penser cela, rêver ne plus penser c'était encore penser. Alors elle rongeait ses poings, refusait de manger, car elle ne voulait plus alimenter le théâtre de son cerveau, théâtre fait des ombres épouvantables de ce qui s'était passé dans la nuit de Charleville, au présidium de la Keibelstrasse, devant le hangar de Schlaatz, à Hoheneck et à la clinique psychiatrique de Pirna.

Au moment de partir, Marianne lui baisa la main, lui caressa la joue et lui remit ses écouteurs sur les oreilles. Lilo, quant à elle, se contenta de poser ses lèvres sur son front. Dès qu'elle fut à l'intérieur du bâtiment, Marianne éclata en larmes. Lilo lui dit : « Tu ne vas pas t'y mettre ! » Dans la salle d'attente du professeur Altmann, Marianne se calma. « Tout cela est ma faute, dit-elle, pas assez de courage. J'aurais dû répondre à ses lettres, j'aurais dû attirer l'attention de l'Ouest sur son cas et elle aurait pu être rachetée… !

— Cesse donc de t'accabler, fit Lilo, le coupable là-dedans c'est son père, quand je pense que c'est seulement quand il m'a séduite qu'il m'a révélé qu'il avait une fille de mon âge en Autriche ! »

Le professeur Altmann arriva, blouse ouverte sur un élégant costume ; c'était un grand jeune homme un peu féminin avec l'air d'avoir le nez au vent. Il fit entrer les deux femmes dans son bureau, se saisit d'une fiche et dit qu'il se sentait impuissant devant le cas de Jeanette. La psychothérapie ne donnait rien puisqu'elle s'était fixée sur cette position impossible qu'elle voulait ne plus vouloir, qu'elle pensait à une seule chose : ne plus penser. Il n'y avait que les antidépresseurs à doses redoublées qu'on mêlait aux perfusions pour l'alimenter. « Et la musique de Schubert aussi, dit-il en souriant brièvement ; maintenant, il y a autre chose, qui m'inquiète, c'est l'état de sa thyroïde, c'est sans doute la cause de sa dépression. Elle fonctionne anormalement et cela est dû à une thyrotoxicose précise, selon le professeur Grünwald de Salzbourg, qui l'a examinée à ma demande. J'ai eu une communication téléphonique avec lui la semaine passée ; il rentrait d'un congrès à Munich où, par hasard, il a entendu parler par un de nos confrères de Berlin, le professeur Karr, d'une dizaine de cas semblables chez des ressortissants de l'ex-RDA. Il faudrait savoir si Mlle Arius a été soignée en long séjour en clinique dans votre pays avant les événements de 1990 ? »

Marianne et Lilo se regardèrent comme si elles avaient été prises en défaut. Elles restèrent silencieuses puis Marianne prit la parole en fixant Lilo avec un air gêné :

« Jeanette a été condamnée à cinq ans de prison pour tentative de fuite à l'Ouest. Mais elle a passé six mois en clinique à Pirna, près de Dresde, à cause de troubles psychiques ; on n'a jamais su ce qui s'était vraiment passé là-bas…

— Il y a de fortes présomptions qu'elle ait alors servi de cobaye pour des traitements mis au point par un grand laboratoire de l'Ouest ; c'est du moins l'hypothèse de mon confrère de Berlin. Je ne devrais pas vous dire cela, mais ce serait bien de prendre contact avec lui car ce laboratoire est prêt à verser des indemnités aux victimes de ces essais…

— Pour prix de leur silence ! Les fumiers ! » dit Marianne.

Altmann fit semblant de ne pas avoir entendu et continua : « Cette indemnité considérable permettrait un traitement de Jeanette, dans les meilleurs délais… Je vais vous donner l'adresse du professeur Karr de Berlin ! »

Dans la voiture, sur la route de leur hôtel de Salzbourg, Marianne et Lilo se disputèrent. Marianne voulait mettre le feu aux poudres, alerter la presse sur le scandale. Lilo entrevoyait que, avec l'indemnité versée par le laboratoire, on pourrait améliorer le sort de Jeanette. « On va les faire payer, les *Wessis* ! » avait-elle dit.

Pendant ce temps, Jeanette était dans sa chambre. Elle était allée dans la salle de bains pour se changer, avait admiré son squelette dans le miroir au-dessus du lavabo. Ensuite elle s'était couchée et on lui avait remis ses perfusions et ses écouteurs sur les oreilles. La lumière éteinte, elle était restée les yeux ouverts pour que l'air nocturne et le néant entrent dans son crâne où elle sentait remuer des mufles luisants et des gueules à crocs écarlates.

*

La quête de l'âme de son père avait mené Jeanette au 20 de la Porzellangasse à Vienne et au Lutetia à Paris, mais jamais elle ne se rendit au château de Pozo Rubio à Albacete, où il avait passé quelques mois lors de la guerre d'Espagne. Marianne me dit qu'elle y avait songé mais que la maladie et la mort avaient été plus rapides. Tout s'était achevé le 11 août 1999 à l'hôpital général de Vienne où elle avait été transférée un mois auparavant de la clinique privée des environs de Bad Goisern. C'était le professeur Karr qui avait pris les choses en main avec la bénédiction de Lilo. On s'était entendu avec le laboratoire allemand pour une somme de cent mille Deutsche Marks et des soins intensifs, ce qu'il y avait de mieux, dans le service d'un des collègues à Vienne. C'était plus proche et il y avait moins de risques que la maladie de Jeanette n'éveillât des soupçons. Lorsqu'elle mourut, Marianne n'était pas à Vienne mais à Berlin ; elle l'avait vue, le week-end précédent, et avait compris que c'était fini. Jeanette n'était plus qu'un cadavre à peine vivant. Les seules choses qu'elle avait pu dire à Marianne étaient qu'après sa mort, quand le temps serait venu pour cette opération, elle s'occupât de son crâne et y fît porter un vers de Rimbaud avant qu'on le rangeât près de celui de Spiritus dans l'ossuaire de Hallstatt.

Marianne rentra à Berlin en proie à un chagrin qui ne laissait place qu'à la rage : si elle ne pouvait plus rien entreprendre contre le laboratoire, car Jeanette et Lilo avaient signé un engagement de renoncer à toutes poursuites en contrepartie de la somme convenue, elle voulait rechercher ceux qui avaient persécuté sa bien-aimée d'autrefois et commença des démarches auprès du ministère de la Justice pour les retrouver. Bien sûr, elle ignorait alors tout de Götz qu'elle n'avait rencontré que deux fois et furtivement.

J'étais à Vienne au moment de la mort de Jeanette. Je me suis même promené dans les alentours de l'hôpital général, colossal bâtiment surmonté de deux cubes jumeaux de couleur noire comme des hypogées dont la substance semble vouloir absorber tout le jour du monde. Errant, je recherchais la source d'une note mystérieuse qui vibrait pour moi dans cette ville, note qui, trente ans auparavant lors de mon premier séjour à Vienne, s'était révélée dans les accords de l'*Inachevée* de Schubert. Or tout du compositeur se rattachait à ce quartier compris entre la Porzellangasse et la Währinger Gürtel sur quoi donne l'hôpital. L'image que j'ai de moi en ces lieux, en ces temps, alors qu'y mourait Jeanette que j'avais connue enfant, est celle d'un somnambule damné, d'un jouet des dieux.

*

Quand Jeanette disparut de la vie d'Arius, celui-ci s'enfonça dans la prostration. Pas rasé, une vieille ceinture de cuir sur sa robe de chambre au tissu boulochant, il se tenait tout le long du jour rencogné dans un fauteuil et laissait pâlir son regard sur *Le Sacrifice d'Iphigénie* qu'il reprenait toujours, du moins quand il en avait l'énergie. Incertaines par leur clarté, des heures coloraient la verrière de l'atelier, semblant parfois animer la composition. Parfois aussi une embellie lui instillait dans le cœur, sinon mort comme ces tombeaux scythes vus autrefois dans la plaine du Don, une espérance, du moins quelque chose qui ressemblait à une envie juvénile. Revoir des lieux : Albacete, Paris, Draveil, Samarcande, Odessa. C'était selon l'arrangement de la lumière ou quelque association d'idées dans le chaos et la ruine de sa conscience. Ainsi tel matin de mars, qu'il se tenait devant le tableau, à la faveur d'un coup de soleil dans la verrière, lui revint le souvenir d'une lumière de Moscou, en septembre 1960, à la gare de Kiev. La même lumière tombait de la verrière de la gare au-dessus des voies. Il n'était pas retourné dans la ville depuis 1944, juste après son évasion de Landsberg. Quinze ans plus tard, il arrivait donc à la suite d'une invitation du ministère de la Culture soviétique, pour participer à une conférence à la Maison des architectes. Accompagné de Xenia, il arrivait, de Lviv (ainsi désormais s'appelait Lemberg) où ils avaient revu le ghetto et surtout quelques parents rescapés des camps.

Ce n'est pas la conférence donnée à Moscou qu'il avait alors dans le souvenir. Dans les années soixante, il avait participé à tant de symposiums, congrès et rencontres dans les pays frères qu'il n'était plus capable de les différencier les uns des autres. C'était plutôt la lumière de la gare de Kiev, et encore une autre lors d'une après-midi au parc Gorki. Il avait ramassé un marron sous les arbres et juste après avait eu lieu une rencontre au ministère de la Culture. Elle était organisée depuis quelques mois par de vieux camarades des services secrets soviétiques travaillant à l'ambassade de Berlin. Il avait fallu du temps, le temps que le gigantesque glacier qui recelait dans ses profondeurs tant de cadavres, d'histoires abominables et déchirantes, commençât à fondre et les rendre aux jours. Depuis la mort de Staline, sept ans plus tôt, les langues s'étaient un peu déliées, pas sur le présent et le passé immédiat mais sur des affaires qui remontaient aux débuts de la révolution. La paranoïa générale avait fait place à une défiance plus supportable. Il y avait eu des réhabilitations ; certains avaient parlé. De nouvelles têtes étaient apparues à l'ambassade soviétique avec lesquelles Arius s'était trouvé en relations, notamment l'attaché Goloviev qu'il avait croisé vingt-cinq ans plus tôt en Espagne. Ils s'étaient rapprochés et un jour Arius lui avait raconté sa brève mais flamboyante histoire avec Jaanika. L'autre lui avait laissé entendre qu'il pourrait tenter des démarches pour savoir ce qu'elle était devenue.

Quelques jours après son arrivée à Moscou, Arius avait reçu un coup de fil l'invitant à se mettre en rapport avec le ministère de la Culture. Il s'y rendit donc en sortant du parc Gorki, rempli du souvenir de Jaanika et de Marie. Au ministère : rien sur Jaanika mais on était tombé sur un dossier concernant Marie Quint. Elle avait été arrêtée en février 1940 à la suite de la disgrâce et de l'exécution de Nikolaï Iejov pour lequel elle avait travaillé comme agent du NKVD. Puis elle avait disparu dans un camp, sans doute au motif qu'elle l'avait servi. Il prit connaissance de tout cela en faisant tourner le marron du parc Gorki dans sa main.

Il ne sut jamais rien, ou peut-être n'en dit-il rien, de la machination où elle l'avait entraîné. Non, ne lui restaient que les souvenirs de cette rencontre de 1921, celle où il avait fait la connaissance de Marie, et de cette autre en août 1934 où elle lui avait parlé de Jaanika alors que les bouleaux du jardin, à travers les fines branches desquelles s'apercevaient les cheminées de la filature de coton, étaient traversés de souffles qui les faisaient chanter comme une voix obligée, et scintiller doucement sous la clarté de l'après-midi.

Dans la pénombre qui noyait désormais son atelier, Arius se disait que tout aurait dû s'arrêter là et, après s'être gratté les joues, il regardait les taches sur ses mains. Tout aurait dû s'arrêter là.

Mais les choses ne cessèrent qu'en mai 2001. Les treize années qui avaient précédé avaient été superflues ; on avait fini par lui dire que Jeanette était à Hoheneck mais que sa fille fût une criminelle dépassait l'entendement et qu'elle se trouvât dans cette prison, dont la construction devait tant à l'ancêtre Theodor, cela ne tenait pas debout. Sa santé mentale déjà vacillante en fut complètement ébranlée. Puis, quand Marianne, Lilo et Hasslinger se mirent à dire que la Stasi n'existait plus, qu'il n'y avait plus de Mur, qu'ils avaient vu sur l'Alexanderplatz Markus Wolf offrir à qui en voulait de la tarte aux prunes, et enfin que Mielke avait été jugé pour le double meurtre de 1931, il pensa que c'était un coup ourdi par la Stasi. Enfin il avait revu Jeanette mais ce n'était plus elle. C'est quelqu'un d'autre que lui avait amené Marianne ; mais ça ne prenait pas. Il ne cessait de redire cela à Bettina Mogwitz ; celle-ci avait commencé par protester, par expliquer, mais rien n'y faisait et tout le monde s'était lassé. Jeanette aussi qui ne vint plus. Elle était installée chez les Werjowkin et partait pour l'Autriche ou la France, avec ou sans Marianne. Arius demandait à la Mogwitz de lui passer les albums de photos. Pendant qu'elle lui soignait ses œdèmes aux jambes, lui faisait sa toilette et procédait au ménage, elle lui passait des disques ; la *Symphonie inachevée*, des chants spartakistes, de la musique russe, *Iphigénie* de Gluck. Parfois ils descendaient dans le jardin qui ne ressemblait plus à celui qu'il avait connu ; la rumeur de la ville n'était plus la même.

La nouvelle de la mort de Jeanette à Vienne, à l'hôpital général dans ce quartier rattaché pour lui à la profondeur de l'autre siècle, l'affaissa complètement ; il ne fut pas présent à son enterrement. Le peu d'énergie qui lui restait, il le consacra à son testament et à réclamer sa fille de Vienne. Il traîna un peu plus d'un an et demi presque toujours couché. Un matin de mai 2011, la Mogwitz le trouva inanimé au pied de son lit, les jambes prises dans les bandes défaites de ses œdèmes. On décida de donner une certaine importance à ses obsèques. Des faire-part de décès furent placardés dans la presse. Cinq jours après sa mort un service funèbre fut célébré à l'église Saint-Nicolas de Potsdam. Une cinquantaine de personnes étaient présentes, le petit noyau familial, les amis et d'anciens étudiants. Des compagnons de route des temps épiques du communisme et de la RDA, aucun n'était là. Pour la plupart ils étaient morts.

Papiers d'Elektrostal

33

Encore Draveil. En février 1989, Götz y accompagne une délégation de la RDA à l'occasion du cinquantième anniversaire de la conférence de Berne. C'est son seul voyage en France, où un ancien collègue de Golm, qui est en poste à l'ambassade de RDA, l'a invité à passer quelques jours. Le sort a voulu qu'il se trouvât là au moment où la délégation y était pour cette célébration. Le PCF a délégué de vieux routiers, dont Gaston Plissonnier, qui a été un des ardents promoteurs de la reconnaissance de la RDA par la France. Je me représente Götz, dans son manteau de cuir, coiffé d'une espèce de petit chapeau tyrolien à bords courts, à proximité d'un lotissement récent. Il n'est pas là pour la commémoration. Il n'est là que pour Arius et donc pour Jeanette (quelquefois il ne sait plus pour lequel des deux). On a chanté *L'Internationale* dans le bois, à l'emplacement de la maison forestière où s'étaient retrouvés Manfred Arius, Wilhelm Pieck, Walter Ulbricht et d'autres résistants allemands cinquante ans plus tôt pour la mystérieuse conférence. Götz profite de ce séjour pour se faire montrer la maison de Nadar à Draveil. Un vieux Draveillois qui prépare un livre sur l'artiste et aérostier lui montre des lettres qui datent du début du siècle, notamment deux signées

Nelson Arius, et surtout une photo des deux aéronautes dans une propriété qui a été identifiée comme étant le parc du lycée de Montgeron. Après la journée à Draveil, Götz a pris le train pour Paris où il a voulu prendre un verre au Lutetia car c'était là essentiellement que les pères de la RDA se retrouvaient. Il a visité Paris, ce que les Allemands aiment de Paris, surtout un Allemand de l'Est. Son ancien collègue de Golm lui sert de guide. Ils sont montés sur la tour Eiffel, à Montmartre, ont descendu et remonté les Champs-Élysées. Götz a ensuite fait quelques emplettes pour sa femme et ses filles, des collants, un flacon de parfum. Plus tard à Elektrostal, il notera qu'il a flâné dans le jardin des Tuileries sans savoir que Konstantin Arius y avait assisté à l'ascension de Charles. Puis, avant d'aller à la gare du Nord, il a déambulé à Pigalle, rien que pour voir. Il est entré dans un sex-shop où il a acheté quelques magazines. Il a pris le train de nuit, en wagon-couchette, et est arrivé à Berlin en fin de matinée. Il a tout de suite filé chez lui pour prendre une douche. Sa femme était déjà partie faire des courses. Il n'était pas mécontent de réendosser son uniforme et de retrouver ses collègues. Il leur a fait le récit de son voyage de trois jours ; il a voulu les épater un peu en leur disant qu'il avait été reçu par les camarades français et qu'il allait peut-être un jour demander de passer au HVA pour être muté à l'ambassade de Paris ; car c'était quand même une autre vie que Berlin. Là, on pouvait travailler pour le socialisme. Au bureau, on lui apprend que dans la nuit un certain Chris Gueffroy a été abattu au moment où il essayait de franchir la clôture électrique entre Berlin-Est et Berlin-Ouest. Chris Gueffroy, qui a le même âge que Jeanette.

*

Les événements de novembre 1989 plongèrent Götz dans un état d'effondrement moral jamais éprouvé et il était en arrêt de maladie depuis plus de dix jours quand Kowel lui téléphona de la centrale de la Normannenstrasse. Plusieurs milliers de Berlinois menés par des responsables du Neues Forum s'étaient massés devant les portes de la Centrale pour demander la suppression de la Stasi. Il craignait que les choses tournent mal, que la foule finît par entrer, fît main basse sur les dossiers et que, par la suite, on demandât des comptes à leurs auteurs. Götz sauta dans sa Lada et fonça. Il dut se garer dans une rue assez éloignée de la Centrale à cause de la foule qui occupait la Normannenstrasse et les accès adjacents. Il continua à pied. Quand il y arriva, ce fut pour constater que les portes de ce que l'on avait pris pour une forteresse imprenable étaient grandes ouvertes et que des papiers et des cartons volaient par les fenêtres du vaste complexe. Il entra, se mêla à la bousculade et parvint par des couloirs détournés jusqu'à une aile du bâtiment qui n'avait pas encore été investie par les manifestants. Il savait ce qu'il voulait, et ce qu'il voulait était simple : les dossiers de Jeanette et d'Arius, œuvres magistrales de sa vie, mais aussi les plus compromettantes pour lui parce qu'il en était le principal auteur. Il put mettre la main dessus, les serrer dans un carton, juste au moment où une meute de manifestants faisait intrusion dans le local des archives par une autre entrée. Il décampa. Dans les couloirs, le tumulte avait fait place au saccage. La foule était entrée dans les bureaux, s'était emparée des fichiers, des classeurs, des tiroirs, des poubelles ; des armoires avaient été vidées ; leurs contenus jetés par les fenêtres ou dans les cages d'escalier.

Il fut pris en chasse et rattrapé par un homme avec lequel il se colleta un moment. Il lui échappa en abandonnant son butin. Il regagna sa voiture au milieu de la pagaille générale qui avait gagné le quartier. Il était en rage, haletant, et grommelait des imprécations. C'est alors qu'il songea à quelque chose d'autre qui lui fit entrevoir que ce n'était pas seulement le souci d'effacer ses traces qui l'avait amené à cet endroit ; il devait y avoir des reliques du passage de Jeanette au présidium de la police et notamment un échantillon pour les chiens. Götz savait que les pièces à conviction et ce genre de matériel finissaient par atterrir à la Normannenstrasse dans une partie du bâtiment qu'il pensait préservée de la mise à sac. Il y parvint et tomba sur un agent de la Stasi qu'il connaissait de vue. Fébrile, l'homme s'affairait au-dessus d'un comptoir où étaient amassés différents papiers, cartons et autres objets qu'il semblait vouloir remettre en ordre. « Ce n'est pas possible, dit-il à Götz en désignant un court et étroit couloir derrière lui ; pas possible ; quelle cochonnerie ils ont faite ! Je vais en avoir pour une semaine… Vous verriez la pagaille qu'ils m'ont flanquée dans les rayons et les armoires ! »

Götz songea qu'il était arrivé trop tard ; à tout hasard, il lui dit qu'il avait absolument besoin d'un échantillon.

« Je vais voir ce que je peux faire ; tout est sens dessus dessous dans les armoires, et puis je crois que certains ont disparu. Quel nom, quelle date ? fit l'agent.

— Arius, Jeanette, c'était en 1986. »

À peine avait-il dit ces mots qu'une double porte, latérale à la pièce, s'ouvrit avec fracas, laissant passer un groupe de manifestants excités. Ils se ruèrent dans le couloir derrière le comptoir. « Vos copains sont déjà passés ! » hurla le fonctionnaire sur un ton rageur et ironique. Puis à Götz : « J'ai bien noté ; revenez demain ; avec de la chance je trouverai ce que vous cherchez ! » Celui-ci détala, descendit quatre à quatre un escalier et finit par se mêler à la cohue qui régnait dans les couloirs.

Le lendemain, il retourna à la Centrale avec des lunettes noires par on ne sait quel esprit de précaution. Les portes étaient toujours grandes ouvertes. Il reconnut des collègues ; certains étaient en uniforme, d'autres en civil. Des étrangers aux services étaient également là, à surveiller le tri des documents et à prendre des notes. Le calme semblait revenu. Il se rendit au bureau des pièces à conviction. Son homme était là avec d'autres inconnus à ranger des objets dans des cartons. Dès qu'il vit Götz, il lui fit signe de l'attendre dans un couloir proche. Il l'y rejoignit et déclara : « Vous pouvez dire que vous êtes verni ! » et il lui tendit rapidement un sachet de plastique sur lequel était collée une étiquette ; l'écriture passée et abîmée permettait d'y lire le nom « Arius ». Götz fourra le sachet dans sa poche d'imperméable et, avant de décamper, dit à l'autre : « Qu'est-ce que vous foutez encore là ? Rentrez chez vous. On est finis ; vous ne serez même pas payé à la fin du mois ! Allez, camarade ! »

*

Une cérémonie du théâtre Orfanik eut lieu le soir du dimanche 21 janvier 1990. Je prends soin de noter celle-là parce que le rituel suivi par Götz depuis six ans et qui évoluait à mesure qu'il y intégrait différents objets appartenant à Jeanette, ce rituel trouva sa forme définitive avec l'adoration finale du chiffon sauvé du pillage de la centrale de la Stasi. À sa sortie de celle-ci, il avait été tenté de le tirer de sa poche et de faire il ne savait quoi avec, mais il s'était retenu, se disant que cela méritait d'être exécuté avec soin et respect dans le temple qu'il destinait à Jeanette. Arrivé chez lui, il glissa le sachet dans la boîte à outils de sa voiture. Le dimanche après-midi qui avait suivi le pillage de la Centrale, Götz l'avait passé chez les Luecke. L'atmosphère instaurée depuis que, marié, il avait l'habitude de passer les dimanches avec femme et enfants chez ses beaux-parents s'était fissurée, lézardée avec les événements de novembre. L'assaut récent de la Centrale avait ébranlé les esprits. D'un coup, les Luecke et les Götz s'étaient vus au bord d'un abîme inattendu. Götz, autant que son beau-père et ses collègues, avait pensé un moment que la jeune garde de la RDA remplacerait la vieille équipe de Honecker. Krenz, son dauphin, ou Markus Wolf, prendrait le relais, conduirait des réformes qui ne remettraient pas en question les bases du régime et l'existence de l'État ; surtout le MfS perdurerait. Le sac de la Centrale avait anéanti cette idée. Non seulement les Mielke, Böller, Luecke, Götz ne seraient plus rien, mais il était possible qu'on leur cherchât des ennuis.

Toute l'après-midi on avait discuté des perspectives ; la vodka aidant, on s'était excité, le pessimisme avait fait place à des espérances étranges. Krasko était passé pour dire qu'il allait rentrer en URSS. Après qu'il fut reparti un peu ivre, on avait rêvé les projets les plus fous : pourquoi ne pas filer en URSS, ou dans une République balte ? La fraternité socialiste laissait espérer qu'on y serait bien accueilli.

Vers 18 heures, selon le rite immémorial en vigueur, Götz repartit chez lui avec sa famille. Il faisait une nuit froide et brouillardeuse qui sentait la fumée d'industrie mais, dans les rues, des passants, cyclistes, des automobiles, plus nombreux qu'à l'accoutumée en l'occasion, laissaient deviner la singularité des circonstances. Au volant de la Lada, Götz jubilait intérieurement, n'écoutant pas les lamentations de Regina. Il était encore sous le coup de l'excitation de l'après-midi. Elle s'était conjuguée à une forme de soulagement né à l'idée qu'après des années de dimanches chez ses beaux-parents c'était sans doute le dernier qu'il avait passé chez eux. Surtout, il bouillait de fièvre de se retrouver dans les combles d'Edgard pour s'adonner à son cérémonial qui, ce soir-là, devait connaître son couronnement dans le dépliement du chiffon, et qui sait si cela n'allait pas inaugurer une autre vie.

Il déposa sa femme et les filles à la maison et prit la direction de Potsdam, non plus en contournant Berlin-Ouest, comme autrefois, mais en traversant Wedding, Moabit et Charlottenburg, et, à la vue des lumières et de l'animation, il commença à être pris de tremblement.

Une heure après son départ de Weissensee, il était dans les combles d'Edgard. Il s'était agenouillé au pied d'un bureau qu'il avait recouvert auparavant d'un drap blanc ; il y avait déposé le sachet et l'échantillon. Sa fièvre d'amour – ou ce qu'il imaginait être cette sensation, dont il avait presque honte et qui le faisait trembler – avait alors atteint un niveau paroxystique. Il se releva et se dirigea vers une bibliothèque basse sous un fenestron ; s'y trouvait un vieux magnétophone à cassettes qu'il enclencha. Puis il retourna vite se remettre à genoux au pied de son espèce d'autel dressé à la mémoire de Jeanette.

Il y eut quelques craquements et le haut-parleur de l'appareil débita la chanson *99 Luftballons*. Alors Götz se dit qu'il aurait mieux fait de tout laisser sur place là-bas, dans la panique qui s'était emparée des locaux de la Normannenstrasse. Que peut-être quelqu'un, de ceux qui avaient pris d'assaut le bâtiment pour le mettre à sac et jeter par les fenêtres et dans les cages d'escalier ce qui restait d'un travail ordonné de tant d'années, quelqu'un de cette bande l'avait reconnu et qu'on allait lui faire payer.

La cassette venait de se terminer que Götz n'avait toujours pas retrouvé son calme. Il la rembobina et, ayant lancé la lecture après s'être trompé de bouton, se remit à genoux. Quand la chanson se fit de nouveau entendre, il se prosterna puis, toujours à genoux, se mit à l'accompagner en chantonnant « *99 Luftballons* », puis il tendit les bras pour saisir le sachet posé sur la table devant lui. Tremblant plus que jamais et secoué d'un spasme, il s'y reprit à deux fois pour l'ouvrir et en tirer pliée la sublime chiffe. Il la déplia, des larmes roulèrent sur ses joues et, réflexe ou non, il les essuya avec elle, puis il la fit claquer en la secouant plusieurs fois en l'air. Quelque chose d'enfoui depuis des années dans la fibre se révéla. Ce fut comme une nébuleuse dont l'expansion charriait de son centre des images, des visions, tout sauf charnelles, des paysages moraux, entre ciel et terre, entre plaines et nuées infinies, toujours éclairés par une lumière matinale comme celle qui présidait aux apparitions de Jeanette à l'approche de la piscine, quelque chose comme un pays inachevé qui sentait la terre remuée et chaude, la neige, quelque chose de sucré comme le miel et un parfum floral comme du jasmin.

34

En juillet 1993, la famille Götz fonça vers le soleil, comme nombre d'Allemands de l'Est prenaient de plus en plus l'habitude de le faire depuis le Tournant. C'était un rêve des femmes que Benidorm. Elles avaient vu un film de la ZDF dont l'action se passait là-bas et, comme les *Wessis* depuis longtemps émigraient l'été à Majorque, ou sur la Costa Brava, il était normal qu'on voulût aussi dans ce domaine les imiter. Götz, qui depuis la disparition de la Stasi avait, grâce à son beau-père, trouvé du travail dans une de ces sociétés fiduciaires de l'Ouest qui rachetaient à bas prix des entreprises de RDA, avait profité d'une relation qu'il s'y était faite pour louer à de bonnes conditions un appartement à Benidorm. On était parti très tôt le premier jeudi de juillet dans une vieille BMW réformée de l'Ouest et couronnée d'un empilement de bagages sur le toit. Götz découvrit la ville comme une immense termitière moderne où les touristes grouillaient ; il se souvint que c'était là qu'Arius avait débarqué à la fin des années trente comme agent du Komintern pour servir les républicains espagnols ; c'était alors un petit port de pêche comme il le vit sur un dépliant touristique. Quand il revint d'Espagne, il se dit que les temps héroïques étaient passés et maudit cette nouvelle ère qu'ouvrait la chute du Mur.

À force de cérémonies dans les combles de la maison, tout ce qui restait de Jeanette avait fini par s'user, les photos dont Götz ne voyait plus que la trame et la pétrification, les chansons dont il connaissait chaque note par cœur, la voix dont chaque modulation ne lui réservait plus de surprise, enfin le contenu du sachet qui ne sentait plus rien parce qu'il s'était trop habitué à son parfum. Il se rendait de moins en moins chez Edgard. Dans le même temps, il avait vu la création du BStU par le gouvernement et craint qu'un de ces jours on ne lui fît des ennuis. Un peu plus tard, il était allé au bordel puis il avait fait la rencontre d'une secrétaire de l'Ouest à la fiduciaire. Elle l'avait distrait du souvenir de Jeanette. Avec la secrétaire, il ne s'était rien passé mais sa seule apparition avait suffi pour refermer le chapitre RDA et Jeanette.

Il se fit que les enfants des propriétaires d'avant-guerre, qui l'avaient abandonnée en 1945, fuyant devant les Russes, puis réfugiés à l'Ouest, voulurent rentrer en possession de la maison conspirative. Ils s'arrangèrent avec Edgard, à qui ils louèrent deux pièces et qui leur servit d'homme à tout faire. Quand ils revinrent de l'Ouest avec leur titre de propriété, il prévint tout de suite Götz qu'il fallait qu'il déménageât son temple. Götz était bien embêté. Finalement on entassa les reliques dans un garage au fond de la propriété, garage dont l'ex-informateur avait la jouissance.

Götz pensait alors tirer un trait sur Jeanette et son passé à la Stasi. En janvier 1994, il fut congédié de la société fiduciaire où Luecke l'avait fait entrer. On lui fit valoir que son passé n'était pas sans reproche et que ses anciennes responsabilités à la Stasi pouvaient nuire à l'entreprise. Son beau-père, qui avait dû lâcher la villa de Weissensee pour la restituer à ses anciens propriétaires, et depuis habitait dans un immeuble de Lichtenberg, lui dit qu'il pourrait compter peut-être sur la camaraderie des nombreux anciens cadres du ministère pour retrouver du travail. Ce fut difficile ; avec l'emprise de plus en plus forte que la RFA exerçait sur les nouveaux Länder, les puissants d'autrefois étaient mis au rancart, quand ils ne devaient pas se cacher. Mais certains plus discrets avaient pu bénéficier de négligences ou de complaisances pour surnager ; c'était le cas d'un ex-subordonné de Luecke qui, comme une centaine d'autres membres du MfS, si surprenant que cela puisse paraître, avait trouvé du travail dans l'administration Gauck mise en place par le gouvernement de la nouvelle Allemagne pour gérer les archives de la Stasi. C'est par le truchement de ce personnage que Götz entra à l'agence du BStU de Halle comme gardien.

À cette époque se déclara le cancer du sein de Regina. Un nodule attira son attention ; elle alla se faire examiner à la Charité où on fit le diagnostic. Lorsqu'elle apprit la nouvelle, elle tomba en larmes dans les bras de Helmar. Les filles Götz et les parents Luecke l'entourèrent ; ces derniers décidèrent de venir habiter à côté de chez elle pour la soutenir. Ils trouvèrent un petit appartement à deux pas de celui de leur gendre.

Pour Götz, la situation devint intenable ; ses beaux-parents entraient et venaient chez lui à leur convenance et ses filles formaient un chœur de gémisseuses, Sonja particulièrement l'agaçait, qui était devenue une grosse blondasse, tout le contraire de Jeanette. Le travail de Halle tomba à pic ; il y loua une chambre et ne revenait à Berlin que pour les fins de semaine. Il lui parut assez vite que l'on se passait de plus en plus de lui à Berlin. Quand arriva l'été, il ne s'y rendait plus qu'une fois par mois. Il tâcha de se faire une autre vie à Halle. Il eut quelques relations, des anciens de la Stasi comme lui ; certains employés au BStU, d'autres au chômage. Ils se retrouvaient dans un café. Götz fit la connaissance d'une prostituée russe, Varvara ; elle avait dix-huit ans et était établie à Berlin, mais prenait régulièrement le train pour Halle le soir, y passait la nuit et repartait le lendemain matin. Elle ressemblait un peu à Jeanette, était aussi pâle et longue qu'elle. Lorsqu'ils étaient ensemble, ils parlaient russe. C'était une rêveuse. Elle songeait à gagner assez d'argent et à se trouver un mari en Allemagne mais elle était à la merci d'une bande qui ne la lâcherait pas comme ça. Quand Götz lui dit qu'il avait appartenu à la Stasi, elle pensa dans sa naïveté qu'il avait une âme de policier, serait assez fort pour la tirer de là et carrément l'arracher de force à ses souteneurs. Götz se mit à l'aimer, du moins se mit à aimer ce qu'il y avait de Jeanette en elle. Peut-être encore autre chose, qu'elle lui vînt de cette Russie qui avait été le modèle de nombre de ses semblables. Varvara lui annonça un jour qu'elle allait partir en Belgique rejoindre sa sœur ; puis elle disparut. Quelques jours plus tard, il reçut un appel téléphonique de Luecke qui lui dit que Regina était au plus mal. Il prit le train pour Berlin. Ça faisait deux mois qu'il n'y était pas allé. Il trouva sa femme couchée sur un lit médicalisé qu'on avait installé dans la chambre conjugale. Elle n'était plus qu'un squelette, avait le teint blafard, des cheveux blancs et ras. Une odeur chimique régnait dans la chambre. Quand il la baisa sur le front, elle lui dit qu'elle savait tout. Depuis l'histoire de la piscine, l'appartement, les cérémonies chez Edgard et que, même s'il n'avait jamais eu de relations avec cette fille, c'était encore pire ; son père avait tout brûlé dans le jardin de l'ex-informateur. Elle lui dit de ficher le camp et ajouta qu'elle avait mis les filles au courant. Edgard avait téléphoné trois semaines auparavant. Il devait en effet déménager et il ne savait que faire de tout l'attirail rangé dans le garage de l'ancienne maison conspirative.

*

Götz partit en Russie en septembre 1996. Il était âgé de cinquante et un ans. Il avait obtenu un visa de six mois par Oleg Krasko, sa vieille relation du KGB, qui désormais habitait Elektrostal, une ville industrielle située à une trentaine de kilomètres à l'est de Moscou. Peut-être savait-il qu'il ne reviendrait jamais en Allemagne. Regina était morte quelques mois plus tôt.

Peu avant, un ancien de la Stasi de Halle avait contacté Götz de la part d'une journaliste espagnole qui écrivait un livre sur la RDA. Elle voulait l'interviewer. Un entretien de deux heures, c'était bien payé. Il accepta la proposition. Ils se donnèrent rendez-vous dans un café. Finalement, elle lui dit qu'elle voulait filmer l'interview. Il accepta pensant qu'il n'y avait pas de risque puisque l'émission ne serait diffusée qu'en Espagne. La séquence passa en effet à la télévision espagnole quelques mois plus tard ; le sort fit qu'une balayeuse de la Normannenstrasse qui passait ses vacances sur la Costa del Sol le reconnût lors du passage de l'émission ; la femme avait été congédiée de la Stasi quelques années avant le Tournant pour d'obscures raisons. Elle voulut se venger et contacta une organisation qui recherchait d'anciens agents du ministère pour qu'ils soient jugés. L'affaire fut mise entre les mains d'une juridiction spéciale ; Götz fut convoqué mais cela n'alla pas plus loin car des cas comme le sien, il y en avait des dizaines de milliers.

À la suite de cette affaire, Götz prit peur. Ce film le hantait. Il décida de partir en Russie, songeant que, dans un si vaste pays, il se ferait oublier. Il renoua donc avec Oleg Krasko, avec qui vingt ans plus tôt il avait sympathisé au stand de tir de Potsdam et par qui il avait, pour le rapport, obtenu une copie de l'*avtobiografia* d'Arius. Une fois, Götz avait été reçu dans la famille de Krasko à Moscou ; c'était en 1980, et Sonja avait été pendant plusieurs années la compagne de jeux de Galina, une des filles de la famille. Après le départ de la garnison russe de Potsdam en 1991, on s'était perdus de vue. Il retrouva Krasko par un attaché commercial de l'ambassade de Russie. Ils se téléphonèrent ; Krasko lui annonça que depuis la disparition du KGB, il avait rendu des services à la mairie d'Elektrostal et qu'il travaillait dans l'immobilier. Il avait divorcé, épousé une fille de vingt ans plus jeune que lui. Les affaires marchaient de manière inespérée. Il cherchait justement quelqu'un de confiance pour certaines missions et il pouvait trouver à son vieil ami de quoi se loger. Le visa n'était pas un problème.

Quand Götz arrive en Russie, Krasko l'attend à l'aéroport de Sheremetïevo. Il le fait monter dans sa Mercedes flambant neuve et prend la direction d'Elektrostal. C'est le soir. Götz observe le paysage, des travaux partout, comme à Berlin-Est, des publicités lumineuses, des fleuves de voitures. Krasko lui explique que tout ici est en pleine expansion et qu'il y a des affaires en vue. Il aurait bien voulu continuer dans les services secrets mais ça n'était plus payé et il a à charge sa famille, celle de sa jeune épouse et ses parents. Alors il s'est lancé dans l'immobilier. Il a spéculé sur des champs à l'est d'Elektrostal ; grâce à ses relations politiques, il a pu les faire passer en terrains constructibles. Un ensemble de six immeubles de vingt étages, avenue Avrora (l'Aurore), est en cours d'achèvement, tout cela construit à bas coûts grâce à de la main-d'œuvre daghestanaise et du matériel réformé de Lituanie. Les trois quarts des appartements sont déjà occupés ; bien sûr, il y a eu des malfaçons et une association de défense des propriétaires s'est constituée et s'est lancée dans un procès contre Krasko. Le travail de Götz sera de se faire passer pour un nouvel arrivant, de s'inscrire à l'association et d'informer son patron de tout ce qui se décide. C'est dans un de ces immeubles que celui-ci a réservé un appartement à Götz. Ils y arrivent après deux heures et demie de route.

Götz découvre son nouveau pays alors qu'il fait nuit. Les phares de la voiture éclairent un chemin de terre défoncé et bordé d'herbes sauvages. Au fond quelques lumières posées dans le ciel nocturne et des grues illuminées, plus loin encore les signaux lumineux rouges qui semblent être d'un haut pylône perdu dans la nuit. Avant que Götz ne descende de la voiture, Krasko lui tend des clefs et lui dit : « Je ne t'accompagne pas plus loin ; il ne faut pas qu'on nous voie ensemble. C'est le dernier immeuble au bout de la route, appartement 68, vingtième étage. Tu mettras ton nom sur la boîte aux lettres ! » Malgré la désolation de l'endroit où il marche, Götz est heureux. Enfin la terre promise ! Cinquante et un ans ; il a encore une bonne vingtaine d'années devant lui. L'affaire de Krasko est prometteuse ; il peut lui-même faire son trou, se faire des relations, se trouver une femme, une jeune comme celle de Krasko ; il paraît que les jeunes femmes russes n'attendent que d'avoir un mari de l'Ouest.

Appartement 68. Au moment où il tourne la clef, justement une jeune femme sort de la porte d'à côté ; il la salue en russe ; de sa nouvelle naissance, ce sont les premiers mots dans cette langue. Son appartement est meublé. Tout a été préparé sur les ordres de Krasko ; le réfrigérateur est plein. Dans la chambre le lit est fait. Götz se promène, s'avance sur le balcon fermé par d'étroites fenêtres à glissière. À sa gauche les lumières d'Elektrostal, à sa droite à l'est, clignotant dans la nuit, au-dessus de ce qu'il imagine être la forêt ou des champs, les feux rouges du pylône invisible. Il retourne à sa chambre pour y défaire ses bagages. Ainsi commence la seconde vie de Helmar Götz, du moins ce qu'il pense être sa seconde vie.

*

Tout se déroula conformément aux consignes de Krasko. Götz s'inscrivit au syndicat des copropriétaires de l'avenue Avrora et informa régulièrement son nouveau patron des décisions prises. Surtout, il identifia les éléments les plus actifs de l'association. Krasko le chargea de les intimider. Il put mettre à profit son expérience de la procédure de décomposition pour leur gâcher l'existence. Un jour, il se rendit à Izmailovo, un quartier mal famé de Moscou ; dans la Russie en ruine, il était facile d'y trouver des hommes de main, caucasiens ou tchétchènes, qui pour mille dollars se chargeaient de mettre une raclée à une personne qu'on leur indiquait. Götz s'acquittait de ses tâches avec zèle. Au bout de trois mois, tout était rentré dans l'ordre avenue Avrora. L'association des copropriétaires avait retiré ses plaintes.

Krasko se félicita d'avoir embauché son vieux copain Götz. Il voulut en faire un de ses proches collaborateurs et lui offrit de s'installer à Moscou, où la vie était bien plus amusante, avec des fêtes, des filles, mais Götz se plaisait à Elektrostal ; il s'y plaisait à cause de la vue qu'il avait depuis son appartement. Il avait bien tenté de se dire qu'il était désormais libéré de sa famille, de Regina, des filles qui n'avaient jamais tourné comme il avait voulu et de ses maudits beaux-parents, mais, si toute cette famille avait disparu dans l'abîme du passé, il était resté foncièrement attaché au souvenir de Jeanette et d'Arius. Comme autrefois au temps de la Stasi, il n'avait fait que rêver d'elle, et ici, à l'autre bout du monde, c'était encore plus fort depuis qu'il avait ouvert son balcon à la campagne et au ciel de l'est.

C'était arrivé un dimanche matin de la fin d'octobre. Sa voisine, une jeune Moldave, avait passé la nuit avec lui, pour la première fois. La veille, il l'avait invitée dans un restaurant arménien de Moscou et ils étaient rentrés dans son Audi rutilante. Elle était allée chez lui et ils avaient bu de la vodka en regardant la télévision. Ils étaient allés se coucher ivres, avec des rires crapuleux. Götz s'était réveillé, la tête sur son ventre ; il s'était levé, avait passé son peignoir et, avant d'aller prendre une douche, était allé faire du café dans la cuisine. Alors il avait vu qu'il avait neigé durant la nuit. Le ciel était bleu et la campagne infinie vers l'est était couverte d'une neige légèrement dorée sous le soleil matinal qui faisait étinceler aussi le pylône, dont la nuit il apercevait les balises lumineuses et dont la Moldave lui avait appris qu'il s'agissait d'un relais de radio. Il était allé au balcon, avait ouvert les fenêtres à glissière et d'un coup comme une vague gigantesque, invisible, mais pourtant vibrante d'une formidable présence, l'avait happé toute l'atmosphère, odeur de cendre, de feuillages ruinés, de neige, de miel, de ciel, lumière glorieuse et blonde. Il n'avait dit qu'un mot : « Jeanette ! » et il s'était rappelé Orfanik, mais cela dépassait le pauvre chiffon qu'il avait vénéré comme le Graal ; c'était Jeanette telle qu'elle lui était apparue dans sa première fraîcheur, ces matins d'octobre 1984 où il commença à la surveiller.

Götz avait fondu en larmes, comme il l'avait fait le premier soir où il avait déplié devant lui la relique – Orfanik récupérée du sac de la Normannenstrasse. Il avait foncé à la chambre, avait secoué la voisine, lui avait tendu ses vêtements et l'avait renvoyée chez elle. Dès lors sa vie se partagea entre son travail qu'il accomplit avec la même rigueur qu'autrefois et l'exploration de ce nouveau monde qui, plus encore qu'Orfanik lors de ses cérémonies dans les combles d'Edgard, lui dévoilait l'essence de Jeanette, un monde qui l'incitait à reprendre l'écriture de rapports.

Krasko lui obtint le statut de résident étranger. La semaine, Götz se rendait à l'agence située dans le centre d'Elektrostal. Parfois aussi il accompagnait son chef à Moscou pour des déjeuners d'affaires. Ses jours de congé, il les consacrait au paysage qui s'offrait à l'est de son quartier. Ainsi en fut-il durant les cinq mois de l'hiver 1997-1998. La plaine qui commençait au pied de son immeuble et allait se perdre jusqu'à des bois lointains était blanche et gelée, parcourue par des balayures de neige poudreuse, plus souvent sous un ciel pur que tenue dans un air gris et morne. Les samedis et dimanches matin, par n'importe quel temps, il se levait tôt, attendait les premières lueurs à l'horizon et s'équipait. Alors il se lançait à la rencontre du matin. Point perdu dans la blancheur immense, il marchait vers le fin pylône de la radio qui émergeait de la forêt. Götz devenait poreux, fragile comme un cristal de glace, ses larmes de froid et d'émotion gelaient sur ses joues ; le soleil se levait aussi miraculeux que l'apparition autrefois près de la piscine de Prenzlauer Berg. Enfin, Götz s'agenouillait, se mettait à plat ventre, plaquait son visage dans la neige avec la même ferveur qu'autrefois il le plongeait dans Orfanik. Il ouvrait la bouche et mâchait un peu de neige. « Jeanette décomposée ! » pensait-il. Oui, la procédure de décomposition avait mené à cette espèce de sublimation de Jeanette en éléments d'un paysage.

Il ne revenait qu'en milieu d'après-midi, alors que le jour déclinait. Pour autant sa quête n'était pas achevée. Il s'installait à son bureau et écrivait. Il tenait une sorte de journal fait de notes relatives à son passé, à Jeanette, journal qui aurait pu être la continuation de ses rapports éternels, car écrire lui était depuis longtemps devenu indispensable, une manie. Bien sûr il n'y avait plus personne à surveiller, à espionner – la copropriété n'avait jamais donné lieu à des rapports dignes de ce nom et de toute manière elle s'était calmée – mais il fallait écrire. Et il fallait que le sujet de l'écriture fût encore Jeanette. Et comme il n'y avait plus rien à écrire sur elle qu'il n'avait plus jamais vue depuis au moins dix ans, il revint à Arius. Car celui-ci avait laissé des traces de ses séjours à Moscou et ces traces n'étaient pas négligeables. Par Krasko, qui avait toujours des relations au FSB, il eut accès aux archives de l'URSS ; il put obtenir une copie des rapports concernant Arius depuis son adhésion au PCUS, en 1919, jusqu'à son activité de décorateur invité dans les années soixante. C'est grâce à ses rapports qu'il eut connaissance de l'activité d'Arius à Berlin lors de l'Octobre allemand, à Albacete où il avait participé à la liquidation des trotskistes, enfin à Moscou à la disgrâce de Karl Radek. Il en était stupéfait et une vieille jalousie le reprit. Comme il avait enragé vingt-cinq ans plus tôt en étudiant la généalogie fabuleuse de Manfred Arius, il enragea en découvrant en Arius un agent impliqué dans la grande Histoire, un pur stalinien. Et maintenant que pouvait-il faire, lui Götz, ex-capitaine de la Stasi, qui n'était plus personne, dans ce pays qui n'était plus rien ? Lui qui avait rêvé que son sperme allât rejoindre la sève immémoriale des Arius dans le réceptacle qu'était Jeanette, et qui avait échoué. Alors il s'enfonçait dans les strates de l'histoire d'Arius.

Ainsi tomba-t-il sur les pièces relatives au séjour d'Arius lors du Congrès des écrivains de 1934. Götz ignorait tout de cet événement ; il lut quelques ouvrages qui lui en firent mesurer l'importance. Qu'Arius fût invité à une soirée donnée chez Maxime Gorki, soirée où était présente la fine fleur du communisme international, attisa de nouveau son dépit d'avoir manqué cet événement. Mais le rapport du NKVD concernant l'emploi du temps d'Arius au moment du congrès mentionnait également la visite qu'il avait faite à la camarade Marie Quint à Balachikha, que celle-ci était un agent du NKVD et qu'elle l'avait dénoncé, pensant qu'il avait été mêlé à l'assassinat de Meïer Zylberfarb en Ukraine. Balachikha, à une quarantaine de kilomètres d'Elektrostal.

Götz sauta dans sa voiture et fonça sans savoir ce qu'il pourrait tirer de sa visite. Il arriva à Balachikha en milieu d'après-midi. On était au début du printemps et la pluie commençait à faire fondre la neige encore présente. Bien sûr, il n'était pas question de retrouver la maison de Marie Quint, ce lieu bucolique dans l'atmosphère duquel Arius avait cru retrouver quelque chose de l'âme de Jaanika. Mais il y avait le château des Rooph, du moins ce qu'il en restait, qu'il se fit indiquer par des passants. Il gara sa voiture dans la chaussée Leonovskoïe, à quelques dizaines de mètres de l'entrée du parc Galitzine au fond duquel se trouve le château. Il s'engagea dans l'allée boueuse et, comme il allait laisser sur sa droite l'église de la Transfiguration, dont le dôme était recouvert d'une calotte de glace, il se sentit attiré par la beauté du bâtiment (oui, oui, à fréquenter spirituellement les Arius, l'inculte agent de la Stasi avait fini par manifester de l'intérêt, du goût pour l'architecture, particulièrement néoclassique). La grille d'entrée de l'enclos était ouverte, il avança et resta à contempler l'édifice, songeant que Marie Quint y avait sans doute plus d'une fois accompagné la famille Rooph. Il lui sembla ressentir alors une sorte de tendresse qui émanait de l'église. Cela l'agaça un peu ; si on le voyait, lui, l'ancien flic de Golm, meilleur élève en « athéisme scientifique », se tenir debout devant une église et, pire encore, une église russe, à éprouver ce sentiment irrationnel ! Mais l'attirance devenait irrésistible – plus tard, il devait se dire que c'était comme lorsqu'il était allé au bordel à Berlin-Ouest, bordel devant quoi il était resté dix minutes à se demander s'il allait y entrer. Il se décida, s'engagea dans le sas et y tomba nez à nez avec un ecclésiastique qui sortait, un jeune homme barbu et en soutane. Il avait l'air sympathique. Il salua Götz et lui dit que pour les confessions, il fallait venir le voir avant la Liturgie. Mais Götz lui expliqua qu'il était là juste pour l'intérêt culturel. Manifestement le prêtre était enchanté qu'un Allemand s'intéressât à son église qui venait juste d'être restaurée. Il lui proposa une visite rapide. Jamais Götz n'était entré dans une église depuis celle de Galilée où il surveillait Jeanette. Mais surtout jamais il n'était entré dans une église russe. Il fut complètement emporté par le parfum d'encens et de cierges consumés. Comme le prêtre se signait, il en fit autant, un peu embarrassé de ce geste ; il n'avait qu'une hâte : partir.

« Le régime communiste n'a pas été particulièrement tendre avec cette église, dit le prêtre en lui montrant les lieux.

Après la révolution, elle a été confisquée comme tous les biens du clergé. Puis en 1933 elle a été pillée et fermée en même temps que le château. On l'a transformée en fabrique de cirage. Quand le château est devenu un institut agricole, on y a installé sa bibliothèque. Il y a six ans, à la demande de la commune, elle a été restaurée et cela ne fait que quelques mois que l'on y a repris les célébrations. Vous ne pouvez vous imaginer combien elle est appréciée. Chaque soir pour l'acathiste, il y a bien une trentaine de fidèles, des babouchkas mais aussi des jeunes de tous les milieux. Des anciens communistes aussi. Il y en a un qui est venu rapporter des objets volés par son père lors du pillage de l'église et du château à la révolution, et qui fait dire des messes pour son salut ! »

À ces mots, Götz pensa à quelque effet qui eût pu appartenir à Jaanika et à Marie Quint. D'un air distant, il demanda ce que pouvaient être ces objets. « Deux icônes, un reliquaire de saint Séraphin de Sarov, répondit le prêtre tout en éteignant des cierges arrivés à leur fin ; il y a aussi quelques livres de piété, enfin des couverts en argent du château et de vieux papiers, notamment un paquet de lettres adressées à l'ancienne propriétaire ; c'est intéressant car il retrace ses journées d'avant-1917 ! » D'un profond soupir, Götz respira la fumée des cierges éteints… Il se prit à rêver aux pages de son éternel rapport. Avant de prendre congé, il remit au prêtre cinquante dollars pour l'église. Il fit de même une semaine plus tard alors qu'il venait d'emporter des copies de lettres écrites de France par Marie Quint à Alexandra Stepanovna Rooph en 1913, d'autres écrites d'Odessa en 1918 par Grouchev le marguillier de l'église à son curé d'alors, tous documents que le prêtre de la Transfiguration lui avait laissés avec plaisir, toujours heureux qu'un étranger s'intéressât à son église, sinon au domaine voisin. Il passa deux heures à les lire dans sa voiture garée à l'entrée du château alors que la nuit tombait.

Et cela jusqu'au moment où un « Caramba ! » inattendu lui échappa, alors qu'il découvrait dans l'une des lettres l'histoire de la carte Arius et comment elle avait favorisé deux siècles auparavant une première rencontre de la lignée des Arius et des Quint. Il se dit qu'une grâce inconnue lui était enfin échue. Enfin !

Il se mit à sangloter. Lui, Götz, le maudit, le banni, le salaud, le paria était racheté, puisque le destin lui avait réservé d'être celui qui établirait ces faits ignorés par les Arius acteurs de cette histoire. Konstantin Arius n'avait jamais rien su de la malédiction qu'il avait jetée sur sa descendance ! Et lui Götz avait été choisi comme un instrument de cette malédiction, pour qu'elle s'accomplît sur le dernier rejeton de la race des Arius, Jeanette, un peu comme Judas avait été nécessaire pour que le sacrifice du Christ fût consommé.

*

La déflagration générale que fut la disparition de l'URSS projeta des milliards d'éclats dans les airs. Il s'agissait pour les plus malins, les plus rapides, de récupérer ces morceaux avant qu'ils ne retombent dans le filet des autres. Oleg Krasko était de ceux-là et ses affaires prospéraient. Les profits réalisés à Elektrostal furent réinvestis dans un audacieux et prestigieux projet immobilier au sud de Moscou avec piscine, tennis et golf. Là encore il obtint des terrains de manière frauduleuse. Il s'était fait dresser de faux titres de propriété par un juge véreux de Tambov. Muni de ces documents et escorté d'une dizaine de durs recrutés à Izmailovo, Götz était allé convaincre les propriétaires des terrains de disparaître sans éclat. L'un d'eux qui porta plainte à la police fut roué de coups et laissé pour mort à la sortie de son domicile. Riche des profits immobiliers, Krasko diversifia ses capitaux en investissant dans une entreprise de fourrures, la Soboli-Oka, et en rachetant pour une bouchée de pain et par des enveloppes un réseau dépendant de l'ex-institut des fourrures de Carélie. Il était chasseur, et ses goûts le portaient à se consacrer davantage aux fourrures, ce qui l'amena à placer Götz à la tête de la Krasko Estate, sa société immobilière. Plusieurs fois, il avait proposé à Götz de déménager d'Elektrostal. « Helmar, je ne te comprends absolument pas ! lui disait-il. Sous l'ancien régime on était privés de tout ; on a assez payé de nos personnes et il est temps que l'on se rattrape. Pourquoi tu ne t'installes pas à Moscou ? Et puis qu'est-ce que c'est que cette vie ? Pas une fille, pas une cuite, et cet appartement dans ce trou d'Elektrostal ! » Götz ne disait rien, se consacrant toujours à ses promenades étranges dans les boulaies et à l'écriture de ses rapports anachroniques. Le printemps était arrivé. Il allait toujours faire ses marches en forêt, et un jour, non loin de la tour de la radio, il arriva qu'il eut une hallucination : au fond d'un chemin rectiligne, qui entre deux massifs forestiers longeait le gigantesque pylône, il aperçut une fille entourée de deux garçons. Instantanément, il vit ou revit Jeanette, Marat et Kai. Il courut vers eux mais ils disparurent. Il pensa qu'il ne tournait pas rond et finit par se rendre aux raisons de Krasko.

Il s'installa à Moscou. Il habita sur la Komsomolskaïa dans un ancien appartement refait avec goût. Au début, il n'y restait que la semaine et regagnait Elektrostal le week-end pour retrouver ses habitudes solitaires, et peut-être surprendre l'apparition de Jeanette. Peu à peu cependant ses nouvelles fonctions l'amenèrent à devoir renoncer à cette vie. Il était nécessaire qu'il sortît et fréquentât des hommes d'affaires, et les amis oligarques avec lesquels la Soboli-Oka trafiquait. Il s'obligea à être à quelques-unes de leurs fêtes et un jour il accepta de les accompagner à la chasse à l'ours en Carélie, à trente kilomètres de Petrozdovsk, dans une clairière où, à proximité de sa chasse privée, Krasko avait fait construire une somptueuse datcha.

Il accepta à contrecœur parce que, peu de temps après sa dernière visite à l'église de la Transfiguration, il avait fait un rêve ; c'était au moment où dans sa fièvre d'écriture il était revenu au personnage de Jaanika à cause de nouveaux documents reçus des archives du KGB, personnage dont il connaissait par ailleurs l'histoire à travers les conversations d'Arius et de la Mogwitz qu'il avait enregistrées vingt-cinq ans plus tôt. Ce rêve noté comme fait dans la nuit du 12 au 13 avril 1997 et consigné ainsi : « Je suis au bureau de Potsdam, où j'arrive pour commencer mon stage à la Stasi ; le gros Luecke est à son bureau, en tenue d'hoplite ; il est en train d'astiquer sa cuirasse avec un chiffon. Il rouspète comme au tout début, quand je l'ai vu pour la première fois dans le bureau de Potsdam, à cause de ces incapables qui ont procédé à la première perquisition chez Arius, en ramenant des combles des objets qui lui appartiennent, ce qui pourrait éveiller les soupçons. Alors il se tourne vers moi et me dit en grinçant : "Mais vous-même, camarade Götz, n'avez-vous pas emporté une pièce à conviction chez vous ?" Comme je lui réponds que je n'ai rien à me reprocher, il brandit son chiffon ; c'est Orfanik. "On a trouvé cela dans la boîte à gants de votre voiture !" et il agite en l'air la chiffe de la Keibelstrasse. Je lui dis que c'est un chiffon à chaussures que je garde pour les astiquer quand je reviens du bal et qu'il n'a rien à voir avec l'affaire Arius. "Rien à voir ! Rien à voir ! Vous nous en contez de belles, camarade stagiaire ; ce chiffon, vous l'avez volé dans notre bureau ; c'est une des pièces à conviction ramenées des combles ; il y avait un revolver Nagant caché dedans. Vous êtes aussi nul que vos prédécesseurs ! Viré !" »

Après ce rêve, Götz ne cessa de songer à toute cette vieille histoire de perquisition. Elle l'obsédait à un point tel qu'il contacta rapidement une de ses anciennes relations de Potsdam qui travaillait toujours au BStU : il lui demanda de se mettre à la recherche du premier dossier Arius, et des premières pages rédigées par Luecke, enfin de lui en envoyer une copie. Il la reçut l'avant-veille de la date prévue pour le départ en Carélie. Un inventaire de la perquisition dans la cave y figurait mentionnant un revolver Nagant hors d'usage, un chiffon en velours bleu qui l'entourait, des plans de ballon ; Götz n'eut plus de doute : le chiffon mentionné avait atterri à la Normannenstrasse et, dans le désordre causé par le sac de la Centrale, le fonctionnaire l'avait indubitablement pris pour l'échantillon à chiens ; d'ailleurs, maintenant il lui revenait en mémoire que les échantillons à chiens étaient faits d'une étoffe jaune. Après la sidération éprouvée, il eut le sentiment d'avoir été trompé, comme dans ces histoires de couples, pas si rares du temps de cette URSS, où les particuliers pouvaient disparaître du jour au lendemain pour une raison ou une autre, couples qui, s'étant retrouvés après dix ans de camp, avaient repris la vie commune jusqu'au moment où, vingt ans plus tard, l'un des deux amants découvrait que l'autre était un imposteur. Mais que pouvait donc être ce chiffon qu'il avait vénéré dans les combles d'Edgard ? Il le voyait en esprit avec un fil qui pendait ; il tira le fil et aussitôt ce fut comme s'il en défaisait la trame ; le fil courait à travers toute l'histoire, tout son rêve pour l'emmener jusqu'à la scène où Jaanika recevait le ciel du mendiant de Samarcande. Et Götz s'écria « Caramba ! » à son grand agacement, pour se dire qu'il ne lui restait plus rien de Jeanette, qu'il n'avait aucune preuve qu'elle ne fût pas inventée.

35

C'était à la fin d'avril 1997. Götz et Krasko avaient pris un avion privé pour Saint-Pétersbourg où ils avaient rejoint des anciens camarades du KGB retirés en Estonie. Après avoir passé la nuit à l'hôtel Hilton, ils étaient repartis le matin dans trois 4 × 4 où ils avaient fait monter des filles. Götz conduisait une Mercedes, Krasko ayant pris la place du passager à côté de lui. Deux filles, des Baltes blondes, violemment parfumées et jacassantes, s'étaient installées à l'arrière. La radio marchait à fond. On avait pris la route qui longe le lac Ladoga au sud puis mis le cap au nord-est en suivant la route nationale. Route infinie tirée à travers des forêts de bouleaux aux jeunes feuillages. Une déchirure jaune de lumière matinale s'étirait entre des nuées violettes au-dessus de l'horizon fuyant vers quoi roulaient les voitures. Au volant, Götz racontait la chasse à laquelle il avait participé avec son beau-père chez Honecker. Krasko s'amusait de temps en temps avec les filles ; à moitié retourné, il laissait sa main les peloter à l'aveuglette, ce qui déclenchait leurs rires chatouillés. Götz était agacé par ces jeux idiots et aurait fini par regretter de s'être laissé embarquer dans cette expédition s'il n'avait éprouvé une curieuse satisfaction à l'idée que la dernière fois qu'il était allé à la chasse, c'était avec son beau-père Luecke et que ça l'épaterait, le vieux, s'il l'avait vu, lui, en route dans une Mercedes, pour une chasse en Carélie, et c'était la raison pour laquelle il était parti. Maîtrisant de manière virile les cahots de la route, il se demandait comment il avait pu se laisser ainsi faire par la clique Luecke et, et… n'avoir pas pu se sauver avec Jeanette. Jeanette ! Un jour, quand il aurait amassé une fortune comme Krasko, il reviendrait en Allemagne et il aurait bien le moyen de la retrouver.

Krasko finit par se lasser des filles et s'endormit pendant une heure. Le convoi arriva en début d'après-midi à la datcha. C'était un immense édifice en bois, tout neuf, aux toitures de cuivre et aux lignes modernes. Il était situé dans une large clairière recouverte partiellement de neige et au fond de laquelle on distinguait, à travers une ligne de bouleaux, un étang et la silhouette d'une cabane de bains. Deux garçons au crâne rasé attendaient ; ils prirent silencieusement les bagages des arrivants et les conduisirent à leurs chambres. Celle de Götz donnait sur l'arrière de la propriété et l'étang.

Dès qu'il fut dans sa chambre, Götz s'allongea pour se remettre de la fatigue du voyage. Il sombra dans un demi-sommeil et se prit à rêver de la révélation qu'il avait eue quelques jours auparavant au sujet de l'origine du chiffon Orfanik, révélation qui continuait de le troubler. Un premier temps il en avait donc éprouvé du dépit, peut-être de la honte, puis il avait été peu à peu gagné par la conviction que c'était peut-être encore mieux, que le chiffon fût le *Lumpen* de Jaanika, sainte relique de la princesse oghouz, dont Arius n'avait eu qu'un seul baiser. Oui, c'était encore mieux et par ailleurs n'altérait en rien le souvenir et la vénération de Jeanette. Il était toujours à cette rêverie quand il fut réveillé par des cris et des rires venus de l'extérieur. C'étaient Krasko, sa bande et les filles. Ils étaient nus et s'agitaient autour du *bania* qui fumait. Ils s'aspergeaient d'eau. Il prit ses jumelles de chasse et observa ce jeu, les filles, puis se dit que c'était stupide. Assis dans un fauteuil, il commença à souhaiter la fin rapide de son séjour.

Le soir, après le repas qui avait été pléthorique et ponctué de nombreux toasts, Krasko invita ses hôtes à le suivre dans un salon orné de trophées de chasse, têtes d'aurochs, coqs de bruyère empaillés et peaux d'ours. On servit du cognac et des cigares. Krasko se dirigea vers une armoire de fer qu'il ouvrit. Toutes sortes de fusils y étaient alignés. D'une voix solennelle, il dit à Götz. « Alors, tu es l'invité d'honneur ; c'est la première fois que tu viens ici. Tu peux choisir celui que tu veux ! » Götz examina les armes, en connaisseur, les mit à l'épaule, les soupesa, fixant chaque fois son œil à la lunette. Il y avait des Krieghoff américains, des Merkel allemands, tous plus séduisants les uns que les autres mais il se fixa sur un Steyr Männlicher autrichien. Il en avait entendu parler comme d'une merveille autrefois lors des quelques chasses avec son beau-père et Mielke, et de plus Ferlach où il était fabriqué, c'était l'Autriche, celle d'Arius et de Jeanette. Une fille vint le rejoindre dans sa chambre ; il n'arriva à rien avec elle et ne trouva pas le sommeil ; finalement il lui dit de décamper et ne s'endormit qu'au petit jour quelques minutes avant que Krasko ne se mît à donner du cor devant la datcha.

Götz était dans un état comateux quand on monta dans les voitures qui furent suivies d'un pick-up où les deux garçons avaient fait sauter quatre chiens de Carélie. Après avoir traversé des bois de pins et de bouleaux, on arriva à la lisière d'un champ d'avoine à peine levée ; s'y trouvaient deux cabanes d'affût éloignées d'une centaine de mètres. Krasko donna à ses deux hommes de main des instructions pour disposer les appâts préparés dans deux fûts en tôle ; il s'agissait de carcasses de gros poissons et de quartiers de bœuf faisandé, le tout enduit de mélasse ; ils furent accrochés à des branches assez basses tandis qu'on se prêtait à des réflexions de mauvais goût sur l'odeur que cette pourriture dégageait. Götz essayait de comprendre comment il en était arrivé à se retrouver dans cette cabane d'affût, lorsque, d'un coup, les propos de Krasko sur l'odeur des appâts l'attristèrent.

Il était peut-être 16 heures. On avait déjeuné, bu copieusement et attendu longtemps ; dans les deux cabanes, chacun se taisait, aux aguets. Comme un balancier de pendule arrêté, le soleil d'avril était suspendu au-dessus de l'étendue des bouleaux dont les légers feuillages frémissaient ; dans le champ des plaques de neige réverbéraient des clartés ; parfois un cri de busard perçait le silence du ciel. Götz était au bord de l'assoupissement, lorsque Krasko lui donna un coup de coude et lui dit : « C'est pour toi mais attends ! » Des craquements se firent entendre venant de la lisière en même temps que s'y agitaient des branches. C'était l'ours, son premier ours. Götz épaula son fusil, et la bête lui apparut dans la lunette, debout, déjà affairée auprès des appâts. Il fixa le réticule sur la poitrine. Alors il se revit dans la Lada, quatorze ans plus tôt, attrapant l'image de Jeanette avec son Praktica. Mais il ne vit plus que la croix du réticule comme rayonnant de la lumière rose et argentée qui présidait à l'apparition (c'est ce qu'il allait noter plus tard dans les cahiers). Il ne réfléchit pas, appuya sur la détente ; le coup claqua, l'ours resta un instant immobilisé et poussa un grognement, puis il se mit à quatre pattes et disparut dans le fourré. « Bravo ! fit Krasko ; qu'est-ce qui t'arrive en ce moment ? Ça ne marche pas avec les filles et tu n'es pas foutu de tirer un ours qu'on t'offre sur un plateau ! »

Il allait donner l'ordre de lancer les chiens quand Götz le retint. Il dit que c'était son affaire. Il était furieux contre lui-même. Espérant vaguement que l'ours avait été touché à mort pour aller s'effondrer un peu plus loin, il s'approcha des appâts. Un filet de sang, comme une sorte de collier défait, marquait en effet la neige. « Je l'ai touché, je vais l'avoir ! » s'exclama-t-il à l'adresse des autres. Il suivit la trace et s'engagea à travers une boulaie. « Prends au moins un des chiens ! » lui cria Krasko ; mais Götz ne répondit rien, déjà entraîné par une force mystérieuse. Il continua dans le bois, le soleil derrière lui, ne perdant jamais de vue la trace sanglante, au début interrompue, mais plus nette à mesure qu'il avançait. Manifestement la bête avait été sérieusement blessée et il y avait toutes les chances pour qu'elle s'épuisât rapidement. Il marchait ainsi, toujours aussi furieux et honteux, quand il s'aperçut que le soleil avait décliné, allongeant les ombres des bouleaux et la sienne sur le sol où les plaques de neige prenaient une lueur phosphorescente. Il regarda sa montre. Cela faisait déjà plus d'une heure qu'il était parti. La trace de sang continuait mais il commença à douter de pouvoir rattraper l'ours. Son amour-propre l'aiguillonnait. Il se voyait revenir bredouille à la datcha, devant Krasko et les filles, et ça lui était insupportable. Au moins, il aurait dû prendre un des chiens avec lui. Il finit par se dire qu'il allait falloir rebrousser chemin s'il voulait ne pas perdre de vue la trace de sang qui jusque-là l'avait guidé. Il en était là quand il vit devant lui, à l'est, que la forêt s'éclaircissait. Bientôt, il entra dans un taillis plus clair, où il suivit un layon bordé de tas de bois et de fûts couchés. Une fois encore il allait rebrousser chemin quand il crut sentir le parfum du *Lumpen*-Orfanik, ce singulier mélange qu'il avait fini par identifier comme étant composé de senteurs de jasmin, de miel et de neige ; c'est alors qu'il découvrit au détour d'un haut tas de bois une clairière et, dans cette clairière, un vieux wagon de marchandises percé de fenêtres à vitraux et surmonté d'un clocheton à bulbe, bleu et étoilé d'or ; un mince tuyau de cheminée fumait. Ses fenêtres étaient faiblement éclairées d'une clarté mouvante et dorée. La trace de sang menait jusqu'au wagon posé sur des sections de rails que dissimulaient en partie de la neige et des végétaux gelés. Götz n'alla pas plus loin car il fut pris des tremblements comme autrefois dans les combles d'Edgard. Enfin il fit demi-tour, remonta péniblement la trace de l'ours jusqu'au moment où elle ne fut plus visible à cause de la pénombre ; il hésitait sur la direction à prendre quand il vit un rougeoiement de cigarette et un faisceau de lampe de poche ; c'était un des sbires de Krasko parti à sa recherche avec un chien.

Le soir, Götz parla de sa découverte ; on lui dit qu'il s'agissait d'un ermite à moitié fou venu d'Amérique avec son wagon. Il retourna sur les lieux le lendemain vers midi, alors que le soleil et le vent déjà chaud faisaient chanter des herbes jaunes réveillées sous la neige. Le wagon fumait toujours et le parfum ténu se faisait sentir par intermittence, émanant manifestement de l'intérieur. Götz s'approcha, se hissa sur le marchepied et entra dans un sas élégamment lambrissé qui donnait sur une chapelle avec une iconostase.

« Chien de Dieu ! Je t'attendais ! » entendit-il dire derrière lui une voix rauque de vieillard. Vêtu d'une parka de parachutiste passée sur une soutane, un homme sans âge à longue barbe blanche et coiffé d'un bonnet se tenait dans le sas. Il lui montra ses mains couvertes de sang. « Je t'attendais, reprit-il, comme j'attends tous ceux qui viennent me visiter ou non ! Je te reconnais, tu étais avec les putains et les autres. C'est toi qui as tué l'ours, mon fils, celui qui rangeait le bois. Que me veux-tu ? »

Götz lui répondit qu'il s'était perdu.

« Perdu ! Mais tu n'as jamais été aussi peu perdu qu'ici ! »

Götz ne trouva qu'à dire : « Si tu as un peu de temps pour moi, je vais te chanter une chanson ! » et il s'agenouilla comme autrefois dans le théâtre Orfanik.

36

Götz s'affermissait dans la résolution de s'installer près du starets Anastasy car l'inépuisable parfum du *Lumpen* lui était devenu une nécessité vitale. Jamais il ne s'était senti si proche de Jeanette que par certains matins lorsqu'il se réveillait dans le débarras du wagon où le moine lui avait installé une paillasse. Juin arriva avec ses nuits courtes, sa rumeur forestière et ses nuées de moustiques. Götz n'éprouvait plus la nécessité de se laver tant le parfum avait fini par l'envelopper ; il filait à la chapelle, allumait les lampes de l'iconostase, secouait des petites cloches perchées à côté du bulbe au-dessus du toit du wagon et se mettait à prier. Anastasy le rejoignait et c'étaient des prières et des méditations. Quelles méditations pour Götz ? Peu à peu Jeanette martyre finissait par se confondre avec Élisabeth martyre, dont Anastasy avait accompagné la dépouille à travers la Sibérie. Des souvenirs de ses attentes dans la voiture, des conversations à la piscine se mêlaient aux visions que le récit d'Anastasy avait suscitées en lui. Il se lança dans une confession fébrile et vertigineuse, s'accusa d'avoir dénoncé ses parents à la police, désiré la femme d'autrui, scruté des journaux pornographiques, trompé sa femme, de l'avoir abandonnée mourante, d'être allé avec des filles, d'avoir fait battre à mort un pauvre type et martyrisé Jeanette. Anastasy écoutait ces choses extravagantes ; comprenait-il ? Tout y était si compliqué ; pourtant son regard laissait supposer qu'il en savait long sur Götz, et d'un savoir mystérieux. Et quel savoir mystérieux ? Un jour qu'il était à ranger le débarras où il dormait pour s'y faire un peu plus de place, Götz tomba sur des rouleaux de papier ; il n'eut pas à réfléchir en les découvrant ; instantanément, il se trouva transporté trente ans plus tôt dans l'atelier d'Arius : c'était le *Cénotaphe de Newton* ; les planches de Boullée mais aussi des schémas de construction plus détaillés qui faisaient songer à une gare. Il se mit à trembler, se disant que l'atmosphère mystique dans laquelle il s'était plongé depuis peu lui découvrait des puissances surnaturelles auxquelles il n'aurait pas cru un instant. Il interrogea Anastasy sur la provenance de ce document ; le moine lui narra ce qui s'était passé dans la gare de Chimanovsk, au moment de la guerre civile : l'ingénieur allemand qui avait rendu son dernier souffle en prononçant des paroles mystérieuses. Pour Götz nul doute que ce fût le projet insensé des Arius qu'il avait sous les yeux, dans ce plan de gare désignée comme gare de l'Amour. Le plus extraordinaire était que s'en dégageait un parfum, celui du *lumpen*. Anastasy lui expliqua l'histoire du cadavre de la grande-duchesse Élisabeth Feodorovna, et que les plans avaient fini par s'imprégner du parfum de la sainte liqueur qui s'écoulait du cercueil.

En juillet 1997, Götz revint à Elektrostal, décidé à tout y boucler pour rejoindre définitivement la clairière où il se voyait mourir en odeur de sainteté à ramasser le bois pour Anastasy. Des courriers l'attendaient depuis un mois, des documents relatifs à Marie Quint qu'un collègue des archives du KGB lui avait fait suivre. Au nom de Marie Quint, sa folie des rapports le reprit, car toujours l'agent Newton et son cénotaphe le poursuivaient, peut-être autant que Jeanette, et il songeait parfois qu'il n'avait aimé Jeanette qu'à cause de son père et cette folie des architectes ; il différa son départ pour la Carélie. Il se prit d'intérêt, peut-être d'amour, pour Marie ; « peut-être », parce que selon ses étranges dispositions mentales, c'était encore Arius qu'il recherchait à travers elle. Il ne sortait de son appartement que pour se rendre aux vêpres dans une église. Il s'y tenait debout dans la pénombre, récitant avec une vingtaine de fidèles l'acathiste ou la prière à des saints du jour, tandis que tremblotaient les flammes des cierges au pied d'icônes dorées. Il priait, songeait à Anastasy. Alors il demandait à Dieu, non de lui pardonner d'avoir été un salopard – pour tous ces péchés, il estimait que son enfance avait été si affreuse que Dieu lui devait bien cette part de mal –, mais de lui envoyer la grâce de quelque chose comme une transe extraordinaire qui lui aurait dévoilé le mystère de sa vie et du cénotaphe. La transe attendue ne vint pas, ou, si elle vint, elle le fit subrepticement alors qu'il était à écrire son rapport.

Helmar Götz ! Comme il fut un temps, alors que je ne vous connaissais à peine et que, pour oublier ces lieux désolés de Champagne, ce décor où mon enfance s'était mal faite, je me plongeais dans votre rapport sur Arius-Newton, sur Jeanette, et je sentais parfois votre présence derrière moi, penché au-dessus de mon épaule, eh bien, maintenant, je vous imagine à votre table de travail, au *kvartira* 68, *korpus* 5, *Avrory prospekt* à Elektrostal. Il est tard, dans le cercle de la lampe, votre main est à recopier les papiers que les archives du KGB vous ont transmis, ceux que vous avez obtenus du curé de l'église de la Transfiguration ; parfois vous vous interrompez pour scruter les plans de la gare de l'Amour trouvés chez Anastasy ou ceux de l'institut Lénine que vous a procurés un camarade de Moscou, plans inspirés tous deux par l'œuvre utopique et monumentale de Boullée, et c'est moi qui désormais suis penché au-dessus de votre épaule, à lire ce que vous écrivez de l'histoire de Marie Quint, cette fille disparue. Et quand je compare la fièvre qui vous pousse à écrire avec un simple stylo à la froideur dactylographique de vos rapports d'autrefois, je vois bien que quelque chose vous anime, qui n'est certainement pas la transe attendue au pied des icônes. Mais, bien plus, l'énergie mystérieuse qui fit se déployer, comme des particules de métal dans le faisceau magnétique d'un aimant, les destinées de tous les personnages de cette histoire, énergie qui maintenant vous galvanise vous, autrefois si médiocre, si peu enclin à croire à quelque chose et surtout pas à la patrie socialiste ! Et je le vois bien à ce que vous avez écrit sur l'histoire de Marie Quint et d'Arius, histoire qui vous a fait retourner parfois à Moscou dans le parc Gorki, ou à Balachikha, comme si vous étiez leur fils, pour essayer de saisir dans l'air de cette cité des traces subtiles de l'agitatrice d'Odessa.

*

Marie Quint ! C'était Alexandra Stepanovna, alors qu'elle vivait à Nice, qui l'avait embauchée. Elle avait fait passer une annonce dans *La Croix* selon quoi une noble famille russe cherchait une préceptrice pour deux enfants, ses neveux. Marie, alors toute jeune institutrice à Pontoise, était tombée dessus. Elle avait écrit à Nice. Dix jours plus tard, elle avait reçu un télégramme d'Alexandra Stepanovna qui était à Paris et l'invitait à passer la voir dès que possible pour un entretien.

Il eut lieu dans un hôtel particulier de l'avenue de Friedland. Avant toutes choses, Alexandra lui demanda si elle avait de la religion et si elle était seule. Puis elle la pria de tendre les mains au-dessus de quoi elle fit passer et repasser un pendule. L'examen fut concluant.

Marie accepta les conditions de la famille Rooph et elle partit pour la Russie en juillet 1910, alors qu'elle était âgée de vingt-deux ans. Elle s'entendit très bien avec les enfants, Olga, Sergueï, et Jaanika leur amie. Le général l'appréciait car elle s'intéressait aux sciences et à l'histoire. Elle se prêta avec plaisir aux fantaisies occultistes d'Alexandra Stepanovna lorsque, deux ans plus tard, celle-ci s'installa définitivement à Pekhra-Yakovlevskoïe. Marie se plaisait en Russie et dans cette famille qui partageait son temps entre Saint-Pétersbourg l'hiver et Balachikha l'été. Elle n'était rentrée que trois fois en France quand la guerre arriva. La dernière, pour la mort de sa mère qui lui laissa une petite maison en héritage. C'est à son retour de France qu'elle offrit à Alexandra un vieux jeu de tarots trouvé dans les affaires de la défunte.

Quelques mois avant le massacre d'Alapaïevsk, qui coûta la vie à la grande-duchesse Élisabeth Feodorovna et à sept personnes de son entourage, le soviet de Balachikha prit possession du domaine de Pekhra-Yakovlevskoïe. Un mois auparavant, Marie et le marguillier Grouchev avaient suivi la famille Rooph à Odessa d'où l'on pensait pouvoir prendre un navire à destination de la France. Mais les revirements de la guerre, les effets de la révolution en Ukraine, la conquête de la ville par les Allemands firent échouer le projet. Il fallut vivre dans l'incertitude. La famille s'installa dans un petit appartement en face du parc Alexandre ; bientôt on en fut réduit à vendre des bijoux. C'était à cette époque qu'Alexandra Stepanovna passait son temps à tirer les cartes ; parmi celles-ci, elle en élut une, figure d'archange, au dos de quoi était écrit le nom Arius ; elle en fit l'archange Arius qui bientôt lui apparut dans ses rêves. Peut-être fut-ce l'oracle de cette carte qui désigna Marie pour la transaction. Ainsi rencontra-t-elle chez un bijoutier juif Meïer Zylberfarb, photographe à Odessa. Celui-ci lui proposa du travail dans son laboratoire. Ils s'aimèrent et il ne tarda pas de lui révéler son activité comme agent bolchévique. Il lui arrivait de disparaître pour quelques jours et, filant nuitamment par les jardins, au bout de la Razoumovskaïa, il gagnait la campagne. Il retrouvait alors les rouges auxquels il donnait des informations sur l'activité des Austro-Allemands à Odessa. Parfois, il revenait chargé de matériel, explosifs, armes qu'il devait remettre à des camarades de la ville. C'est en septembre qu'il fut arrêté au laboratoire ; sur dénonciation d'un camarade torturé dans la campagne odessite par des gardes partisans de l'hetman Petlioura. On trouva à l'officine un revolver et une liasse de tracts, du matériel d'imprimerie. Marie arriva au moment où les feld-gendarmes le faisaient monter dans une camionnette. Elle resta en retrait, impuissante ; dans un des Allemands ou Autrichiens – pour elle c'était tout un –, elle vit un des clients de Meïer, dont elle avait développé et retouché les portraits peu avant. Elle disparut discrètement en pensant que ce client était un espion et l'instigateur de l'arrestation. Meïer fut interrogé à la Kommandantur. On allait l'envoyer à la prison quand arriva un télégramme de l'état-major de Kiev, exigeant qu'on le remît aux petliouristes pour l'emmener dans un camp plus au nord. Les Allemands protestèrent mollement et laissèrent Meïer aux Ukrainiens ; après tout, ça simplifiait le cas. Au témoignage que Marie recueillit trois ans plus tard, Meïer, à peine remis aux petliouristes dans une localité à vingt kilomètres au nord d'Odessa, eut droit à un supplice qui appartenait au répertoire varié des supplices alors en vigueur dans toute cette bande de territoire allant des pays Baltes jusqu'à la mer Noire. On le pendit par les pieds à un arbre et lui ouvrit le ventre de sorte que la masse des intestins en descendît. On ne lui accorda pas le coup de grâce. Plus tard, quand elle eut connaissance de ces faits, elle ne put s'empêcher de penser à une lame du vieux tarot familial qui représentait un pendu par les pieds. Quand elle avait rencontré Manfred qui portait le même nom que l'archange du tarot, et qu'elle avait appris qu'il avait été à Odessa, il ne fit aucun doute pour elle que c'était lui l'officier qu'elle avait vu lors de l'arrestation de son fiancé Meïer Zylberfarb, mort comme le Pendu de la lame XII.

Et maintenant, vous, Helmar Götz, ex-capitaine de la Stasi, comme Marie Quint, vous êtes saisi par le mystère de l'archange Arius. Et plus encore que Marie, parce que vous avez désormais en main toutes les pièces et qu'il faudrait être borné pour ne pas se rendre compte que tout dans ces destinées croisées forme un dessin magique. Et c'est cette conviction qui autrefois vous aurait révulsé qui vous fait écrire… écrire ce qu'il arriva par la suite à l'archange Arius pour qu'il se retrouvât entre les mains de Therese Dürring, ancienne auxiliaire SS au camp d'Auschwitz. Et pour relater cet événement, je ne sais pas de quels documents vous disposez, mais peu importe, un ange porteur de lumière, l'archange Arius ou Lucifer, vous éclaire. Ou peut-être votre amour pour Marie Quint dont, à force de consulter l'*avtobiografia* et d'autres documents la concernant, vous avez fini par vous éprendre, à votre manière il est vrai.

À la faveur de la prise d'Odessa par les Français, les Rooph partirent pour la France. Marie ne put se résoudre à quitter la ville ; elle remplaça Meïer au service des bolchéviques, nourrissant l'espoir qu'il reviendrait. L'appartement des Rooph devint un de leurs lieux de rencontre ; on y imprimait des tracts jusqu'au jour où, à la suite d'une dénonciation, les Français y firent une descente ; ils arrêtèrent quelques activistes, sauf Marie, qui était ailleurs. Dans les derniers jours de mars 1919, des mutineries se produisirent à bord d'un navire français. La première semaine d'avril, Odessa fut évacuée par les troupes françaises et les blancs, et livrée aux bolchéviques. Parmi ceux qui s'embarquaient, un caporal français, Alfred Zalman, un des hommes qui avaient perquisitionné l'appartement des Rooph et arrêté ses deux occupants. Dans les quelques souvenirs qu'il ramenait d'Odessa, il y avait le jeu de tarots d'Alexandra Stepanovna et l'archange Arius. Pour la suite, ce qui arriva à celui-ci et qui entraîne trop loin Götz dans ses recherches, même s'il a parfois la nostalgie de la France et de Draveil, voici ce qu'il écrit dans le cahier : « Alfred Zalman, tailleur rue Tiquetonne à Paris, sa femme, son fils et sa fille furent arrêtés par la police française le 16 juillet 1942 à leur domicile et déportés à Auschwitz dans les jours qui suivirent. » On ne sait de qui il tient ses informations. Peut-être une vieille relation draveilloise qui, pour lui, aurait fait des recherches en France. Le plus intéressant, c'est ce qu'il note après : « Marx, Engels, Lénine avaient tort au sujet de la marche de l'Histoire : ce qui fait marcher l'Histoire, ce n'est pas la lutte des classes, les rapports économiques et cette foutue dialectique dont on nous a bourré le crâne à Golm et ailleurs. Non, ce qui fait marcher l'Histoire c'est l'amour, mon amour de Jeanette, car tout ce chaos de révolution, de guerres civiles ou non, c'est pour que l'archange Arius revienne dans les mains pures de ma Jeanette à Hoheneck, et moi-même je n'ai été qu'une ordure par la grâce de Dieu pour qu'enfin l'archange Arius mette fin à la malédiction et m'entraîne dans les prières de ce wagon de Carélie embaumé de la sublimation d'une sainte... »

37

Götz+Kizaloglu, voilà ce qui était écrit sur la quatrième sonnette à partir du bas. Marianne sonna à l'interphone et une voix d'homme à l'accent turc se fit entendre. Marianne dit qu'elle voulait voir Sonja Götz, qu'elle venait pour une enquête journalistique. La porte s'ouvrit sur une cage d'escalier à lambris tarabiscotés qui sentait l'encaustique, à quoi se mêlait une odeur de viande grillée venue d'un restaurant-kebab juste à côté.

C'était au deuxième étage et si j'étais un peu ému à l'idée de rencontrer Sonja Götz, c'était juste parce que j'allais voir la fille de celui qui accompagnait mes journées et mes veilles depuis deux ans. Cela faisait peu de temps que Marianne avait appris qu'il avait une fille. À cette époque, je ne savais pas grand-chose de lui, juste qu'il avait été l'officier traitant d'Arius, l'auteur de son rapport et de celui de Jeanette. Même si j'avais réussi à me faire une idée du personnage à travers sa prose, son œil photographique, même si, à la lecture de son rapport sur Jeanette, il m'était assez vite apparu qu'il éprouvait pour elle une passion maladive, j'ignorais tout de sa vie, son enfance dramatique, son rôle dans l'affaire de Bronkow, sa carrière à la Stasi et bien sûr son arrière-plan familial. Pour moi, il n'y avait qu'un Götz et ce nom était toujours associé à celui de Helmar. Bien qu'au cours de ma lecture de ses rapports il m'arrivât parfois de sentir une présence penchée audessus de mon épaule, Götz n'était pour moi qu'une sorte de narrateur à peu près désincarné, retenu dans l'histoire révolue de la RDA et en tout cas sans lien réel avec ce que je vivais à présent à Berlin.

Il n'en était pas de même pour Marianne. L'apparition des deux rapports avait bouleversé sa vie et ravivé de vieilles hantises. Cela avait commencé par son couple qui s'était détraqué. Puis voici qu'elle s'était éprise de moi – ce qui sans doute était pour elle une manière de se rapprocher de Jeanette. Elle s'était disputée avec les Hasslinger, avec les Larcher. Enfin elle voulait que quelqu'un payât. Et il était clair pour elle que ce devait être Götz. Comment elle allait le faire payer, elle ne le savait pas vraiment. Car le temps avait passé et de toute manière les procédures engagées contre les anciens de la Stasi et leurs complices volontaires ou non n'avaient pas abouti, ceci au nom d'une espèce de réconciliation nationale. Au moins rêvait-elle de rencontrer un jour Götz, peut-être pour le gifler et lui cracher à la figure, comme certains l'avaient fait avec leurs bourreaux retrouvés. Il avait fallu que les rapports de lecture que je lui faisais des dossiers de Götz arrivent au point de produire en elle un certain état de pression intérieure pour qu'elle conçût de se mettre à la recherche de l'agent de la Stasi.

Elle avait engagé un avocat et un détective grâce auquel elle avait retrouvé à Dresde l'ancienne balayeuse de l'agence de la Stasi, celle qui avait reconnu Götz lors de l'émission de la télévision espagnole. Comme bien des victimes du MfS à cette époque, cette femme, croyant que justice lui serait faite, avait pris contact avec une association justicière. Son avocat avait monté un dossier et rassemblé certains témoignages ; il avait eu accès à des pièces concernant Götz. Puis les choses s'étaient arrêtées là parce qu'il s'était rendu compte que la procédure n'aboutirait à rien. Le détective engagé par Marianne avait pu rassembler quelques indications sur la vie familiale de Götz. C'est ainsi qu'en 1995 le nom de Sonja Götz était apparu dans son dossier. C'était la seule dont on avait trouvé la trace. Regina était morte. L'autre fille n'était même pas mentionnée ; ni les beaux-parents.

Lorsque le détective privé avait retrouvé Sonja en 1997, elle avait accepté de lui parler de son père, dont elle avait honte. Elle avait dix-huit ans et Götz était en Russie depuis un an. Elle avait quitté l'appartement des Luecke pour s'installer avec un cireur de chaussures turc qu'elle avait connu dans une boîte de nuit. Elle n'avait plus donné de nouvelles à la famille. Fin juillet, un mois avant notre première visite, elle avait accouché d'une petite fille, Laila. Elle la tenait dans ses bras quand elle nous ouvrit sa porte.

Marianne nous présenta : elle parla de moi comme d'un journaliste de la télévision française préparant une émission sur la génération de la RDA qui avait connu la chute du Mur à vingt ans. Nous avions eu l'adresse de Sonja par le détective privé. Mon prétendu journal offrait une somme convenable pour la participation de témoins de l'époque concernée. D'abord méfiante, Sonja, qui avait du mal à joindre les deux bouts, accepta le marché.

Il me faut parler ici de cette fille qui devait avoir vingt-cinq ans à peine. Contrairement à ce que j'allais par la suite apprendre par le journal écrit par son père en Russie, elle n'était pas la grosse blondasse qui s'affairait autour de sa mère malade. Ou alors elle s'était métamorphosée en quelques années. Elle était grande et svelte et avait un visage fin.

Il y eut dix interviews qui s'échelonnèrent sur plusieurs mois, ce qui nécessita de ma part des allées et venues entre N… et Berlin. Pour je ne sais quelles raisons elles avaient lieu le matin ; elles réussirent à créer une sorte d'intimité entre nous. Marianne et moi posions tour à tour des questions sur lesquelles bien sûr nous nous étions entendus auparavant. Les réponses étaient enregistrées sur un magnétophone. Une lumière matinale éclairait la petite salle de séjour où nous étions à converser. Et comme Sonja avait l'habitude de s'asseoir dans un fauteuil, le dos tourné vers le soleil, celui-ci la frangeait de sa lumière, traversant ses cheveux blonds. Quand je dis qu'il y eut une sorte d'intimité, je le vis au fait que, lors de la troisième interview, Sonja remonta son tee-shirt pour donner le sein à la petite – à ce moment, je n'avais pas encore lu les Mémoires de Götz, notamment ce qu'il écrivit de sa première visite chez Arius, alors que Jeanette venait de naître et les problèmes de seins qu'avait Lilo, mais aujourd'hui que j'en ai eu connaissance, je me dis que c'était un singulier retour des choses que notre visite à Sonja Götz, comme son père, plus de quarante ans plus tôt, pour la première fois se présenta un matin chez Arius. Je pris goût à cette vision et observant le sein gonflé de la fille de Helmar Götz, alors que celle-ci répondait à nos questions, je détaillais le réseau des veines bleues qui le parcourait et le léger duvet qu'illuminait le jour matinal passé par la fenêtre.

Une fois que nous allâmes chez Sonja, alors qu'elle vaquait aux soins de son bébé, elle renversa une boîte de talc sur la table à langer ; autour d'elle, un nuage se répandit doucement que traversa l'épée d'un rayon de soleil. Elle voulut nettoyer et tendre le bébé à Marianne mais celle-ci était occupée avec le magnétophone ; c'est moi qui pris Laila dans mes bras. Je suis loin d'avoir les mêmes fantasmes généalogiques que Götz à l'égard de Jeanette mais, à la lecture des confessions qu'il en fait dans son journal, je dois avouer que je le comprends un peu et, me remémorant cette scène, je vois qu'il ne m'aurait pas déplu qu'après tout cet enfant eût été le mien et de sa fille.

À mesure que les interviews se succédaient, Sonja prenait de l'assurance et mettait un talent certain à nous décrire sa vie d'enfant puis d'adolescente en RDA, autant qu'à nous parler de ses impressions au moment de la chute du Mur. Ce n'est qu'à l'avant-dernière interview qu'elle nous parla vraiment de sa famille et de son père. Alors je vis Götz pour la première fois (non pour la seconde fois !) sur une photo datant de Benidorm, où la famille s'était fait prendre par un photographe ambulant sur la plage ; il avait une serviette sur la tête, à cause de sa crainte du soleil ; je reconnus le grand prêtre de Diane, tel que je l'avais vu en rêve dans l'anamorphose du *Sacrifice d'Iphigénie*. Et ce n'est qu'à la dernière interview que Sonja nous dit que son père était en Russie, à Elektrostal d'où il avait fini par se manifester pour une histoire de compte en banque. « Le détective a dû vous dire que mon père avait appartenu à la Stasi et qu'il nous a abandonnées ma mère, ma sœur et moi ! » Elle ajouta que c'était un salaud et qu'elle avait honte d'avoir eu un père pareil.

J'aurais bien voulu arrêter là. J'aurais bien voulu qu'en fin de compte notre mensonge devînt une vérité. À cause de l'innocence de Sonja et de ces matins étranges et charmants que nous avions passés ensemble. Et je l'ai dit à Marianne ; après tout, je pourrais faire quelque chose de ces entretiens, les faire publier quelque part. Et nous serions partis sur une autre voie ; nous aurions pu nous faire une amie de Sonja et de son compagnon. Mais Marianne ne l'entendait pas ainsi. Elle ne m'en parla qu'après ; elle alla voir seule Sonja et, sans faire référence à l'histoire de Jeanette, obtint l'adresse de Götz, toujours sous prétexte de notre enquête. Sonja n'avait pas hésité à la lui donner. « Il a déjà eu des ennuis avec la presse, dit-elle ; mais il s'en est bien tiré ; ça m'étonnerait qu'il accepte de vous rencontrer. En tout cas de vous savoir sur ses traces va l'inquiéter et ça l'embêtera bien. »

Nous n'allâmes pas à Elektrostal. Nous étions à projeter un voyage et Marianne avait pris contact avec d'anciennes relations moscovites lorsque Sonja nous prévint que son père était mort depuis un mois. C'était Krasko qui l'avait avertie.

Comme je devais l'apprendre par un de ses cahiers, après la chasse en Carélie et sa rencontre d'Anastasy, Götz ne s'était plus intéressé aux affaires, malgré quoi, son patron avait continué de l'entretenir. Durant deux ans, il avait fait des allées et venues entre le wagon et Moscou. Jusqu'au moment où il lui avait été impossible de retrouver le wagon ni la clairière ; des travaux forestiers importants avaient complètement changé la configuration des lieux. Il était allé à la mairie de Petrozdovsk où on ignorait, ou voulait tout ignorer de l'affaire ; on l'envoya au syndicat forestier où il se passa la même chose. Il se rendit à l'évêché ; peine perdue. Alors il était rentré à Elektrostal, renonçant à Moscou pour se consacrer aux « plans parfumés comme le *Lumpen* » – c'est ainsi qu'il l'avait écrit dans les cahiers, car il continuait d'écrire…

Il reprit donc ses Mémoires, ne sortant que pour aller prier jusqu'au moment où, en passant devant un garage désaffecté situé entre son domicile et l'église Saint-Jean de Cronstadt, il y aperçut en compagnie d'une bande de déclassés aux trognes bouffies et cramoisies la fille et les deux gars que, quelques années auparavant, lors de ses marches en forêt, il avait pris pour Jeanette, Marat et Kai. Tous s'enivraient d'une boisson distillée dans un engin bricolé avec des bidons et des tuyaux. Il finit par entrer dans le garage avec des bouteilles de vodka, retrouva des habitués et les questionna sur le trio. On lui répondit que c'étaient des jeunes perdus qui faisaient partie d'une bande dont la principale occupation était de sauter sur des trains en marche, à partir d'un pont à la sortie de la gare d'Elektrostal, ou encore de grimper tout en haut de la tour désaffectée de la radio pour y faire des équilibres au-dessus du vide à deux cents mètres de hauteur. Götz se lia rapidement aux jeunes. Mais c'était un bien pâle ersatz du trio du Harrar. La fille, qui s'appelait Olia, était loin d'avoir la grâce et la sauvagerie de l'Unique. Parfois, de son balcon, il suivait à la jumelle leurs exploits au sommet de la tour ; des longerons de quelques mètres, pour certains, pas plus larges que deux pieds joints y étaient fixés horizontalement et partant en étoile d'une plate-forme au-dessus du vide. Olia se portait jusqu'à l'extrémité de l'un d'eux et commençait à y faire le poirier, des soleils puis elle se suspendait dans l'air pour exécuter des tractions. Un jour, le trio ne se remontra pas ; paraît-il que l'un des gars avait été électrocuté par une caténaire, alors qu'il était perché sur un wagon d'un train filant vers Moscou. C'était dans le temps où Götz fut initié à la pratique du *zapoï*, laquelle consistait à boire sans dessoûler plusieurs jours de suite. Il grossit, se laissa pousser les cheveux et la barbe qui retrouvèrent leur couleur rousse dont il avait tant souffert autrefois. Krasko avait déjà dû le récupérer au poste de police, à Moscou, Balachikha et mais comment avait-il pu atterrir un jour dans un omnibus régional stationné à deux cents kilomètres de Moscou sur la ligne du Transsibérien. Il prenait des résolutions, fréquentait à nouveau l'église Saint-Jean de Cronstadt. Mais ça ne tenait pas. Enfin, il arriva que, observant de son appartement des jeunes qui faisaient leurs équilibres au sommet du relais, il prit la décision d'y monter ; il fallait compter une demi-heure pour y accéder par une interminable échelle de fer.

La première fois qu'il le fit, une après-midi de juin, quand il déboucha sur la plate-forme, il fut suffoqué par la vue qu'il avait sur l'immensité forestière s'offrant de tous côtés jusqu'à laisser soupçonner la rotondité de la terre ; une brume incandescente flottait sur le monde. Au moment de redescendre un scintillement se fit dans l'air ; c'était un akène de pissenlit qui flottait là, irisé par le soleil, d'autres suivaient portés par la chaleur. Mais l'apparition d'une convexité dépassant de l'horizon oriental le saisit ; dans la confusion magique dont son esprit ne sortait plus, il songea : le *Cénotaphe* ! Chez lui, il passait son temps devant les plans ; leur parfum le mettait dans des dispositions de plus en plus étranges ; il se disait qu'il était le gendre spirituel d'Arius et qu'il lui revenait désormais de construire le *Cénotaphe*. Il ne put plus se passer de ses ascensions. Au pied de l'échelle métallique qui parcourait le pylône de haut en bas, il avalait une lampée de vodka et commençait à grimper. Tout en haut, assis sur la plate-forme et haletant, il se mettait sur la pointe des pieds, tournait son regard vers l'est et s'abîmait dans des scrutations infinies guettant quelque chose. Ainsi en usa-t-il jusqu'à l'hiver. L'hiver qu'il attendait, car il se demandait ce qu'allait lui réserver la tour dès que la neige aurait recouvert la campagne d'Elektrostal. Les akènes furent remplacés par les premiers flocons de neige. Et ce fut l'extase. Dès que la lumière du jour le permettait, emmitouflé dans des hardes invraisemblables – il ne voulait plus qu'être un *Lumpen* –, Götz posait son pied sur le premier barreau de l'échelle et l'ascension commençait dans le vent qui lui arrachait des larmes et les flocons qui fondaient comme des baisers sur ses joues, ses paupières, ses lèvres. Enfin arrivé sur la plate-forme, découvrant le paysage hivernal dans un gris vibrant de neige, il penchait la tête en arrière, ouvrait la bouche et y laissait se déposer un, deux, trois… jusqu'à quatre-vingt-dix-neuf flocons.

« Le Bien ne serait pas le Bien s'il finissait dans la bonté toujours hasardeuse des actes humains, s'il ne se contentait que de récompenser ceux qui le méritent ; non il n'est le Bien, et souverain que par la Beauté qui peut se livrer à moi, Helmar Götz, le maudit, par la grâce de ma Jeanette qui m'a… (illisible à cause de gouttes d'eau qui ont dilué l'encre à cet endroit, peut-être des larmes, peut-être de la neige fondue coulée de son visage). » Le dernier cahier cesse à la date du 12 février 2004 sur la relation de ces événements et ces considérations. Juste avant Götz avait continué de tenir son rapport sur le passé d'Arius et lui-même ; des pièces découvertes récemment dans une annexe des archives du KGB lui avaient été transmises, du moins leurs copies ; parmi celles-ci un fragment de rapport de Jaanika sur son activité au service de la révolution à Samarcande et sur ses tentatives pour enrôler le lumpenprolétariat local dans les rouges. Götz n'en avait rien fait, alors trop occupé par la construction du *Cénotaphe* et ses ascensions du pylône.

Krasko rapporta qu'on avait retrouvé son corps gelé, allongé sur un des longerons du sommet. Un mois avait passé avant qu'on se rendît compte de la présence de son corps dont un bras pendait dans le vide au sommet du relais. Son visage était collé par le gel contre la pièce métallique. Les secouristes ne s'en étaient rendu compte qu'en le tirant vers eux ; une partie de ses lèvres et de sa barbe avait été arrachée et était restée comme une sorte de lichen brun et givré sur le métal. Il fut enterré selon le rite orthodoxe au cimetière d'Elektrostal ; son vieux camarade du KGB assuma la dépense.

Dans son appartement, on retrouva tout parfaitement rangé et, sur le bureau, les cahiers et les plans du cénotaphe. Krasko avait expédié à Sonja les affaires de son père, dont son rapport infini. Elle nous dit que, si cela nous intéressait et à condition que nous gardions secrète l'identité de tous ceux dont il était question dans ce rapport, elle pourrait nous le vendre. Nous acceptâmes sa proposition ; c'est moi qui payai tout et vins le prendre.

« Je vous fais confiance ! » nous dit Sonja en me remettant les cahiers de son père.

Crédits des illustrations

1. Étienne Louis Boullée (1728-1799), projet de plan pour le *Cénotaphe de Newton*, planche 7, 1784, Bibliothèque nationale de France, Estampes et photographies. Photo © BnF.

2. Étienne Louis Boullée (1728-1799), coupe pour le *Cénotaphe de Newton*, planche 8, 1784, Bibliothèque nationale de France, Estampes et photographies. Photo © BnF.

3. Karl Friedrich Schinkel (1781-1841), *Palais de la Reine de la nuit*, décor pour *La Flûte enchantée* de Wolfgang Amadeus Mozart, vers 1815, gouache et dessins circulaires sur papier Vergé, cabinet des estampes, Staatliche Museen zu Berlin. Photo © akg-images.

4. Deuxième séquence du *Trinity Test*, première explosion nucléaire réalisée à Alamogordo Test Range, désert du Jornarda del Muerto, Mexico, 16 juillet 1945. The Bomb Project, photo © Joy Garnett, United States Department of Energy Photograph / CC-BY-SA 4.0.

5. Ivan Leonidov (1902-1959), plan du planétarium pour l'institut Lénine, Moscou, 1927. Photo © The Charnel House.

6. Vue perspective d'une réduction Guarani, missions jésuites auprès des Indiens Guarani aux XVIIe et XVIIIe siècles, Paraguay et sud du Brésil. Photo © UNESCO.

7. Plan du camp de concentration d'Auschwitz I « Stammlager », bloc 11, août 1944. Photo © CC-BY-3.0.

Première suite brandebourgeoise 11

Arius 169

Newton 309

Iphijeanette (1) 385

Seconde suite brandebourgeoise 463

Iphijeanette (2) 501

Papiers d'Elektrostal 539

Crédits des illustrations 595

Composition I.G.S.-Charente Photogravure
Achevé d'imprimer
par Normandie Roto Impression s.a.s.
61250 Lonrai, en juillet 2017
Dépôt légal : juillet 2017
Numéro d'imprimeur : 1702124
ISBN 978-2-07-271680-5 / Imprimé en France

313108